高等职业教育“十三五”系列教材

机电专业

电工电子技术

（第二版）

主　编　季晓明　杨海蓉

扫码加入学习圈

轻松解决重难点

南京大学出版社

图书在版编目(CIP)数据

电工电子技术 / 季晓明，杨海蓉主编. — 2 版. — 南京：南京大学出版社，2020.12(2022.9 重印)

ISBN 978-7-305-23438-5

Ⅰ. ①电… Ⅱ. ①季… ②杨… Ⅲ. ①电工技术 ②电子技术 Ⅳ. ①TM ②TN

中国版本图书馆 CIP 数据核字(2020)第 099523 号

出版发行 南京大学出版社
社　　址 南京市汉口路 22 号　　邮　　编 210093
出 版 人 金鑫荣

书　　名 电工电子技术
主　　编 季晓明 杨海蓉
责任编辑 吴 华　　编辑热线 025-83596997

☞ 扫码教师可免费获取教学资源

照　　排 南京开卷文化传媒有限公司
印　　刷 丹阳兴华印务有限公司
开　　本 787×1092 1/16 印张 16.75 字数 408 千
版　　次 2020 年 12 月第 2 版 2022 年 9 月第 2 次印刷
ISBN 978-7-305-23438-5
定　　价 42.00 元

网　　址:http://www.njupco.com
官方微博:http://weibo.com/njupco
微信服务号:njuyuexue
销售咨询热线:(025)83594756

前　言

电工电子技术课程是高等院校机电类专业的一门重要的专业基础课程，课程内容涉及电工电子学科的各个领域，并有很强的实践性。通过本课程的学习，学生获得电工电子技术的基本理论、基本知识和基本技能，了解电工电子技术的应用和我国电工电子事业发展的概况，为今后学习和从事与本专业有关的工作打下一定的基础。

本书系统地介绍了电工和电子电路方面的基本概念、基本定律和基本分析方法。主要内容有：电路组成及其分析方法；正弦交流电路；三相电路；磁路与变压器；异步电动机；电气控制电路；常用半导体器件；基本放大电路；集成运算放大器；直流稳压电源；逻辑门电路；组合逻辑电路；触发器和时序逻辑电路。本书在文字叙述上，力求通俗易懂，为了帮助学生掌握所学内容，每章后面都有本章小结和练习与思考题，有一定数量的习题，使学生对所学的理论知识进一步理解和掌握。本书还配有微课资源，扫扉页或版权页的二维码即可免费观看。

本书由江苏安全技术职业学院季晓明老师编写第1、2、5、7～13章，陕西航空职业技术学院杨海蓉老师编写第3、4、6章。

本书可作为电气自动化技术、电气技术、机电一体化技术、数控技术及与之相近专业的教材或参考书，也可供从事电气控制方面工作的工程技术人员参考。

限于编者的水平和时间，书中难免有疏漏和不妥之处，恳请读者批评和指正。

编　者

2020年8月

前言

目　录

第1章　电路组成及其分析方法 ………… 1
1.1　电路的组成及其模型 ………… 1
1.1.1　电路的组成 ………… 1
1.1.2　电路模型 ………… 2
1.2　电压和电流方向 ………… 2
1.2.1　电压电流的实际方向 ………… 3
1.2.2　电压电流的参考方向 ………… 3
1.3　电路的基本定律 ………… 4
1.3.1　欧姆定律 ………… 4
1.3.2　基尔霍夫电流定律 ………… 5
1.3.3　基尔霍夫电压定律 ………… 6
1.4　电阻元件的连接及其等效变换 ………… 8
1.4.1　电阻元件的串联连接 ………… 8
1.4.2　电阻元件的并联连接 ………… 10
1.4.3　通过合并串联电阻简化电路 ………… 11
1.5　电源元件的使用及其模型 ………… 14
1.5.1　电压源模型 ………… 14
1.5.2　电流源模型 ………… 18
1.6　电源元件的连接及其变换 ………… 20
1.6.1　电压源连接 ………… 20
1.6.2　电压源与电流源的等效变换 ………… 21
1.7　电路的分析方法 ………… 24
1.7.1　支路电流法 ………… 24
1.7.2　叠加定理 ………… 25
1.7.3　戴维南定理 ………… 26
本章小结 ………… 28
本章思考与练习 ………… 29
第2章　正弦交流电路 ………… 32
2.1　正弦交流电的基础知识 ………… 32
2.1.1　正弦量的三要素 ………… 32
2.1.2　正弦量的相量表示 ………… 35

2.2 单一参数的正弦交流电路 …… 38
2.2.1 电阻元件的正弦交流电路 …… 38
2.2.2 电感元件的正弦交流电路 …… 40
2.2.3 电容元件的正弦交流电路 …… 42
2.3 基尔霍夫定律的相量表示 …… 45
2.4 *RLC* 正弦交流电路 …… 46
2.4.1 *RLC* 串联电路电压与电流的关系 …… 46
2.4.2 功率 …… 47
2.4.3 功率因数的提高 …… 49
2.5 电路中的谐振 …… 51
2.5.1 *RLC* 串联谐振 …… 51
2.5.2 *RLC* 并联谐振 …… 53
本章小结 …… 55
本章思考与练习 …… 56
第3章 三相电路 …… 58
3.1 三相电源 …… 58
3.1.1 三相交流电的产生 …… 58
3.1.2 三相电源的连接 …… 60
3.2 三相负载的连接 …… 61
3.2.1 三相负载的星形连接 …… 62
3.2.2 三相负载的三角形连接 …… 65
3.3 三相交流电路的功率 …… 66
本章小结 …… 67
本章思考与练习 …… 68
第4章 磁路与变压器 …… 70
4.1 磁路的基本知识 …… 70
4.1.1 磁场的基本物理量 …… 70
4.1.2 铁磁性材料 …… 71
4.1.3 磁路及其基本定律 …… 74
4.2 交流铁芯线圈电路 …… 76
4.2.1 电磁关系 …… 76
4.2.2 电压电流关系 …… 76
4.2.3 功率损耗 …… 77
4.3 变压器 …… 77
4.3.1 变压器的分类 …… 77
4.3.2 变压器的结构 …… 78
4.3.3 变压器的工作原理 …… 78
4.3.4 变压器绕组的极性 …… 81

4.3.5 变压器的额定值及运行特性 …… 82
本章小结 …… 85
本章思考与练习 …… 86
第5章 异步电动机 …… 88
5.1 三相异步电动机的结构及工作原理 …… 88
5.1.1 三相异步电动机的基本结构 …… 88
5.1.2 三相异步电动机的工作原理 …… 90
5.2 三相异步电动机的工作特性 …… 93
5.2.1 铭牌数据 …… 93
5.2.2 电磁转矩 …… 94
5.2.3 机械特性 …… 96
5.3 单相异步电动机 …… 99
5.3.1 单相异步电动机的工作原理 …… 100
5.3.2 单相异步电动机的结构 …… 100
本章小结 …… 101
本章思考与练习 …… 102
第6章 电气控制电路 …… 104
6.1 常用低压电器 …… 104
6.1.1 刀开关 …… 104
6.1.2 组合开关 …… 104
6.1.3 低压断路器 …… 106
6.1.4 按钮 …… 107
6.1.5 熔断器 …… 107
6.1.6 交流接触器 …… 108
6.1.7 热继电器 …… 109
6.1.8 时间继电器 …… 110
6.2 基本控制电路 …… 111
6.2.1 基本电气识图 …… 111
6.2.2 绘制电气原理图的原则 …… 111
6.2.3 点动控制电路 …… 112
6.2.4 单向长动控制电路 …… 113
6.2.5 正、反转控制电路 …… 113
6.2.6 星形-三角形降压启动控制电路 …… 114
本章小结 …… 116
本章思考与练习 …… 116
第7章 常用半导体器件 …… 118
7.1 半导体基础知识 …… 118
7.1.1 半导体的基本特性 …… 118

7.1.2 本征半导体和杂质半导体 …… 119
7.1.3 PN结 …… 120
7.2 半导体二极管 …… 121
7.2.1 二极管的结构和类型 …… 122
7.2.2 二极管的特性 …… 122
7.2.3 二极管的主要参数 …… 123
7.2.4 特殊二极管 …… 124
7.3 半导体三极管 …… 125
7.3.1 三极管的结构 …… 125
7.3.2 三极管的类型 …… 126
7.3.3 三极管的电流分配与放大原理 …… 126
7.3.4 三极管的特性曲线 …… 128
7.3.5 三极管的主要参数 …… 130
本章小结 …… 131
本章思考与练习 …… 132
第8章 基本放大电路 …… 134
8.1 放大电路基础知识 …… 134
8.1.1 共射极基本放大电路的组成 …… 134
8.1.2 放大电路中电压、电流符号的规定 …… 135
8.2 放大电路的分析 …… 135
8.2.1 静态分析 …… 135
8.2.2 动态分析 …… 138
8.3 射极输出器 …… 142
8.3.1 静态分析 …… 143
8.3.2 动态分析 …… 143
8.4 差动放大电路 …… 144
8.4.1 概述 …… 144
8.4.2 差动放大电路的分析 …… 144
8.5 功率放大电路 …… 146
8.5.1 功率放大电路概述 …… 146
8.5.2 互补对称功率放大电路 …… 146
本章小结 …… 149
本章思考与练习 …… 150
第9章 集成运算放大器 …… 153
9.1 集成运算放大器概述 …… 153
9.1.1 集成运算放大器的基本组成 …… 153
9.1.2 集成运算放大器的符号 …… 154
9.1.3 集成运算放大器的主要性能指标 …… 155

9.1.4　集成运算放大器的理想模型 …… 156
9.2　放大电路中的负反馈 …… 157
9.2.1　反馈的类型及判别方法 …… 157
9.2.2　负反馈放大电路的一般表达式 …… 159
9.2.3　深度负反馈放大电路的特点 …… 160
9.2.4　四种负反馈组态的分析 …… 160
9.2.5　负反馈对放大电路性能的影响 …… 162
9.3　集成运算放大器的线性应用 …… 165
9.3.1　比例运算电路 …… 165
9.3.2　加法运算电路 …… 166
9.3.3　减法运算电路 …… 167
9.3.4　积分运算电路 …… 168
9.3.5　微分运算电路 …… 168
9.4　集成运算放大器的非线性应用 …… 169
9.4.1　过零比较器 …… 169
9.4.2　滞回比较器 …… 170
本章小结 …… 171
本章思考与练习 …… 172
第10章　直流稳压电源 …… 175
10.1　单相整流电路 …… 175
10.1.1　单相半波整流电路 …… 176
10.1.2　单相桥式整流电路 …… 177
10.2　滤波电路 …… 179
10.2.1　电容滤波电路 …… 179
10.2.2　其他滤波电路 …… 182
10.3　直流稳压电路 …… 183
10.3.1　稳压管稳压电路 …… 183
10.3.2　串联型稳压电路 …… 185
10.3.3　三端集成稳压器 …… 186
本章小结 …… 189
本章思考与练习 …… 190
第11章　逻辑门电路 …… 192
11.1　数字电路概述 …… 192
11.2　数制与编码 …… 193
11.2.1　数制 …… 194
11.2.2　数制转换 …… 195
11.2.3　编码 …… 197
11.3　逻辑代数及应用 …… 198

11.3.1 逻辑运算…… 198
11.3.2 逻辑代数的基本公式和基本定理…… 201
11.3.3 逻辑函数及其表示方法…… 202
11.3.4 逻辑函数的化简…… 205
11.4 逻辑门电路…… 211
11.4.1 基本逻辑门电路…… 211
11.4.2 TTL 与非门电路…… 213
本章小结…… 217
本章思考与练习…… 218
第12章 组合逻辑电路 …… 219
12.1 组合逻辑电路的分析与设计…… 219
12.1.1 组合逻辑电路的分析方法…… 219
12.1.2 组合逻辑电路的设计方法…… 220
12.2 常用组合逻辑器件…… 221
12.2.1 编码器…… 222
12.2.2 译码器…… 224
12.2.3 加法器…… 228
12.2.4 数据选择器…… 231
12.2.5 数值比较器…… 233
本章小结…… 234
本章思考与练习…… 235
第13章 触发器和时序逻辑电路 …… 237
13.1 触发器…… 237
13.1.1 RS 触发器 …… 237
13.1.2 JK 触发器 …… 240
13.1.3 D 触发器…… 241
13.1.4 T 触发器…… 242
13.2 时序逻辑电路的分析和设计…… 242
13.2.1 时序逻辑电路的分析方法…… 242
13.2.2 时序逻辑电路的设计方法…… 245
13.3 常用时序逻辑功能器件…… 246
13.3.1 寄存器…… 246
13.3.2 计数器…… 248
本章小结…… 254
本章思考与练习…… 255
参考文献…… 258

第1章　电路组成及其分析方法

【本章导读】

电路理论是电工技术和电子技术的基础,也是学习测试及控制的基础。电路分为直流电路和交流电路。本章将主要从电路的组成及其分类出发,介绍电路模型的概念、电路基本定律、电阻元件、电源元件的连接方式及其特点。在此基础上进一步介绍电路分析的常用方法,如电源等效变换、支路电流法、结点电压法、叠加原理、戴维南定理与诺顿定理等。

【本章学习目标】

◉ 理解电路的组成及电路模型的概念
◉ 掌握电流和电压的参考方向
◉ 掌握电路的三种工作状态
◉ 理解电阻元件、电感元件及电容元件的相关知识
◉ 掌握电阻的串联与并联
◉ 掌握电压源与电流源的等效变换
◉ 掌握基尔霍夫电流定律和电压定律
◉ 会应用支路电流法、叠加原理、戴维南定理、电压源和电流源的等效变换等方法求解电路

1.1　电路的组成及其模型

1.1.1　电路的组成

电路是指电流的通路。可结合实际电气设备的构成来理解电路的含义。

实际电气设备包括电工设备、连接设备两个部分。电工设备通过连接设备相互连接,形成一个电流通路,即构成一个电路。手电筒就是一个简单且最常见的实际电路,它是由电路、开关和小灯泡组成。而筒体是连接设备,它将电池、筒体开关和小灯泡连接构成了电筒实际电路。

实际电路种类繁多,形式和结构也各不相同。按电路的基本功能,大致分为两类:一类是对能量的转换和传输的电路;另一类是对信号的变换、传输和处理的电路。

第一类电路注重能量转换。例如,日常照明电路。发电厂发电机工作产生电能,经变压器升压传输到各变电站,经变电站变压器降压后送到各个用户,从而点亮电灯。日常照明电

路中，有3个关键设备：产生电能的发电机(电源)、变压传输线路、消耗电能的电灯(负载)。电源、传输电路、负载就是能量转换和传输电路的基本组成部分。

第二类电路的典型电路是扩音机电路。输入的语音或音乐经话筒变换为电信号以后再经放大传递到音箱，音箱将电信号还原为语音或音乐。话筒是输入设备，它将输入的语音或音乐变换为电信号。话筒产生的输入信号经放大器处理最终输出到音箱，称为**信号源**。音箱是接收和转换输入信号的设备，称为负载。因为话筒输出的电信号十分微弱，不足以直接驱动音箱，中间需用放大电路放大，所以，放大电路就是话筒输出信号的**传递处理电路**。信号源、传递处理电路、负载是信号处理电路的基本组成部分。

在电路理论中，信号源(或电源)提供的电压或电流称为激励，由激励在电路各部分产生的电压和电流称为响应。电路分析就是在已知电路的结构和元件参数的条件下，分析电路的激励与响应之间的关系。

1.1.2　电路模型

前面介绍了电路的组成，概括地说，电路就是一个电流的通路。电路理论不是研究实际电路的理论，而是研究由理想元件构成的电路模型的分析方法的理论，因此学习电路理论首先应理解电路模型的含义。

实际电路由实际电子设备与电子连接设备组成。这些设备电磁性质较复杂，分析起来较难理解。如果将实际元件理想化，在一定条件下突出其主要电磁性，忽略其次要性质，则这样的元件所组成的电路称为实际电路的电路模型(简称电路)。不加说明，本书电路均指电路模型。

电路理论中涉及的理想元件主要有：电阻元件、电容元件、电感元件和电源元件。这些元件可用相应参数和规定图形符号来表示，由此所得到的由理想元件构成的实际电路的连接模型便是实际电路的电路模型。每种理想元件均有其精确的数学定义形式，这有利于用数学方法分析电路。在本书中的元件，若不加特别说明，均指理想元件。

建立电路模型是电路分析的基础，可通过一个实例来理解电路模型的建立方法。

【例1-1】　建立手电筒模型(实际电路略)。

解　(1) 手电筒实际电路由电池、筒体、筒体开关、小灯泡组成。

(2) 将组成部件理想化：具体为将电池理想化，即将电池视为内阻为R_0、电动势为E的电压源；开关视为理想开关；将小灯泡视为阻值为R_L的负载电阻。

(3) 在图中标出电源电动势、电压及电流方向，即得到手电筒电路模型。

(4) 如图1-1所示为手电筒电路模型。

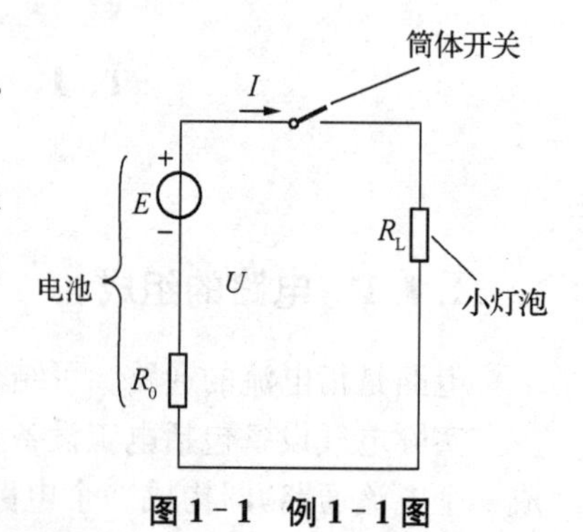

图1-1　例1-1图

1.2　电压和电流方向

电流I、电压U及电动势E是电路的基本物理量。它们是具有方向的物理量。我们首先讨论电压、电流的方向，并在电路中作出标志，然后写出电路方程，进行准确分析，得出结果。

1.2.1 电压电流的实际方向

带电粒子的规则运动形成电流。电流是客观存在的物理现象，虽无法看见，但可通过热效应、光效应感受。电流的方向是一种客观存在，这种客观存在的方向便是实际方向。

规定正电荷运动的方向为电流方向，电流的单位为安培(A)，微小电流计量以毫安(mA)、微安(μA)为单位。

电压又称为电位差是指电场力把单位正电荷从电场的 a 点移到 b 点所做的功，和电流一样，电压也有方向。

端电压的方向规定为高电位端指向低电位端，即为电位降低的方向。电源电动势为电源内部由低电位端指向高电位端，即为电位升高的方向。

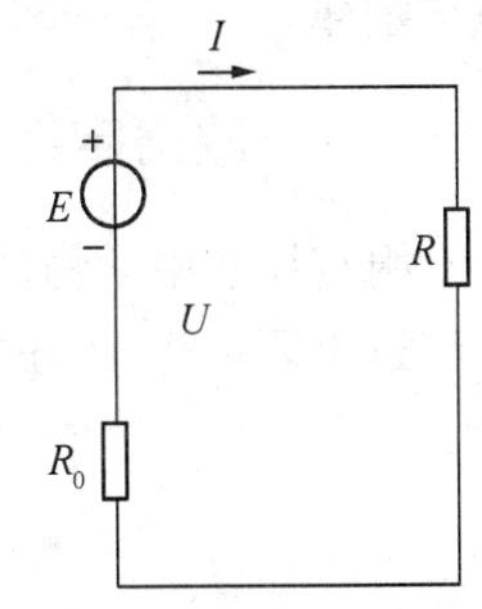

图1-2 电压和电流的方向

在图1-2中，正电荷运动的方向从正极出发经过电阻R流向负端，即电流I的方向为“+”极经过电阻R流向“−”极，即图中表示方向。在国际单位制中，电压的单位是伏特(V)，微小电压计量以毫伏(mV)、微伏(μV)为单位。

1.2.2 电压电流的参考方向

虽然电压、电流的方向是客观存在的，然而在分析计算某些电路时，又难以直接判断方向，常任意设定某方向为参考方向。关于电压、电流的方向，有实际方向和参考方向之分，应加以区别。

电流的参考方向通常用带箭头的线段表示。箭头表示电流参考方向。电压的参考方向一般用“+”和“−”极性来表示，也可以用双下标表示。如 U_{ab} 表示其参考方向是 a 指向 b，a 点参考极性为“+”，b 点参考极性为“−”。

在图1-2中，如果不假定电压实际方向与图中一致，那么就无法判断出电流的实际方向。因为电路图中所标的方向均为参考方向，又未给出代数值，故其实际方向无法确定。

选定电压电流的参考方向是电路分析的第一步，只有选定参考方向后，电压、电流才有正负。当实际方向与参考方向一致时为正，反之为负。

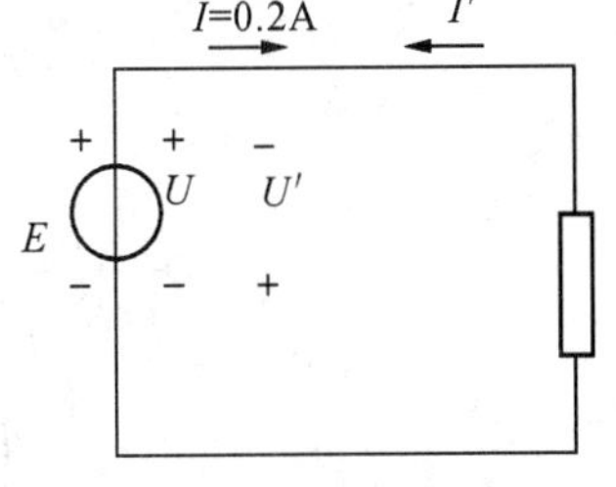

图1-3 电压和电流参考方向

如图1-3所示电路中，$I=0.2\text{ A}$ 为正值，说明电流实际方向与参考方向一致。如果参考方向为 I'，显然它与实际方向不一致，其值为负，所以 $I'=-0.2\text{ A}$。

根据电流实际方向的含义，可判断出端电压的实际方向为 U 方向(图1-3)。电压 U 的参考方向与实际方向一致，所以 U 为正值；电压 U' 的参考方向与实际方向不一致，则 U' 为负。同理可判断电动势 E 的实际方向为 E 方向，电动势 E 为正值。

1.3 电路的基本定律

通过前两节的学习，大家应该具备了分析电路最基本的知识，可以利用电路的基本定律分析求解简单电路。分析计算电路最基本的定律有：欧姆定律、基尔霍夫电流定律、基尔霍夫电压定律。

1.3.1 欧姆定律

欧姆定律在中学物理中有过介绍，此处我们简单回顾一下欧姆定律的内容。

流过电阻的电流与电阻两端的电压成正比，这便是**欧姆定律**。欧姆定律用公式表示为

$$R = U/I \tag{1-1}$$

电阻是构成电路最基本的元件之一。由欧姆定律可知，U 一定时，电阻 R 愈大，则电流愈小。因此，电阻 R 是具有对电流起阻碍作用的物理性质。

在国际单位制中，电阻的单位是欧姆(Ω)，计算大电阻时，可用千欧(kΩ)或兆欧(MΩ)为单位。

电压和电流是具有方向的物理量，同时，对某一个特定的电路，它们又是相互关联的物理量，因此，选取不同的电压、电流参考方向，欧姆定律形式便可能不同。

在图 1-4(a)中，电压参考方向与电流参考方向一致，欧姆定律用公式表示为

$$U = RI \tag{1-2}$$

在图 1-4(b)、(c)中，电压参考方向与电流参考方向不一致，欧姆定律用公式表示为

$$U = -RI \tag{1-3}$$

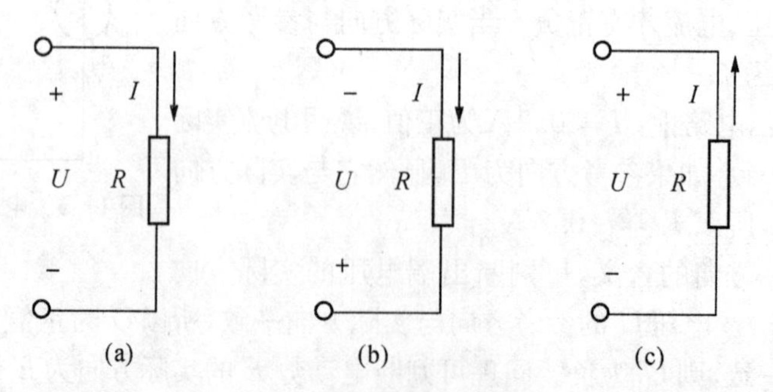

图 1-4 欧姆定律的形式

【例1-2】 计算图1-5中开关S闭合与断开两种情况下的电压U_{ab}和U_{cd}。

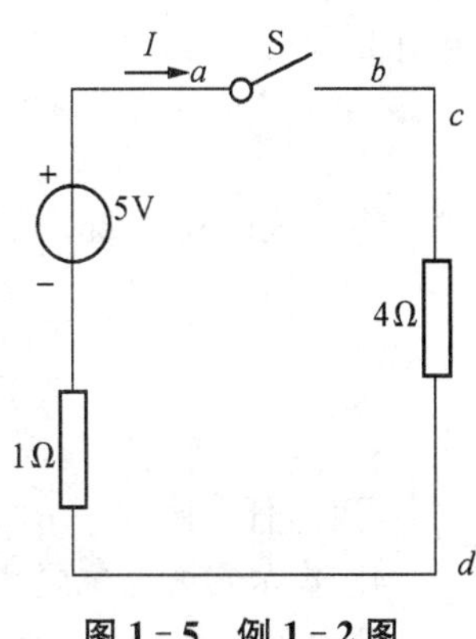

图1-5　例1-2图

解　(1) 开关S断开，电流$I=0$，根据欧姆定律，1 Ω、4 Ω的电阻上电压为0 V，得到

$$U_{ab}=5\ \text{V},\ U_{cd}=0\ \text{V}$$

(2) 开关S闭合，根据欧姆定律有

$$I=U/R=5/(1+4)\ \text{A}=1\ \text{A}$$

得到 $$U_{ab}=0\ \text{V},\ U_{cd}=4\ \text{V}。$$

1.3.2　基尔霍夫电流定律

在任一瞬时，流向某一结点的电流之和应该等于由该结点流出的电流之和，即在任一瞬时，一个结点上电流的代数和恒等于零，这便是基尔霍夫电流定律。

根据基尔霍夫电流定律，图1-6中结点a的结点方程为

$$I_1+I_2-I_3=0$$

基尔霍夫电流定律是用来确定连接在同一结点上的各支路电流关系的理论，可结合电路图来理解基尔霍夫电流定律。

1. 支路

电路中的每一个分支称为支路，一条支路流过同一个电流，称为支路电流。每一条支路只有一个电流，这是判断支路的基本方法。在如图1-6所示的电路中共有3个电流，因此有3个支路，分别由ab、acb、adb构成，其中，acb、adb两条中含有电源元件，称为有源支路；ab支路不含电源元件，称为无源支路。

2. 结点

电路中3条或3条以上的支路相连接的点称为结点。

根据结点的定义，如图1-6所示的电路中共有2个结点a和b，结点a示意图如图1-7所示。

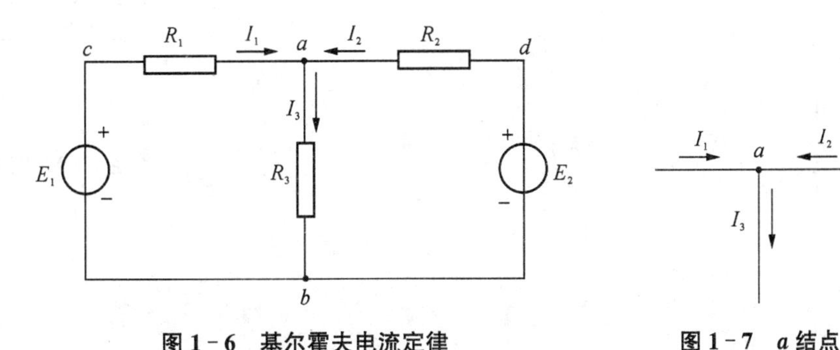

图1-6　基尔霍夫电流定律　　图1-7　a结点

3. 基尔霍夫电流定律的含义

对如图1-7所示的结点，流入该结点的电流之和应该等于由该结点流出的电流之

和,即

$$I_3 = I_1 + I_2 \tag{1-4}$$

将上式改写为如下形式:

$$\begin{aligned} I_1 + I_2 - I_3 &= 0 \\ \sum I &= 0 \quad \text{(假定流入电流为正)} \end{aligned} \tag{1-5}$$

可见,任一瞬时,一个结点上电流的代数和恒等于零。

4. 基尔霍夫电流定律的推广

基尔霍夫电流定律通常应用于结点,但也可以应用于包围部分电路的任一假设的闭合面。具体表述如下:在任一瞬时,通过任一闭合面的电流的代数和恒等于零;或者说在任一瞬时,流向某一闭合面的电流之和应该等于由闭合面流出的电流之和。

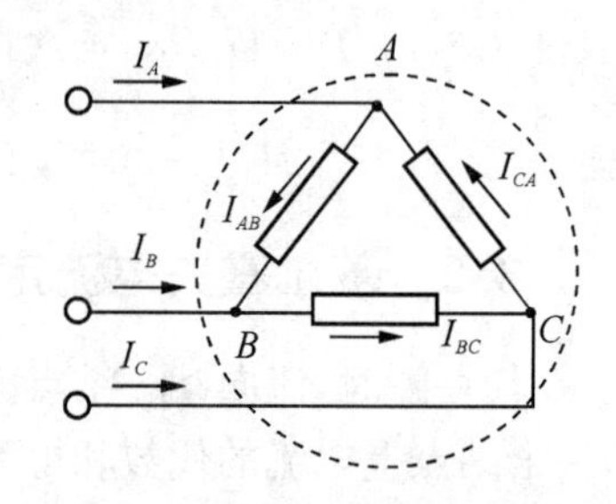

图 1-8 基尔霍夫电流定律的推广

可结合图 1-8 理解基尔霍夫电流定律的推广应用。

在如图 1-8 所示电路中,闭合面包围的是一个三角形电路。从结点定义出发,它有 A、B、C 3 个结点,分别应用于基尔霍夫电流定律如下:

$$\begin{aligned} I_A &= I_{AB} - I_{CA} \\ I_B &= I_{BC} - I_{AB} \\ I_C &= I_{CA} - I_{BC} \end{aligned}$$

将上面三式相加,便得

$$I_A + I_B + I_C = 0 \text{(请注意 } I_A\text{、}I_B\text{、}I_C \text{ 均为流入电流)}$$

可见,任一瞬间,通过任一闭合面的电流的代数和恒等于零。

5. 计算实例

【例 1-3】 如图 1-9 所示,$I_1 = 2\,\text{A}$, $I_2 = -3\,\text{A}$,结合示意图求 I_3 的值。

解 依照基尔霍夫电压定律,有

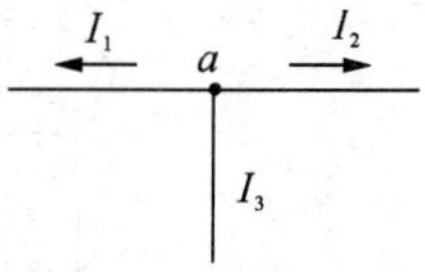

$$I_1 + I_2 + I_3 = 0$$

代入 I_1 和 I_2 的值

$$2 - 3 + I_3 = 0$$

图 1-9 例 1-3 图

得

$$I_3 = 1\,\text{A}$$

1.3.3 基尔霍夫电压定律

在任一瞬间时,沿任一回路循行方向(顺时针或逆时针方向转动),回路中各段电压的代数和恒等于零，这就是基尔霍夫电压定律。

根据基尔霍夫电压定律，如图1-10所示回路中的电压方程为

$$U_1 + U_4 - U_2 - U_3 = 0$$

基尔霍夫电压定律是用来确定回路中各段电压间关系的理论，可结合电路图来理解基尔霍夫电压定律。

1. 回路

回路是一个闭合的电路。在如图1-10所示电路中，E_1、R_1、R_2、E_2 构成一个回路。又如在如图1-6所示电路中，E_1、R_1、R_3 构成一个回路；R_3、R_2、E_2 也构成一个回路。

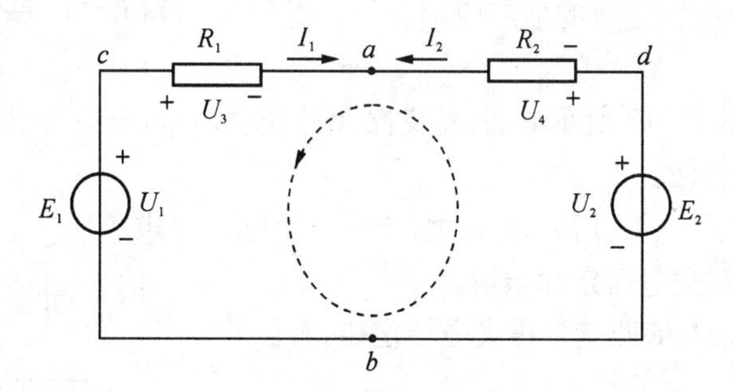

图1-10　基尔霍夫电压定律

2. 回路电压关系

在任一时刻，某一点电位是不会变化的，因此，从回路任一点出发，沿回路循行一周(回到出发点)，则在循行回路中电位降之和等于电位升之和。

回路可进一步分为许多段，如图1-10所示电路中，E_1、R_1、R_2、E_2 构成一个回路，因而也可分为 E_1、R_1、R_2、E_2 四个电压段。从 b 点出发，依照虚线所示方向循行一周，其电位升之和为 $U_2 + U_3$，电位降之和为 $U_1 + U_4$；由回路电压关系可得

$$U_1 + U_4 = U_2 + U_3$$

上式可改写为

$$U_1 + U_4 - U_2 - U_3 = 0$$

即

$$\sum U = 0 \text{（假定电位降为正）} \tag{1-6}$$

这便是基尔霍夫电压定律：回路中各段电压代数和为零。

如图1-10所示电路由电源电动势和电阻构成，因此，式(1-6)可改写为

$$E_1 - E_2 = R_1 I_1 - R_2 I_2$$

即

$$\sum E = \sum RI \tag{1-7}$$

这便是基尔霍夫电压定律在电阻电路中的另一种形式。

3. 基尔霍夫电压定律的推广

基尔霍夫电压定律不仅可应用于回路，也可以推广应用于回路的部分电路。

在如图 1－11 所示电路中，可想象 AB 两点间存在一个如图 1－11 所示方向的电动势，其端电压为 U_{AB}，则 U_A、U_B、U_{AB} 构成一个回路，对想象回路应用基尔霍夫电压定律，有

$$U_{AB}=U_A-U_B$$

这便是基尔霍夫电压定律的推广应用。

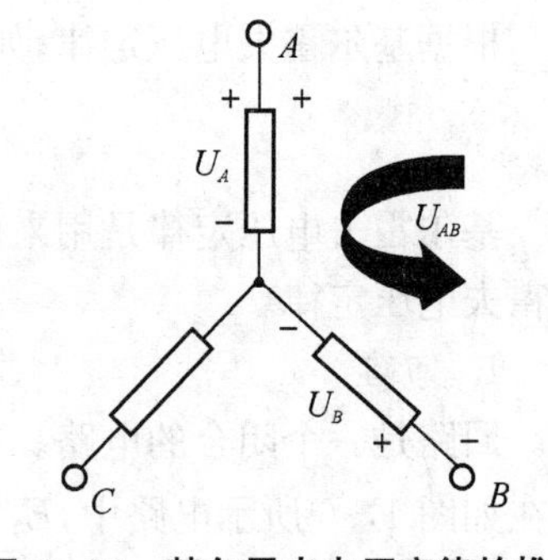

图 1－11　基尔霍夫电压定律的推广

4. 计算实例

【例 1－4】 如图 1－12 所示电路，各支路元件任意，$U_{AB}=5\text{ V}$，$U_{BC}=-4\text{ V}$，$U_{AD}=-3\text{ V}$，试求：(1) U_{CD}；(2) U_{CA}。

解　(1) 在如图 1－12 所示电路中，有一个回路，要求 U_{CD}、U_{CA}，可用基尔霍夫电压定律求解：

(2) 对回路 $ABCD$，依照基尔霍夫电压定律，有

$$U_{AB}+U_{BC}+U_{CD}-U_{AD}=0$$

$$5+(-4)+U_{CD}-(-3)=0$$

$$U_{CD}=-4\text{ V}$$

(3) 对 $ABCA$，它不构成回路，依照基尔霍夫电压定律推广应用，有

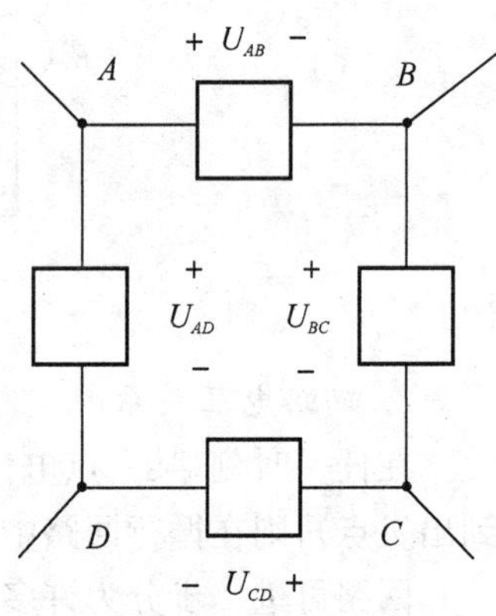

图 1－12　例 1－4 图

$$U_{AB}+U_{BC}+U_{CA}=0$$

$$U_{CA}=-U_{AB}-U_{BC}=-5\text{ V}-(-4\text{ V})=-1\text{ V}$$

1.4　电阻元件的连接及其等效变换

对于复杂电路，纯粹用基尔霍夫定律分析过于困难。因此，需要根据电路元件的连接特点去寻找分析与计算电路的简便方法。本节介绍电阻元件的连接方式及其特点。

电阻元件是构成电路的基本元件之一。电阻元件的连接方式主要有串联连接、并联连接、三角形连接、星形连接、桥式连接等。

1.4.1　电阻元件的串联连接

如果电路中有两个或更多个电阻一个接一个地顺序相连，并且在这些电阻上通过同一电流，则这样的连接方法称为电阻串联。在如图 1－13(a)所示电路中，R_1、R_2 顺序相连，通过同一电流 I，因此 R_1、R_2 两个电阻串联。

串联是电阻元件连接的基本方式之一，也是其他类型电路元件连接的基本方式之一。图 1－13 电阻串联电路中两个电阻 R_1、R_2 串联可用一个电阻 R 来等效替代，这个等效电阻 R 的阻值为 R_1+R_2。图 1－13(a)可用图 1－13(b)等效。

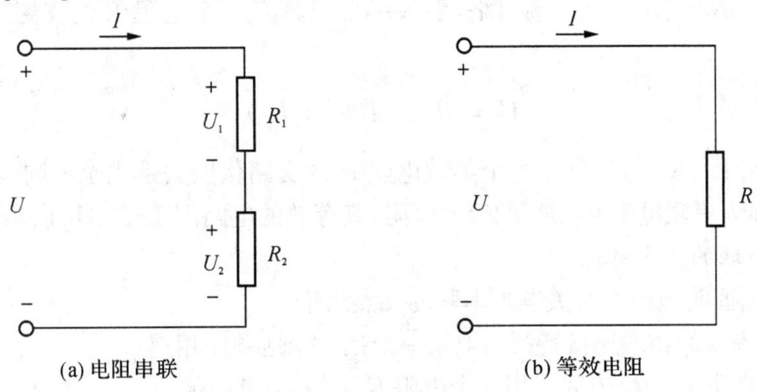

图 1－13　串联电阻等效图

可从以下几个方面理解电阻元件的串联连接。

1. 二端网络的概念

如图 1－14 所示模型，N_1、N_2 由电路元件相连而成、对外只有两个端钮，这个网络整体称为二端网络。理解二端网络是认识等效的基础。二端网络本质上是只有两个外部接线端的电路块。因此，在如图 1－14 所示电路中，存在着 6 个二端网络，它们是：电流源 I_S、电阻 R_0、电阻 R_L 及其两两组合。

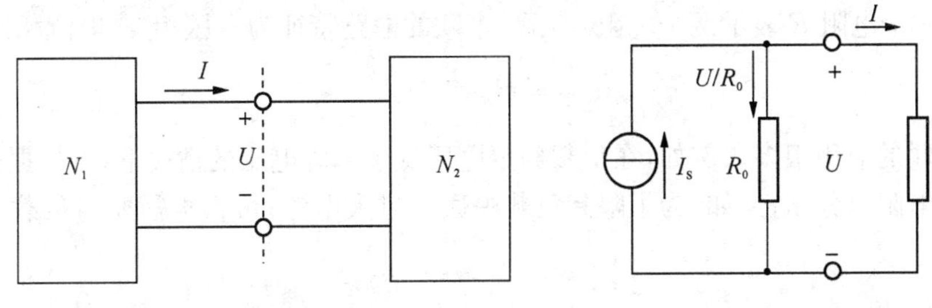

图 1－14　二端网络的概念图 1　　**图 1－15　二端网络的概念图 2**

2. 等效的本质

从二端网络的角度，两个二端网络等效是指对二端网络外部电路而言，它们具有相同的伏安关系。

对二端网络的外部电路而言，如果这两个二端网络的伏安关系相同，那么，它们对二端网络的外部电路的作用也就相同；也就是说，这两个二端网络等效。

在如图 1－15 所示电路中，把电流源 I_S、电阻 R_0 当作一个二端网络 N_1，并假定存在一个电压固定输出为 U 的电池 N_2，则对电阻 R_L 而言，N_1、N_2 是等效的。在二端网络 N_1、N_2 内部，由于它们的电路结构不同，它们的电路特性自然不同，因此，在二端网络 N_1、N_2 内部，它们是不等效的。

3. 电阻串联的等效处理

在如图 1－13(a)所示电路中，R_1、R_2 通过同一电流 I，对该电路应用基尔霍夫定律，

则有

$$U = R_1 I + R_2 I = I(R_1 + R_2)$$

将支路 R_1、R_2 当作一个二端网络，引入一个只具有一个电阻 R 的支路，且 $R = R_1 + R_2$，则有

$$U = IR = I(R_1 + R_2)$$

可见，支路 R_1、R_2 与只具有一个等效电阻 R 的支路伏安关系完全相同，两者等效。把支路电阻 R 称为串联电阻 R_1、R_2 的等效电阻，其等效的电路图 1 - 13(b)所示。

4. 电阻串联的几点结论

下面，不加证明地给出有关电阻串联的几点结论：

(1) 电阻串联的物理连接特征为电阻一个接一个地顺序相连；

(2) 两个电阻 R_1、R_2 串联可用一个电阻 R 来等效，其阻值为

$$R = R_1 + R_2 \tag{1-8}$$

(3) 串联电阻上电压的分配与电阻的阻值成正比，电阻 R_1、R_2 上的电压为

$$U_{R_1} = \frac{R_1}{R_1 + R_2} U \tag{1-9}$$

$$U_{R_2} = \frac{R_2}{R_1 + R_2} U \tag{1-10}$$

(4) 用一个电阻 R 表示两个电阻 R_1、R_2 串联的电路特征为电压相加，电流相同，即

$$U_R = U_{R_1} + U_{R_2}$$

电阻串联的应用很多。例如，在负载额定电压低于电源电压的情况下，可根据需要与负载串联一个电阻以分压；又如，为了限制负载中通过过大电流，可根据需要与负载串联一个限流电阻。

1.4.2 电阻元件的并联连接

如果电路中有两个或更多个电阻连接在两个公共的结点之间，则这样的连接方法称为电阻并联。在图 1 - 16(a)所示电路中，R_1、R_2 连接在两个公共的结点之间，我们说 R_1、R_2 两个电阻并联。

两个电阻 R_1、R_2 并联可用一个电阻 R 来等效代替，这个等效电阻 R 的阻值的倒数为 $1/R_1 + 1/R_2$。图 1 - 16(a)图可用(b)图等效。

1. 电阻并联的等效处理解释

在如图 1 - 16(a)所示电路中对 R_1、R_2 回路应用基尔霍夫定律，则有

$$U = I_1 R_1 = I_2 R_2$$

将两个支路 R_1、R_2 当作一个二端网络引入一个只具有一个电阻 R 的支路，并假设两者伏安关系完全相同。则有

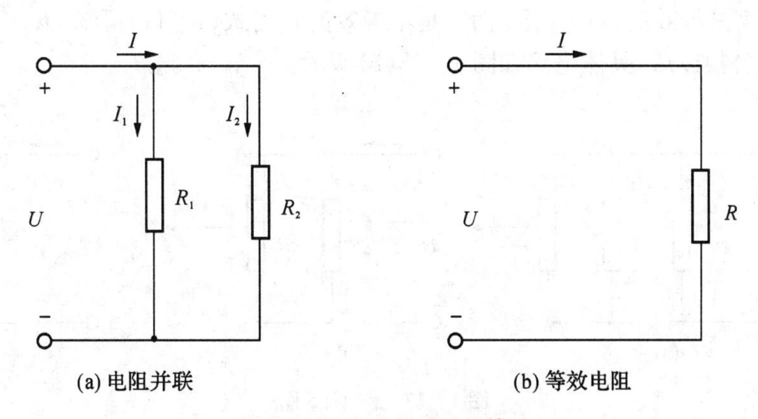

(a) 电阻并联　(b) 等效电阻

图 1-16　电阻并联及其等效

$$U = IR = (I_1 + I_2)R = U\left(\frac{1}{R_1} + \frac{1}{R_2}\right)R$$

当 $\frac{1}{R} = \frac{1}{R_1} + \frac{1}{R_2}$ 时，两者伏安关系完全相同。因此，这两个电阻 R_1、R_2 并联可用只具有一个电阻 R 的支路来等效。

2. 关于电阻并联的几点结论

(1) 电阻并联的物理连接特征为两个或更多个电阻连接在两个公共的结点之间；

(2) 两个电阻 R_1、R_2 并联可用一个电阻 R 来等效，两者之间关系如下：

$$\frac{1}{R} = \frac{1}{R_1} + \frac{1}{R_2} \tag{1-11}$$

(3) 并联电阻上电流的分配与电阻的阻值成反比，电阻 R_1、R_2 上的电流为

$$I_{R_1} = \frac{R_2}{R_1 + R_2} I \tag{1-12}$$

$$I_{R_2} = \frac{R_1}{R_1 + R_2} I \tag{1-13}$$

(4) 用一个电阻 R 表示两点电阻 R_1、R_2 并联的电路特征为电压相同，电流相加，即

$$I_R = I_{R_1} + I_{R_2}$$

一般负载都是并联使用的。各个不同的负载并联时，它们处于同一电压下，由于负载电阻一般都远大于电压电源内阻，因此，任何一个负载的工作情况基本不受其他负载的影响。

1.4.3　通过合并串联电阻简化电路

【例 1-5】 如图 1-17(a)所示电路，已知 $R_1 = 4\,\Omega$，$R_2 = R_3 = 8\,\Omega$，$U = 4\,\text{V}$。求出 I、I_1、I_2、I_3。

解　在如图 1-17(a)所示电路中，R_1、R_2、R_3 并联可用 R_{23} 等效替换 R_2、R_3（这种变换

对电阻 R_1 而言是等效的，对 R_2、R_3 而言是不等效的)，由式(1-11)可知，$R_{23}=4\ \Omega$；$I_{23}=I_2+I_3$。等效替换以后，具体电路如图 1-17(b)所示。

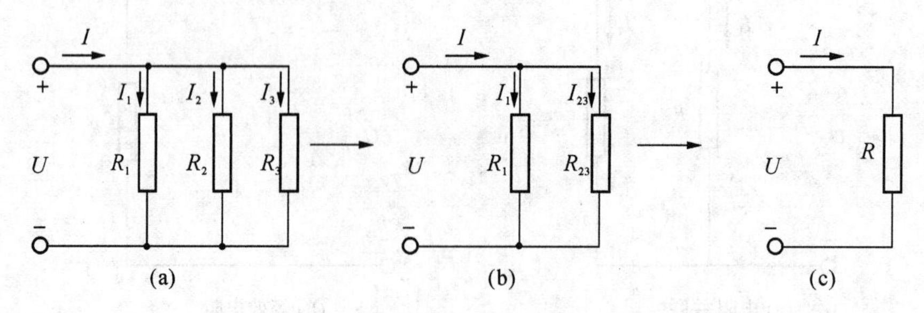

图 1-17　例 1-5 图

在如图 1-17(b)所示的电路中，R_1、R_{23} 并联，可用电阻 R 等效替换 R_1、R_{23}。由式(1-11)可知，$R_1=2\ \Omega$，$I=I_{23}+I_1=2\ \text{A}$，等效替换以后，具体电路如图 1-17(c)所示。

可求得

$$I=U/R=2\ \text{A}$$

由式(1-12)得

$$I_{23}=\frac{R_1}{R_1+R_{23}}I=1\ \text{A}$$

$$I_1=\frac{R_1}{R_1+R_{23}}I=1\ \text{A}$$

同理

$$I_2=\frac{R_3}{R_2+R_3}I_{23}=0.5\ \text{A}$$

$$I_3=\frac{R_2}{R_2+R_3}I_{23}=0.5\ \text{A}$$

【例 1-6】　电路如图 1-18(a)所示，已知 $R_1=4\ \Omega$，$R_2=R_3=2\ \Omega$，$R_4=R_5=8\ \Omega$，$U=6\ \text{V}$。求出 I、U_1。

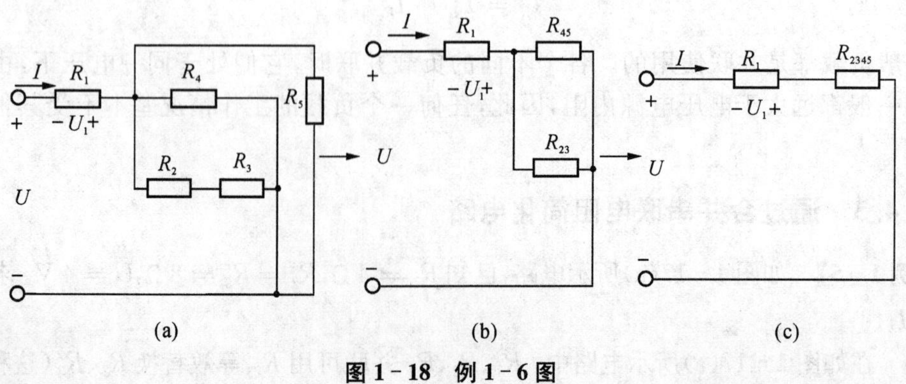

图 1-18　例 1-6 图

解　(1) 在如图 1-18(a)所示电路中，R_2、R_3 串联，可用电阻 R_{23} 等效替换 R_2、R_3。由式(1-8)可知，$R_{23}=4\,\Omega$。又有 R_4、R_5 并联，可用电阻 R_{45} 等效替换 R_4、R_5。由式(1-11)可知，$R_{45}=4\,\Omega$。等效替换以后，具体电路如图 1-18(b)所示。

在如图 1-18(b)所示电路中，R_{23}、R_{45} 并联，可用电阻 R_{2345} 等效替换 R_{23}、R_{45}。由式(1-11)可知，$R_{2345}=2\,\Omega$。等效替换以后，具体电路如图 1-18(c)所示。

在如图 1-18(c)所示电路中，R_1、R_{2345} 串联，可求得

$$I=U/(R_1+R_{2345})=6/(4+2)=1\ \text{A}$$

$$U_1=\frac{-R_1}{R_1+R_{2345}}U=-4\ \text{V}$$

【例 1-7】　电路如图 1-19(a)所示。求出 I、I_7。

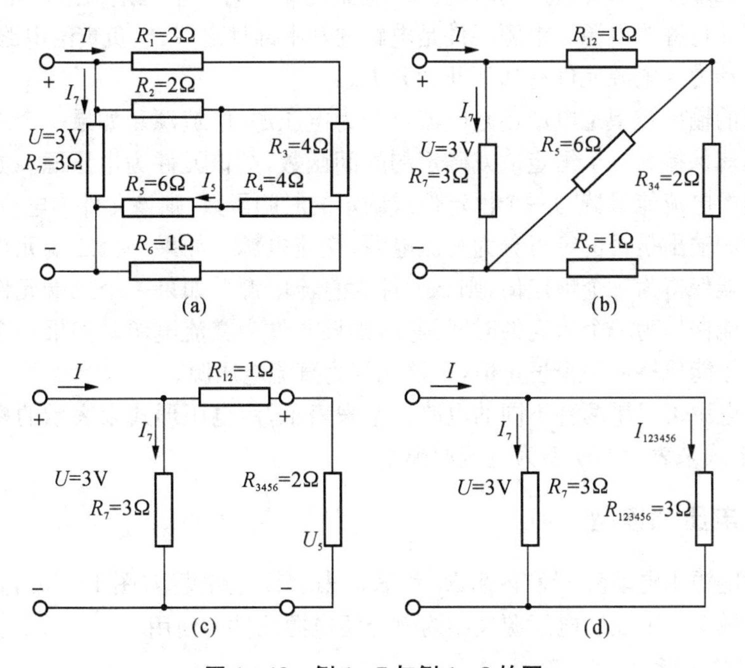

图 1-19　例 1-7 与例 1-8 的图

解　在如图 1-19(a)所示电路中，R_1、R_2 并联，可用电阻 R_{12} 等效替换 R_1、R_2。由式(1-11)可知，$R_{12}=1\,\Omega$。又有 R_3、R_4 并联，可用电阻 R_{34} 等效替换 R_3、R_4。由式(1-11)可知，$R_{34}=2\,\Omega$。等效替换以后，具体电路如图 1-19(b)。

在如图 1-19(b)所示电路中，R_{34}、R_6 串联，可用电阻 R_{346} 等效替换 R_{34}、R_6。由式(1-8)可知，$R_{346}=3\,\Omega$。又有 R_{346}、R_5 并联可用电阻 R_{3456} 等效替换 R_{346}、R_5。由式(1-11)可知，$R_{3456}=2\,\Omega$。等效替换后，具体电路如图 1-19(c)。

在如图 1-19(c)所示电路中，R_{12}、R_{3456} 串联，可用电阻 R_{123456} 等效替换 R_{12}、R_{3456}。由式(1-8)可知，$R_{123456}=3\,\Omega$。等效替换以后，具体电路如图 1-19(d)所示。

在如图 1-19(d)所示的电路中，分别对 R_{123456}、R_7 应用欧姆定律，有

$$I_7=U/R_7=3/3=1\ \text{A}$$

$$I_{123456}=U/R_{123456}=3/3=1\text{ A},\ I=I_7+I_{123456}=2\text{ A}$$

【例 1-8】 电路如图 1-19(a)所示。求出 R_5 上的电流 I_5。

解 可根据例 1-7 的计算结果直接求解。

由如图 1-19(b)所示电路及电阻串并联性质可知，$U_5=U_{3456}$，又 $I_{123456}=1\text{ A}$，则有 $U_5=U_{3456}=2\text{ V}$，所以 $I_5=U_5/R_5=2/6=1/3\text{ A}$。

1.5 电源元件的使用及其模型

如果一个二端元件对外输出的端电压或电流能保持为一个恒定值或确定的时间函数，就把这个二端元件称为电源。电源元件是电路的基本部件之一，它负责给电路提供能量，是电路工作的源动力。电源元件有如下几种分类。

依照电源的输出类型是电压还是电流可分为电压源、电流源。如果一个二端元件对外输出的端电压能保持为一个恒定值或确定的时间函数，则该元件为电压源。如果一个二端元件对外输出的电流能保持为一个恒定值或确定的时间函数，则该元件为电流源。

依照电源的输出是否恒定可分为直流电源、交流电源。如果一个二端元件对外输出的端电压或电流能保持为一个恒定值，则该元件为直流电源。如果一个二端元件对外输出的端电压或电流能保持为一个确定的时间函数，则该元件为交流电源。如果一个二端元件对外输出的端电压能保持为一个恒定值，则该元件为直流电压源。

一个实际电源可以用两种不同的电路模型来表示，用电压形式来表示的模型为电压源模型；用电流形式来表示的模型为电流源模型。

1.5.1 电压源模型

一个实际电源用电动势 E 和内阻 R_0 串联来表示其电路模型(图 1-20)，是一种使用非常广泛的电源模型。下面以电压源模型为例介绍电源元件的使用。

1. *有载工作分析*

所谓电源有载工作是指电源开关闭合，电源与负载接通构成电流回路的电路状态。下面通过一个简单电路(手电筒电路)来分析电压源的有载工作状态及其特点。

【例 1-9】 如图 1-20 所示手电筒电路，请计算并分析开关闭合后的电路的伏安关系。

解 在如图 1-20 所示电路中，开关闭合后，电源与负载接通，形成电流回路，电源处于有载工作状态。

分别对电路电源端电压 U 和电源电动势 E 应用欧姆定律，可列出以下两式：

$$\left.\begin{aligned}I&=\frac{E}{R_0+R_L}\\U&=R_LI\end{aligned}\right\}\tag{1-14}$$

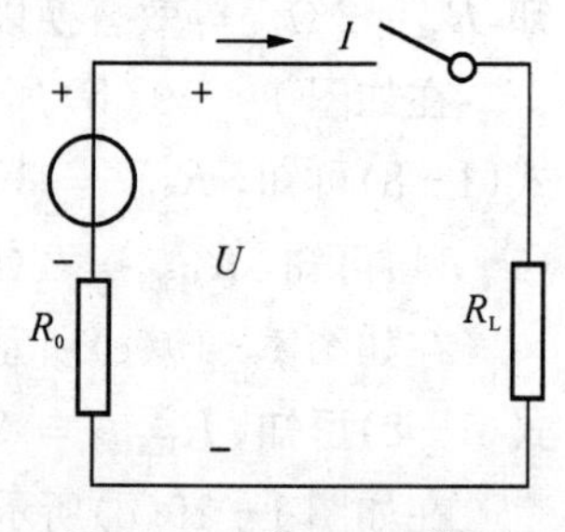

图 1-20 例 1-9 的图

由此可得

$$U = E - R_0 I \tag{1-15}$$

式(1-15)是电压源的数学描述，通过它可进一步分析并总结出电压源的基本特征。为更直观的观察电压源的特征，将式(1-15)用图形表示如图1-21所示，把它称为电压源外曲线特征，表明了电源驱动外部负载的能力。

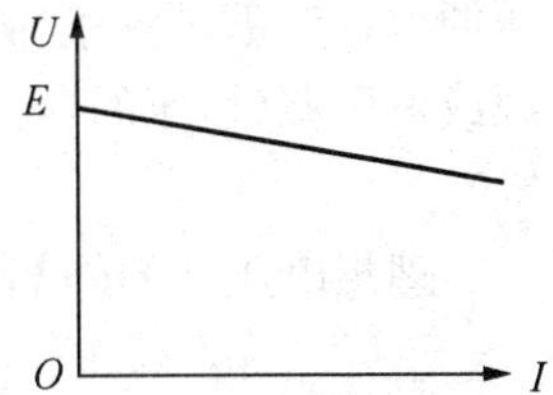

图1-21　电源外特性曲线

由图可见，电源端电压小于电源电动势，其下降斜率与电源内阻有关。当电源内阻远小于电路负载时，电源端电压近似为电源电动势，但当负载电阻与电源内阻可以比拟时，电源端电压随负载电流波动较大。

表征电源的外部特性常用功率，将式(1-15)各项乘以 I，则得到功率平衡式为

$$UI = EI - R_0 I^2 \tag{1-16}$$

用功率表示为

$$P = P_E - \Delta P \tag{1-17}$$

式中，$P = UI$ 为电源输出功率；$P_E = EI$ 为电源产生功率；$\Delta P = R_0 I^2$ 为电源内阻消耗功率。

式(1-17)表明，在一个电路中，电源产生的功率等于负载取用的功率与电源内阻消耗的功率的和，称为功率平衡。

【例1-10】 有一节9 V的干电池(E_1)和一个3 V的直流源(E_2)，假定它们的内阻均为10 Ω。现将它们并联连接(“+”极接“+”极、“−”极接“−”极)，试说明它们的功率平衡。

解　(1) 首先建立电路模型。根据题意，其电路如图1-22所示。

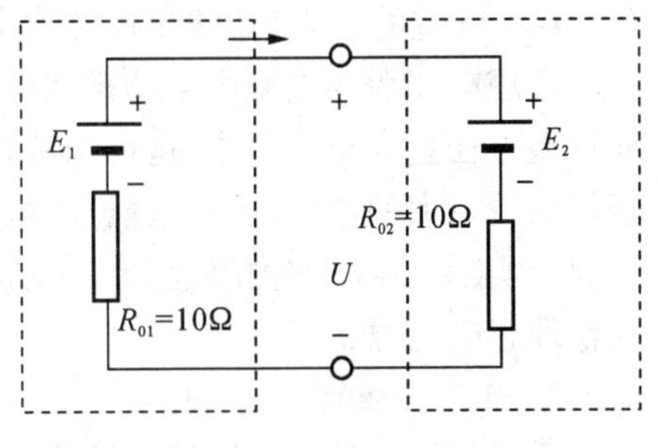

图1-22　例1-10的图

(2) 对左右两边分别利用基尔霍夫定律，列出方程组如下

$$\begin{cases} 9 = U + 10I \\ 3 = U - 10I \end{cases}$$

得　$U = 6\ \text{V}, I = 0.3\ \text{A}$

(3) 在本电路中，干电池为电源，直流源为负载，依功率平衡应有

$$UI = E_1 I - R_{01} I^2,\ 6 \times 0.3 = 9 \times 0.3 - 10 \times 0.3^2 \text{(输出功率)}$$

$$UI = E_1 I + R_{02} I^2,\ 6 \times 0.3 = 9 \times 0.3 + 10 \times 0.3^2 \text{(输出功率)}$$

可见上面的电路满足功率平衡：电源产生功率为2.7 W，电源输出功率为1.8 W，直流源取用功率为1.8 W，电源内阻消耗功率为0.9 W。

特别说明：一般情况下，实际的干电池、直流电压源是不能直接并联的(请读者自己思考原因)。

2. 电压源的理想化特性

电压源是用电动势 E 和内阻 R_0 串联来表示电源的电路模型的，其数学描述为

$$U = E - R_0 I$$

当 $R_0 = 0$（即 $U = E$）时，也就是说，电压源的内阻等于零时，电压源端电压 U 恒等于电压源电动势 E，是一定值，而其中的电流 I 由负载电阻 R_L 确定，这样的电压源称为理想电压源或恒压源（恒压的含义是指直流电压或者电压是按一定的规律变化的时间函数，其幅值恒定）。

理想电压源的外部特征如图 1-23 所示，其电路模型如图 1-24 所示。

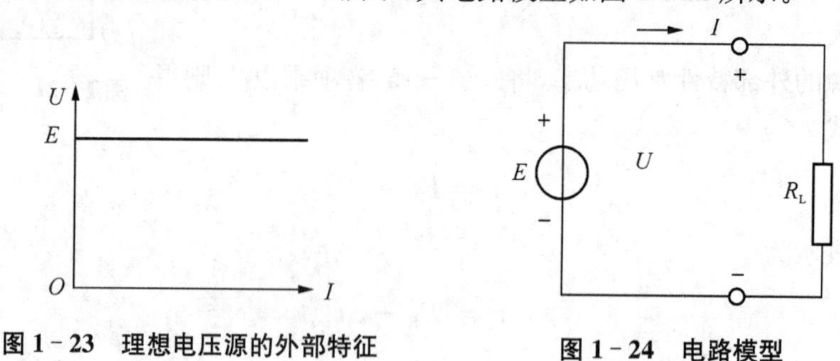

图 1-23 理想电压源的外部特征　　图 1-24 电路模型

通过理想电压源的特征曲线，可写出其端电压和电流的关系：

$$\left.\begin{array}{l} U = E \\ I = \text{任意（取决于负载）} \end{array}\right\} \tag{1-18}$$

与实际电压源（$U=E-R_0 I$）相比，理想电压源是理想的电源，具有以下两个基本性质：

(1) 其端电压 U 是一定值，与流过的电流 I 的大小无关；也就是说端电压 U 不因与电压源相连接的外电路不同而变化。

(2) 流过的电流是任意的，其数值由与电压源相连接的外电路决定。

理想电压源的电源产生功率完全被负载取用，其输出功率等于电源产生功率。另外，它允许流过任意大小的电流，这意味着它可以提供无穷大的功率，而任何一个实际电源均不可能提供无穷大的功率，因此，理想的电压源是不存在的。

当实际电压源的内阻远远小于负载电阻时，电压源内阻可以忽略，这时，实际电压源可视作理想电压源。

3. 开路与短路

开路与短路是电源使用中最基本的两个概念。电源开路是指电源开关断开，电源的端电压等于电源电动势，电路电流为零，电源输出功率为零的电路状态。

电源开路用表达式表示为

$$\left.\begin{array}{l} I = 0 \\ U = U_0 = E \\ P = 0 \end{array}\right\} \tag{1-19}$$

电源开路示意图如图 1-25 所示。电源开路时电路电流为零，电源输出功率为零，电子设备没有启动，电路显然不能工作，因此，开启电路电源是电路开始工作的第一步。

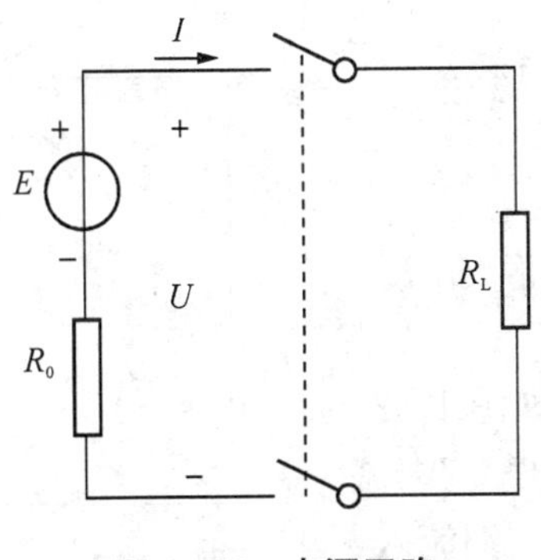

图1-25　电源开路

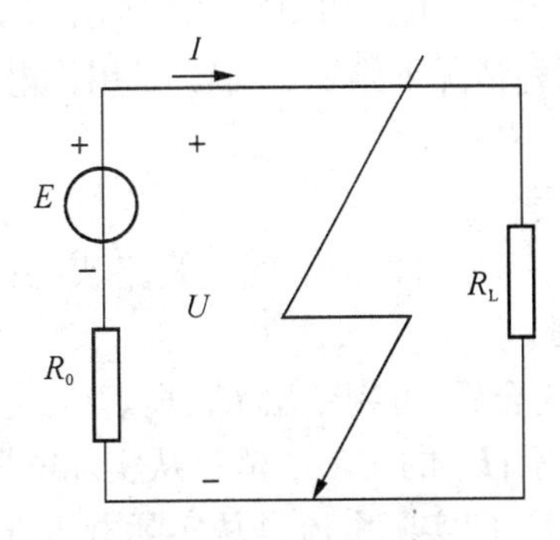

图1-26　电源短路

电源短路是指电源两端由于某种原因而直接被导线连接的电路状态。电源短路时电路的负载电阻为零，电源的端电压为零，电压内部将流过很大的短路电流。示意图如图1-26所示。

电源短路用表达式表示为

$$\left.\begin{aligned} &I = I_S = E/R_0 \\ &U = 0 \\ &P = 0 \\ &P_E = \Delta P = R_0 I^2 \end{aligned}\right\} \qquad (1-20)$$

电源短路是一种非常危险的电路状态，巨大的短路电流将烧坏电源，甚至引起火灾等事故。

从式(1-19)、式(1-20)可知：电源开路时开路电压等于电源电动势，电源短路时短路电流为电源可输出的最大电流。因此，电源开路电压、短路电流是实际电源的基本参数之一。

【例1-11】　若电源的开路电压U_0为12 V，其短路电流I_S为30 A，请问电源的电动势E和内阻R各为多少？

解　电源开路时，开路电压等于电源电动势，所以$E = U_0 = 12\text{V}$，短路电流$I_S = E/R_0$，所以

$$R_0 = E/I_S = 12/30 = 0.4(\Omega)$$

4. 电源与负载的判别

一般来说，电源元件是作为提供功率的元件出现的，但是，有时也可能以吸收功率作为负载出现在电路中。如图1-22所示的电路中的直流源便是以负载形式出现在电路中的。因此，分析电路还要判断哪个元件起电源作用、哪个元件起负载作用？

有两种办法确定某一元件是电源还是负载。

(1) 根据电压和电流的实际方向来判别，方法如下：

实际电流是从电压的"＋"端流出，U和I方向相反，则该元件为电源；

实际电流是从电压的"＋"端流入，U和I方向相同，则该元件为负载。

(2) 根据电压和电流的参考方向来判别，方法如下：

当元件U、I的参考方向取关联方向时，若$P = UI$为正值，该元件为负载，反之，为电源；

当元件U、I的参考方向为非关联方向时，若$P = UI$为正值，该元件为电源，反之，为负载。

【例 1-12】 电路如图 1-27 所示，$E_1 = 6\,V$，$E_2 = 3\,V$，请在下面两种情况下判别 E_1、E_2 是用作电源还是负载？

(1) S 断开；

(2) S 闭合。

解 (1) S 断开时，E_1 处于开路状态；E_2 为电源，给 R_1、R_2 提供能量。

(2) S 闭合后，可判断出 E_1、E_2、I 的实际方向如图 1-27 参考方向所示；E_1 的实际电流是从实际电压方向的“+”端流出，为电源；E_2 的实际电流是从实际电压方向的“+”端流入，为负载。

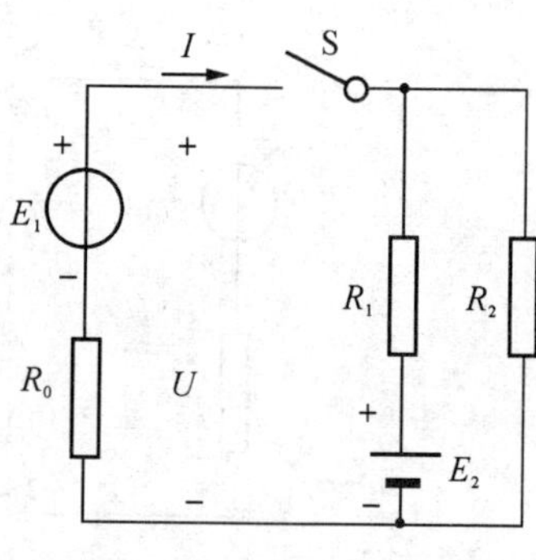

图 1-27 例 1-12 图

5. 额定值与实际值

虽然理想的电压源是不存在的，但当一个实际电压源内阻远远小于负载电阻时，可以把这个实际电压源当作理想的电压源。一般情况下，实际电压源的内阻都远远小于负载电阻，因此，在绝大多数场合下，负载两端的电压基本保持不变。随着负载数目的增加，负载所取用的总电流和总功率也在增加，也就是说，电源输出的功率和电流决定于负载的大小。

既然电源输出功率可大可小，那么是否存在一个最合适的数值呢？对负载而言，它是否也存在着一个最合适的电压、电流和功率呢？为回答这个问题，下面介绍额定值的概念。

额定值是厂家为了使产品能在给定的工作条件下正常运行而对电压、电流、功率及其他正常运行必须保证的参数规定的正常允许值。额定值是电子设备的重要参数，电子设备在使用时必须遵循电子设备使用时的额定电压、电流、功率及其他正常运行必须保证的参数，这是电子设备的基本使用规则。假如有一个电压额定值为 220 V、60 W 的灯泡，如果将它直接用于 380 V 的电源上，那么灯泡的灯丝将通过比它额定值大得多的电流，由于灯丝所使用的材料不能承受如此大的电流，灯丝将迅速被烧断。若将它用于 110 V 的电源上，灯泡的灯丝将通过比它额定值小得多的电流，灯丝消耗的功率明显减少以后，其照明效果也就会明显降低，甚至达不到照明目的。

当然，实际电子设备受实际线路、其他负载等各种实际因素的影响，电压、电流、功率等实际值不一定等于其额定值，但为了保证设备的正常运行及使用效率，它们的实际值必须与其额定值相差不多且一般不可超过其额定值。

【例 1-13】 有一个额定值为 5 W、500 Ω 的线绕电阻，其额定电流为多少？使用时电压不得超过多少？

解 功率的计算公式 $P = U \times I$，结合欧姆定律，$P = R \times I^2$，所以，额定电流

$$I = \sqrt{\frac{P}{R}} = 0.1(\mathrm{A})$$

额定电压

$$U = RI = 500 \times 0.1 = 50(\mathrm{V})$$

所以，该线绕电阻额定电流为 0.1 A，使用时电压不得超过 50 V。

1.5.2 电流源模型

一个实际电源除了可以用电压源模型表示外，还可以用电流源模型表示。如图 1-28

所示电路是用电流表示的实际电源的电路模型，为 I_S 和 U/R_0 两条支路的并联。I_S 为电源的短路电流 U/R_0，为用电流来表示的电源而引入的另一个电流。

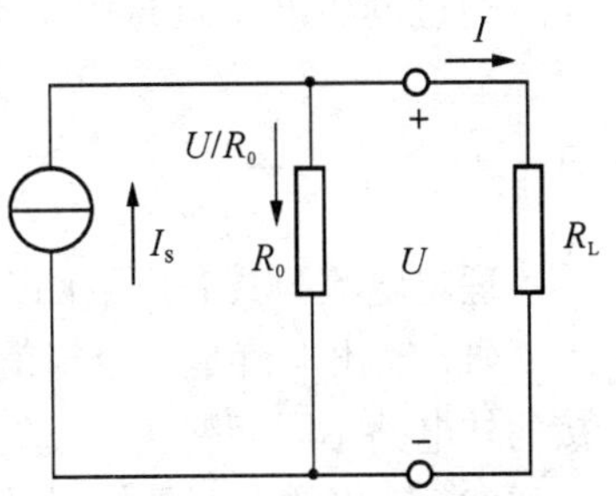

图 1-28　电流源电路模型

1. 电流源的数学模型

电压源模型用电动势 E 和内阻 R 串联来表示，而电流源用 I_S和 U/R_0两条支路的并联来表示。电压源、电流源是实际电源的两种不同表示模型，电流源的模型可以直接从电压源的模型中导出。

电压源的数学模型为$U=E-R_0$，公式两边除以R_0，有

$$U/R_0 = E/R_0 - I \tag{1-21}$$

$$E/R_0 = U/R_0 + I$$

引入电源的短路电流 I_S，显然，$I_S = E/R_0$，则式(1-21)变为

$$I_S = \frac{U}{R_0} + I$$

式中，I_S为电源的短路电流；R_0为电源内阻；I 为负载电流。

这便是电流源的数学模型。

当然，上式也可以直接由电流源的电路模型求出。在如图 1-28 所示电路中对上部结点应用基尔霍夫电流定律，有

$$I_S = \frac{U}{R_0} + I \tag{1-22}$$

上式是电流源的数学描述，通过它可以进一步分析并总结出电流源的基本特征。为更直观地观察电流源特性，用如图 1-29 所示的图形表示，它表明了电流源驱动外部负载的能力。

由图 1-29 可见，当电流源开路时，$I=0$，$U=U_0=I_SR_0$；当电流源短路时，$I=I_S$，$U=0$。其斜率与内阻 R_0有关，电源内阻愈大，直线愈陡。

2. 电流源的理想化特性

在式(1-22)中，令 $R_0=\infty$（相当于并联支路 R_0 断开），则 $I=I_S$，也就是说，负载电流 I 固定等于电流源短路电流 I_S，而其两端的电压则是任意的，仅由负载电阻及电源短路电流 I_S 确定。我们把这样的电流源称为理想电流源或恒流源。

理想电流源的外特性曲线如图 1-29 所示，其电路模型如图 1-30 所示。

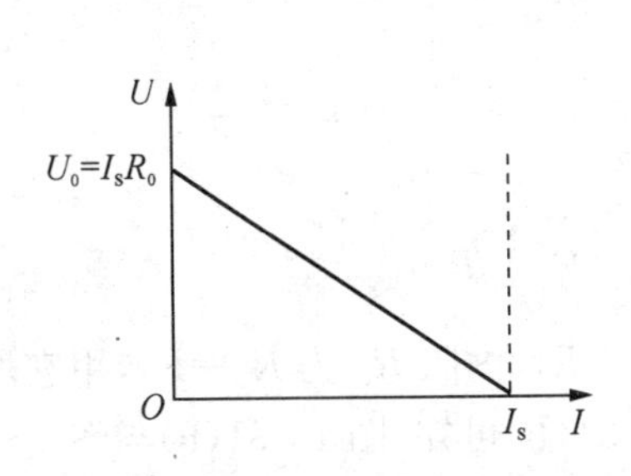

图 1-29　电流源外特性曲线

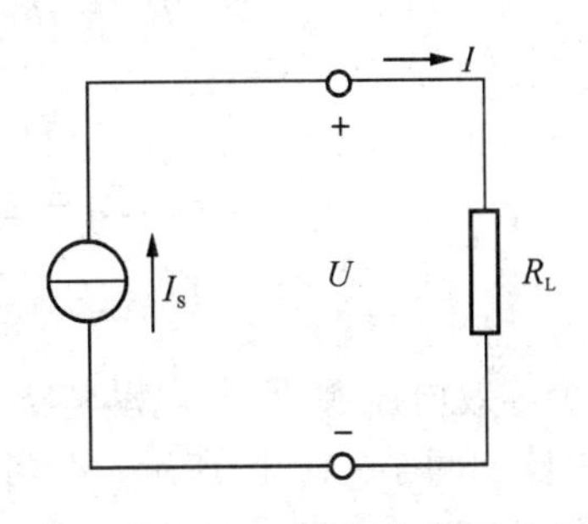

图 1-30　理想电流源

通过理想电流源的特性曲线，可写出其端电压和电流的关系：

$$\left.\begin{aligned} I &= I_S \\ U &= \text{任意(由负载决定)} \end{aligned}\right\} \tag{1-23}$$

理想电流源具有以下两个基本性质：

(1) 输出电流是一个定值 I_S，与端电压 U 无关。也就是说输出电流不因与电流源相连接的外电路不同而变化。

(2) 输出的电压是任意的，其数值由与电流源相连接的外电路决定。

实际上，理想电流源是不存在的，但当电流源的内阻远远大于负载电阻时，可当作理想电流源。

3. 电压源与电流源比较

电压源与电流源是电源的两种模型，关于这两种模型在电路分析中的应用，我们将在下一节介绍，此处仅对两种模型作简单比较：

(1) 电压源与电流源是实际电源的两种不同的表示方法：电压源用电动势 E 和内阻 R_0 串联来表示($U=E-R_0I$)；电流源用电源的短路电流 I_S 和内阻 R_0 并联表示 ($I_S=U/R_0+I$)。

(2) 理想电压源电压恒定，内阻 R_0 无穷小；理想电流源电流恒定，内阻 R_0 无穷大。

(3) 对负载电阻 R_L 而言，无论是用电压源表示的电源还是用电流源表示的电源，其负载特性是相同的，其负载电流 I 和负载电压 U 并不会发生变化。

1.6 电源元件的连接及其变换

在实际应用中，有时经常使用多个电源给电子设备供电，如手电筒使用多节干电池便属于此类型。因此，像电阻元件一样，电源元件也存在连接问题。

下面通过电压源模型的连接来理解电源元件的连接问题。

1.6.1 电压源连接

两个电压源 E_1、E_2 的串联模型如图 1-31(a)所示。对图 1-31(a)所示电路应用基尔霍夫电压定律有

$$E_1+E_2=IR_2+IR_1+IR_L=I(R_1+R_2)+IR_L$$

所以

$$I=(E_1+E_2)/(R_1+R_2+R_L)$$

$$U=E_1+E_2-I(R_1+R_2)$$

引入一个等效电压源 E，其电动势 E 为 E_1+E_2，内阻 R_0 为 R_1+R_2，用它取代电压源 E_1+E_2，其电路如图 1-31(b)所示。分析图 1-31(b)可知，图 1-31(b)与图 1-31(a)具有相同的伏安特性，即对电阻 R_L 而言，电压源 E 与电压源 E_1、E_2 的串联连接等效。由此，可

得出电压源串联连接的结论。

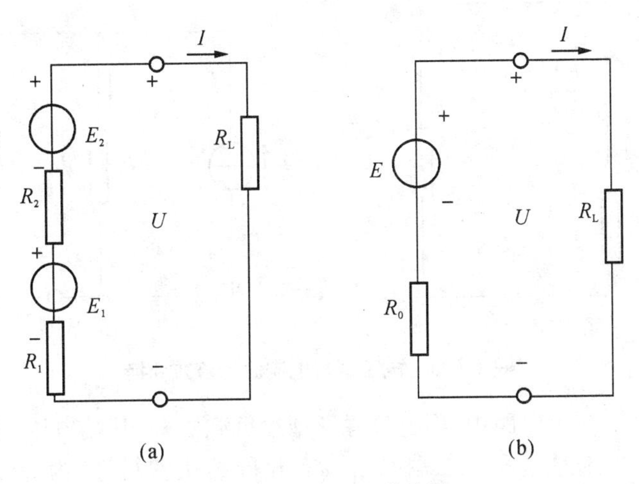

图 1-31　电压源的连接

对负载而言，多个电压源串联可用一个电压源等效，其电动势为多个电压源电动势的代数和，内阻为多个电压源各自内阻的和。可通过串接电压源提高负载的工作电压。

两个电压源 E_1、E_2 的并联连接的模型如图 1-32 所示。若 $E_1 > E_2$，负载端电压为 U，一般情况下，$R_L \gg R_2$、$R_L \gg R_1$，求解电路有：

$$I = (E_1 - E_2)/(R_1 + R_2)$$

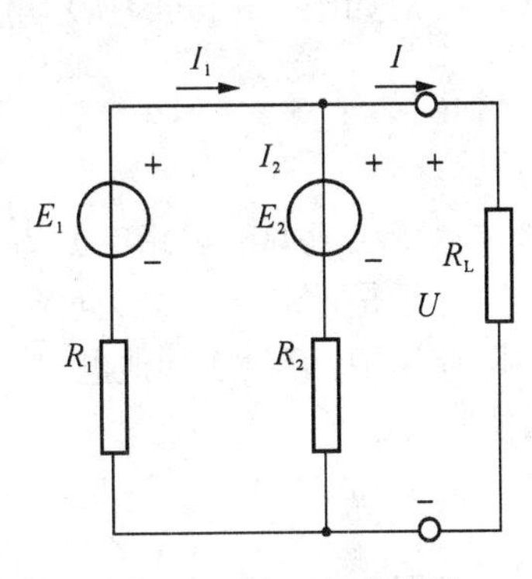

图 1-32　电压源的并联

由于电压源内阻一般均很小，所以两个具有不同电动势的电压源并联，高电动势的电压源将产生很大的输出电流，低电动势的电压源将流入很大的电流。一般情况下，它将超过电源本身的承受能力，从而毁坏电源。因此，一般情况下，不同电压源不能相互并联；但当两个电压源电动势、内阻相同时，可以相互并联以提高负载能力。

下面直接给出电流源相互连接的特点：

对负载而言，多个电流源并联可用一个电流源等效，其短路电流为多个电流源短路电流的代数和，内阻分别为多个电流源内阻的并联内阻。可通过并联电流源提高负载的工作电流。一般情况下，不同电流源不能相互串联。

1.6.2　电压源与电流源的等效变换

上一节介绍了电压源、电流源的数学描述及其外特性。通过比较它们的数学描述及其外特性，不难发现，对负载电阻 R_L 而言，无论是用电压源表示的电源还是用电流源表示的电源，其负载特性是相同的。因此，对负载电阻 R_L 而言，电压源与电流源相互间是等效的，可以进行等效变换。下面结合如图 1-33 所示电路来分析电压源、电流源两种电源等效变换模型以及相互转换的方法。

在如图 1-33(a)所示电路中，用电压源模型给负载供电，其端电压、电流分别为 U、I。

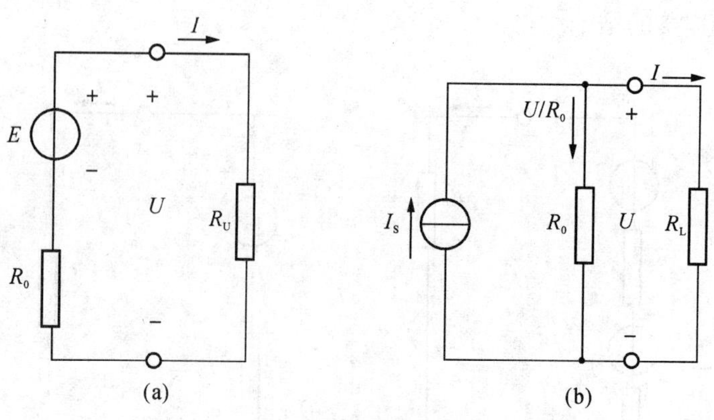

图 1-33 电压源与电流源的等效变换

在如图 1-33(b)所示电路中，用电流源模型给负载供电，其端电压、电流也为 U、I。对负载而言，电压源、电流源这两个二端网络具有相同的伏安特性，为等效二端网络。对如图 1-33(a)所示电路应用基尔霍夫电压定律，有

$$U = E - R_0 I \tag{1-24}$$

对如图 1-33(b)所示电路应用基尔霍夫电流定律，有

$$I_S = \frac{U}{R_0} + I \tag{1-25}$$

令电流源的短路电流 $I_S = E/R_0$，则式(1-24)与式(1-25)完全相同。

于是，图 1-33(a)向图 1-33(b)(电压源向电流源)转换时，各转换参数如下：R_0(在实际应用中，可包括其他电阻)不变，电源的短路电流 I_S 为

$$I_S = \frac{E}{R_0} \tag{1-26}$$

图 1-33(b)向图 1-33(a)(电流源向电压源)转换时，各转换参数如下：R_0(在实际应用中，可包括其他电阻)不变，电源的电动势 E 为

$$E = I_S R_0 \tag{1-27}$$

由式(1-26)、式(1-27)不难发现：理想电压源与理想电流源是不能相互转换的。

下面，结合几个例子来理解电压源、电流源两种模型转换的应用。

【例 1-14】 有一直流发电机，$E = 250\,\text{V}$，$R_0 = 1\,\Omega$，负载电阻 $R_L = 24\,\Omega$。请用电源的两种模型分别计算负载电阻上的电压 U 和电流 I，并计算电源内部的损耗和内阻上的压降。

解 画出电路图如图 1-33 所示。

对如图 1-33(a)所示电路应用基尔霍夫电压定律，有

$$I = \frac{E}{R_0 + R_L} = \frac{250}{1 + 24} = 10(\text{A})$$

$$U = IR_L = 10 \times 24 = 240(\text{V})$$

对如图 1-33(b)所示电路，由式(1-26)得 $I_S = E/R_0 = 250(\text{A})$，故有

$$I = \frac{R_0}{R_0 + R_L} I_S = \frac{1}{1+24} \times 250 = 10(\mathrm{A})$$

$$U = IR_L = 10 \times 24 = 240(\mathrm{V})$$

可见：电压源与电流源的相互转换对外部负载 R_L 是等效的。

如图 1－33(a)所示电路内部的损耗和内阻上的压降：

$$\Delta U = IR_0 = 10(\mathrm{V})$$

$$\Delta P_0 = I^2 R_0 = 10^2 \times 1 = 100(\mathrm{W})$$

如图 1－33(b)所示电路内部的损耗和内阻上的压降：

$$\Delta U = IR_0 = \frac{U}{R_0} R_0 = U = 240(\mathrm{V})$$

$$\Delta P_0 = I^2 R_0 = \left(\frac{U}{R_0}\right)^2 R_0 = 240^2 \times 1 = 57.6(\mathrm{kW})$$

可见：电压源与电流源的相互转换对外部负载 R_L 是等效的，但对电源内部，是不等效的。

【例 1－15】 计算如图 1－34(a)所示电路中 2 Ω 电阻上的电流 I。

解 在图 1－34 所示电路中，有一个电压源，两个电流源，但又不存在直接电源串并联关系。

(1) 可适当地利用电压源、电流源的等效变换改变电路结构从而产生直接电源串并联关系。可将左边 2 V 电压源等效变换为电流源(注意：变换以后电流源的短路电流方向)，由式(1－26)可得等效变换以后电路及参数如图 1－34(b)所示。

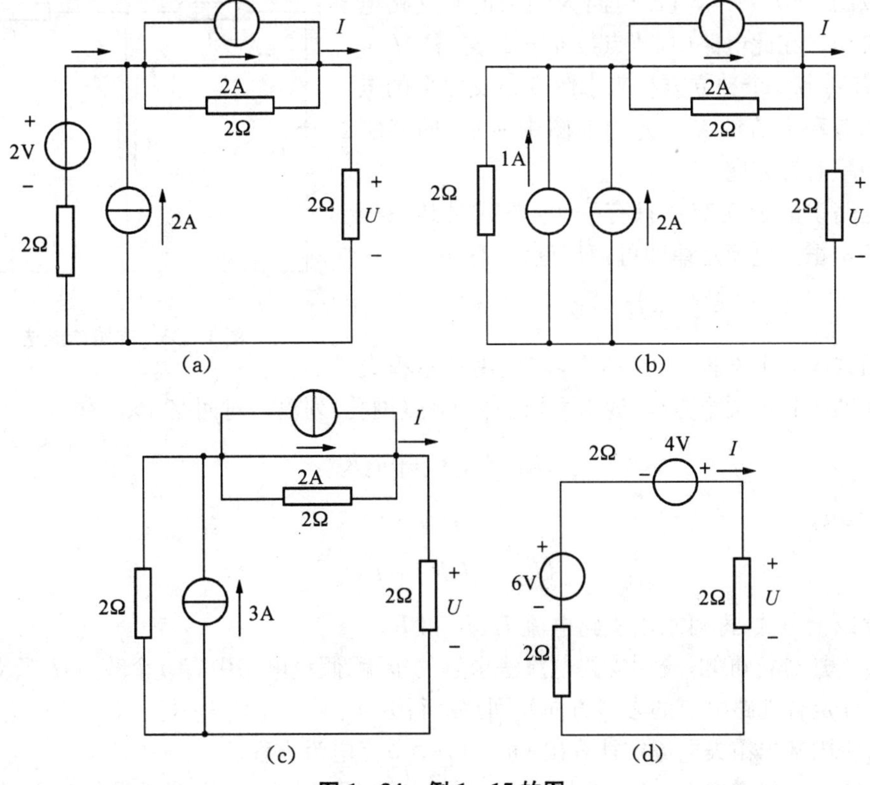

图 1－34　例 1－15 的图

(2) 如图 1-34(b)所示电路中，1 A 电流源与 2 A 电流源并联，可用一个电流源等效取代(电流相加，内阻并联)，电路如图 1-34(c)所示。

(3) 在如图 1-34(c)所示电路中，有两个电流源。可将它们分别等效变换为电压源(注意：变换以后电压源的电动势方向)，由式(1-27)，可得等效变换以后电路及参数如图1-34(d)所示。

(4) 如图 1-34(d)所示电路，有 $I\times(2+2+2)=6+4$，所以 $I=\frac{5}{3}$ A。

1.7　电路的分析方法

直流电路的分析方法包括支路电流法、叠加原理、戴维南定理、电压源和电流源的等效变换等。其中，最后一种方法已经在第 1.6 节中介绍过了，本节仅介绍前三种方法。

1.7.1　支路电流法

电路的结构多种多样，凡不能用电阻串并联等效变换化简的电路，一般都称为复杂电路。支路电流法是分析计算复杂电路的一种最基本的方法，它是以支路电流为未知量，根据基尔霍夫电流定律和电压定律分别对节点和回路列出所需要的方程，而后联立方程，解出支路电流的方法。

现以图 1-35 所示直流电路为例来说明支路电流法的应用。在此电路中，节点数 $n=2$，支路数 $b=3$，故共需列出 3 个独立方程来求解 3 条支路上的电流。电动势和电流的参考方向如图中所示，回路绕行方向为顺时针方向。

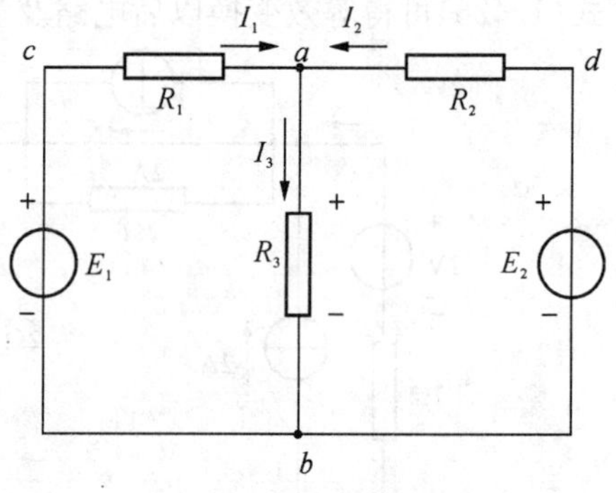

图 1-35　支路电流法

因电路中的独立节点只有一个，故只对其中一个应用基尔霍夫电流定律即可，对节点 a 有

$$I_1+I_2-I_3=0$$

又因共需 3 个方程才行，所以，需应用基尔霍夫电压定律列出其余两个方程，通常可取独立回路(网孔)列出。对回路 $abca$ 有

$$U_{S1}=I_1R_1+I_3R_3$$

对回路 $abda$ 有

$$U_{S2}=I_2R_2+I_3R_3$$

联立以上三式，即可求出支路电流 I_1、I_2 和 I_3。

通过上述分析可知，应用支路电流法求解的步骤(假设电路中有 n 个节点，b 条支路)：

(1) 标定各支路电流的参考方向及回路绕行方向。

(2) 应用基尔霍夫电流定律列出 $(n-1)$ 个节点电流方程。

(3) 应用基尔霍夫电压定律列出 $b-(n-1)$ 个回路电压方程，通常选择独立回路。

(4) 联立方程,求解各支路电流。

【例 1-16】　如图 1-36 所示,试求电路中的 U_1 和 I_2。

解　该电路中有 4 个节点和 6 条支路,规定 I、I_1、I_2、I_3、I_4 和 U_1 的参考方向如图 1-36 所示,独立回路的绕行方向为顺时针方向。根据基尔霍夫电流定律和电压定律可列出以下方程:

对节点 a: $-I_1-I_2+0.5=0$

对节点 b: $I+I_1-I_3=0$

对节点 c: $I_2-I-I_4=0$

对回路 1: $-20I_1+U_1-20I_3=0$

对回路 2: $20I_2+30I_4-U_1=0$

对回路 3: $20I_3-30I_4-20=0$

联立方程,解得

$I=0.95\ \text{A}, I_1=-0.25\ \text{A}, I_2=0.75\ \text{A}, I_3=0.7\ \text{A}, I_4=-0.2\ \text{A}, U_1=9\ \text{V}$

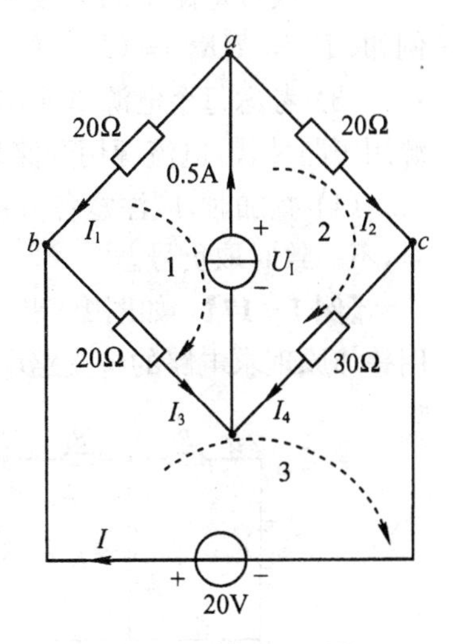

图 1-36　例 1-16 图

1.7.2　叠加原理

对无源元件,如果其参数不随其端电压或通过电流的变化而变化,则这种元件称为线性元件。由线性元件和电源所组成的电路称为线性电路。

叠加原理是线性电路普遍适用的基本定理,它反映了线性电路的基本性质,其内容为:对于线性电路,任何一条支路中的电流,都可以看成是由电路中各个电源分别作用时,在此支路上所产生的电流的代数和。

如图 1-37(a)所示电路,应用叠加原理分析时,可先分解为两个分电路(电压源用短路替代)。以支路电流 I_1 为例。如图 1-37(b)所示,当 U_{S1} 单独作用时,可求得分电流 I_1';如图 1-37(c)所示,当 U_{S2} 单独作用时,可求得分电流 I_1''。则 $I_1=I_1'-I_1''$。

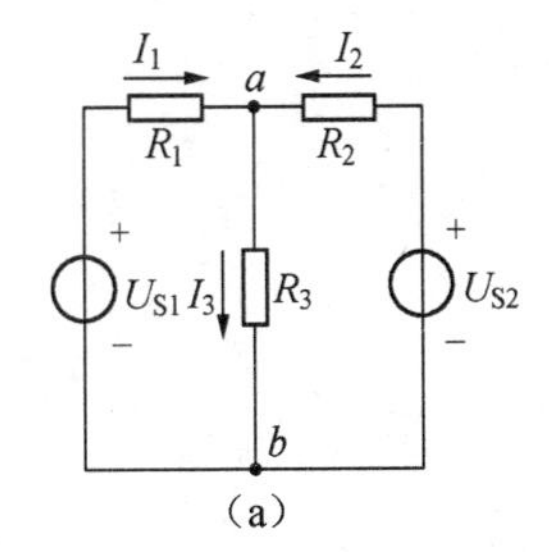

(a)

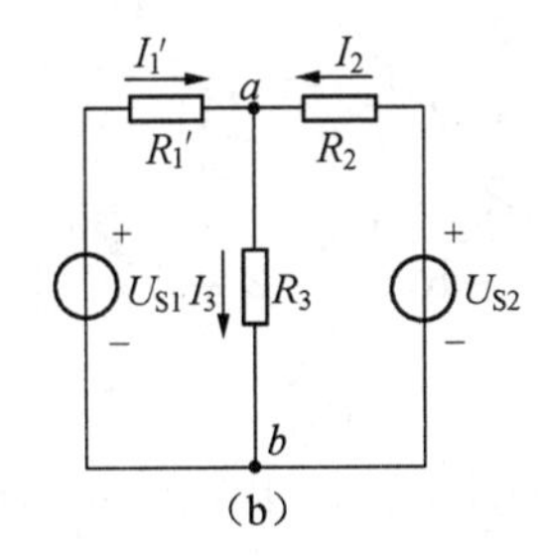

(b)

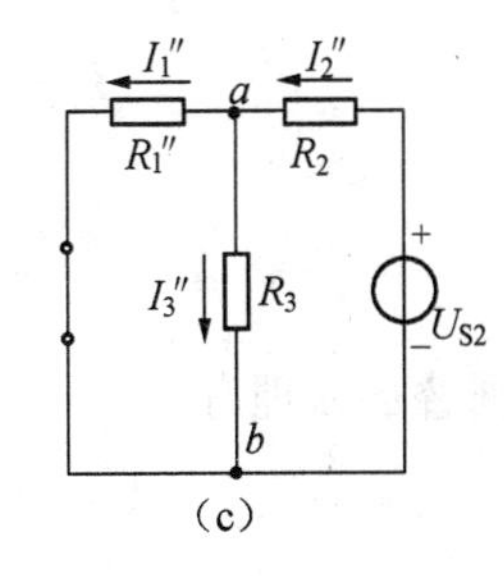

(c)

图 1-37　叠加原理

通过上述分析可知,应用叠加原理求解电路的步骤如下:

(1) 把原电路分解为每个电源单独作用的分电路,标定每个电路电流和电压的参考方向。

(2) 计算每个分电路中相应支路的分电流和分电压。

(3) 将电流和电压的分量进行叠加,求出原电路中各支路的电流和电压。

使用叠加原理时,应注意以下几点:

(1) 叠加原理只适用于线性电路,不适用于非线性电路。

(2) 线性电路中的电流和电压均可用叠加原理计算，但功率不能用叠加原理来计算。例如，$P_1 = I_1^2R_1 = (I'_1 - I''_1)^2R_1 \neq I'^2_1R_1 - I''^2_1R_1$。

(3) 考虑每个电源单独作用时，应保持电路结构不变，并将其他电源视为零值，即电压源用短路替代，电流源用开路替代，但实际电源的内阻必须保留在原处。

(4) 叠加时，应注意各分电路电流和电压的参考方向与原电路是否一致，一致时取正号，不一致时取负号。

【例 1-17】 如图 1-38(a)所示电路，已知 $U_S = 6\ \text{V}, I_S = 3\ \text{A}, R_1 = 2\ \Omega, R_2 = 4\ \Omega$。试用叠加原理求电路的各支路电流，并计算 R_2 上消耗的功率。

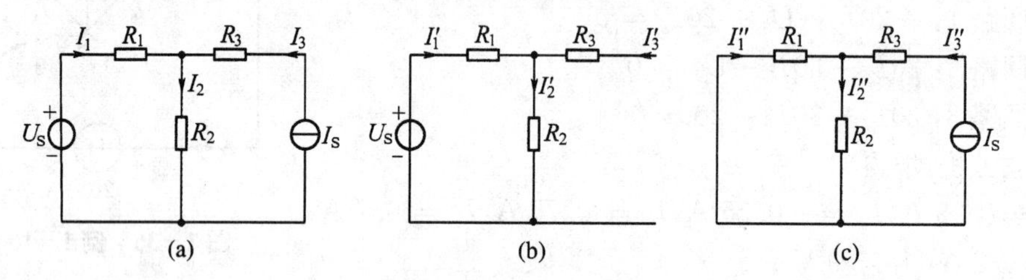

图 1-38 例 1-17 图

解 由电路结构可知，此电路中有两个电源，可分为两个分电路进行计算，如图 1-38(b)和图 1-38(c)所示。标定各电流和电压的参考方向如图所示。

在图 1-38(b)所示电路中，各支路电流为

$$I'_1 = I'_2 = \frac{U_S}{R_1 + R_2} = \frac{6}{2+4} = 1(\text{A})$$

$$I'_3 = 0$$

在图 1-38(c)所示电路中，各支路电流为

$$I''_3 = 3(\text{A})$$

$$I''_1 = -\frac{R_2}{R_1 + R_2}I''_3 = -\frac{4}{2+4} \times 3 = -2(\text{A})$$

$$I''_2 = \frac{R_1}{R_1 + R_2}I''_3 = \frac{2}{2+4} \times 3 = 1(\text{A})$$

根据叠加原理有

$$I_1 = I'_1 + I''_1 = 1 - 2 = -1(\text{A})$$
$$I_2 = I'_2 + I''_2 = 1 + 1 = 2(\text{A})$$
$$I_3 = I'_3 + I''_3 = 0 + 3 = 3(\text{A})$$

R_2 上消耗的功率为

$$P_2 = I_2^2R_2 = 2^2 \times 4 = 16(\text{W})$$

1.7.3 戴维南定理

电路中任何一个具有两个出线端与外电路相连接的网络都称为二端网络。二端网络可

分为有源二端网络和无源二端网络。其中，有源二端网络中含有电源，如图 1－39(a)所示；无源二端网络中不含电源，如图 1－39(b)所示。

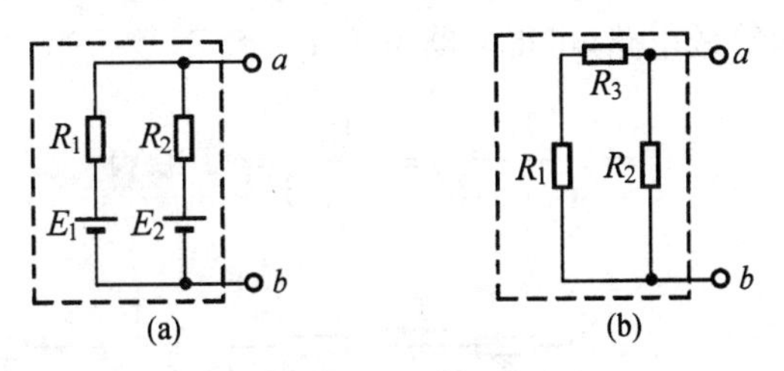

图 1－39　二端网络

在复杂电路的计算中，若只需计算某一支路的电流，可把这个支路画出，而把其余部分看成是一个有源二端网络。不论有源二端网络的繁简程度如何，它对所要计算的这个支路来说，就相当于一个电源。

因此，任何一个线性有源二端网络，对外电路来说，都可用一个电压源和电阻串联的电路模型来等效代替，如图 1－40 所示，该电压源的电压 U_S 等于有源二端网络的开路电压 U_0；电阻等于有源二端网络内部所有电源都不起作用(电压源短路，电流源开路)时，所得到的无源二端网络的等效电阻 R_0。这就是戴维南定理。

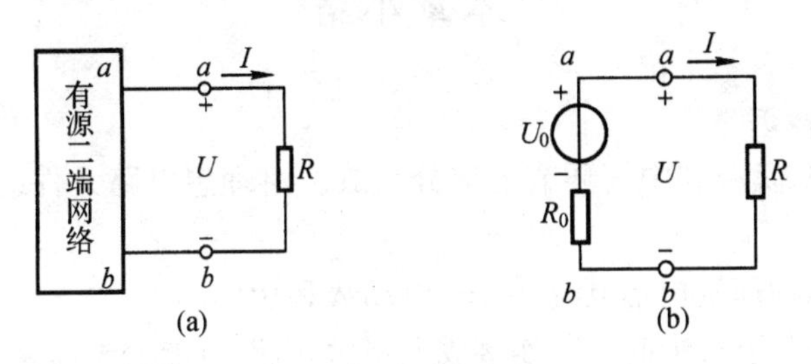

图 1－40　戴维南定理

应用戴维南定理求解电路的步骤如下：

(1) 把待求支路从电路中断开，其余部分即形成一个有源二端网络，求其等效电路的 U_0 和 R_0；

(2) 用此等效电路代替原电路中的有源二端网络，求出待求支路的电流。

【例 1－18】　如图 1－37 所示电路，已知 $U_{S1}=140\text{ V}$，$U_{S2}=90\text{ V}$，$R_1=20\,\Omega$，$R_2=5\,\Omega$，$R_3=6\,\Omega$。试用戴维南定理求支路电流 I_3。

解　根据戴维南定理，将 R_3 支路以外的部分用电压源和电阻串联等效代替，如图 1－41(a)所示。

如图 1－41(b)所示，R_3 支路断开后，等效电路中的电流 I 为

$$I=\frac{U_{S1}-U_{S2}}{R_1+R_2}=\frac{140-90}{20+5}=2(\text{A})$$

等效电路的开路电压 U_0 为

$$U_0=U_{S1}-IR_1=140-2\times20=100(\text{V})$$

如图 1－41(c)所示，等效电阻 R_0 为

$$R_0 = \frac{R_1R_2}{R_1 + R_2} = \frac{20 \times 5}{20 + 5} = 4(\Omega)$$

由图 1 - 41(d)所示等效电路,可得支路电流 I_3 为

$$I_3 = \frac{U_0}{R_0 + R_3} = \frac{100}{4 + 6} = 10(\mathrm{A})$$

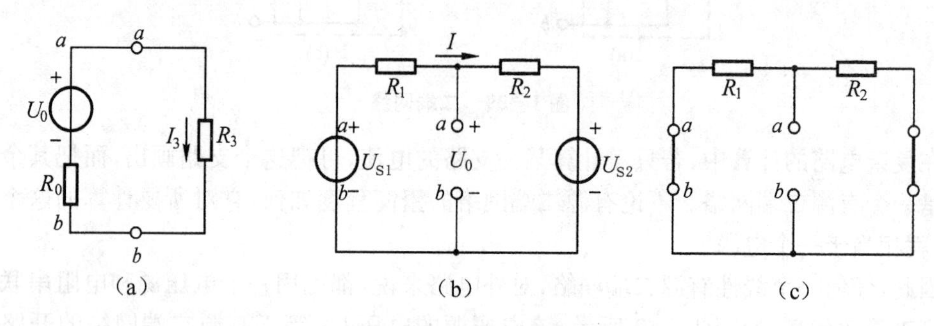

图 1 - 41　例 1 - 18 图

本章小结

1. 电路的基础知识

(1) 电路由电源、负载和中间环节三部分组成。由理想电路元件组成的电路称为实际电路的电路模型。

(2) 电路的基本物理量包括电流、电压、电动势和功率。

(3) 在电源与负载通过中间环节连接成电路后,电路可能处于通路、开路和短路三种不同的工作状态。

(4) 电阻元件是一种消耗电能的元件,它可分为线性电阻和非线性电阻。电感元件是一种能够储存磁场能量的元件。电容元件是一种能够储存电场能量的元件。

(5) 如果电路中有 n 个电阻顺序相接,中间没有分支,则这样的连接形式称为电阻的串联,串联电路的特点是通过每个电阻的电流都相同,总电压等于各串联电阻的电压之和;如果电路中有 n 个电阻连接在两个公共点之间,则这样的连接形式称为电阻的并联,并联电路的特点是每个电阻两端的电压都相等,总电流等于流过各个并联电阻的电流之和。

(6) 由电动势 $E(U_S)$和内阻 R_0 串联组成的电源电路模型称为电压源;由电流 I_S 和内阻 R_0 并联组成的电源电路模型称为电流源。电压源和电流源对同一外电路而言是等效的,可以进行等效变换,等效变换条件为 $I_S = \dfrac{U_S}{R_0}$ 或 $U_S = I_S R_0$。

2. 基尔霍夫定律

(1) 基尔霍夫电流定律的表述为:在任一瞬时,流入某一节点的电流之和应等于流出该节点的电流之和;或通过某一节点的电流的代数和恒等于零。

(2) 基尔霍夫电压定律的表述为:在任一瞬时,从电路中任一点出发,沿任一闭合路径

绕行一周，则在绕行方向上，电位降之和应等于电位升之和；或回路中各段电压的代数和恒等于零。

3. 电路的分析方法

(1) 支路电流法是分析计算复杂电路的一种最基本的方法，它是以支路电流为未知量，根据基尔霍夫电流定律和电压定律分别对节点和回路列出所需要的方程，而后联立方程，解出支路电流的方法。

(2) 叠加原理是线性电路普遍适用的基本定理，它反映了线性电路的基本性质，其内容为：对于线性电路，任何一条支路中的电流，都可以看成是由电路中各个电源分别作用时，在此支路上所产生的电流的代数和。

(3) 戴维南定理。任何一个线性有源二端网络，对外电路来说，都可用一个电压源和电阻串联的电路模型来等效代替，该电压源的电压 U_S 等于有源二端网络的开路电压 U_0，电阻等于有源二端网络内部所有电源都不起作用(电压源短路，电流源开路)时，所得到的无源二端网络的等效电阻 R_0。

本章思考与练习

一、填空题

1. 电路是电流的通路，它是由________、________和________三部分按一定方式组合而成的。电路的主要作用包括__________和__________。

2. 习惯上规定电流的实际方向为____________________，它是客观存在的。而为了方便分析和计算，可以任意选定一个方向作为__________，若电流的实际方向与其一致，则电流为________；若电流的实际方向与其相反，则电流为________。

3. 电动势的实际方向为由________端指向________端，因此，电动势和________的实际方向相反。

4. 电气设备在额定值情况下的工作状态称为____________，又称为________。电气设备超过额定值的工作状态称为________。电气设备低于额定值的工作状态称为________。________和________都是应该避免的。

5. 串联电路的特点是通过每个电阻的________都相同，总________等于各串联电阻的________之和；并联电路的特点是每个电阻两端的________都相等，总________等于流过各个并联电阻的________之和。

6. 由电动势 E 和内阻 R_0 串联组成的电源电路模型称为________；由电流 I_S 和内阻 R_0 并联组成的电源电路模型称为________。

7. 基尔霍夫电流定律应用于________；基尔霍夫电压定律应用于________。

8. 叠加原理只适用于________，不适用于________。线性电路中的电流和电压均可用叠加定理计算，但________不能用叠加定理来计算。

二、解答题

1. 如图 1-42 所示，说明通过电阻的电流的实际方向。

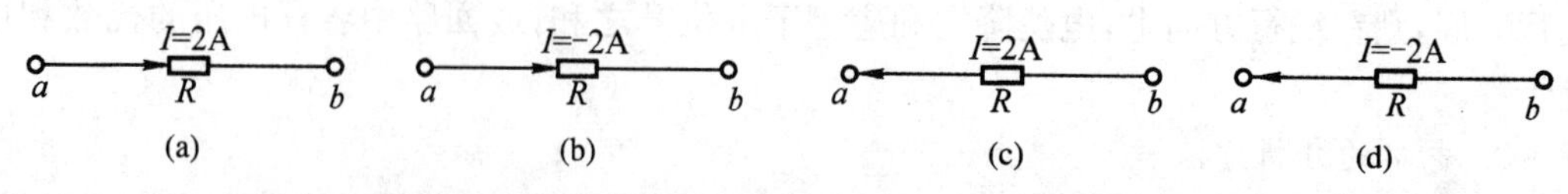

图 1-42　题 1 图

2. 如图 1-43 所示,说明电阻两端电压的实际方向。

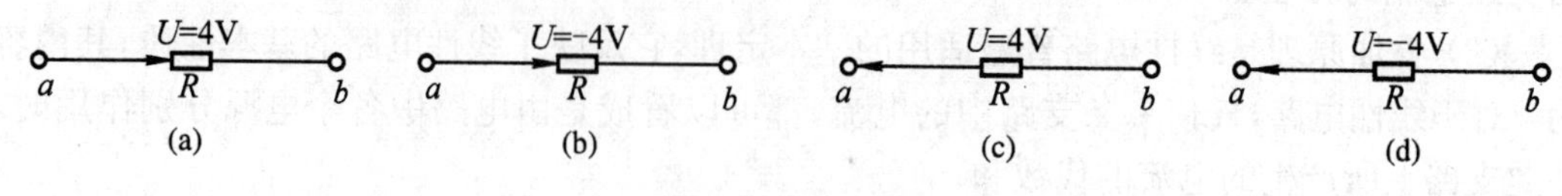

图 1-43　题 2 图

3. 如图 1-44 所示电路中,O 为零电位点,已知 $V_A = 50\ \text{V}, V_B = -40\ \text{V}, V_C = 30\ \text{V}$。(1) 求 U_{BA} 和 U_{AC};(2) 如果元件 4 为具有电动势 E 的电源,在所标参考方向下求 E 的值。

4. 如图 1-45 所示电路,三个元件中流过相同的电流 $I = -2\ \text{A}, U_1 = -2\ \text{V}$。(1) 求元件 a 的功率 P_1,并说明它是吸收功率还是发出功率;(2) 若已知元件 b 发出功率 10 W,元件 c 吸收功率 12 W,求 U_2 和 U_3。

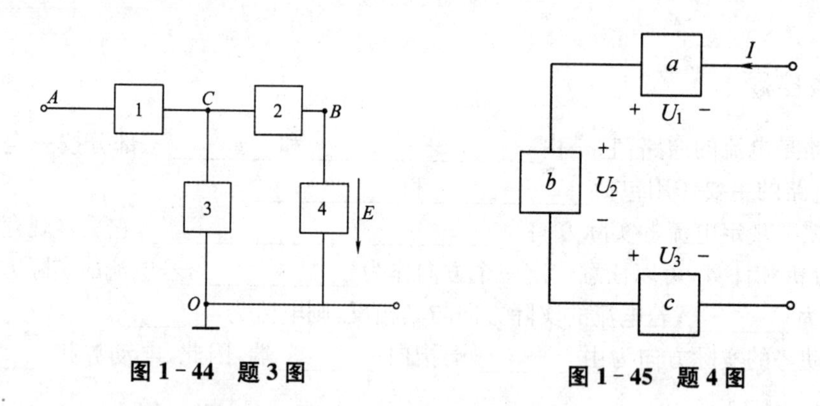

图 1-44　题 3 图　　**图 1-45　题 4 图**

5. 如图 1-46 所示电路中,$U = 220\ \text{V}, I = 5\ \text{A}$,内阻 $R_{01} = R_{02} = 0.6\ \Omega$。(1) 试求电源的电动势 E_1 和负载的反电动势 E_2;(2) 试说明功率的平衡。

6. 试用电压源和电流源等效变换的方法计算如图 1-47 所示电路中 6 Ω 电阻上的电流 I_3。

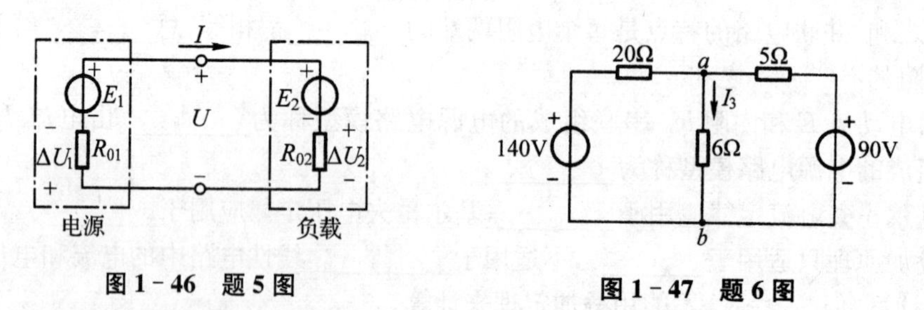

图 1-46　题 5 图　　**图 1-47　题 6 图**

7. 求图 1-48 所示电路中的电流 I。

8. 如图 1-49 所示电路中,已知 $U_{S1} = 10\ \text{V}, U_{S2} = 5\ \text{V}, R_1 = R_3 = 1\ \Omega, R_2 = R_4 = 2\ \Omega$。试用支路电流法求各支路电流。

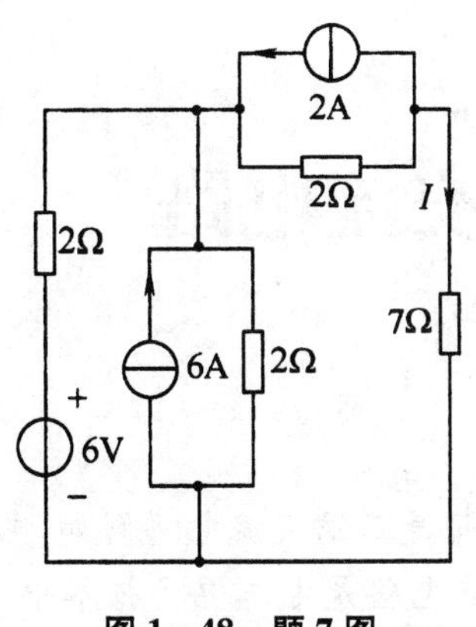

图 1 - 48　题 7 图

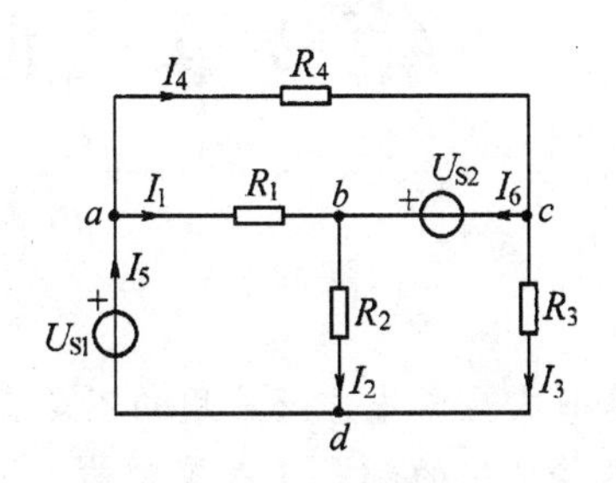

图 1 - 49　题 8 图

9. 如图 1 - 50 所示桥式电路中，设 $E = 12\ \text{V}$，$R_1 = R_2 = 5\ \Omega$，$R_3 = 10\ \Omega$，$R_4 = 5\ \Omega$。中间支路是一检流计，其电阻 $R_G = 10\ \Omega$。试求检流计中的电流 I_G。

10. 如图 1 - 51 所示电路，试用叠加原理求电路中的电流 I_L。

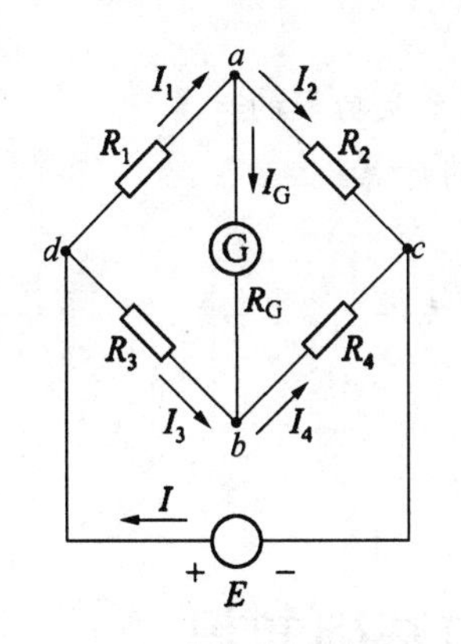

图 1 - 50　题 9 图

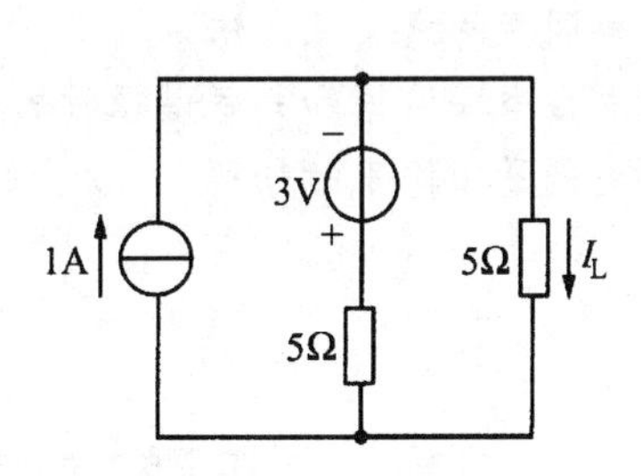

图 1 - 51　题 10 图

11. 用戴维南定理计算第 9 题中的电流 I_G。

12. 如图 1-52 所示，用戴维南定理求电路中的电流 I。如果电阻 R 可变，求 R 为何值时，电阻 R 从电路中吸收的功率最大？该最大功率为多少？

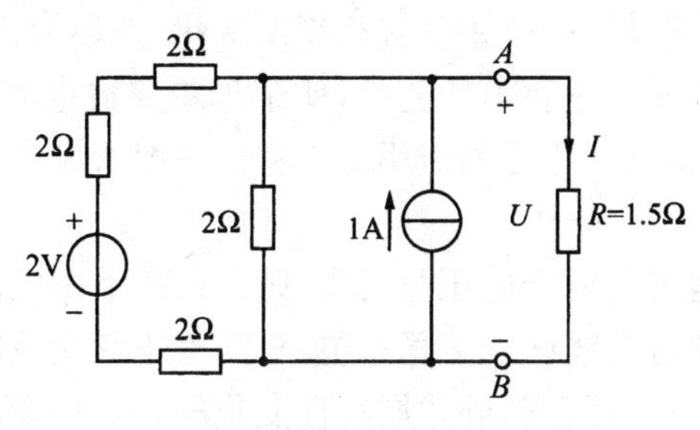

图 1 - 52　题 12 图

第2章　正弦交流电路

【本章导读】

在生产和日常生活中广泛应用的不是直流电，而是正弦交流电。例如，电动机、照明设备及家用电器等使用的都是正弦交流电。正弦交流电路是电工电子技术中非常重要的部分，其基本理论和基本分析方法是学习交流电机、电器及电子技术的重要理论基础。因此，本章将主要介绍正弦交流电路的基本理论和基本分析方法。

【本章学习目标】

◉ 掌握正弦量的三要素及其相量表示
◉ 掌握单一参数的正弦交流电路中电压与电流的关系及功率的计算
◉ 掌握 *RLC* 串联电路中电压与电流的关系及功率的计算
◉ 掌握提高功率因数的意义及方法
◉ 掌握电路中发生串联谐振和并联谐振时的条件及特征
◉ 了解非正弦周期量的傅里叶分解

2.1　正弦交流电的基础知识

在第1章，我们讨论的是直流电，其电压和电流的大小和方向都是不随时间变化的。而实际工程技术中所遇到的电压和电流，在多数情况下，其大小和方向都是随时间而变化的，称为交流电。若电压和电流随时间按正弦规律周期变化，则称为正弦交流电。

正弦交流电容易产生，易于进行电压变换，便于远距离输电和安全用电，有利于电气设备的运行，所以，在实践中得到了广泛的应用。工程中一般所说的交流电通常都是指正弦交流电。

在线性电路中，如果电源为时间的正弦函数，则在稳态下由电源所产生的电压和电流也为时间的函数，这样的电路称为正弦交流稳态电路，简称正弦交流电路。

由于正弦电压和电流都是按正弦规律周期性变化的，所以，在电路图上所标的参考方向代表的都是正半周的方向。在负半周时，由于参考方向与实际方向相反，其值取负。

2.1.1　正弦量的三要素

随时间按正弦规律变化的电压和电流等物理量统称为正弦量。下面以正弦电流为例介

绍正弦量的三要素。正弦电流的一般表达式为

$$i = I_m \sin(\omega t + \varphi_i) \tag{2-1}$$

式(2-1)中，幅值 I_m、角频率 ω 和初相位 φ_i 称为正弦量的三要素。正弦电流的波形如图 2-1 所示。

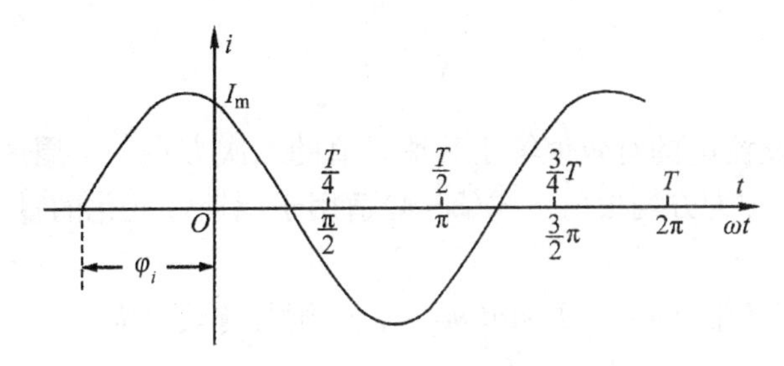

图 2-1　正弦电流的波形

1. 周期、频率和角频率

正弦量变化一周所需的时间称为周期，用 T 表示，单位为秒(s)，常用的周期单位还有毫秒(ms)、微秒(μs)和纳秒(ns)。

正弦量在一秒内周期变化的次数称为频率，用 f 表示，单位为赫兹(Hz)，常用的频率单位还有千赫(kHz)、兆赫(MHz)和吉赫(GHz)。我国和大多数国家都采用 50 Hz 作为电力标准频率，有些国家(如美国和日本等)采用 60 Hz。这种供电频率在工业上广泛应用，称为工频。

周期与频率互为倒数，即

$$f = \frac{1}{T} \tag{2-2}$$

正弦量在一秒内变化的电角度称为角频率，用 ω 表示，单位为 rad/s。因为一个周期内经历了 2π 弧度，所以角频率为

$$\omega = \frac{2\pi}{T} = 2\pi f \tag{2-3}$$

式(2-3)为周期、频率和角频率三者之间的关系，它们从不同侧面反映了正弦量变化的快慢，只要知道其中一个，就可求出其他两个。

2. 瞬时值、幅值和有效值

正弦量在任一瞬间的值称为瞬时值，用小写字母表示。例如，i、u、e 分别表示电流、电压及电动势的瞬时值。瞬时值中的最大值称为幅值或最大值，它是正弦量在整个振荡过程中达到的最大值，用大写字母加下标 m 表示。例如，I_m、U_m、E_m 分别表示电流、电压及电动势的幅值。

为了反映交流电在能量转换方面的实际效果，工程上常采用有效值来表示正弦量的大小。有效值是根据电流的热效应来规定的，一个交流电流 i 和一个直流电流 I 分别通过相同的电阻 R，如果在相同的时间 T(交流电流的周期)内，它们产生的热量相等，那么这个交流电流 i 的有效值就等于这个直流电流 I 的大小。有效值都用大写字母表示，和直流的情

况一样。根据上述定义,有:

$$\int_0^T i^2 R\mathrm{d}t = I^2 RT$$

则

$$I = \sqrt{\frac{1}{T}\int_0^T i^2 \mathrm{d}t} \tag{2-4}$$

式(2-4)表明,交流电的有效值等于其瞬时值的二次方在一个周期内积分平均值的平方根,因此,有效值又称为方均根值。式(2-4)适用于周期性变化的量,但不适用于非周期性变化的量。

若交流电流为正弦量,即 $i = I_{\mathrm{m}}\sin(\omega t + \varphi_i)$,则其有效值为

$$I = \sqrt{\frac{1}{T}\int_0^T I_{\mathrm{m}}^2 \sin^2(\omega t + \varphi_i)\mathrm{d}t} = \sqrt{\frac{1}{T}\int_0^T I_{\mathrm{m}}^2 \frac{1-\cos^2(\omega t + \varphi_i)}{2}\mathrm{d}t} = \frac{I_{\mathrm{m}}}{\sqrt{2}} \tag{2-5}$$

同理,电压和电动势的有效值为

$$\left.\begin{aligned} U &= \frac{U_{\mathrm{m}}}{\sqrt{2}} \\ E &= \frac{E_{\mathrm{m}}}{\sqrt{2}} \end{aligned}\right\} \tag{2-6}$$

工程上,一般所说的交流电流和电压的大小,如无特别说明,均指有效值。例如,交流仪表所指示的读数及电气设备铭牌上的额定值等都是指有效值。

3. 相位和初相位

$\omega t + \varphi_i$ 称为相位角或相位,它反映了正弦量的变化进程。$t = 0$ 时的相位称为初相位角或初相位。初相位与计时起点的选择有关,计时起点不同,初相位就不同,正弦量的初始状态也就不同。计时起点可以根据需要任意选择,通常规定初相位在其主值范围内取值,即

$$|\varphi_i| \leqslant \pi \tag{2-7}$$

在一个正弦交流电路中,电压 u 和电流 i 的频率是相同的,但其初相位不一定相同,设其表达式分别为

$$u = U_{\mathrm{m}}\sin(\omega t + \varphi_u)$$
$$i = I_{\mathrm{m}}\sin(\omega t + \varphi_i)$$

两个同频率正弦量的相位之差或初相位之差称为相位差,用 φ 表示,即

$$\varphi = (\omega t + \varphi_u) - (\omega t + \varphi_i) = \varphi_u - \varphi_i \tag{2-8}$$

可见,相位差是一个与时间和计时起点都无关的常数,当两个同频率正弦量的计时起点发生改变时,其相位和初相位会发生变化,但两者之间的相位差不会变化。相位差也通常在其主值范围内取值,即 $|\varphi| \leqslant \pi$。

若两正弦量的相位差 $\varphi = 0$，则称两者同相，如图 2-2(a)所示。

若两正弦量到达某一确定状态(如零值或最大值)的先后次序不同，则称先到达者为超前，后到达者为滞后。如图 2-2(b)所示，因 $\varphi > 0$，所以称 u 超前于 i，或 i 滞后于 u。

若两正弦量的相位差 $\varphi = \pi/2$，则称两者正交，如图 2-2(c)所示。若两正弦量的相位差 $\varphi = \pi$，则称两者反相，如图 2-2(d)所示。

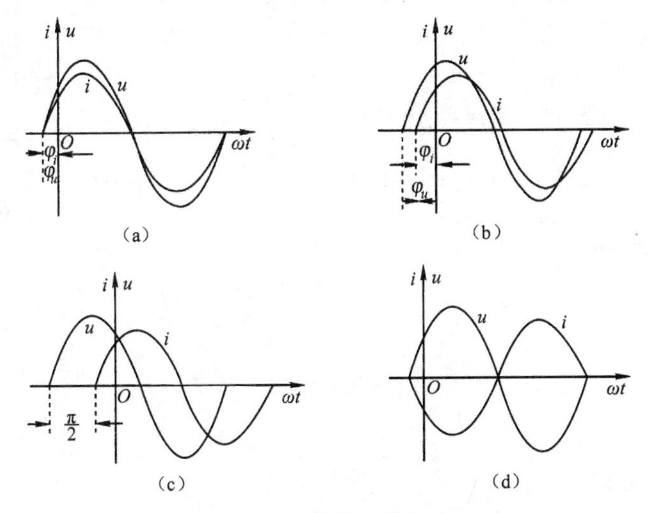

图 2-2　相位差的几种情况

注意：在比较两个正弦量的相位关系时，这两个正弦量的频率必须相同才有意义。若其频率不同，则其相位差不再是一个常数，而是随时间变化，这种情况下，讨论它们的相位关系没有任何意义。

分析计算正弦交流电路时，为了比较同频率各正弦量之间的相位关系，可选其中一个为参考正弦量，取其初相位为零。这样，其他正弦量的初相位便可由它们与参考正弦量之间的相位差来确定。由于各正弦量必须以同一时刻为计时起点才能比较相位差，因此，在一个电路中，只能选择一个计时起点，也就是说，只能选择一个参考正弦量，而究竟选哪一个则是任意的。

2.1.2　正弦量的相量表示

正弦量可以用三角函数式和正弦波形表示，但在正弦交流电路的分析计算中，用这两种表示方法运算起来十分繁琐。为了简化运算，在电工技术中，正弦量常用相量表示。

1. 复数

正弦量相量表示的基础是复数，即用复数来表示正弦量。下面我们首先对复数及其运算进行简要的复习。

(1) 复数的表示形式

复数有多种表示形式，常见的有代数形式、复平面上的向量表示、三角函数形式、指数形式和极坐标形式等。

① 代数形式

设 $\boldsymbol{A}$ 为一个复数，其实部和虚部分别为 a 和 b，则复数 $\boldsymbol{A}$ 的代数形式为

$$A = a + \mathrm{j}b \tag{2-9}$$

式中，j 为虚数单位，$\mathrm{j} = \sqrt{-1}$。

② 复平面上的向量表示

以实轴(+1 轴)和虚轴(+j 轴)为坐标轴组成的平面称为复平面。如图 2-3 所示，复数也可用复平面上的有向线段(向量)OA 表示。其中，r 为向量 OA 的模，φ 为向量 OA 的辐角。

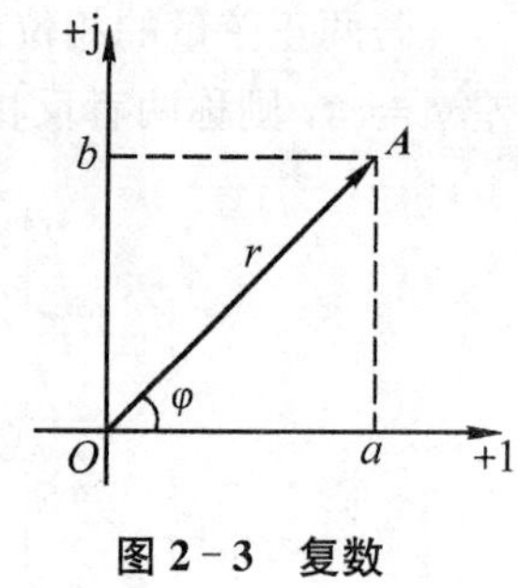

图 2-3 复数

③ 三角函数形式

由图 2-3，可得复数的三角函数形式为

$$\boldsymbol{A} = r(\cos\varphi + \mathrm{j}\sin\varphi) \tag{2-10}$$

r、φ 与 a、b 的关系为

$$r = \sqrt{a^2 + b^2},\ \tan\varphi = \frac{b}{a} \tag{2-11}$$

$$a = r\cos\varphi,\ b = r\sin\varphi$$

④ 指数形式

根据欧拉公式可知：

$$\mathrm{e}^{\mathrm{j}\varphi} = \cos\varphi + \mathrm{j}\sin\varphi$$

于是，复数的三角函数形式可转变为指数形式，即

$$\boldsymbol{A} = \boldsymbol{r}\mathrm{e}^{\mathrm{j}\varphi} \tag{2-12}$$

⑤ 极坐标形式

复数的指数形式还可改写为极坐标形式，即

$$\boldsymbol{A} = \boldsymbol{r}\angle\varphi \tag{2-13}$$

复数的这五种表示形式可以相互转换。

(2) 复数的运算

设有两个复数

$$\boldsymbol{A} = a_1 + \mathrm{j}b_1 = \boldsymbol{r}_1\mathrm{e}^{\mathrm{j}\varphi_1} = \boldsymbol{r}_1\angle\varphi_1$$
$$\boldsymbol{B} = a_2 + \mathrm{j}b_2 = \boldsymbol{r}_2\mathrm{e}^{\mathrm{j}\varphi_2} = \boldsymbol{r}_2\angle\varphi_2$$

① 复数的加减运算

复数的加减运算一般用代数形式进行：

$$\boldsymbol{A} \pm \boldsymbol{B} = (a_1 \pm a_2) + \mathrm{j}(b_1 \pm b_2) \tag{2-14}$$

由式(2-14)可知，复数的相加减就是把它们的实部和虚部分别相加减。

复数的加减运算也可在复平面上按向量求和的平行四边形(或三角形)法则进行，如图 2-4所示。

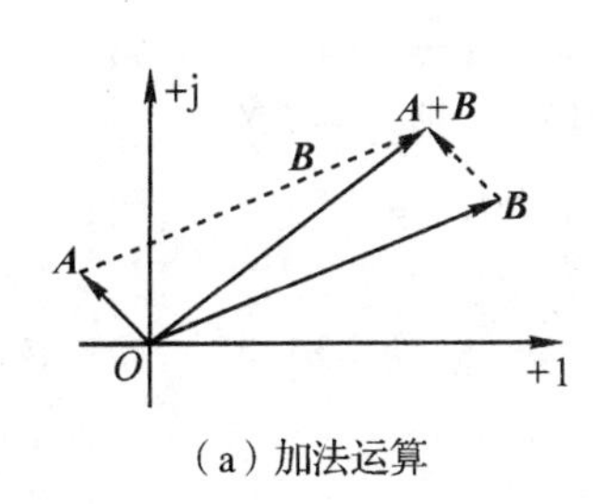

（a）加法运算

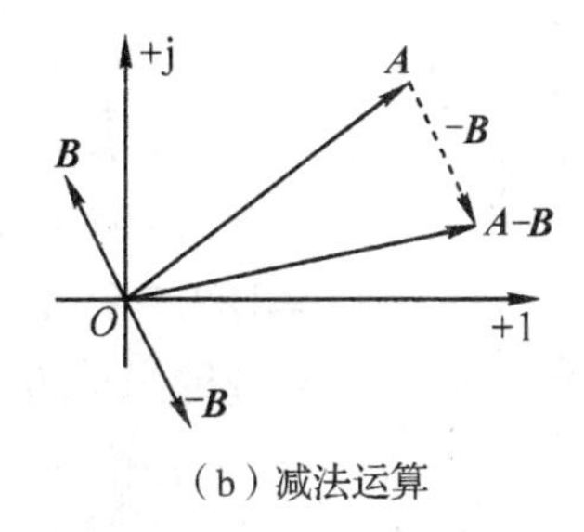

（b）减法运算

图 2-4　向量的加减运算

② 复数的乘除运算

复数的乘除运算一般用指数形式或极坐标形式进行：

$$\boldsymbol{A}\cdot\boldsymbol{B}=r_1\mathrm{e}^{\mathrm{j}\varphi_1}\cdot r_2\mathrm{e}^{\mathrm{j}\varphi_2}=r_1r_2\mathrm{e}^{\mathrm{j}(\varphi_1+\varphi_2)}=r_1r_2\angle(\varphi_1+\varphi_2) \tag{2-15}$$

$$\frac{\boldsymbol{A}}{\boldsymbol{B}}=\frac{r_1\mathrm{e}^{\mathrm{j}\varphi_1}}{r_2\mathrm{e}^{\mathrm{j}\varphi_2}}=\frac{r_1}{r_2}\mathrm{e}^{\mathrm{j}(\varphi_1-\varphi_2)}=\frac{r_1}{r_2}\angle(\varphi_1-\varphi_2) \tag{2-16}$$

由式(2-15)和式(2-16)可知，两个复数相乘时，其模相乘，辐角相加；两个复数相除时，其模相除，辐角相减。

2. 相量

在线性正弦交流电路中，由于电压和电流都是同频率的正弦量，因此，要确定这些正弦量，只要确定它们幅值（或有效值）和初相位就可以了。根据这一特点，可以用复数来表示正弦量，复数的模为正弦量的幅值或有效值，辐角为正弦量的初相位。把这种用来表示正弦量的复数称为相量。为了与一般复数相区别，用在大写字母上打“·”的方式表示相量。

设正弦量 $i=I_{\mathrm{m}}\sin(\omega t+\varphi_i)=\sqrt{2}I\sin(\omega t+\varphi_i)$，则其对应的相量为

$$\begin{aligned}\dot{I}_{\mathrm{m}}&=I_{\mathrm{m}}(\cos\varphi_i+\mathrm{j}\sin\varphi_i)=I_{\mathrm{m}}\mathrm{e}^{\mathrm{j}\varphi_i}=I_{\mathrm{m}}\angle\varphi_i\\ \dot{I}&=I(\cos\varphi_i+\mathrm{j}\sin\varphi_i)=I\mathrm{e}^{\mathrm{j}\varphi_i}=I\angle\varphi_i\end{aligned} \tag{2-17}$$

注意：相量只能表示正弦量，但不等于正弦量。

相量在复平面上的图示称为相量图。在相量图上可以形象地看出各个正弦量的大小和相互间的相位关系。如图 2-5 所示为图 2-2(b) 所示电压和电流的相量图。显然，只有同频率正弦量对应的相量才可以画在同一相量图上，不同频率正弦量对应的相量不能画在同一相量图上。

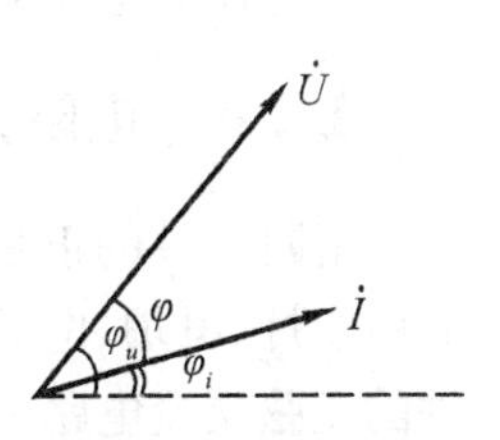

图 2-5　相量图

【例 2-1】 已知两个同频率的正弦电流分别为 $i_1=100\sin(314t+45°)$，$i_2=60\sin(314t-30°)$。求 $i=i_1+i_2$，并画出电流相量图。

解　设 $i=i_1+i_2=I_{\mathrm{m}}\sin(314t+\varphi_i)$，其相量形式为 $\dot{I}_{\mathrm{m}}=I_{\mathrm{m}}\angle\varphi_i$。因此 i_1 和 i_2 的相量形式分别为

$$\dot{I}_{1\mathrm{m}}=100\angle45°,\dot{I}_{2\mathrm{m}}=60\angle-30°$$

则

$$\begin{aligned}\dot{I}_{\mathrm{m}} &= \dot{I}_{1\mathrm{m}} + \dot{I}_{2\mathrm{m}} = 100\angle 45^\circ + 60\angle -30^\circ \\ &= 70.7 + \mathrm{j}70.7 + 52 - \mathrm{j}30 \\ &= 122.7 + \mathrm{j}40.7 \\ &= 129\angle 18^\circ 20'\end{aligned}$$

于是

$$i = 129\sin(314t + 18^\circ 20')$$

电流相量图如图 2-6 所示。

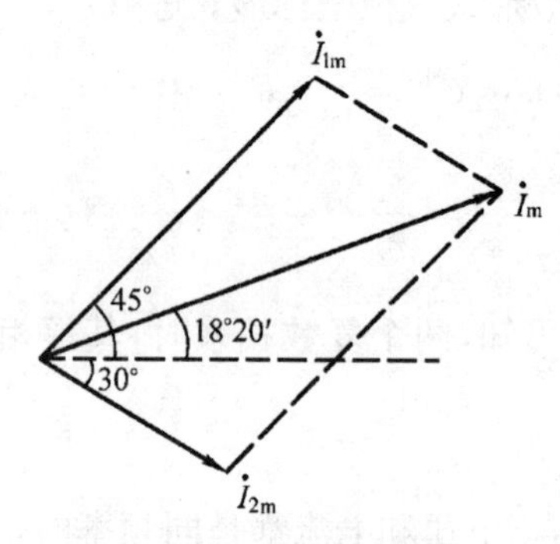

图 2-6 电流相量图

2.2 单一参数的正弦交流电路

分析正弦交流电路，主要是确定电路中电压和电流的关系(大小和相位)，同时还要讨论电路中的功率问题。为分析复杂电路，我们必须首先掌握单一参数(电阻、电感和电容)元件电路中电压和电流的关系，因为其他电路都可看成是单一参数元件电路的组合。

2.2.1 电阻元件的正弦交流电路

电阻元件的正弦交流电路(即纯电阻电路)是最简单的正弦交流电路。日常生活中所用的白炽灯、电炉、电饭锅等都可看成是电阻元件，它们与正弦交流电源连接即可组成电阻元件的正弦交流电路。

1. 电阻两端电压与电流的关系

如图 2-7(a)所示为一线性电阻元件的正弦交流电路，其电压和电流采用关联参考方向。为了方便分析，选电流为参考正弦量，即设

$$i = I_{\mathrm{m}}\sin\omega t$$

则根据欧姆定律可知

$$u = iR = RI_{\mathrm{m}}\sin\omega t = U_{\mathrm{m}}\sin\omega t \tag{2-18}$$

可以看出，在电阻元件的正弦交流电路中，电压和电流是同频率的正弦量，且两者同相。电压和电流的正弦波形如图 2-7(b)所示。

对比电压和电流，有

$$\frac{U_{\mathrm{m}}}{I_{\mathrm{m}}} = \frac{U}{I} = R \tag{2-19}$$

由式(2-19)可知，在电阻元件的正弦交流电路中，电压的幅值(或有效值)与电流的幅值(或有效值)的比值为电阻 R。

如果用相量表示电压和电流的关系，则为

$$\frac{\dot{U}}{\dot{I}} = \frac{U}{I}\mathrm{e}^{\mathrm{j}0^{\circ}} = R$$

或

$$\dot{U} = R\dot{I} \tag{2-20}$$

式(2-20)即为欧姆定律的相量表示式。电阻元件的电压和电流相量图如图 2-7(c)所示。

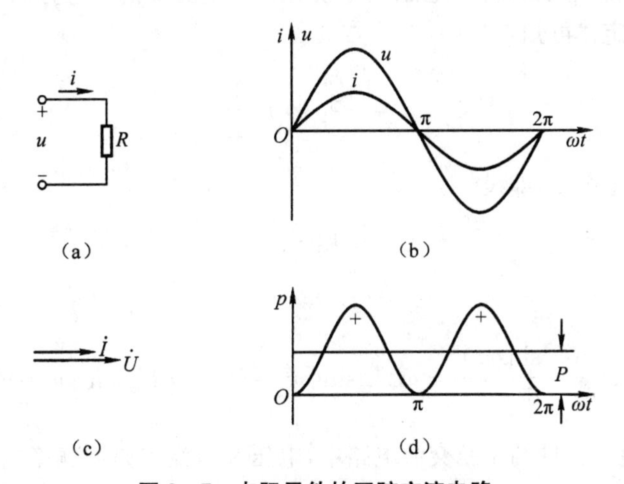

图 2-7　电阻元件的正弦交流电路

2. 功率

正弦交流电路中，某段电路在任一瞬间所吸收的功率称为该段电路的瞬时功率，用小写字母 p 表示。在电路的电压和电流为关联参考方向时，瞬时功率等于电压瞬时值和电流瞬时值的乘积。在电阻元件的正弦交流电路中，瞬时功率为

$$p = p_R = ui = U_{\mathrm{m}}I_{\mathrm{m}}\sin^2\omega t = \frac{U_{\mathrm{m}}I_{\mathrm{m}}}{2}(1-\cos 2\omega t) = UI(1-\cos 2\omega t) \tag{2-21}$$

由式(2-21)可知，瞬时功率 p 是由两部分组成的：第一部分是常数 UI，第二部分是幅

值为UI、角频率为2ω的交变量$UI\cos 2\omega t$。p随时间变化的波形如图2-7(d)所示。

由于在电阻元件的正弦交流电路中,u与i同相,它们同时为正,同时为负,因此,瞬时功率总为正值,即$p\geqslant 0$。瞬时功率为正,表示外电路从电源获取能量,即电阻元件从电源取用电能转换为热能。

由于瞬时功率的计算不便,实际使用意义不大,因而,工程所说的功率一般都是平均功率。平均功率是指瞬时功率在一个周期内的平均值,用大写字母P表示。

在电阻元件的正弦交流电路中,平均功率为

$$P=\frac{1}{T}\int_0^T p\mathrm{d}t=\frac{1}{T}\int_0^T UI(1-\cos 2\omega t)\mathrm{d}t=UI=I^2R=\frac{U^2}{R} \tag{2-22}$$

可见,用电压和电流的有效值表示时,正弦交流电路中电阻元件的平均功率计算公式与直流电路的功率计算公式相同。

2.2.2 电感元件的正弦交流电路

工程上使用的各种电感线圈,如日光灯上的镇流器、电子线路中的扼流线圈等,当忽略其线圈导线的电阻和匝间电容时,便可认为它们是只具有储存磁场能量特征的电感元件。

1. 电感两端电压与电流的关系

如图2-8(a)所示为一线性电感元件的正弦交流电路。当电感线圈中通过交流电流i时,其中便会产生感应电动势e_L。电流i、电动势e_L和电压u的参考方向如图2-8(a)所示。根据基尔霍夫电压定律可知:

$$u=-e_L=L\frac{\mathrm{d}i}{\mathrm{d}t}$$

选电流为参考正弦量,即设

$$i=I_\mathrm{m}\sin\omega t$$

则

$$u=L\frac{\mathrm{d}(I_\mathrm{m}\sin\omega t)}{\mathrm{d}t}=\omega LI_\mathrm{m}\sin(\omega t+90^\circ)=U_\mathrm{m}\sin(\omega t+90^\circ) \tag{2-23}$$

可以看出,在电感元件的正弦交流电路中,电压和电流也是同频率的正弦量,电压的相位超前电流90°。电压和电流的正弦波形如图2-8(b)所示。

对比电压和电流,有

$$\frac{U_\mathrm{m}}{I_\mathrm{m}}=\frac{U}{I}=\omega L \tag{2-24}$$

由式(2-24)可知,在电感元件的正弦交流电路中,电压的幅值(或有效值)与电流的幅值(或有效值)的比值为ωL。当电压U一定时,ωL越大,电流I越小。可见,ωL具有对电流起阻碍作用的性质,称为感抗,用X_L表示,即

$$X_L=\omega L=2\pi fL \tag{2-25}$$

感抗的单位为欧姆(Ω)。当电感 L 一定时,感抗 X_L 与频率 f 成正比。因此,电感线圈对高频电流的阻碍作用很大,而对直流则可视为短路,即电感线圈有“阻交流,通直流”的作用。

注意:感抗只是电压与电流的幅值或有效值之比,并不是它们的瞬时值之比,即 $u/i \neq X_L$。这与电阻电路不同。因为在电感电路中,电压与电流之间成导数关系,而不是成正比关系。

如果用相量表示电压和电流的关系,则为

$$\frac{\dot{U}}{\dot{I}} = \frac{U}{I}e^{j90^\circ} = jX_L$$

或

$$\dot{U} = jX_L\dot{I} = j\omega L\dot{I} \tag{2-26}$$

式(2-26)即为电感元件伏安关系的相量表示,它综合反映了电感元件的电压与电流有效值之间的关系。电感元件的电压和电流相量图如图 2-8(c)所示。

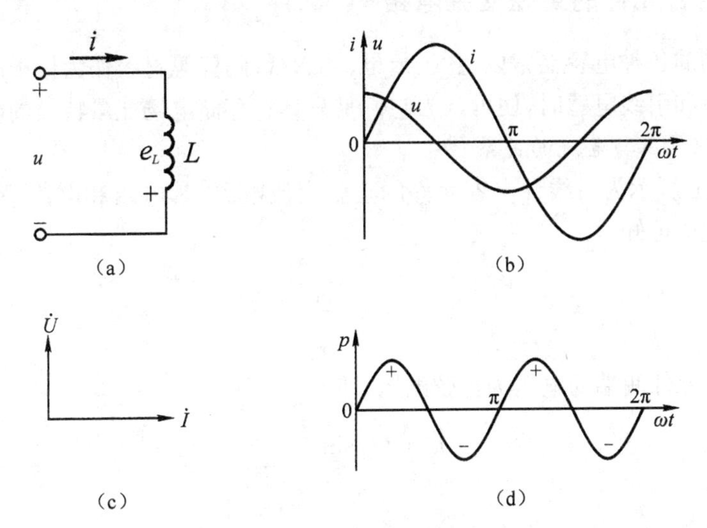

图 2-8　电感元件的正弦交流电路

2. 功率

电压和电流为关联参考方向时,电感元件正弦交流电路的瞬时功率 p 为

$$\begin{aligned} p = p_L = ui &= U_m I_m \sin\omega t \sin(\omega t + 90^\circ) \\ &= U_m I_m \sin\omega t \cos\omega t = \frac{U_m I_m}{2}\sin 2\omega t = UI\sin 2\omega t \end{aligned} \tag{2-27}$$

由式(2-27)可知,p 是一个幅值为 UI、角频率为 2ω 的交变量。p 随时间变化的波形如图 2-8(d)所示。

由图 2-8(d)所示可知,在第一个和第三个 1/4 周期内,p 为正值,此时,电感元件相当于负载,它从电源取用电能,并将其转换为磁场能量储存起来;在第二个和第四个 1/4 周期内，p 为负值，此时，电感元件向外释放能量，它把储存的磁场能量转化为电能，还给电源。显然，在一个周期内，电感元件正弦交流电路的平均功率为零，即

$$P=\frac{1}{T}\int_{0}^{T}p\mathrm{d}t=\frac{1}{T}\int_{0}^{T}UI\sin 2\omega t\,\mathrm{d}t=0 \tag{2-28}$$

上述分析说明，在电感元件的正弦交流电路中没有能量消耗，只存在电源与电感元件之间的能量互换。这种能量互换的规模，可用无功功率来衡量。无功功率是指瞬时功率的最大值，用 Q 表示，即

$$Q=UI=X_L I^2=\frac{U^2}{X_L} \tag{2-29}$$

无功功率表示的是电感元件与外电路交换能量的最大速率，但它并不是电路实际消耗的功率。因此，无功功率与平均功率虽然具有相同的量纲，但为了区别起见，规定无功功率的单位为乏(var)。工程上还经常用到千乏(kvar)。

相对无功功率，平均功率也可称为有功功率。

2.2.3　电容元件的正弦交流电路

工程上使用的各种电容器常以空气、云母、绝缘纸、陶瓷等材料作为极板间的绝缘介质，当忽略其漏电阻和引线电感时，便可认为它们是只具有存储电场能量特征的电容元件。

1. 电容两端电压与电流的关系

如图 2-9(a)所示为一线性电容元件的正弦交流电路，其电压和电流采用关联参考方向。由电流的定义可知：

$$i=C\frac{\mathrm{d}u}{\mathrm{d}t}$$

设加在电容元件两端的电压为正弦电压，即

$$u=U_{\mathrm{m}}\sin\omega t$$

则

$$i=C\frac{\mathrm{d}(U_{\mathrm{m}}\sin\omega t)}{\mathrm{d}t}=\omega CU_{\mathrm{m}}\cos\omega t=\omega CU_{\mathrm{m}}\sin(\omega t+90^\circ)=I_{\mathrm{m}}\sin(\omega t+90^\circ) \tag{2-30}$$

可以看出，在电容元件的正弦交流电路中，电压和电流也是同频率的正弦量，电流的相位超前电压 90°。电压和电流的正弦波形如图 2-9(b)所示。

我们规定：当电流比电压滞后时，其相位差 φ 为正；当电流比电压超前时，其相位差 φ 为负。这样规定可便于说明电路是电感性还是电容性。

对比电压和电流，有：

$$\frac{U_{\mathrm{m}}}{I_{\mathrm{m}}}=\frac{U}{I}=\frac{1}{\omega C} \tag{2-31}$$

由式(2-31)可知,在电容元件的正弦交流电路中,电压的幅值(或有效值)与电流的幅值(或有效值)的比值为 $1/\omega C$。当电压 U 一定时,$1/\omega C$ 越大,电流 I 越小。可见,$1/\omega C$ 具有对电流起阻碍作用的性质,称为容抗,用 X_C 表示,即

$$X_C=\frac{1}{\omega C}=\frac{1}{2\pi fC} \tag{2-32}$$

容抗的单位为欧姆(Ω)。当电容 C 一定时,容抗 X_C 与频率 f 成反比。因此,电容元件对高频电流的阻碍作用很小,相当于短路,而对频率很低或直流的阻碍作用很大,可视为开路,即电容元件有“阻直流,通交流”的作用。

与感抗相似,容抗也只是电压和电流的幅值或有效值之比,而不是其瞬时值之比。

如果用相量表示电压和电流的关系,则为

$$\frac{\dot{U}}{\dot{I}}=\frac{U}{I}\mathrm{e}^{-\mathrm{j}90^\circ}=-\mathrm{j}X_C$$

或

$$\dot{U}=-\mathrm{j}X_C\dot{I}=-\mathrm{j}\frac{\dot{I}}{\omega C}=\frac{\dot{I}}{\mathrm{j}\omega C} \tag{2-33}$$

式(2-33)即为电容元件伏安关系的相量表示,它综合反映了电容元件的电压与电流有效值之间的关系。电容元件的电压和电流相量图如图2-9(c)所示。

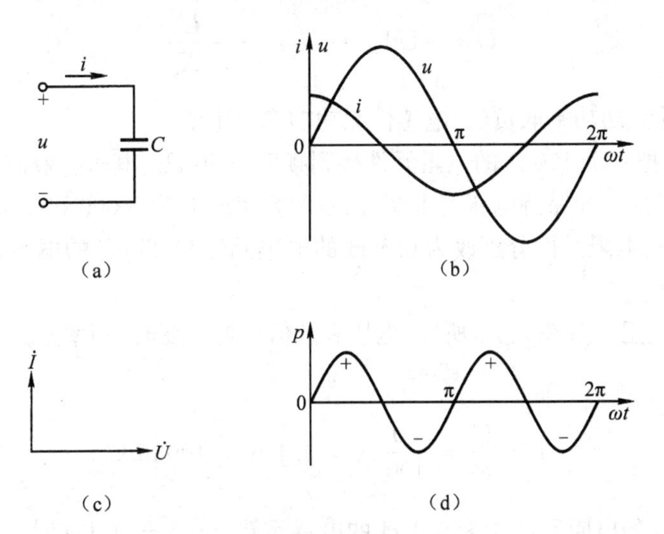

图2-9　电容元件的正弦交流电路

2. 功率

电压和电流为关联参考方向时,电容元件正弦交流电路的瞬时功率 p 为

$$\begin{aligned}p=p_C=ui&=U_\mathrm{m}I_\mathrm{m}\sin\omega t\sin(\omega t+90^\circ)\\&=U_\mathrm{m}I_\mathrm{m}\sin\omega t\cos\omega t=\frac{U_\mathrm{m}I_\mathrm{m}}{2}\sin 2\omega t=UI\sin 2\omega t\end{aligned} \tag{2-34}$$

由式(2-34)可知,p 也是一个幅值为 UI、角频率为 2ω 的交变量。p 随时间变化的波形如图 2-9(d)所示。

由图 2-9(d)可知,在第一个和第三个 1/4 周期内,p 为正值,此时,电容元件相当于负载,它从电源取用电能并储存于它的电场中;在第二个和第四个 1/4 周期内,p 为负值,此时,电容元件向外释放能量,它把储存的电场能量还给电源。显然,在一个周期内,电容元件正弦交流电路的平均功率也为零,即

$$P=\frac{1}{T}\int_0^T p\mathrm{d}t=\frac{1}{T}\int_0^T UI\sin 2\omega t\,\mathrm{d}t=0 \tag{2-35}$$

上述分析说明,在电容元件的正弦交流电路中也没有能量消耗,只存在电源与电容元件之间的能量互换。这种能量互换的规模,也用无功功率来衡量,它仍等于瞬时功率的最大值。

为了与电感元件正弦交流电路的无功功率相比较,我们设电流 $i=I_{\mathrm{m}}\sin\omega t$ 为参考正弦量,则

$$u=U_{\mathrm{m}}\sin(\omega t-90^{\circ})$$

于是,瞬时功率 p 为

$$p=p_C=ui=-UI\sin 2\omega t$$

所以,电容元件正弦交流电路的无功功率为

$$Q=-UI=-X_C I^2=-\frac{U^2}{X_C} \tag{2-36}$$

也就是说,电容性无功功率取负值,电感性无功功率取正值。

【例 2-2】 把一个 100 Ω 的电阻元件接到频率为 50 Hz、电压有效值为 10 V 的正弦电源上,求电流为多少?如保持电压值不变,而电源频率改变为 5 000 Hz,这时电流将变为多少?若将 100 Ω 的电阻元件分别改为 0.1 H 的电感元件和 25 μF 的电容元件,试问电流将如何变化?

解 (1) 因电阻与频率无关,所以,电压有效值保持不变时,频率虽然改变,但电流的有效值不变,即

$$I=\frac{U}{R}=\frac{10}{100}\,\mathrm{A}=0.1\,\mathrm{A}=100\,\mathrm{mA}$$

(2) 将 100 Ω 的电阻元件改为 0.1 H 的电感元件,当 $f=50$ Hz 时,

$$X_L=2\pi fL=2\times 3.14\times 50\times 0.1\,\Omega=31.4\,\Omega$$

$$I=\frac{U}{X_L}=\frac{10}{31.4}\,\mathrm{A}=0.318\,\mathrm{A}=318\,\mathrm{mA}$$

当 $f=5\,000$ Hz 时,

$$X_L=2\pi fL=2\times 3.14\times 5\,000\times 0.1\,\Omega=3\,140\,\Omega$$

$$I = \frac{U}{X_L} = \frac{10}{3\,140}\ \text{A} = 0.003\,18\ \text{A} = 3.18\ \text{mA}$$

可见,电压有效值一定时,频率越高,通过电感元件的电流有效值越小。

(3) 将 100 Ω 的电阻元件改为 25 μF 的电容元件,当 $f = 50$ Hz 时,

$$X_C = \frac{1}{2\pi fC} = \frac{1}{2 \times 3.14 \times 50 \times 25 \times 10^{-6}}\ \Omega = 127.4\ \Omega$$

$$I = \frac{U}{X_C} = \frac{10}{127.4}\ \text{A} = 0.078\,5\ \text{A} = 78.5\ \text{mA}$$

当 $f = 5\,000$ Hz 时,

$$X_C = \frac{1}{2\pi fC} = \frac{1}{2 \times 3.14 \times 5\,000 \times 25 \times 10^{-6}}\ \Omega = 1.274\ \Omega$$

$$I = \frac{U}{X_C} = \frac{10}{1.274}\ \text{A} = 7.85\ \text{A}$$

可见,电压有效值一定时,频率越高,通过电容元件的电流有效值越大。

2.3 基尔霍夫定律的相量表示

基尔霍夫电流定律指出,对电路中的任一节点都有:

$$\sum i = 0$$

当电路中的电流都为同频率的正弦量时,可用相量表示,则有:

$$\sum \dot{I} = 0 \tag{2-37}$$

式(2-37)称为基尔霍夫电流定律的相量表示式,它表明,在正弦交流电路中,任一节点上同频率正弦电流所对应相量的代数和为零。

基尔霍夫电压定律指出,对电路中的任一回路都有:

$$\sum u = 0$$

当电路中的电压都为同频率的正弦量时,可用相量表示,则有:

$$\sum \dot{U} = 0 \tag{2-38}$$

式(2-38)称为基尔霍夫电压定律的相量表示式,它表明,在正弦交流电路中,任一回路中同频率正弦电压所对应相量的代数和为零。

2.4 *RLC* 正弦交流电路

前面讨论了单一参数元件的正弦交流电路，而实际电路中往往同时包含多种元件。本节将以电阻、电感和电容元件串联的正弦交流电路（*RLC* 串联电路）为例，讨论其电压和电流的关系及功率问题。

2.4.1 *RLC* 串联电路电压与电流的关系

如图 2－10 所示为 *RLC* 串联的正弦交流电路。电路中各元件流过同一电流 i，通过 R、L、C 元件后，产生的电压降分别为 u_R、u_L 和 u_C，设电流 i 为

$$i = I_{\mathrm{m}} \sin \omega t$$

则 u_R、u_L 和 u_C 分别为

$$u_R = U_{R_{\mathrm{m}}} \sin \omega t, u_L = U_{L_{\mathrm{m}}} \sin(\omega t + 90°), u_C = U_{C_{\mathrm{m}}} \sin(\omega t - 90°)$$

同时设电源电压 u 为

$$u = U_{\mathrm{m}} \sin(\omega t + \varphi)$$

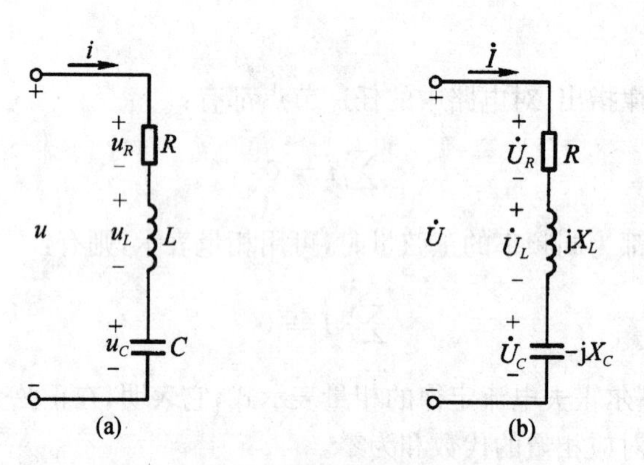

图 2－10 *RLC* 串联的正弦交流电路

电流与各电压的相量图如图 2－11 所示。

根据基尔霍夫电压定律的相量表示式可知：

$$\dot{U} = \dot{U}_R + \dot{U}_L + \dot{U}_C = R\dot{I} + \mathrm{j}X_L\dot{I} - \mathrm{j}X_C\dot{I} = [R + \mathrm{j}(X_L - X_C)]\dot{I} \qquad (2-39)$$

若令 $\dot{U}_X = \dot{U}_L + \dot{U}_C$，则 $\dot{U}_R$、$\dot{U}_X$ 和 $\dot{U}$ 能够组成一个直角三角形，称为电压三角形，如图 2－12所示。

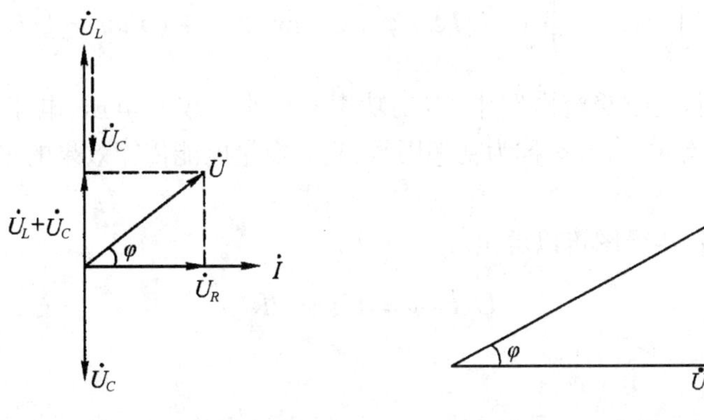

图 2 - 11　电流与电压的相量图　　　　**图 2 - 12　电压三角形**

式(2 - 39)中,令 $Z = R + \mathrm{j}(X_L - X_C) = R + \mathrm{j}X$,称为电路的复阻抗,单位为欧姆(Ω)。其中,$X = X_L - X_C$,称为电抗,单位也为欧姆(Ω)。

复阻抗只是一个复数,不是相量,所以,书写时上面不能加"·"。复阻抗也可写成:

$$Z = \frac{\dot{U}}{\dot{I}} = \frac{U}{I}\angle\varphi = |Z|\angle\varphi \tag{2-40}$$

式中,$|Z|$ 为阻抗的模,表示电压和电流的大小关系;φ 为阻抗的辐角,表示电压和电流的相位关系。它们的值可表示为

$$|Z| = \frac{U}{I} = \sqrt{R^2 + (X_L - X_C)^2} = \sqrt{R^2 + X^2}$$

$$\varphi = \arctan\frac{U_L - U_C}{U_R} = \arctan\frac{X_L - X_C}{R} = \arctan\frac{X}{R} \tag{2-41}$$

由式(2 - 41)可以看出,辐角的大小和正负由电路参数决定。当 $X_L > X_C$ 时,$\varphi > 0$,电压超前于电流,此电路为电感性电路;当 $X_L < X_C$ 时,$\varphi < 0$,电压滞后于电流,此电路为电容性电路;当 $X_L = X_C$ 时,$\varphi = 0$,电压和电流同相,此电路为电阻性电路。

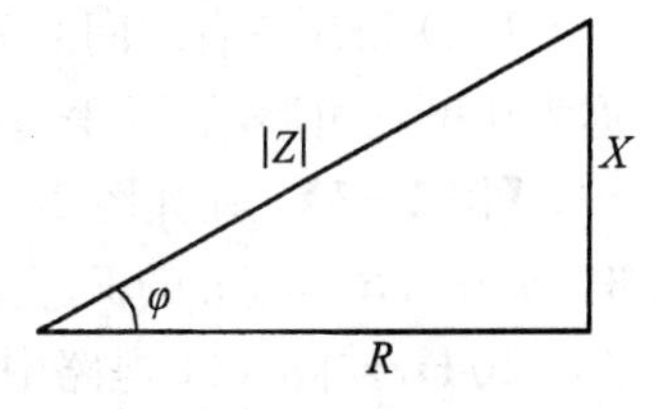

图 2 - 13　阻抗三角形

$|Z|$、R 和 X 三者之间的关系也可用一个直角三角形来表示,称为阻抗三角形,如图 2 - 13 所示。

2.4.2　功率

RLC 串联电路中的功率有瞬时功率、有功功率、无功功率和视在功率等。

1. 瞬时功率和有功功率

RLC 串联电路中的瞬时功率为

$$p = ui = U_{\mathrm{m}}I_{\mathrm{m}}\sin(\omega t + \varphi)\sin\omega t = UI\cos\varphi - UI\cos(2\omega t + \varphi) \tag{2-42}$$

平均功率或有功功率为

$$P=\frac{1}{T}\int_0^T p\mathrm{d}t=\frac{1}{T}\int_0^T[UI\cos\varphi-UI\cos(2\omega t+\varphi)]\mathrm{d}t=UI\cos\varphi \qquad (2-43)$$

式(2-43)表明，正弦交流电路中，有功功率的大小不仅与电压、电流有效值的乘积有关，而且还与 $\cos\varphi$ 有关。$\cos\varphi$ 称为功率因数，它是衡量电能传输效果的重要指标。

2. *无功功率*

由图 2-11 所示相量图可以看出

$$U\cos\varphi=U_R=IR$$

于是

$$P=UI\cos\varphi=U_RI=I^2R \qquad (2-44)$$

式(2-44)表明，有功功率仅反映了电阻元件所吸收的功率。而电感元件与电容元件都要与电源进行能量互换，其无功功率根据式(2-29)和式(2-36)可得：

$$Q=Q_L-Q_C=(U_L-U_C)I=(X_L-X_C)I^2=UI\sin\varphi \qquad (2-45)$$

3. *视在功率*

由于 RLC 串联电路中电压和电流存在相位差，所以，电路的有功功率一般不等于电压和电流有效值的乘积 UI。我们把 UI 称为视在功率，用大写字母 S 表示，即

$$S=UI=|Z|I^2 \qquad (2-46)$$

为了与有功功率和无功功率进行区别，视在功率的单位为伏安(V·A)或千伏安(kV·A)。

视在功率是有实际意义的。交流电源都有确定的额定电压 U_N 和额定电流 I_N，其额定视在功率 U_NI_N 表示了该电源可能提供的最大有功功率，故称为电源的容量。

P、Q 和 S 三者之间的关系也可用一个直角三角形来表示，称为功率三角形，如图 2-14 所示。

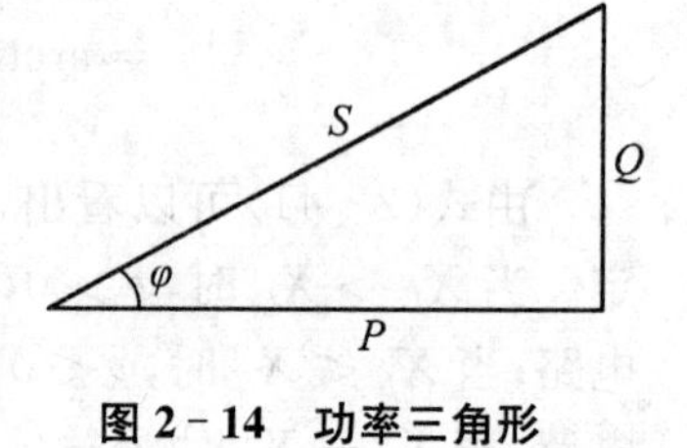

图 2-14 功率三角形

【例 2-3】 在如图 2-10 所示电路中，已知 $R=30\,\Omega$，$L=31.53\,\text{mH}$，$C=79.6\,\mu\text{F}$，交流正弦电源的电压 $U=220\,\text{V}$，频率 $f=50\,\text{Hz}$。求：(1) 电路中电流 I；(2) 各元件两端的电压 U_R、U_L、U_C；(3) 电路的功率因数及电路中的功率 P、Q、S。

解 (1) 因为

$$X_L=2\pi fL=2\times3.14\times50\times31.53\times10^{-3}\,\Omega=10\,\Omega$$

$$X_C=\frac{1}{2\pi fC}=\frac{1}{2\times3.14\times50\times79.6\times10^{-6}}\,\Omega=40\,\Omega$$

所以

$$Z=R+\mathrm{j}(X_L-X_C)=30\,\Omega+\mathrm{j}(10-40)\,\Omega=30\,\Omega-\mathrm{j}30\,\Omega=42.43\angle-45^\circ\,\Omega$$

于是，电路的电流 I 为

$$I = \frac{U}{|Z|} = \frac{220}{42.43}\ \mathrm{A} = 5.19\ \mathrm{A}$$

（2）各元件两端的电压分别为

$$U_R = IR = 5.19 \times 30\ \mathrm{V} = 155.7\ \mathrm{V}$$
$$U_L = IX_L = 5.19 \times 10\ \mathrm{V} = 51.9\ \mathrm{V}$$
$$U_C = IX_C = 5.19 \times 40\ \mathrm{V} = 207.6\ \mathrm{V}$$

（3）由复阻抗的相量表示可知

$$\cos\varphi = \cos(-45^\circ) = 0.707$$

于是

$$P = U_R I = 155.7 \times 5.19\ \mathrm{W} = 808\ \mathrm{W}$$
$$Q = (U_L - U_C)I = (51.9 - 207.6) \times 5.19\ \mathrm{var} = -808\ \mathrm{var}$$
$$S = UI = 220 \times 5.19\ \mathrm{V \cdot A} = 1\,142\ \mathrm{V \cdot A}$$

2.4.3　功率因数的提高

在交流电路中，由于负载多为电感性负载，因此，功率因数通常都比较低。例如，生产中最常用的三相异步电动机，满载时功率因数为0.7～0.8，轻载时只有0.4～0.5，空载时仅为0.2。

1. 提高功率因数的意义

功率因数低会引起以下两方面的不良影响：

（1）电源设备的容量不能得到充分利用。每台电源设备都有一定的额定容量 $S_N = U_N I_N$。而电源设备输出的有功功率 $P = UI\cos\varphi$，与功率因数 $\cos\varphi$ 成正比。因此，功率因数 $\cos\varphi$ 越低，电源输出的有功功率越小，设备容量的利用率越低。

（2）增加线路上的功率损耗。当电源的电压 U 和输出功率 P 一定时，电流 I 与功率因数 $\cos\varphi$ 成反比。设输电线路的电阻为 r，则线路上的功率损耗 ΔP 与 $\cos\varphi$ 的平方成反比，即

$$\Delta P = rI^2 = \left(r\frac{P^2}{U^2}\right)\frac{1}{\cos^2\varphi} \tag{2-47}$$

因此，功率因数 $\cos\varphi$ 越低，输电线路的电流越大，线路损耗也越大。

由此可知，提高功率因数，不仅能使电源设备的容量得到充分利用，同时也能大量节约电能。因此，提高功率因数对国民经济的发展具有非常重要的意义。

2. 提高功率因数的方法

按照供用电规则，高压供电的工业、企业单位平均功率因数不低于0.95，其他单位不低于0.9。

电感性负载的功率因数较低，主要是由于负载本身需要一定的无功功率，因此，提高功率因数的最常用方法就是在电感性负载两端并联适当的电容器或同步补偿器，其电路图和相量图如图2-15所示。

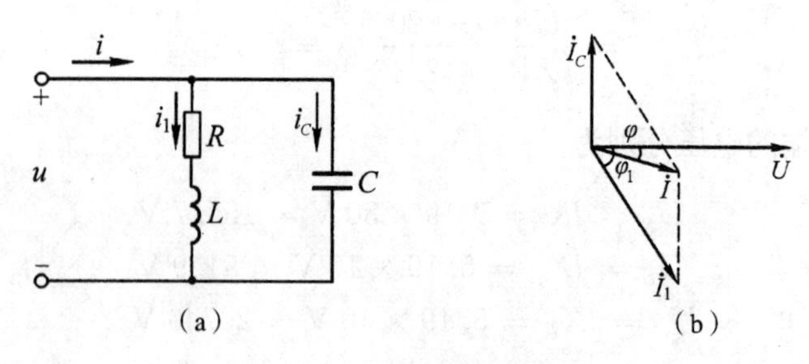

图 2-15 功率因数的提高

并联电容器前，负载的功率因数为 $\cos\varphi_1$，负载消耗的有功功率为 $P=UI\cos\varphi$，总电流 $\dot{I}=\dot{I}_1$。并联电容器后，负载本身的工作情况（端电压 u、电流 i_1 及阻抗的辐角 φ_1）没有任何变化，但因电容器上的电流超前于电压 90°，故抵消了部分电感性负载上的电流，使电路中的总电流变小了，即 $\dot{I}=\dot{I}_1+\dot{I}_C$。由图 2-15(b)所示相量图可以看出，$\dot{I}$与$\dot{U}$之间的相位差 $\varphi<\varphi_1$，所以，$\cos\varphi>\cos\varphi_1$，即功率因数提高。

这里所说的提高功率因数，是指提高整个电路的功率因数，而不是提高某个负载的功率因数。

由于电容器不产生有功功率，因此，并联电容器后，有功功率并未改变，即

$$P=UI\cos\varphi=UI_1\cos\varphi_1$$

由图 2-15(b)所示相量图可知

$$I_C=I_1\sin\varphi_1-I\sin\varphi=\frac{P\sin\varphi_1}{U\cos\varphi_1}-\frac{P\sin\varphi}{U\cos\varphi}=\frac{P}{U}(\tan\varphi_1-\tan\varphi)$$

又因

$$I_C=\omega CU$$

所以

$$C=\frac{P}{\omega U^2}(\tan\varphi_1-\tan\varphi) \tag{2-48}$$

应用式(2-48)即可求出把电路中的功率因数由 φ_1 提高到 φ 所需的电容值。

【例 2-4】 有一电动机（电感性负载），其功率 $P=20\,\text{kW}$，功率因数 $\cos\varphi_1=0.6$，接在 220 V、50 Hz 的工频电源上。(1) 如果要将功率因数提高到 $\cos\varphi=0.9$，试求并联电容器的电容值及电容器并联前后的线路电流；(2) 如果要将功率因数从 0.9 提高到 1，试求并联电容器的电容值还需增加多少。

解 (1) 因为 $\cos\varphi_1=0.6$，$\cos\varphi=0.9$，所以，$\varphi_1=53.1°$，$\varphi=25.8°$。

根据式(2-48)可知，要将功率因数提高到 $\cos\varphi=0.9$，所需并联电容器的电容值 C 为

$$C=\frac{P}{\omega U^2}(\tan\varphi_1-\tan\varphi)=\frac{20\times10^3}{2\pi\times50\times220^2}(\tan 53.1°-\tan 25.8°)\,\mu\text{F}=1\,116.6\,\mu\text{F}$$

电容器并联前的线路电流为

$$I_1=\frac{P}{U\cos\varphi_1}=\frac{20\times10^3}{220\times0.6}\text{ A}=151.5\text{ A}$$

电容器并联后的线路电流为

$$I=\frac{P}{U\cos\varphi}=\frac{20\times10^3}{220\times0.9}\text{ A}=101\text{ A}$$

(2) 如果要将功率因数从 0.9 提高到 1,还需增加的电容值为

$$C=\frac{20\times10^3}{2\pi\times50\times220^2}(\tan\ 25.8^\circ-\tan0^\circ)\ \mu\text{F}=636.2\ \mu\text{F}$$

可见,当功率因数接近 1 时,再继续提高,所需的电容值很大,因此,一般不要求提高到 1。

2.5 电路中的谐振

在含有电感和电容元件的正弦交流电路中,电路两端的电压和电流一般是不同相的。如果通过改变电路的参数或电源的频率使它们同相,这时,电路中就会发生谐振现象。谐振可分为串联谐振和并联谐振两种。

2.5.1 *RLC* 串联谐振

在 *RLC* 串联电路中,当 $X_L=X_C$ 时,$\varphi=0$,电压 u 和电流 i 同相,电路呈电阻性,发生串联谐振。因此,发生串联谐振的条件为

$$X_L=X_C\quad 或\quad \omega L=\frac{1}{\omega C}\tag{2-49}$$

可见,调节电路参数 L、C 或电源频率,都能使电路发生串联谐振。

由式(2-49)可以得出电路发生谐振时的谐振角频率 ω_0 为

$$\omega_0=\frac{1}{\sqrt{LC}}\tag{2-50}$$

谐振频率 f_0 为

$$f_0=\frac{1}{2\pi\sqrt{LC}}\tag{2-51}$$

电路发生串联谐振时具有以下几个特征:

(1) 电路的阻抗模 $|Z|=\sqrt{R^2+(X_L-X_C)^2}=R$,其值最小,电路呈电阻性。由于此时电源电压与电路中的电流同相,因此,电源供给电路的能量全部被电阻所消耗,电源与电路之

间不发生能量互换,能量互换只发生在电感线圈与电容器之间。

(2) 在电源电压U不变的情况下,电路中的电流在谐振时将达到最大,即 $I_0 = \dfrac{U}{R}$。

(3) 由于 $X_L = X_C$,所以 $U_L = U_C$。但因$\dot{U}_L$ 与 $\dot{U}_C$ 相位相反,互相抵消,故电源电压等于电阻电压 $\dot{U} = \dot{U}_R$,如图 2-16 所示。

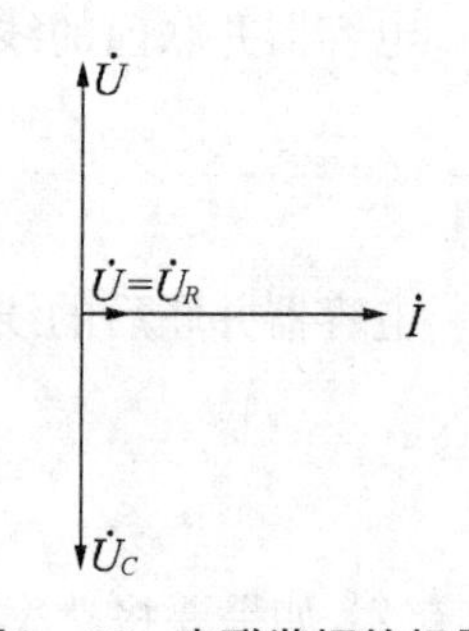

图2-16 串联谐振的相量图

但U_L和U_C各自的作用不容忽视,因

$$U_L = X_L I = X_L \frac{U}{R},\ U_C = X_C I = X_C \frac{U}{R}$$

若 $X_L = X_C > R$,则 $U_L = U_C > U$。如果电感和电容的电压过高,可能会击穿线圈和电容器的绝缘层。因此,在电力工程中一般应避免发生串联谐振。但在无线电工程中,则常利用串联谐振来选择频率,在所选频率上获得高电压。

如图 2-17 所示为接收机的输入电路,天线线圈 L_1所接收到的各种频率的信号都会在LC谐振回路中感应出相应的电动势e_1、e_2、e_3等。调节C的值,使回路中的谐振频率 f_0等于所需频率 f,这时,LC 回路中该频率的电流最大,可变电容器 C 两端这种频率的电压也最大。这样,所需频率的信号就被选择出来。

通常 U_L或U_C与电源电压U 的比值称为品质因数,用Q表示,即

$$Q = \frac{U_L}{U} = \frac{U_C}{U} = \frac{\omega_0 L}{R} = \frac{1}{\omega_0 CR} = \frac{1}{R}\sqrt{\frac{L}{C}} \tag{2-52}$$

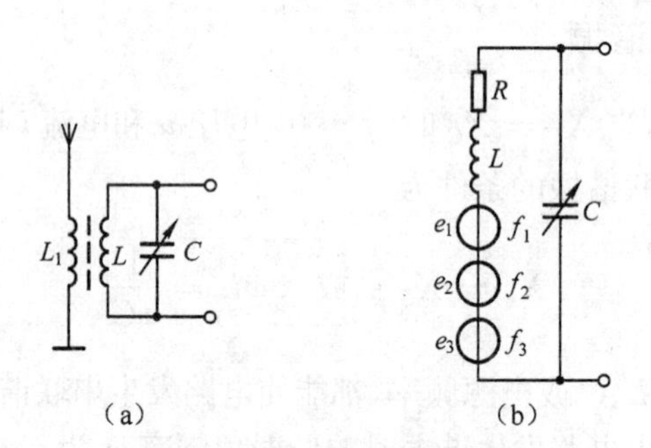

图 2-17 接收机的输入电路

【例 2-5】 某收音机的输入电路如图 2-17 所示。线圈 L 的电感 $L = 0.23$ mH,电阻 $R = 15\ \Omega$,可变电容器 C 的变化范围为 42~360 pF,求此电路的谐振频率范围。若某接收信号电压为 10 μV,频率为 1 000 kHz,求此时电路中的电流、电容电压及品质因数 Q。

解 (1) 根据式(2-51)可知

$$f_{01} = \frac{1}{2\times 3.14\times\sqrt{0.23\times 10^{-3}\times 42\times 10^{-12}}}\ \text{kHz} = 1\ 620\ \text{kHz}$$

$$f_{02} = \frac{1}{2\times 3.14\times\sqrt{0.23\times 10^{-3}\times 360\times 10^{-12}}}\ \text{kHz} = 553\ \text{kHz}$$

所以,此电路的谐振频率范围为 553～1 620 kHz。

(2) 当接收信号电压为 10 μV 时,电路中的电流为

$$I_0 = \frac{U}{R} = \frac{10 \times 10^{-6}}{15}\ \mu\text{A} = 0.67\ \mu\text{A}$$

电容值应为

$$C = \frac{1}{\omega_0^2 L} = \frac{1}{(2 \times 3.14 \times 10^6)^2 \times 0.23 \times 10^{-3}}\ \text{pF} = 110\ \text{pF}$$

电容电压为

$$U_C = I_0 X_C = 0.67 \times 10^{-6} \times \frac{1}{2 \times 3.14 \times 10^6 \times 110 \times 10^{-12}}\ \text{mV} = 0.97\ \text{mV}$$

电路的品质因数为

$$Q = \frac{U_C}{U} = \frac{0.97 \times 10^{-3}}{10 \times 10^{-6}} = 97$$

2.5.2　*RLC* 并联谐振

在实际工程电路中,常用的并联谐振电路如图 2-18(a)所示,它是由线圈 L 和电容器 C 并联组成的,其中,R 表示线圈的电阻。当发生并联谐振时,其电压 u 和电流 i 同相,即 $\varphi = 0$,电路呈电阻性,相量图如图 2-18(b)所示。

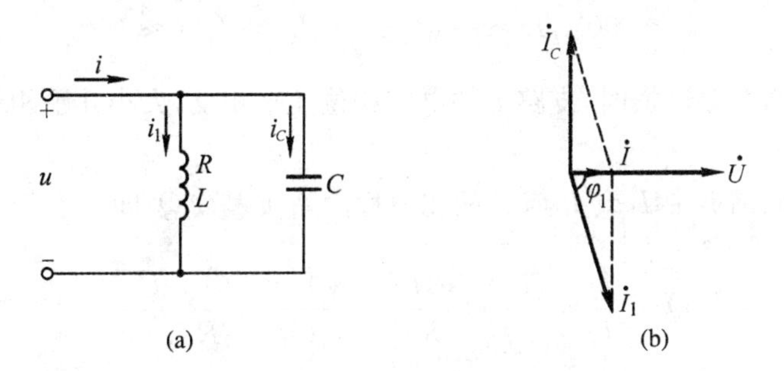

图 2-18　*RL* 与 *C* 并联谐振电路

下面推导发生并联谐振的条件。

由基尔霍夫电流定律的相量表示式可知:

$$\begin{aligned}\dot{I} &= \dot{I}_1 + \dot{I}_C = \frac{\dot{U}}{R + \text{j}\omega L} + \frac{\dot{U}}{-\text{j}\,\dfrac{1}{\omega C}} \\ &= \dot{U}\left[\frac{R}{R^2 + (\omega L)^2} - \text{j}\left(\frac{\omega L}{R^2 + (\omega L)^2} - \omega C\right)\right]\end{aligned} \tag{2-53}$$

由于谐振时$\dot{U}$与$\dot{I}$同相，因此，式(2-53)中的虚部应为零，即

$$\frac{\omega L}{R^2+(\omega L)^2}-\omega C=0 \tag{2-54}$$

通常线圈的电阻R很小，即$R\ll\omega L$，所以，式(2-54)中的R可忽略不计，于是，可得谐振频率为

$$\omega_0\approx\frac{1}{\sqrt{LC}},\ f_0\approx\frac{1}{2\pi\sqrt{LC}} \tag{2-55}$$

电路发生并联谐振时具有以下几个特征：

(1) 电路呈电阻性，电路的阻抗模$|Z|=\frac{R^2+(\omega L)^2}{R}$。因为$R\ll\omega L$，所以$|Z|\approx\frac{L}{RC}$，其值最大。

(2) 在电源电压U不变的情况下，电路中的电流在谐振时最小，即$I_0=\frac{U}{|Z|}$。

(3) 谐振时，并联支路上的电流分别为

$$I_1=\frac{U}{\sqrt{R^2+(\omega_0 L)^2}}\approx\frac{U}{\omega_0 L},\ I_C=\frac{U}{\frac{1}{\omega_0 C}}=\omega_0 CU$$

根据式(2-55)可知，$I_1\approx I_C$。由图2-18(b)所示相量图可知，$I_1\sin\varphi_1=I_C$，于是可得

$$\varphi_1\approx 90^\circ,\ \dot{I}_1\approx-\dot{I}_C,\ I_1\approx I_C\gg I,\ I\approx 0$$

上述分析说明，并联谐振时，支路上的电流相位几乎相反，大小几乎相等，且比总电流大得多。

类似地，将并联谐振中I_1或I_C与I_0的比值称为品质因数Q，即

$$Q=\frac{I_1}{I_0}=\frac{I_C}{I_0}=\frac{\omega_0 L}{R}=\frac{1}{\omega_0 CR}=\frac{1}{R}\sqrt{\frac{L}{C}} \tag{2-56}$$

【例2-6】 将一个$R=15\,\Omega$、$L=0.23\,\text{mH}$的电感线圈与一只$C=100\,\text{pF}$的电容器并联，求该并联电路的谐振频率和谐振时的等效阻抗。

解 由式(2-55)可知，电路的谐振频率为

$$f_0\approx\frac{1}{2\pi\sqrt{LC}}=\frac{1}{2\times 3.14\times\sqrt{0.23\times 10^{-3}\times 100\times 10^{-12}}}\ \text{kHz}=1\,050\ \text{kHz}$$

谐振时的等效阻抗为

$$Z\approx\frac{L}{RC}=\frac{0.23\times 10^{-3}}{15\times 100\times 10^{-12}}\ \text{k}\Omega=153\ \text{k}\Omega$$

本章小结

1. 正弦交流电的基础知识

(1) 正弦量的三要素为幅值 I_m、角频率 ω 和初相位 φ_i。

(2) 用复数来表示正弦量时,复数的模为正弦量的幅值或有效值,辐角为正弦量的初相位。这种用来表示正弦量的复数称为相量。

2. 单一参数的正弦交流电路

(1) 电阻元件的正弦交流电路中,电阻两端电压和电流的关系为 $\dot{U}=R\dot{I}$,其瞬时功率为 $p=UI(1-\cos 2\omega t)$,平均功率为 $P=UI=I^2R=\dfrac{U^2}{R}$。

(2) 电感元件的正弦交流电路中,电感两端电压和电流的关系为 $\dot{U}=\mathrm{j}X_L\dot{I}=\mathrm{j}\omega L\dot{I}$,其瞬时功率为 $p=UI\sin 2\omega t$,平均功率为零,无功功率为 $Q=UI=X_LI^2=\dfrac{U^2}{X_L}$。

(3) 电容元件的正弦交流电路中,电容两端电压和电流的关系为 $\dot{U}=-\mathrm{j}X_C\dot{I}=-\mathrm{j}\dfrac{\dot{I}}{\omega C}=\dfrac{\dot{I}}{\mathrm{j}\omega C}$,其瞬时功率为 $p=UI\sin 2\omega t$,平均功率为零,无功功率为 $Q=-UI=-X_CI^2=-\dfrac{U^2}{X_C}$。

3. 基尔霍夫定律的相量表示

基尔霍夫电流定律的相量表示式为 $\sum\dot{I}=0$,基尔霍夫电压定律的相量表示式为 $\sum\dot{U}=0$。

4. *RLC* 正弦交流电路

(1) *RLC* 串联电路电压与电流的关系为 $Z=\dfrac{\dot{U}}{\dot{I}}=\dfrac{U}{I}\angle\varphi=|Z|\angle\varphi$。其中,$|Z|=\sqrt{R^2+(X_L-X_C)^2}$,$\varphi=\arctan\dfrac{U_L-U_C}{U_R}=\arctan\dfrac{X_L-X_C}{R}$。

(2) *RLC* 串联电路中的功率:瞬时功率为 $p=UI\cos\varphi-UI\cos(2\omega t+\varphi)$,有功功率为 $P=UI\cos\varphi$,无功功率为 $Q=UI\sin\varphi$,视在功率为 $S=UI=|Z|I^2$。

(3) 功率因数低会产生电源设备的容量不能得到充分利用和增加线路上的功率损耗等不利影响。提高功率因数的最常用方法就是在电感性负载两端并联适当的电容器或同步补偿器。把电路中的功率因数由 φ_1 提高到 φ 所需的电容值为 $C=\dfrac{P}{\omega U^2}(\tan\varphi_1-\tan\varphi)$。

5. 电路中的谐振

(1) *RLC* 串联电路发生谐振时的频率为 $f_0=\dfrac{1}{2\pi\sqrt{LC}}$。谐振时,电路呈电阻性,电路中的阻抗最小，电流最大，电源电压等于电阻电压。

(2) RLC 并联电路发生谐振时的频率为 $f_0 \approx \frac{1}{2\pi\sqrt{LC}}$。谐振时，电路呈电阻性，电路中的阻抗最大，电流最小，支路上的电流相位几乎相反，大小几乎相等，且比总电流大。

6. 非正弦周期电路

电工电子技术中所遇到的非正弦周期量通常都满足狄里赫利条件，可以分解为傅里叶级数。在分析计算非正弦周期量作用下的线性电路的电流和电压时，可先将其分解为傅里叶级数，然后根据叠加定理分别计算各分量单独作用时的电流和电压，最后将计算结果叠加，这一方法称为谐波分析法。

本章思考与练习

一、填空题

1. 由于正弦电流和电压都是按正弦规律周期性变化的，所以，在电路图上所标的参考方向代表的是________的方向。在________时，由于参考方向与实际方向相反，其值________。

2. 一个交流电流 i 和一个直流电流 I 分别通过相同的电阻 R，如果在相同的时间 T（交流电流的周期）内，它们产生的热量相等，那么这个交流电流 i 的________就等于这个直流电流 I 的大小。

3. 用复数来表示正弦量时，复数的模为正弦量的__________，辐角为正弦量的________。

4. 电感线圈对________的阻碍作用很大，而对________则可视为短路，即电感线圈有"__________"的作用。电容元件对__________的阻碍作用很小，相当于短路，而对__________的阻碍作用则很大，可视为开路，即电容元件有"__________"的作用。

5. 功率因数低会产生____________________和______________等不利影响。提高功率因数的最常用方法就是在电感性负载两端并联适当的______________。

6. 在含有电感和电容元件的正弦交流电路中，电路两端的电压和电流一般是不同相的。如果改变电路的参数或电源的频率，使它们同相，这时，电路中将发生________。谐振可分为________和________两种。

7. 矩形波电压、锯齿波电压、三角波电压及全波整流电压等都为________。它们都可分解为________。

二、解答题

1. 已知两个同频率的正弦电流分别为

$$i_1 = 10\sqrt{2}\sin\left(314t + \frac{\pi}{3}\right),$$

$$i_2 = 22\sqrt{2}\sin\left(314t - \frac{5\pi}{6}\right)。$$

求 $i=i_1+i_2$，并画出相量图。

2. 已知 $i_1=8\sqrt{2}\sin(\omega t+90°)$，$i_2=6\sqrt{2}\sin\omega t$。(1) 用相量图表示两正弦量；(2) 用相量图计算：$i_3=i_1+i_2$，$i_4=i_1-i_2$。

3. 一白炽灯泡，工作时的电阻为 484 Ω，其两端的正弦电压 $u=311\sin(314t-60°)$。试求：(1) 灯泡中通过电流的相量表示及瞬时值表达式；(2) 白炽灯工作时的功率。

4. 一电感元件，$L=7.01$ H，接入电源电压 $u=220\sqrt{2}\sin(314t+30°)$ 的交流电路中。试求：(1) 通过电感元件的电流的相量表示及瞬时值表达式；(2) 电路中的无功功率。

5. 在电容元件电路中，已知 $C=47\ \mu\text{F}$，$f=50$ Hz，$i=0.2\sqrt{2}\sin(\omega t+60°)$。试求：(1) 电容元件两端的电压；(2) 若电流的有效值不变，电源的频率变为 1 000 Hz，则电容元件两端的电压变为多少？

6. 在 RLC 串联电路中，已知 $R=30\ \Omega$，$L=127$ mH，$C=40\ \mu\text{F}$，电源电压 $u=220\sqrt{2}\sin(314t+20°)$。(1) 求电流 i 及各部分电压 u_R、u_L、u_C；(2) 作电流和电压的相量图；(3) 求功率 P 和 Q。

7. 如图 2-19 所示为一日光灯装置的等效电路。已知 $P=40$ W，$U=220$ V，$I=0.4$ A，$f=50$ Hz。(1) 求此日光灯的功率因数；(2) 若要把功率因数提高到 0.9，需补偿的无功功率 Q_C 及电容量 C 各为多少？

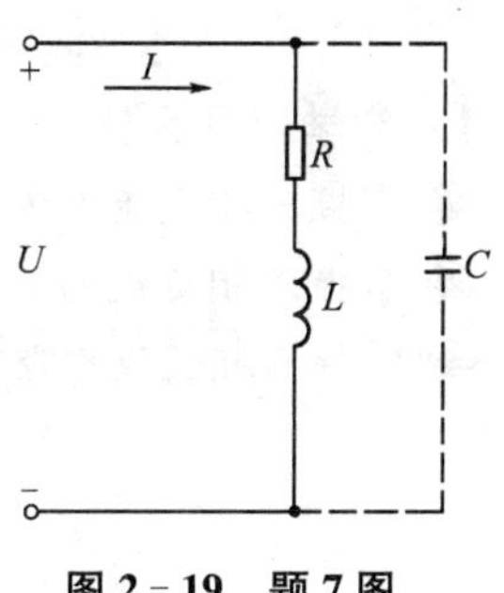

图 2-19　题 7 图

8. 将一台功率因数为 0.6、功率为 2 kW 的单相交流电动机接到 220 V 的工频电源上。(1) 求线路上的电流及电动机的无功功率；(2) 若要将电路的功率因数提高到 0.9，需并联多大的电容？这时，线路中的电流及电源供给的有功功率和无功功率各为多少？

9. 在 RLC 串联谐振电路中，$L=0.05$ mH，$C=200$ pF，品质因数 $Q=100$，交流电压的有效值 $U=1$ mV。试求：(1) 电路的谐振频率 f_0；(2) 谐振时电路中的电流 I；(3) 电容上的电压 U_C。

10. 在如图 2-17 所示的收音机输入电路中，线圈的电感 $L=0.3$ mH，电阻 $R=16\ \Omega$。今欲收听 640 kHz 某电台的广播，应将可变电容 C 调到多大？如在调谐回路中感应出电压 $U=2\ \mu\text{V}$，试求这时回路中该信号的电流多大，在线圈(或电容)两端得出多大电压。

11. 在实际并联谐振电路中，已知线圈的电阻 $R=10\ \Omega$，电感 $L=0.127$ mH，电容 $C=200$ pF。求电路的谐振频率 f_0 和谐振阻抗 Z。

第3章　三相电路

【本章导读】

目前，在世界各国的电力系统中发电和输配电一般都采用三相制。三相制具有许多优点。例如，在相同功率条件下，三相发电机比单相发电机性能好、尺寸小、成本低；在电机尺寸大小相同的条件下，三相发电机的输出功率比单相发电机高；在输电距离、输送功率等相同的条件下，三相输电比单相输电更能节约材料；三相变压器比单相变压器更经济，且三相变压器更便于接入二相或单相负载等。因此，工业上主要的用电负载——交流电动机大都是三相交流电动机。本章将主要介绍三相电路的连接及功率计算。

【本章学习目标】

◉ 掌握三相交流电的产生及三相电源的连接

◉ 掌握三相负载的两种连接方式

◉ 掌握三相交流电路的功率计算

3.1　三相电源

对称的三相交流电源是指由三个频率相同、幅值相等、相位互差120°的正弦电压源按一定方式连接起来的供电体系。通常所说的三相电源就是指对称的三相交流电源。由三相电源供电的电路称为三相电路。

3.1.1　三相交流电的产生

三相交流电一般是由三相交流发电机产生的。如图3-1所示为三相交流发电机的原理图，它主要由电枢和磁极组成。

电枢是固定的，故又称为定子。定子铁心是由硅钢片叠成的，其内圆周表面有槽，槽内均匀嵌入了三个电枢绕组U_1U_2、V_1V_2和W_1W_2。其中，U_1、V_1和W_1分别为绕组的始端，U_2、V_2和W_2分别为绕组的末端。这三个绕组的几何结构、绕向和匝数都相同，但绕组的始端或末端之间彼此相隔120°，故称为三相绕组。每相电枢绕组如图3-2所示。

磁极是转动的，故又称为转子。转子铁心上绕有励磁绕组，用直流励磁。选择合适的极面形状和励磁绕组的布置情况，可使定子与转子间空气隙中的磁感应强度按正弦规律分布。

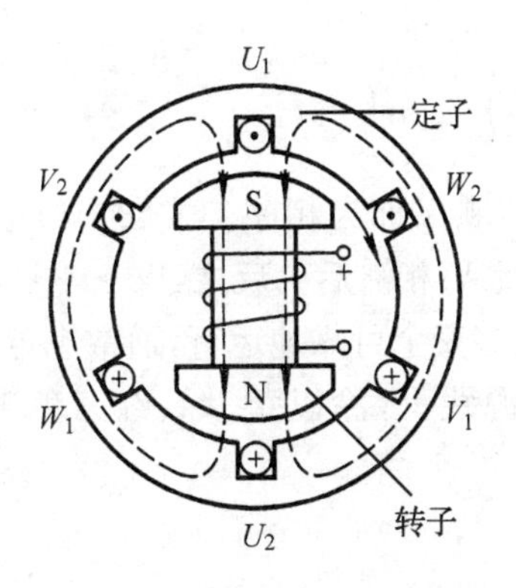

图3-1　三相交流发电机的原理图

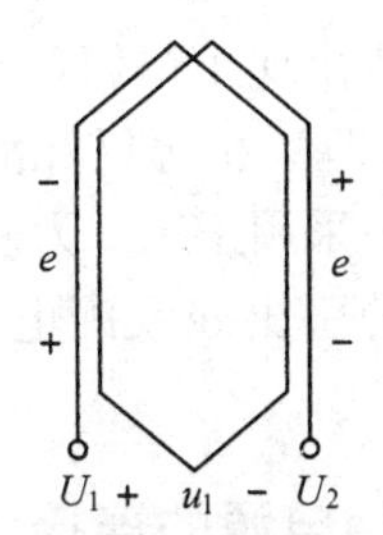

图3-2　每相电枢绕组

转子由原动机带动，以匀速按顺时针方向转动时，每相绕组依次切割磁力线，产生感应电动势，在U_1U_2、V_1V_2和W_1W_2三相绕组上将得到频率相同、幅值相等、相位互差120°的三相对称正弦电压u_1、u_2和u_3。设三相对称电压的参考方向为由始端指向末端，并以u_1为参考正弦量，则有：

$$\left.\begin{aligned}u_1&=U_m\sin\omega t\\u_2&=U_m\sin(\omega t-120^\circ)\\u_3&=U_m\sin(\omega t-240^\circ)=U_m\sin(\omega t+120^\circ)\end{aligned}\right\}\tag{3-1}$$

其相量形式为

$$\left.\begin{aligned}\dot{U}_1&=U\angle 0^\circ\\\dot{U}_2&=U\angle -120^\circ\\\dot{U}_3&=U\angle 120^\circ\end{aligned}\right\}\tag{3-2}$$

三相对称电压的正弦波形和相量图如图3-3所示。

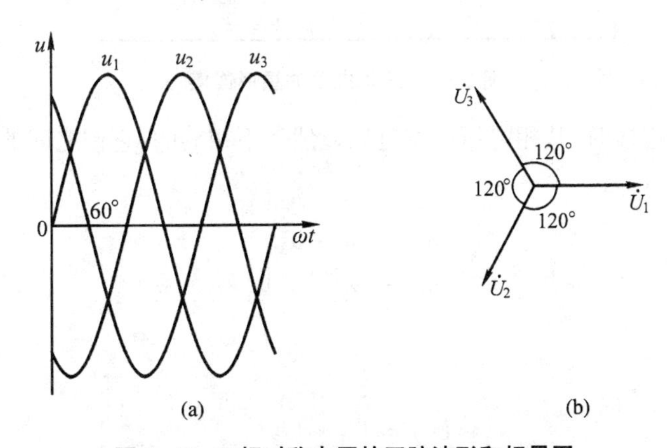

图3-3　三相对称电压的正弦波形和相量图

从波形和相量图中都可容易得出，三相对称电压的瞬时值及相量之和为零，即

$$\left.\begin{aligned} u_1+u_2+u_3&=0 \\ \dot{U}_1+\dot{U}_2+\dot{U}_3&=0 \end{aligned}\right\} \tag{3-3}$$

三相对称电压出现正幅值(或相应零值)的顺序称为相序。式(3-1)中的相序为$U\to V\to W$,称为正序,即V相比U相滞后,W相又比V相滞后。反之,$W\to V\to U$的相序称为负序。电力系统一般采用正序。为使电力系统能够安全可靠地运行,通常规定,三相交流发电机或三相变压器的引出线及配电站的三相电源线上,涂以黄、绿、红三色来区分U、V、W三相。

3.1.2 三相电源的连接

三相电源的连接方式有两种:星形(Y形)连接和三角形(△形)连接。

1. 三相电源的星形连接

如图3-4所示,将三相绕组的三个末端U_2、V_2和W_2连接在一起形成一点N,而将三个始端U_1、V_1和W_1作为输出端,这种连接方式称为三相电源的星形连接。在星形连接中,末端的连接点N称为中性点或零点,从中性点引出的导线称为中性线或零线。从三个始端U_1、V_1和W_1引出的三根导线L_1、L_2和L_3称为相线或端线,俗称火线。

三相电源中,三条相线与中性线之间的电压称为相电压,其有效值用U_1、U_2和U_3表示,或用U_P表示;而任意两相线之间的电压称为线电压,其有效值用U_{12}、U_{23}和U_{31}表示,或用U_L表示。相电压和线电压的参考方向如图3-4所示。

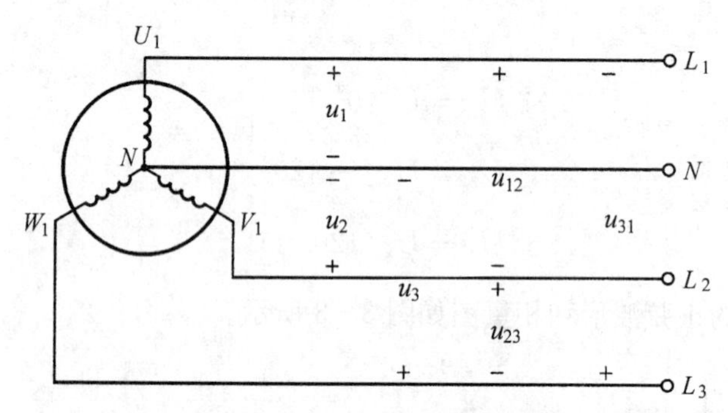

图3-4 三相电源的星形连接

三相电源星形连接时,其相电压和线电压显然是不相等的,它们之间的关系为

$$\left.\begin{aligned} u_{12}&=u_1-u_2 \\ u_{23}&=u_2-u_3 \\ u_{31}&=u_3-u_1 \end{aligned}\right\} \tag{3-4}$$

用相量表示为

$$\left.\begin{aligned} \dot{U}_{12}&=\dot{U}_1-\dot{U}_2 \\ \dot{U}_{23}&=\dot{U}_2-\dot{U}_3 \\ \dot{U}_{31}&=\dot{U}_3-\dot{U}_1 \end{aligned}\right\} \tag{3-5}$$

如图3－5所示为相电压和线电压的相量图。可以看出，线电压也是频率相同、幅值相等、相位互差120°的三相对称电压。同时，从相量图上还可得出相电压与线电压的关系为：线电压U_L是相电压U_P的$\sqrt{3}$倍，且线电压在相位上比相应的相电压超前30°，即

$$\left.\begin{aligned}\dot{U}_{12}&=\sqrt{3}\,\dot{U}_1\angle 30^\circ\\ \dot{U}_{23}&=\sqrt{3}\,\dot{U}_2\angle 30^\circ\\ \dot{U}_{31}&=\sqrt{3}\,\dot{U}_3\angle 30^\circ\end{aligned}\right\}\tag{3-6}$$

就供电方式而言，从电源引出三根相线和一根中性线的供电方式称为三相四线制，仅引出三根相线的供电方式称为三相三线制。其中，三相四线制供电方式可向用户提供相电压和线电压两种电压，主要在低压供电中采用，我国低压供电系统的相电压为220 V，线电压为380 V；三相三线制供电方式，由于没有中性线，只能向用户提供线电压，主要在高压输电中采用。

2. 三相电源的三角形连接

如图3－6所示，把一相绕组的始端与另一相绕组的末端依次连接，再从3个接点处分别引出3条相线，这种连接方式称为三相电源的三角形连接。

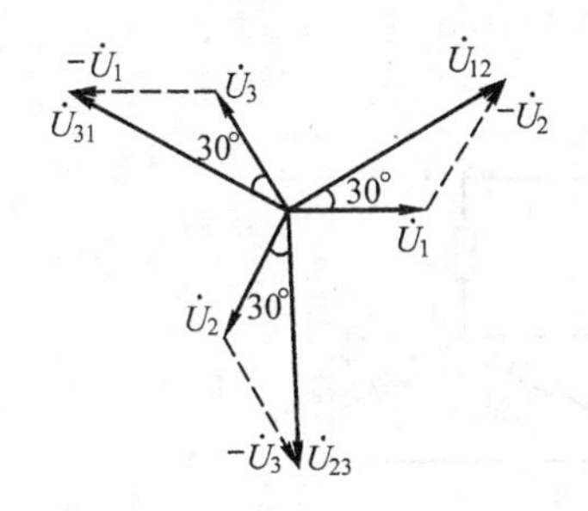

图3－5　相电压和线电压的相量图

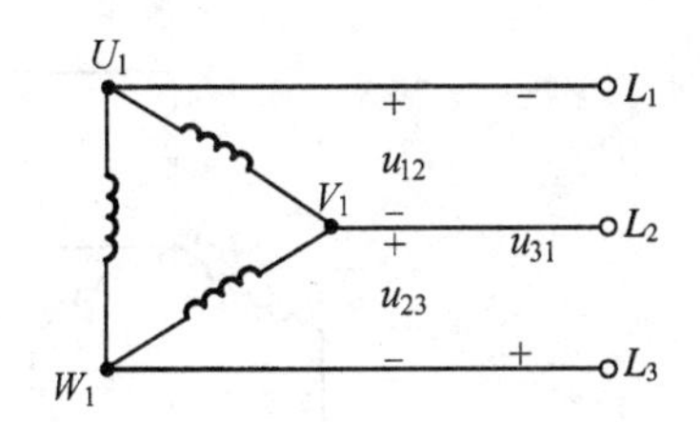

图3－6　三相电源的三角形连接

显然，三相电源三角形连接时，线电压等于相应相电压，即

$$\left.\begin{aligned}\dot{U}_{12}&=\dot{U}_1\\ \dot{U}_{23}&=\dot{U}_2\\ \dot{U}_{31}&=\dot{U}_3\end{aligned}\right\}\tag{3-7}$$

三相电源三角形连接时，在三相绕组的闭合回路中同时作用着3个电压源，由于$\dot{U}_1+\dot{U}_2+\dot{U}_3=0$，所以，回路中的总电压为零，不会产生环流。但若有一相绕组接反，则$\dot{U}_1+\dot{U}_2+\dot{U}_3\neq 0$，回路中将会产生很大的环流，致使三相电源设备烧毁。因此，使用时应加以注意。

3.2　三相负载的连接

按对供电电源的要求不同，负载可分为单相负载和三相负载。其中，单相负载只需单相

电源即可工作；三相负载则必须接在三相电路中才能工作。三相负载又可分为两类：若每相负载的复阻抗相等，即 $Z_1=Z_2=Z_3=Z$，则称为对称三相负载，如三相交流电动机等；否则称为不对称三相负载。

三相负载的连接方式也有星形（Y 形）连接和三角形（△形）连接两种。不论哪种连接方式，其每相负载始末两端之间的电压称为负载的相电压，两相负载始端之间的电压称为负载的线电压。在三相电路中，流过每相负载的电流称为相电流，其有效值用 I_P 表示；流过相线的电流称为线电流，其有效值用 I_L 表示。

负载接入三相电路时，应遵循两个原则：(1) 加在负载上的电压必须等于其额定电压；(2) 应尽可能使电源的各相负载均匀对称，从而使三相电源趋于平衡。

3.2.1 三相负载的星形连接

将三相负载的末端连接在一点 N'，并与三相电源的中性线相连，三相负载的始端分别接到三根相线上，这种连接方式称为三相负载的星形连接，这种连接方式组成的电路称为负载星形连接的三相四线制电路，如图 3-7 所示。电压和电流的参考方向都已标在图中，$|Z_1|$、$|Z_2|$ 和 $|Z_3|$ 分别为每相负载的阻抗模。在这种连接方式中，不论负载对称与否，其相电压和线电压分别等于三相电源的相电压和线电压。

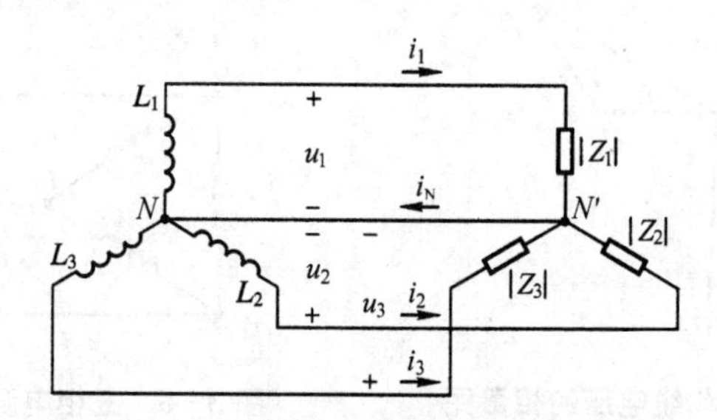

图 3-7 负载星形连接的三相四线制电路

显然，三相负载星形连接时，相电流等于相应的线电流，即

$$I_P = I_L \tag{3-8}$$

在三相负载星形连接时，各相电源与各相负载经中性线构成各自独立的回路，因此，可以利用单相交流电路的分析方法来对每相负载进行独立分析。每相电流为

$$\left.\begin{aligned}\dot{I}_1&=\frac{\dot{U}_1}{Z_1}=\frac{U_1\angle 0^\circ}{|Z_1|\angle\varphi_1}=I_1\angle-\varphi_1\\ \dot{I}_2&=\frac{\dot{U}_2}{Z_2}=\frac{U_2\angle-120^\circ}{|Z_2|\angle\varphi_2}=I_2\angle(-120^\circ-\varphi_2)\\ \dot{I}_3&=\frac{\dot{U}_3}{Z_3}=\frac{U_3\angle 120^\circ}{|Z_3|\angle\varphi_3}=I_3\angle(120^\circ-\varphi_3)\end{aligned}\right\} \tag{3-9}$$

中性线的电流可根据基尔霍夫电流定律得出，即

$$\dot{I}_N = \dot{I}_1 + \dot{I}_2 + \dot{I}_3 \tag{3-10}$$

电压和电流的相量图如图3-8(a)所示。

因电源为对称三相电源，若电路中的负载为对称三相负载，即 $Z_1 = Z_2 = Z_3 = Z$，则此时的电路为对称三相电路。由于电压对称及各相负载相同，因此，流过各相负载的电流也是对称的，即

$$\dot{I}_1 = \frac{\dot{U}_1}{Z} = \frac{U_1\angle 0^\circ}{|Z|\angle\varphi} = I_P\angle -\varphi$$

$$\dot{I}_2 = \frac{\dot{U}_2}{Z} = \frac{U_2\angle -120^\circ}{|Z|\angle\varphi} = I_P\angle(-120^\circ - \varphi)$$

$$\dot{I}_3 = \frac{\dot{U}_3}{Z} = \frac{U_3\angle 120^\circ}{|Z|\angle\varphi} = I_P\angle(120^\circ - \varphi)$$

对称三相负载星形连接时电压和电流的相量图如图3-8(b)所示。

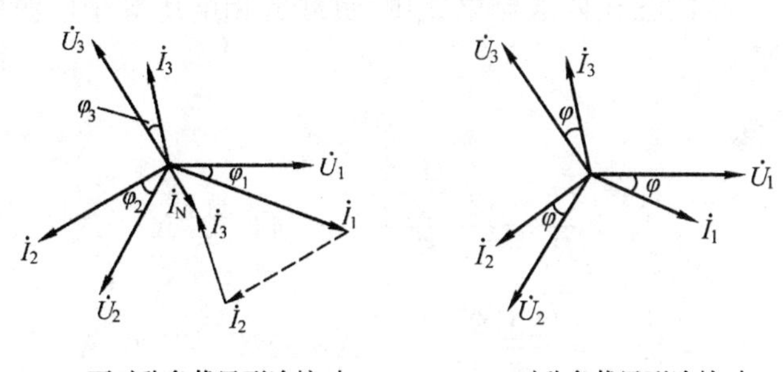

(a) 不对称负载星形连接时　　(b) 对称负载星形连接时

图3-8　电压和电流的相量图

此时，中性线的电流等于零，即

$$\dot{I}_N = \dot{I}_1 + \dot{I}_2 + \dot{I}_3 = 0$$

这种情况下，由于中性线的电流为零，因此，取消中性线也不会影响三相电路的工作，三相四线制电路实际上就变成了三相三线制电路，如图3-9所示。由于生产上的三相负载一般都是对称的，因此，三相三线制电路在生产上的应用极为广泛。

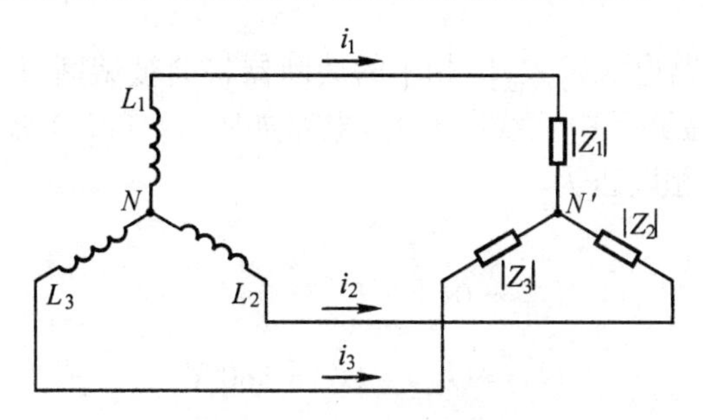

图3-9　三相三线制电路

当负载对称时，三相三线制电路与三相四线制电路完全相同，各相电流的计算方法与三相四线制电路的计算方法相同，且只需计算一相，推出另外两相即可。

【例 3-1】 如图 3-10 所示，三相对称电源 $U_P = 220\ \text{V}$，将三盏额定电压为 220 V 的白炽灯分别接入 L_1、L_2、L_3 相。已知白炽灯的电阻分别为 $R_1 = 5\ \Omega$，$R_2 = 10\ \Omega$，$R_3 = 20\ \Omega$，试求：(1) 负载相电压、相电流及中性线电流；(2) L_1 相短路时及 L_1 相短路且中性线断开时，各相负载的电压；(3) L_1 相断开时及 L_1 相断开且中性线也断开时，各相负载的电压。

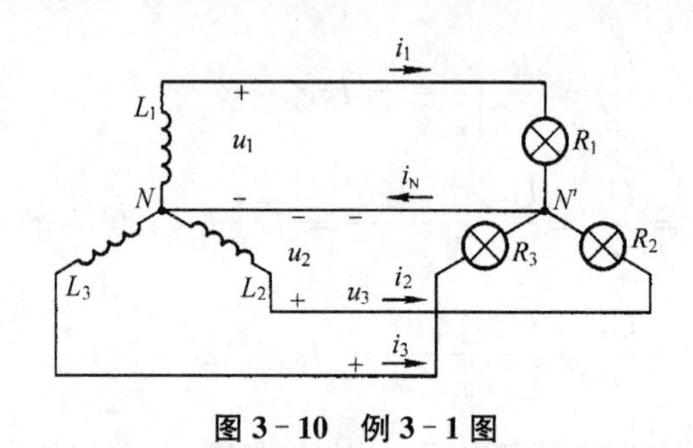

图 3-10　例 3-1 图

解　(1) 在星形连接的三相四线制电路中，负载的相电压等于电源的相电压，是对称的，其有效值为 220 V。

各相电流为

$$\dot{I}_1 = \frac{\dot{U}_1}{R_1} = \frac{220\angle 0^\circ}{5}\ \text{A} = 44\angle 0^\circ\ \text{A}$$

$$\dot{I}_2 = \frac{\dot{U}_2}{R_2} = \frac{220\angle -120^\circ}{10}\ \text{A} = 22\angle -120^\circ\ \text{A}$$

$$\dot{I}_3 = \frac{\dot{U}_3}{R_3} = \frac{220\angle 120^\circ}{20}\ \text{A} = 11\angle 120^\circ\ \text{A}$$

根据式(3-10)可知中性线电流为

$$\begin{aligned}\dot{I}_N &= \dot{I}_1 + \dot{I}_2 + \dot{I}_3 = 44\angle 0^\circ\ \text{A} + 22\angle -120^\circ\ \text{A} + 11\angle 120^\circ\ \text{A} \\ &= 44\ \text{A} + (-11 - \text{j}18.9)\ \text{A} + (-5.5 + \text{j}9.45)\ \text{A} \\ &= 27.5\ \text{A} - \text{j}9.45\ \text{A} \\ &= 29.1\angle -19^\circ\ \text{A}\end{aligned}$$

(2) L_1 相短路时，短路电流很大，L_1 相中的熔断器将会被熔断，L_2、L_3 相不受影响，其相电压仍为 220 V。L_1 相短路且中性线断开时，电路如图 3-11(a)所示。此时，负载中性点 N' 即为 L_1，因此，负载各相电压为

$$\dot{U}'_1 = 0, \quad U'_1 = 0\ \text{V}$$

$$\dot{U}'_2 = \dot{U}_{21}, \quad U'_2 = 380\ \text{V}$$

$$\dot{U}'_3 = \dot{U}_{31}, \quad U'_3 = 380\ \text{V}$$

由于2灯和3灯两端的电压都超过了其额定电压，因此，两灯将会被损坏。

(3) L_1相断开时，L_2、L_3相不受影响，其相电压仍为220 V。

L_1相断开且中性线也断开时，电路如图3-11(b)所示。此时，电路变为单相电路，即2灯和3灯串联，接在线电压$U_{23}=380$ V的电源上，两相电流相同。根据串联电路的分压关系，可得各相电压分别为

$$U_2'=\frac{R_2}{R_2+R_3}U_{23}=\frac{10}{10+20}\times 380\text{ V}=127\text{ V}$$

$$U_3'=\frac{R_3}{R_2+R_3}U_{23}=\frac{20}{10+20}\times 380\text{ V}=253\text{ V}$$

可见，2灯的电压小于额定电压，而3灯的电压大于额定电压，两灯都不能正常工作。

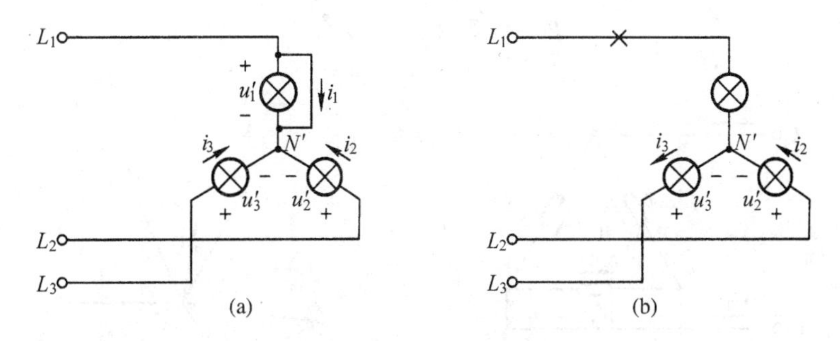

图3-11　例3-1电路

由上述例题可以看出，三相四线制电路中，中性线的作用非常大。当负载不对称时，中性线电流不等于零，中性线绝对不能去掉。否则，负载上的相电压将会不对称，从而导致有的相电压高于额定电压，有的低于额定电压，使负载不能正常工作，这是绝对不允许的。为了保证负载的正常工作，中性线不应断开，因此，规定中性线内不准安装开关和熔断器，而且为了使中性线本身具有足够的机械强度，可在中性线上加装钢芯。

3.2.2　三相负载的三角形连接

将三相负载分别连接到三相电源的两根相线之间，这种连接方式称为三相负载的三角形连接，如图3-12所示。电压和电流的参考方向都已标在图中，$|Z_{12}|$、$|Z_{23}|$和$|Z_{31}|$分别为每相负载的阻抗模。由于每相负载都直接连接在电源的两根相线之间，因此，负载的相电压与电源的线电压相等，且不论负载对称与否，其相电压总是对称的，即

$$U_{12}=U_{23}=U_{31}=U_P=U_L \tag{3-11}$$

负载三角形连接时，其相电流与线电流是不同的。各相电流为

$$\dot{I}_{12}=\frac{\dot{U}_{12}}{Z_{12}},\dot{I}_{23}=\frac{\dot{U}_{23}}{Z_{23}},\dot{I}_{31}=\frac{\dot{U}_{31}}{Z_{31}}$$

根据基尔霍夫电流定律可得各线电流为

$$\left.\begin{aligned}\dot{I}_1 &= \dot{I}_{12} - \dot{I}_{31} \\ \dot{I}_2 &= \dot{I}_{23} - \dot{I}_{12} \\ \dot{I}_3 &= \dot{I}_{31} - \dot{I}_{23}\end{aligned}\right\} \tag{3-12}$$

若负载对称，即 $Z_{12} = Z_{23} = Z_{31} = Z$，则负载的相电流也是对称的。此时，线电流与相电流的关系如图 3-13 所示。显然，线电流也是对称的，其有效值为相电流的$\sqrt{3}$倍，其相位比相应的相电流滞后 30°，即

$$\left.\begin{aligned}\dot{I}_1 &= \sqrt{3}\,\dot{I}_{12}\angle -30^\circ \\ \dot{I}_2 &= \sqrt{3}\,\dot{I}_{23}\angle -30^\circ \\ \dot{I}_3 &= \sqrt{3}\,\dot{I}_{31}\angle -30^\circ\end{aligned}\right\} \tag{3-13}$$

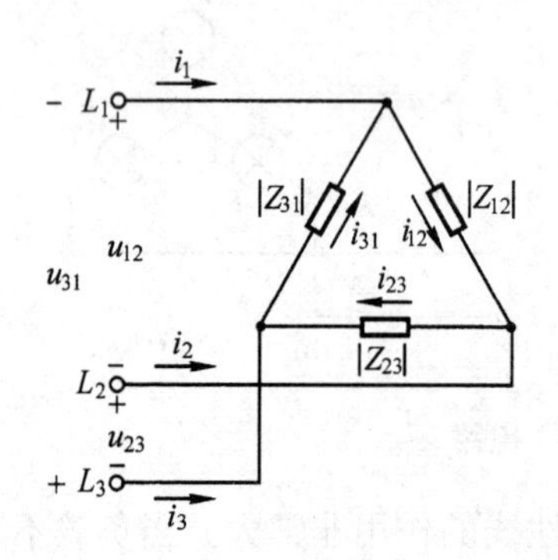

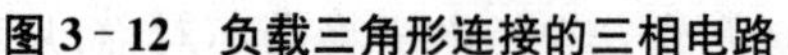
图 3-12　负载三角形连接的三相电路

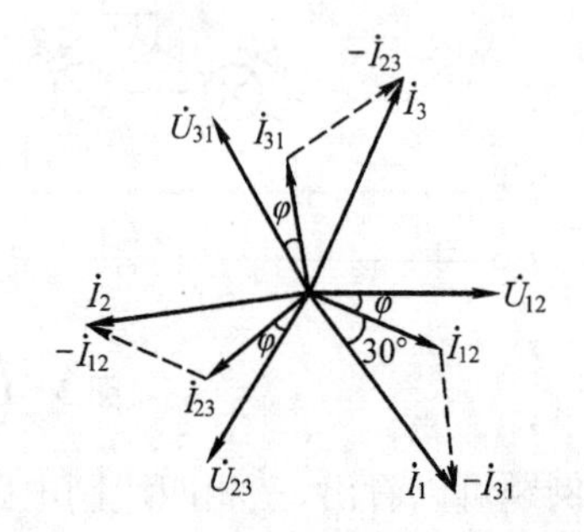

图 3-13　线电流与相电流的相量图

3.3　三相交流电路的功率

三相交流电路可看作是三个单相交流电路的组合，因此，单相交流电路的功率计算可直接应用到三相交流电路中。三相交流电路的功率主要包括有功功率、无功功率和视在功率。

在三相交流电路中，不论负载如何连接，电路总的有功功率都等于各相有功功率之和，即

$$P = P_1 + P_2 + P_3 \tag{3-14}$$

在对称三相电路中，由于各相电压、相电流及阻抗角都相等，因此，式(3-14)可写为

$$P = 3P_{\mathrm{P}} = 3U_{\mathrm{P}}I_{\mathrm{P}}\cos\varphi \tag{3-15}$$

式中，φ 为相电压 U_{P}与相电流 I_{P}之间的相位差。

由于实际工作中线电压和线电流的测量较为容易，因此，三相功率的计算通常用线电压和

线电流表示。当对称负载为星形连接时，$U_L=\sqrt{3}U_P$，$I_L=I_P$；当对称负载为三角形连接时，$U_L=U_P$，$I_L=\sqrt{3}I_P$，于是，不论对称负载是星形连接还是三角形连接，其有功功率都可写为

$$P=\sqrt{3}U_L I_L \cos\varphi \tag{3-16}$$

注意，式(3-16)中的 φ 仍为相电压 U_P 与相电流 I_P 之间的相位差。

同理，可得三相电路的无功功率和视在功率分别为

$$Q=3U_P I_P \sin\varphi=\sqrt{3}U_L I_L \sin\varphi \tag{3-17}$$

$$S=3U_P I_P=\sqrt{3}U_L I_L \tag{3-18}$$

【例3-2】 有一对称三相负载，每相电阻为 $R=6\,\Omega$，电抗 $X=8\,\Omega$，三相电源的线电压为380 V。求：(1) 负载星形连接时的有功功率 P；(2) 负载三角形连接时的有功功率 P'。

解 每相阻抗的阻抗模为

$$|Z|=\sqrt{6^2+8^2}\,\Omega=10\,\Omega$$

功率因数为

$$\cos\varphi=\frac{R}{|Z|}=\frac{6}{10}=0.6$$

(1) 负载星形连接时，相电压为220 V，线电流等于相电流，即

$$I_L=I_P=\frac{U_P}{|Z|}=\frac{220}{10}\,\text{A}=22\,\text{A}$$

根据式(3-16)可得有功功率 P 为

$$P=\sqrt{3}U_L I_L\cos\varphi=\sqrt{3}\times380\times22\times0.6\,\text{kW}=8.7\,\text{kW}$$

(2) 负载三角形连接时，相电压等于线电压，即 $U'_P=U_L=380\,\text{V}$，相电流为

$$I'_P=\frac{U'_P}{|Z|}=\frac{380}{10}\,\text{A}=38\,\text{A}$$

线电流为相电流的 $\sqrt{3}$ 倍，即

$$I'_L=\sqrt{3}I'_P=\sqrt{3}\times38\,\text{A}=65.8\,\text{A}$$

根据式(3-16)可得有功功率 P' 为

$$P'=\sqrt{3}U_L I'_L\cos\varphi=\sqrt{3}\times380\times65.8\times0.6\,\text{kW}=26\,\text{kW}$$

本章小结

1. 三相电源

(1) 三相交流电一般是由三相交流发电机产生的。三相交流发电机主要由电枢和磁极

组成。它在U_1U_2、V_1V_2和W_1W_2三相绕组上会产生频率相同、幅值相等、相位互差120°的三相对称正弦电压u_1、u_2和u_3。

(2) 三相电源的星形连接是指将三相绕组的三个末端U_2、V_2和W_2连接在一起形成一点N，而将三个始端U_1、V_1和W_1作为输出端；三相电源的三角形连接是指把一相绕组的始端与另一相绕组的末端依次连接，再从三个接点处分别引出三条相线。

2. 三相负载的连接

(1) 将三相负载的末端连接在一点N'，并与三相电源的中性线相连，三相负载的始端分别接到三根相线上，这种连接方式称为三相负载的星形连接。此时，$U_L=\sqrt{3}U_P$，$I_L=I_P$。

(2) 将三相负载分别连接到三相电源的两根相线之间，这种连接方式称为三相负载的三角形连接。此时，$U_L=U_P$，$I_L=\sqrt{3}I_P$。

3. 三相交流电路的功率

三相交流电路的有功功率为$P=\sqrt{3}U_L I_L\cos\varphi$，无功功率为$Q=\sqrt{3}U_L I_L\sin\varphi$，视在功率为$S=\sqrt{3}U_L I_L$。

本章思考与练习

一、填空题

1. 对称的三相交流电源是指由三个________相同、________相等、相位互差________的正弦电压源按一定方式连接起来的供电体系。

2. 三相对称电压出现正幅值(或相应零值)的顺序称为________。它可分为________和________。电力系统一般采用________。

3. 三相电源中，三条相线与中性线之间的电压称为________，而任意两相线之间的电压称为________。三相电源的星形连接中，线电压U_L是相电压U_P的________倍，且线电压在相位上比相应的相电压超前________。

4. 从电源引出三根相线和一根中性线的供电方式称为____________，仅引出三根相线的供电方式称为____________。其中，前者主要在____________中采用；后者主要在____________中采用。

5. 三相四线制电路中，为了保证负载的正常工作，中性线不应断开，因此，规定中性线内不准安装____________，而且为了使中性线本身具有足够的机械强度，可在中性线上加装________。

6. 三相负载星形连接时，$U_L=$________U_P，$I_L=$________I_P。三相负载三角形连接时，$U_L=$________U_P，$I_L=$________I_P。

二、解答题

1. 如图3-14所示，已知三相电源的线电压$\dot{U}_{12}=380\angle 30°$，阻抗$Z_1=10\angle 37°$，$Z_2=10\angle 30°$，$Z_3=10\angle 53°$。求各线电流和中性线电流。

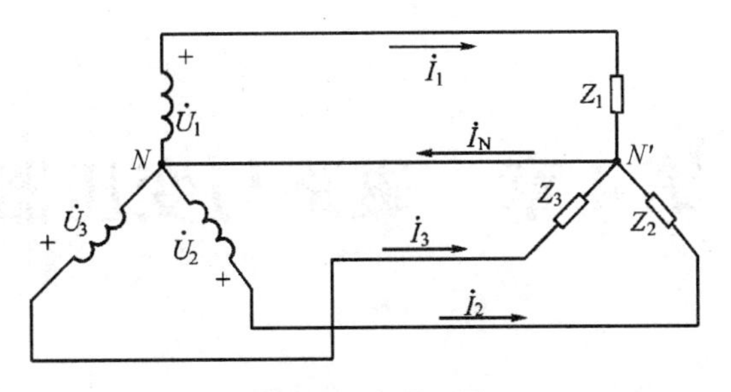

图3-14　题1图

2. 如图3-15所示三相对称电源，$U_P = 220$ V，将三盏额定电压为220 V的白炽灯分别接入L_1、L_2、L_3相，已知白炽灯的功率$P_1 = P_2 = P = 60$ W，$P_2 = 200$ W。求：(1) 各相电流及中性线电流；(2) 分析L_2相断开后各灯的工作情况；(3) 分析L_2相断开、中性线也断开后各灯的工作情况。

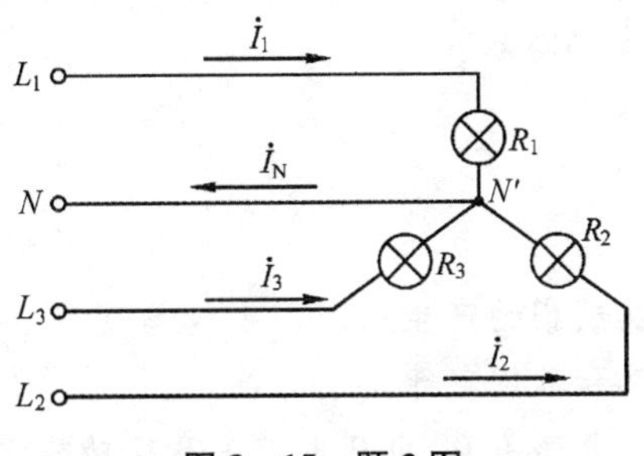

图3-15　题2图

3. 对称三相电阻炉作三角形连接，每相电阻为38 Ω，接于线电压为380 V的对称三相电源上，试求负载相电流I_P及线电流I_L。

4. 有一三相电动机，每相等效电阻$R = 29$ Ω，等效感抗$X_L = 21.8$ Ω。绕组连成星形接于线电压为380 V的三相电源上。试求电动机的相电流、线电流及从电源输入的功率。

5. 对称三相三线制电源的线电压为$100\sqrt{3}$V，每相负载阻抗$Z = 10\angle 60°$。求负载分别作星形连接和三角形连接时的电流和三相功率。

第4章　磁路与变压器

【本章导读】

在各种电路中广泛应用的变压器、电机、继电器及接触器等电气设备，其内部都有铁芯和线圈，作用是为了在线圈中通有较小电流时，能在铁芯内部产生较强的磁场，从而使线圈上感应出电动势或对线圈产生电磁力。在这些电气设备中，线圈通电属于电路问题；电流产生的磁场局限于铁芯内部，形成磁路，属于磁路问题。只有同时掌握了电路和磁路的基本理论，才能对上述各种电气设备进行全面分析。因此，本章将主要介绍磁路和铁芯线圈电路的基本知识，并对变压器进行全面分析。

【本章学习目标】

◉ 掌握磁场的基本物理量
◉ 掌握铁磁性材料的性能及铁损的产生原因
◉ 掌握磁路的安培环路定律和欧姆定律
◉ 掌握交流铁芯线圈电路的电磁关系、电压电流关系及功率损耗
◉ 了解变压器的分类
◉ 掌握变压器的结构及工作原理
◉ 掌握变压器绕组极性的判断
◉ 掌握变压器的额定值、外特性及效率特性
◉ 了解几种常用的特殊变压器

4.1　磁路的基本知识

在学习磁路之前，我们首先了解一下磁场的基本物理量及铁磁性材料的相关知识。

4.1.1　磁场的基本物理量

在中学时，为了研究和分析磁场，我们引入了定性描述磁场的物理量——磁力线。磁力线上任一点的切线方向即为该点磁场的方向，磁力线的疏密程度反映了该点磁场的强弱。为了分析计算磁场，我们还需掌握磁感应强度、磁通、磁导率及磁场强度等定量描述磁场的基本物理量。

1. *磁感应强度*

磁感应强度 $\boldsymbol{B}$ 是表示磁场中某点的磁场强弱和方向的物理量，它是一个矢量。在磁场中垂直于磁场方向放置一通电导体，其所受的磁场力 $\boldsymbol{F}$ 与电流 $\boldsymbol{I}$ 和导体长度 L 的乘积 $\boldsymbol{I}L$ 之比称为通电导体所在处的磁感应强度 B，即

$$\boldsymbol{B}=\frac{\boldsymbol{F}}{\boldsymbol{I}L} \tag{4-1}$$

磁感应强度 $\boldsymbol{B}$ 与电流之间的方向关系可用右手螺旋定则来确定。在国际单位制中，磁感应强度的单位为特斯拉(T)。

如果磁场内各点的磁感应强度大小相等、方向相同，则这样的磁场称为均匀磁场。

2. *磁通*

磁通 $\boldsymbol{\Phi}$ 是描述磁场在某一范围内分布情况的物理量。磁感应强度 $\boldsymbol{B}$ 与垂直于磁场方向的某一截面积 S 的乘积称为通过该面积的磁通 $\boldsymbol{\Phi}$，即

$$\boldsymbol{\Phi}=\boldsymbol{B}S \quad 或 \quad \boldsymbol{B}=\frac{\boldsymbol{\Phi}}{S} \tag{4-2}$$

由式(4-2)可知，磁感应强度在数值上可看作与磁场方向相垂直的单位面积内所通过的磁通，因此，磁感应强度又称为磁通密度。

在国际单位制中，磁通的单位为韦伯(Wb)。

3. *磁导率*

磁导率 μ 是用来表示磁场媒质磁性的物理量，也就是用来衡量物质导磁能力大小的物理量，其单位为亨利每米(H/m)。

由实验可知，真空中的磁导率为一个常数，用 μ_0 表示，即 $\mu_0=4\pi\times10^{-7}$ H/m。为了比较不同物质的导磁性能，我们把一种物质的磁导率 μ 与真空的磁导率 μ_0 的比值称为相对磁导率，用 μ_r 表示，即

$$\mu_r=\frac{\mu}{\mu_0} \tag{4-3}$$

4. *磁场强度*

磁场强度 $\boldsymbol{H}$ 是计算磁场时所引用的一个物理量，它也是矢量，通过它可以确定磁场与电流之间的关系。磁场中某点的磁感应强度 $\boldsymbol{B}$ 与磁导率 μ 的比值称为该点的磁场强度 H，即

$$\boldsymbol{H}=\frac{\boldsymbol{B}}{\mu} \tag{4-4}$$

在均匀介质中，磁场强度的方向与磁感应强度的方向一致。在国际单位制中，磁场强度的单位为安培每米(A/m)。

4.1.2 铁磁性材料

按导磁性能的不同，自然界的物质大体上可分为磁性材料(常称为铁磁性材料)和非磁性材料。其中，铁磁性材料主要包括铁、钴、镍及其合金，它们的导磁能力很强，相对磁导率

μ_r可达几千、几万，甚至几十万；非磁性材料包括自然界的大部分物质，如铜、铝、空气等，它们的导磁能力很差，相对磁导率 μ_r接近于1，其磁导率可看作常数。

由于变压器、电机等电气设备均以铁磁性材料作为铁芯，因此，本节将主要介绍铁磁性材料。

1. 铁磁性材料的性能

(1) 高导磁性

由于铁磁性材料具有很高的磁导率，因此，它们在外磁场作用下会被强烈磁化，从而呈现出很高的磁性。

为什么铁磁性材料能够被磁化呢？这是因为铁磁性材料的内部存在许多自发磁化的小区域，这些小区域称为磁畴。在没有外磁场作用时，磁畴的方向各不相同，排列混乱，磁场相互抵消，对外不显示磁性，如图 4-1(a)所示。在有外磁场作用时，磁畴的方向将逐渐改变到与外磁场方向接近或一致的方向上，使铁磁性材料内部的磁感应强度大大增强，对外呈现出很强的磁性，如图 4-1(b)所示，此时，铁磁性材料即被强烈磁化。

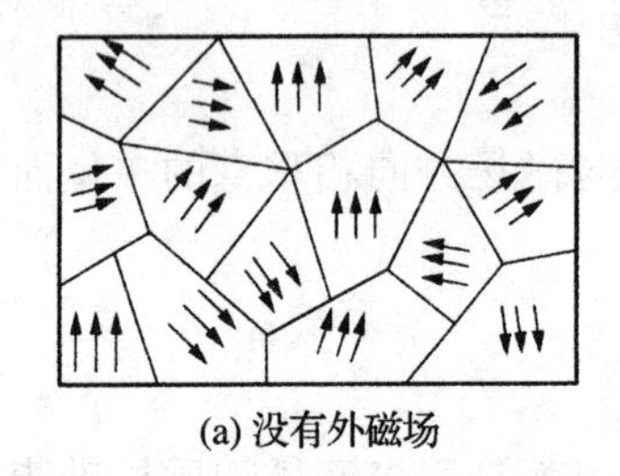
(a) 没有外磁场

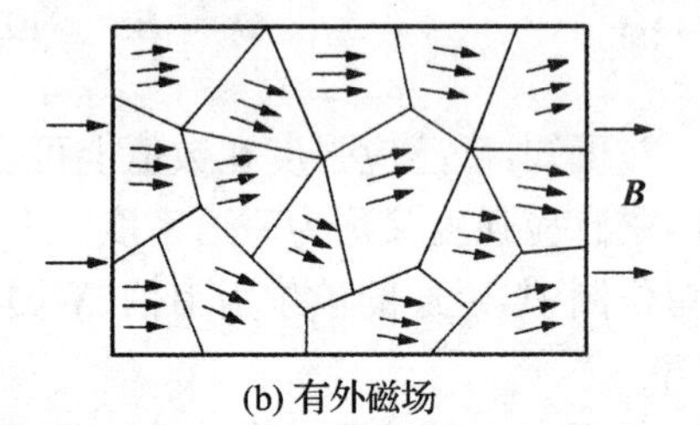

(b) 有外磁场

图 4-1 磁畴与磁化

(2) 磁饱和性

在铁磁性材料的磁化过程中，磁感应强度 **B** 随磁场强度 **H** 变化的曲线称为磁化曲线，如图 4-2 所示。可以看出，铁磁性材料因磁化而产生的磁感应强度不会随外磁场的增强而无限地增强。当外磁场增强到一定值时，铁磁性材料内部所有磁畴的方向都已与外磁场方向一致，此时，磁化的磁感应强度达到饱和。这种特性称为铁磁性材料的磁饱和性。

由于 **B** 与 **H** 不成正比，所以，铁磁性材料的磁导率 $\mu = B/H$ 不是常数，它随 H 而变，如图 4-2 所示。

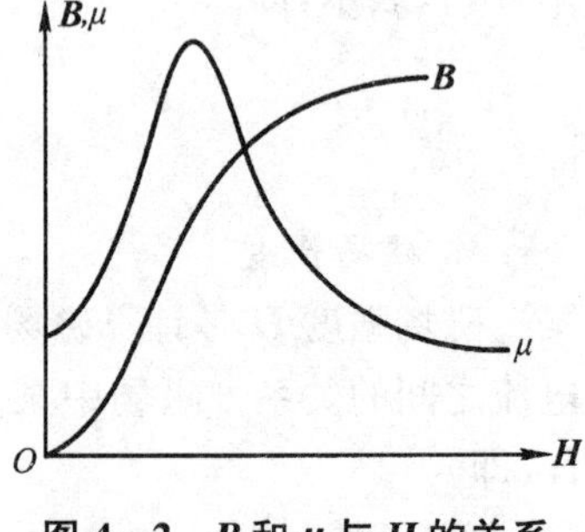

图 4-2 B 和 μ 与 H 的关系

对非磁性材料来说，磁导率 μ 为常数，B 与 H 成正比，无磁饱和现象。

(3) 磁滞性

上述磁化曲线只反映了铁磁性材料在外磁场由零逐渐增强的磁化过程，而实际应用的电气设备中，铁芯线圈上通有交流电时，铁芯会受到交变磁化，一个周期内的 **B-H** 曲线如图 4-3(a)所示。

可以看出，当磁场强度由 H_m减小至 0 时，铁芯在磁化时所获得的磁性并未完全消失，此时，铁芯中的磁感应强度称为剩磁 B_r。永久磁铁中的磁性就是利用剩磁产生的。若要使铁芯中剩磁消失，则需向线圈中通入反向电流，进行反向磁化。使 $B=0$ 的 H 值称为矫顽

力 H_c，它表示铁磁材料反抗退磁的能力。

在这个过程中，磁感应强度 $\boldsymbol{B}$ 的变化滞后于磁场强度 $\boldsymbol{H}$ 的变化，这种性质称为磁滞性。表示 $\boldsymbol{B}$ 与 $\boldsymbol{H}$ 变化关系的闭合曲线称为磁滞回线，如图 4－3 所示。

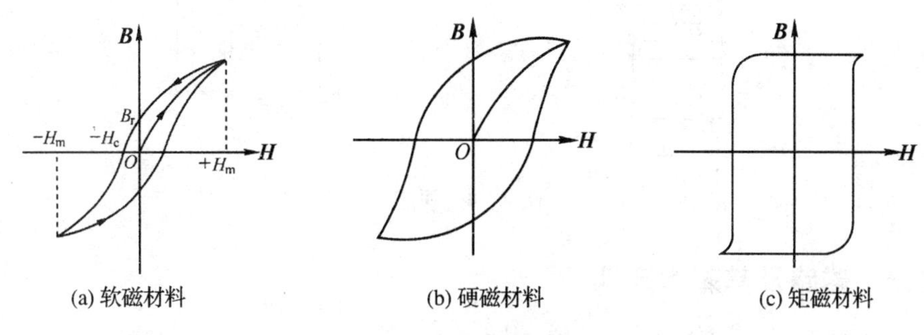

图 4－3　磁滞回线

不同的铁磁性材料，其磁滞回线的形状不同，据此可将铁磁性材料分为软磁材料、硬磁(永磁)材料和矩磁材料三类，其磁滞回线如图 4－3 所示。

① 软磁材料。如铸铁、硅钢、坡莫合金及铁氧体等，它们的磁滞特性不明显，剩磁和矫顽力较小，磁滞回线较窄，通常用于制造变压器、电机和电器的铁芯。

② 硬磁(永磁)材料。如碳钢、钨钢及铝镍钴合金等，它们的磁滞特性明显，剩磁和矫顽力均较大，磁滞回线较宽，主要用于永久磁铁。

③ 矩磁材料。如镁锰铁氧体及铁镍合金等，它们具有较大的剩磁和较小的矫顽力，磁滞回线接近矩形，稳定性良好，常用于制造计算机和控制系统中的记忆元件。

2. 交变磁化时的铁芯损耗

交变磁化时的铁芯损耗简称铁损，包括磁滞损耗和涡流损耗。铁损会使铁芯发热，造成交流电机和变压器等电气设备的功率损耗增加，效率降低。

(1) 磁滞损耗

铁磁性材料在交变磁化过程中由磁滞现象所引起的能量损耗称为磁滞损耗。它是由于铁磁性材料内部的小磁畴在交变磁化过程中反复转向、相互摩擦引起铁芯发热所造成的。

可以证明，交变磁化一周，在单位体积铁芯内所产生的磁滞损耗与磁滞回线所包围的面积成正比。因此，为减小磁滞损耗，应选用磁滞回线较窄的软磁材料制造铁芯。

(2) 涡流损耗

铁磁性材料不仅能够导磁，同时还能够导电。当线圈中通有交流电时，它所产生的磁通也是交变的，因此，在铁芯内将产生感应电动势和感应电流。这种感应电流在垂直于磁通方向的平面内呈旋涡状，故称为涡流，如图 4－4(a)所示。

涡流使铁芯发热所造成的功率损耗称为涡流损耗。由于整块金属的电阻很小，因此，涡流很大，涡流损耗较严重。为减小涡流损耗，在顺磁场方向铁芯可由彼此绝缘的薄钢片叠成，如图 4－4(b)所示，这样可将涡流限制在较小的截面内流通，并使回路电阻增大，涡流减小，从而减小涡流损耗。

涡流在很多情况下都是有害的，但在一些场合，它也有有利的一面。例如，利用涡流的热效应来加热的高频感应电炉，就广泛用于非铁合金和特种合金的冶炼中。

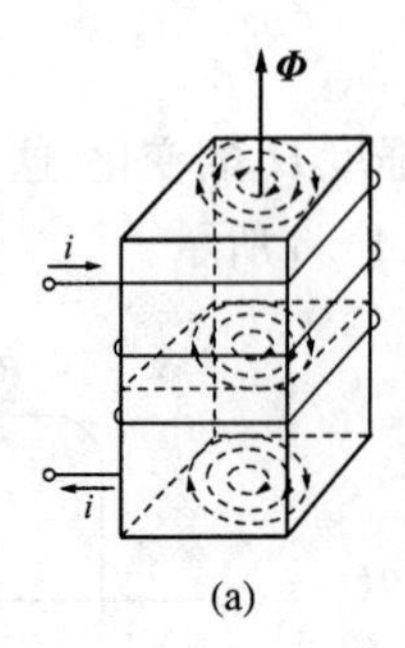

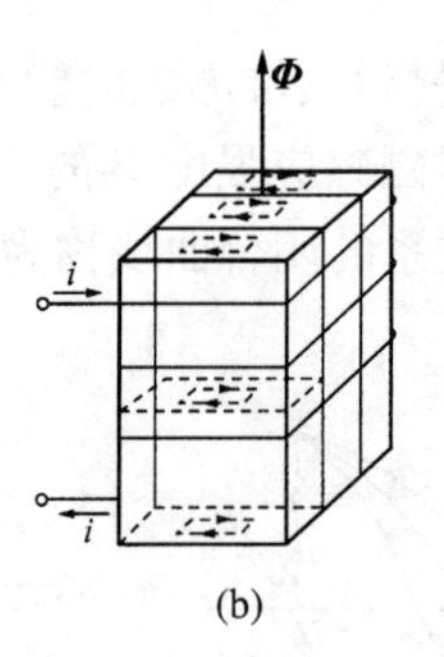

图 4-4　涡流

4.1.3　磁路及其基本定律

一个没有铁芯的载流线圈所产生的磁通是分布在整个空间的，而当此线圈绕在闭合铁芯上时，由于铁芯的磁导率远比周围空气或其他非磁性材料的磁导率大，因此，绝大多数磁通将集中于铁芯内部，并构成回路。这部分磁通称为主磁通。另外一小部分磁通经过铁芯外的非磁性材料而形成回路，这部分磁通称为漏磁通。

我们把这种人为造成的主磁通的闭合路径称为磁路。如图 4-5 所示为几种铁芯构成的磁路。

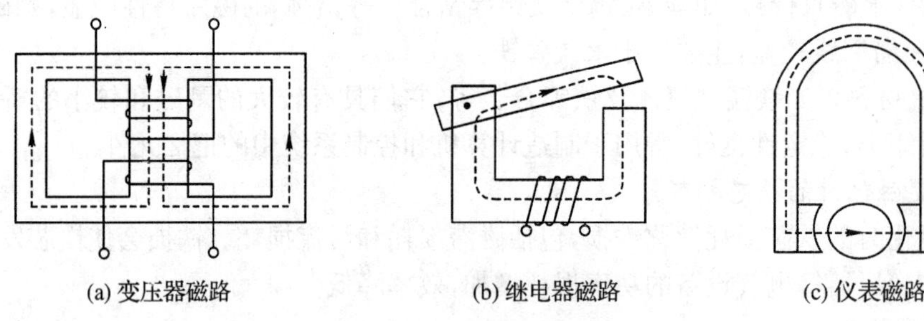

图 4-5　铁芯构成的磁路

磁路的分析计算和电路的分析计算一样，也有类似的基本定律。

1. 安培环路定律

安培环路定律又称为全电流定律，它是计算磁路的基本公式，其数学表达式为

$$\oint \boldsymbol{H}\mathrm{d}l = \sum \boldsymbol{I} \tag{4-5}$$

式中，$\boldsymbol{H}$ 为磁路铁芯的磁场强度，单位为 A/m；$\boldsymbol{l}$ 为磁路（闭合回线）的平均长度，单位为 m；$\boldsymbol{I}$ 为通过线圈的电流，单位为 A。

在电工技术中，通常只应用安培环路定律的简单形式，即在磁场中，任选一磁力线作为闭合回线，若闭合回线上各点的磁场强度 $\boldsymbol{H}$ 相等，且其方向与闭合回线的切线方向一致，则磁场强度 $\boldsymbol{H}$ 与闭合回线的长度 l 的乘积就等于闭合回线内所包围的电流总和 $\sum \boldsymbol{I}$，其表达式为

$$\boldsymbol{H}l = \sum \boldsymbol{I} \tag{4-6}$$

在图 4－6 所示磁路中，应用安培环路定律为：

$$\boldsymbol{H}l = N\boldsymbol{I} \qquad (4-7)$$

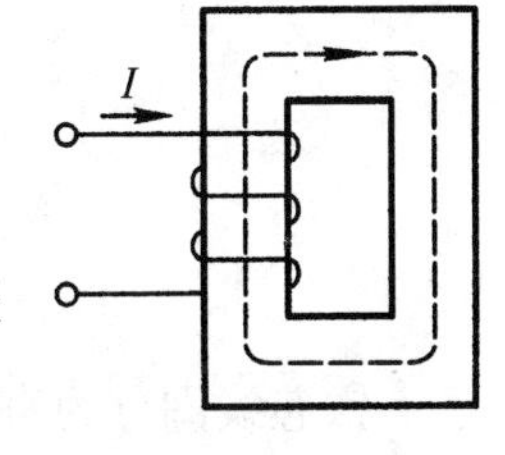

图 4－6　磁路

式中，N 为线圈的匝数。

式(4－7)中，线圈匝数与电流的乘积 NI 称为磁通势，用字母 F 表示，即

$$F = NI \qquad (4-8)$$

磁通势的单位为安培(A)。

2. *磁路欧姆定律*

以图 4－6 所示磁路为例，将 $H = B/\mu$ 和 $B = \Phi/S$ 代入式(4－7)，可得

$$\Phi = \frac{NI}{\dfrac{l}{\mu S}} = \frac{F}{R_{\mathrm{m}}} \qquad (4-9)$$

式中，S 为磁路的截面积，单位为 m^2；R_{m} 为磁路的磁阻，$R_{\mathrm{m}}=l/(\mu S)$，单位为 1/H。

式(4－9)与电路的欧姆定律在形式上相似，故称为磁路欧姆定律。因铁磁性材料的磁导率 μ 不是常数，因此，磁路的欧姆定律通常不能用于定量计算，只能用于定性分析。磁路和电路的比较如表 4－1 所示。

表 4－1　磁路和电路比较

磁　路	电　路
磁通势 F	电动势 E
磁通 Φ	电流 I
磁感应强度 B	电流密度 J
磁阻 $R_{\mathrm{m}} = l/\mu S$	电阻 $R = l/\gamma S$
欧姆定律 $\Phi = F/R_{\mathrm{m}}$	欧姆定律 $I = E/R$

提示：表 4－1 中，γ 为电导率，$\gamma = 1/\rho$，单位为西门子每米(S/m)。其中，ρ 为电阻率，它是用来表示各种物质电阻特性的物理量。某种材料的导线，长为 1 m、横截面积为 1 mm^2 时，在常温下(20℃)的电阻称为这种材料的电阻率。

4.2 交流铁芯线圈电路

铁芯线圈分为直流铁芯线圈和交流铁芯线圈。直流铁芯线圈用直流电来励磁，它所产生的磁通是恒定的，在线圈和铁芯中不会产生感应电动势，线圈中的电流由外加电压和线圈本身的电阻决定，功率损耗也只有线圈电阻上的损耗。交流铁芯线圈用交流电来励磁，它所产生的磁通是交变的，因此，其电磁关系、电压电流关系和功率损耗等都有特殊规律。

4.2.1 电磁关系

如图 4-7 所示为交流铁芯线圈电路，线圈匝数为 N。磁通势 Ni 产生的交变磁通分两部分，主磁通 Φ 通过铁芯闭合，漏磁通 Φ_σ 通过线圈周围的空气闭合。这两个磁通在线圈中都会产生感应电动势，即主磁通电动势 e 和漏磁通电动势 e_σ。根据电磁感应定律可得

$$e = -N\frac{\mathrm{d}\Phi}{\mathrm{d}t} \tag{4-10}$$

$$e_\sigma = -N\frac{\mathrm{d}\Phi_\sigma}{\mathrm{d}t} \tag{4-11}$$

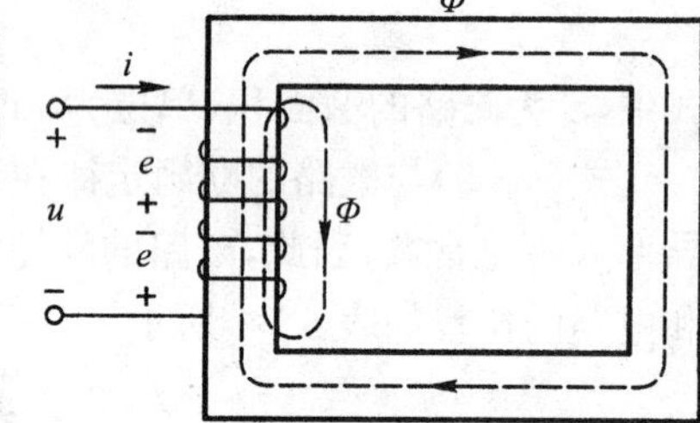

图 4-7 交流铁芯线圈电路

由第 4.1 节内容可知，磁通 Φ 与 B 成正比，产生磁通的励磁电流 I 与 H 也成正比。对铁磁性材料，由于 B 与 H 不成正比，因此，Φ 与 I 也不成正比，根据式 $N\Phi = Li$ 可知，铁芯线圈的主电感 L 不是一个常数。对非磁性材料，由于 B 与 H 成正比，因此，Φ 与 I 也成正比，根据 $N\Phi = Li$ 可知，漏电感 L_σ 为一常数，于是，式(4-11)可写为

$$e_\sigma = -N\frac{\mathrm{d}\Phi_\sigma}{\mathrm{d}t} = -L_\sigma\frac{\mathrm{d}i}{\mathrm{d}t} \tag{4-12}$$

4.2.2 电压电流关系

如图 4-7 所示，设线圈电阻为 R，磁通的参考方向与感应电动势的参考方向之间符合右手螺旋定则。则根据基尔霍夫电压定律可得

$$u + e + e_\sigma - Ri = 0$$

$$u = Ri - e_\sigma - e = Ri + L_\sigma\frac{\mathrm{d}i}{\mathrm{d}t} - e$$

由于外加电压 u 通常为正弦电压，所以，其他各电流、电压和电动势也都为正弦量，于是，电压、电流关系的相量表示式为

$$\dot{U} = R\dot{I} + \mathrm{j}X_\sigma\dot{I} - \dot{E} \tag{4-13}$$

式中，X_σ为漏磁感抗；$X_\sigma = \omega L_\sigma$。

设主磁通 $\Phi = \Phi_m \sin \omega t$，则

$$e = -N\frac{d\Phi}{dt} = -N\frac{d(\Phi_m \sin \omega t)}{dt} = -N\omega\Phi_m \cos \omega t$$
$$= 2\pi f N\Phi_m \sin(\omega t - 90^\circ) = E_m \sin(\omega t - 90^\circ)$$

上式中，$E_m = 2\pi f N\Phi_m$，为主磁通电动势 e 的最大值。则 e 的有效值为

$$E = \frac{E_m}{\sqrt{2}} = \frac{2\pi f N\Phi_m}{\sqrt{2}} = 4.44 f N\Phi_m \quad (4-14)$$

通常，由于线圈的电阻 R 和漏磁通 Φ_σ都较小，其电压降也较小，与主磁通电动势相比可忽略不计，于是

$$\dot{U} \approx \dot{E}$$
$$U \approx E = 4.44 f N\Phi_m = 4.44 f N B_m S \quad (4-15)$$

式中，B_m为铁芯中磁感应强度的最大值，单位为 T；S 为铁芯截面积，单位为 m^2。

4.2.3 功率损耗

交流铁芯线圈的功率损耗主要有铜损和铁损两种。其中，铜损是指线圈电阻 R 上的功率损耗 RI^2，用 ΔP_{Cu}表示；铁损是指处于交变磁化下铁芯内的功率损耗，用 ΔP_{Fe}表示，它包括磁滞损耗 ΔP_h和涡流损耗 ΔP_e。因此，交流铁芯线圈的功率损耗为

$$\Delta P = \Delta P_{Cu} + \Delta P_{Fe} = \Delta P_{Cu} + \Delta P_h + \Delta P_e \quad (4-16)$$

4.3 变压器

变压器是一种静止的电气设备，它根据电磁感应原理来实现电能的传递、分配和控制，具有变换电压、变换电流和变换阻抗的作用，因此，变压器在电力系统的输电和配电、电工电子技术、测量、控制及驱动等方面都得到了广泛应用。

4.3.1 变压器的分类

变压器的类型很多，主要从以下两个方面进行简单介绍。

1. *按用途分*

按用途不同，变压器可分为电力变压器和特殊变压器两类。其中，电力变压器是应用于电力系统中进行变配电的变压器，常用的有升压变压器、降压变压器、配电变压器等；特殊变压器是针对特殊需要而制造的变压器，如整流变压器、工频试验变压器、矿用变压器、冲击变压器、电焊变压器及电压互感器等。

2. 按电源的相数分

按电源的相数不同，变压器可分为单相变压器、三相变压器和多相变压器。

4.3.2 变压器的结构

虽然变压器的种类繁多，用途各异，但其基本结构是相同的，主要由铁芯和绕组两部分组成。

1. 铁芯

铁芯是变压器的磁路部分，它由铁芯柱和铁轭两部分组成。其中，铁芯柱上装有绕组；铁轭用于连接铁芯柱以使磁路闭合。

为了减小磁滞损耗及涡流损耗，铁芯通常由表面涂有绝缘漆、厚度为 0.35 mm 或 0.5 mm的硅钢片叠装而成。

根据铁芯和绕组的组合结构不同，通常又将变压器分为芯式和壳式两种。芯式变压器的绕组套在铁芯柱上，结构较简单，绕组的装配和绝缘都较方便，因此多用于容量较大的变压器，如图 4-8(a)所示。壳式变压器的绕组被铁芯包围，其制造工艺复杂，仅用于小容量的变压器，如图 4-8(b)所示。

2. 绕组

绕组是变压器的电路部分，它可由一个或多个线圈串联组成。线圈用具有良好绝缘的漆包线、纱包线等绕制而成，线圈的层间和匝间、线圈和铁芯之间及不同线圈之间都要进行绝缘。

工作时，与电源连接的绕组称为一次绕组(或初级绕组、原边绕组)，与负载相连的绕组称为二次绕组(或次级绕组、副边绕组)。通常，一、二次绕组的匝数并不相等，匝数较多的绕组电压较高，称为高压绕组；匝数较少的绕组电压较低，称为低压绕组。为了有利于处理线圈和铁芯之间的绝缘，通常将低压绕组安放在靠近铁芯的内层，将高压绕组套在低压绕组外面。

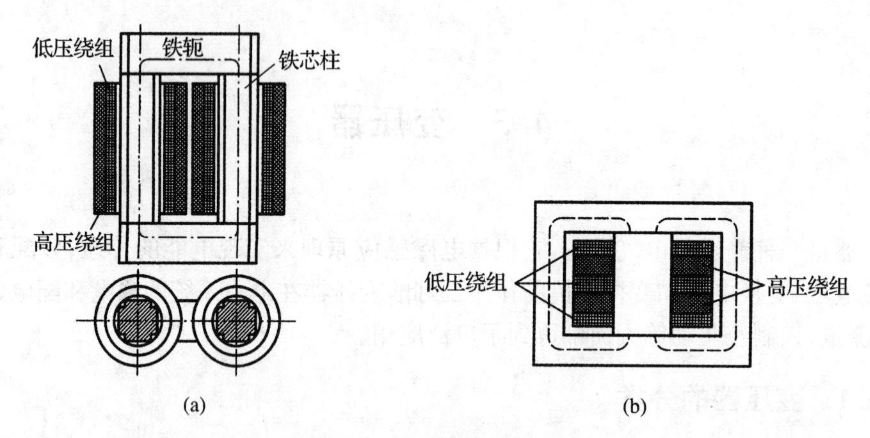

图 4-8 芯式和壳式变压器

4.3.3 变压器的工作原理

变压器的工作原理即为电磁感应原理。若在变压器的一次绕组中通以交流电，一次绕组的磁通势产生的交变磁通将同时穿过一次绕组和二次绕组，并分别产生感应电动势。下面以双绕组的单相变压器为例对变压器的工作原理进行详细介绍。

如图 4-9(a)所示为变压器的结构示意图。为了便于分析，将高压绕组和低压绕组分别画在两边。一次绕组的匝数为 N_1，输入电压为 u_1，输入电流为 i_1，主磁电动势为 e_1，漏磁电动势为 $e_{\sigma 1}$；二次绕组的匝数为 N_2，输出电压为 u_2，输出电流为 i_2，主磁电动势为 e_2，漏磁电动势为 $e_{\sigma 2}$。变压器的符号如图 4-9(b)所示。

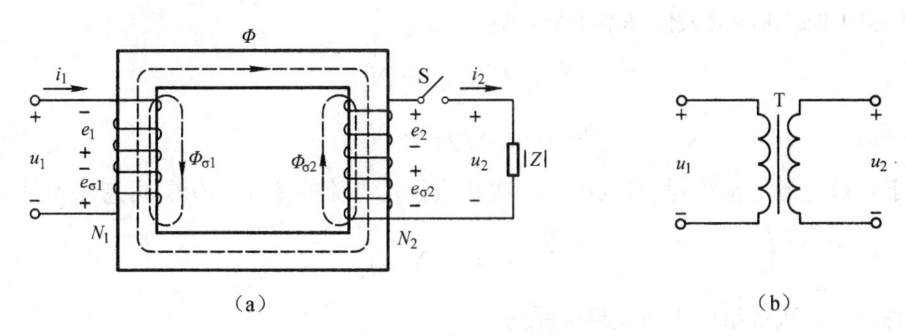

图 4-9　变压器的工作原理图

1. 电压变换

对一次绕组，由基尔霍夫电压定律可知：

$$\dot{U}_1 = R_1\dot{I}_1 + jX_{\sigma 1}\dot{I}_1 - \dot{E}_1$$

忽略电阻压降和漏磁电动势，则

$$\dot{U}_1 \approx \dot{E}_1$$

根据式(4-14)可知

$$U_1 \approx E_1 = 4.44fN_1\Phi_m \tag{4-17}$$

对二次绕组，由基尔霍夫电压定律可知

$$\dot{U}_2 = \dot{E}_2 - R_2\dot{I}_2 - jX_{\sigma 2}\dot{I}_2$$

若将图 4-9(a)中的开关 S 断开，变压器空载，$I_2 = 0$，则二次绕组的端电压 U_{20} 为

$$U_{20} = E_2 = 4.44fN_2\Phi_m \tag{4-18}$$

于是，一、二次绕组的电压变换关系为

$$\frac{U_1}{U_{20}} \approx \frac{E_1}{E_2} = \frac{N_1}{N_2} = K \tag{4-19}$$

式中，K 为变压器的变比，即一、二次绕组的匝数之比。

由式(4-19)可以看出，当输入电压一定时，只要改变匝数比，就可得到不同的输出电压。$K > 1$ 时，$N_2 > N_1$，$U_2 > U_1$，这种变压器称为升压变压器；反之，$K < 1$ 时，$N_2 < N_1$，$U_2 < U_1$，这种变压器称为降压变压器。

2. 电流变换

若将图 4-9(a)中的开关 S 闭合，即变压器接上负载，则在感应电动势的作用下，二次绕组中将有电流 i_2 通过。二次绕组的磁通势 N_2i_2 也会产生磁通，一次绕组中将产生感应电流，这会使得一次绕组中的电流发生变化。将变压器空载时一次绕组的电流记作 i_0，将接入负载后一次绕组的电流记作 i_1。于是，空载时，主磁通由一次绕组的磁通势 $N_1 i_0$决定；接入负载后，主磁通由一、二次绕组的合成磁通势 $N_1 i_1 + N_2 i_2$ 决定。

由式(4-17)可以看出，当U_1和 f 不变时，E_1和 Φ_m也基本不变。也就是说，不论空载或负载，铁芯中主磁通的最大值基本不变，则有

$$N_1 i_1 + N_2 i_2 \approx N_1 i_0$$

$$N_1 \dot{I}_1 + N_2 \dot{I}_2 \approx N_1 \dot{I}_0$$

由于空载电流 i_0很小，其有效值为一次绕组额定电流的 2%～10%，可忽略不计，则

$$N_1 \dot{I}_1 \approx - N_2 \dot{I}_2 \tag{4-20}$$

于是，一、二次绕组的电流变换关系为

$$\frac{I_1}{I_2} \approx \frac{N_2}{N_1} = \frac{1}{K} \tag{4-21}$$

式(4-21)表明，变压器一、二次绕组的电流之比与它们的匝数成反比。其中，一次绕组的电流由变压器所接负载的电流决定。

3. 阻抗变换

变压器不仅能变换电压和电流，还能变换阻抗。如图 4-10(a)所示变压器，设其一、二次绕组的内电阻、漏磁通及空载电流均忽略不计，则负载阻抗模$|Z|$为

$$|Z| = \frac{U_2}{I_2}$$

图 4-10(a)所示方框部分可以用一个阻抗模$|Z'|$来等效代替，如图 4-10(b)所示，则有

$$|Z'| = \frac{U_1}{I_1}$$

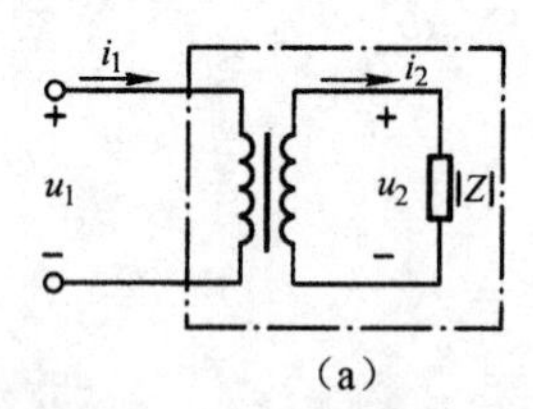

(a)

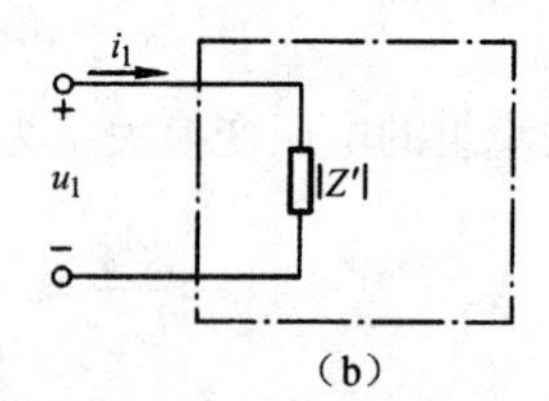

(b)

图 4-10 负载阻抗的等效变换

由式(4-19)和式(4-21)可得

$$\frac{U_1}{I_1} = \frac{KU_2}{\frac{1}{K}I_2} = K^2 \frac{U_2}{I_2}$$

所以

$$|Z'| = K^2 |Z| \tag{4-22}$$

式(4-22)表明，负载阻抗模$|Z|$经过变压器后，扩大了K^2倍。可以采用不同的变比，把负载阻抗模变换为所需要的数值，以达到电路的匹配状态，使负载上获得最大输出功率，这种做法称为阻抗匹配。

【例4-1】 有一单相变压器，其一、二次绕组的匝数为$N_1 = 160$匝，$N_2 = 20$匝。若一次绕组上接上220 V的交流电压，问：(1) 空载时，二次绕组的电压为多少？(2) 二次绕组上接上$R = 5\ \Omega$的负载时，一、二次绕组的电流各为多少？

解 (1) 根据式(4-19)可得空载时二次绕组的电压为

$$U_{20} = \frac{N_2}{N_1}U_1 = \frac{20}{160} \times 220\ \text{V} = 27.5\ \text{V}$$

(2) 若二次绕组上接上$R = 5\ \Omega$的负载，忽略线圈内电阻及漏磁通，则二次绕组的电流为

$$I_2 = \frac{U_{20}}{R} = \frac{27.5}{5}\ \text{A} = 5.5\ \text{A}$$

根据式(4-21)可得一次绕组的电流为

$$I_1 = \frac{N_2}{N_1}I_2 = \frac{20}{160} \times 5.5\ \text{A} = 0.687\,5\ \text{A}$$

【例4-2】 如图4-11所示，交流信号源的电动势$E = 120\ \text{V}$，内阻$R_0 = 800\ \Omega$，负载电阻$R_L = 8\ \Omega$。(1) 当R_L折算到一次侧的等效电阻$R'_L = R_0$时，求变压器的匝数比和信号源输出的功率；(2) 当将负载直接与信号源连接时，信号源输出的功率为多少？

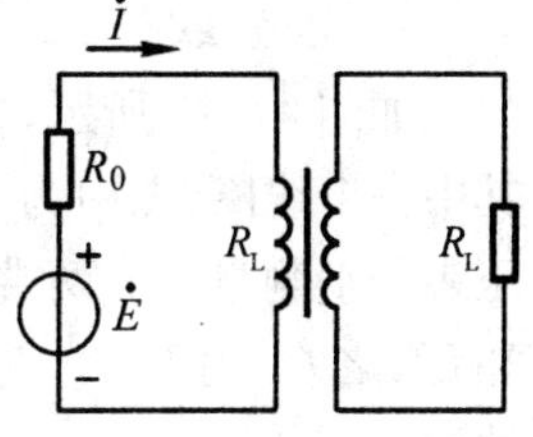

图4-11　例4-2图

解 (1) 当R_L折算到一次侧的等效电阻$R'_L = R_0$时，变压器的匝数比为

$$\frac{N_1}{N_2} = \sqrt{\frac{R'_L}{R_L}} = \sqrt{\frac{800}{8}} = 10$$

信号源的输出功率为

$$P = \left(\frac{E}{R_0 + R'_L}\right)^2 R'_L = \left(\frac{120}{800 + 800}\right)^2 \times 800\ \text{W} = 4.5\ \text{W}$$

(2) 当将负载直接与信号源连接时，信号源输出的功率为

$$P = \left(\frac{E}{R_0 + R_L}\right)^2 R_L = \left(\frac{120}{800 + 8}\right)^2 \times 8\ \text{W} = 0.176\ \text{W}$$

4.3.4　变压器绕组的极性

在使用变压器时，有时需要把线圈串联以提高电压或并联以增大电流，它们的正确连接非常重要，否则会使变压器不能工作，甚至烧毁。因此，需首先确定变压器线圈间的相对

极性。

当电流流入(或流出)两个线圈时,若产生的磁通方向相同,两个线圈中的感应电动势方向也相同,则这两个流入端(或流出端)称为同极性端(又称为同名端),用符号"*"或"·"表示,如图 4-12 所示。

如果已知线圈的绕向,可以根据电流的流向和它们所产生的磁通方向来判断其同极性端。但一般情况下,我们并不知道变压器内部线圈的绕向,同极性端也就不能观察出,只能通过实验的方法来测定同极性端。

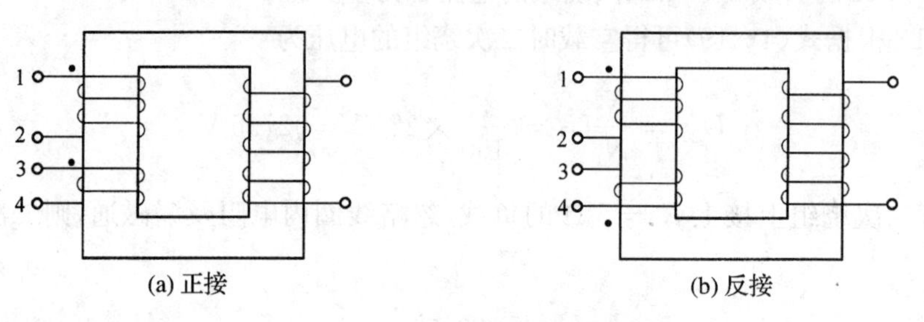

图 4-12 同极性端的标注示意图

1. 直流法

用直流电源和毫安表将两个线圈 1-2 和 3-4 按如图 4-13 所示连接。开关闭合的瞬间,如果毫安表的指针正向偏转,则 1 和 3 为同极性端;反向偏转时,1 和 4 为同极性端。

这是因为开关闭合瞬间线圈 1-2 中的电流增长,电流方向从 1 经线圈指向 2,绕组中产生的感应电动势方向为从 2 指向 1。如果 1 和 3 为同极性端,则线圈 3-4 中的感应电动势方向应为从 4 指向 3,此时,毫安表正向偏转。

2. 交流法

如图 4-14 所示,将线圈 1-2 和 3-4 各取一个接线端连在一起(图中为 2 和 4),并在其中一个线圈(图中为 1-2 线圈)的两端加一个比较低的便于测量的交流电压。用交流电压表分别测量 1、3 两端的电压 U_{13} 和两线圈的电压 U_{12}、U_{34}。如果 U_{13} 等于两线圈电压 U_{12} 和 U_{34} 之差,则 1 和 3 为同极性端;如果 U_{13} 等于两线圈电压 U_{12} 和 U_{34} 之和,则 1 和 4 为同极性端。

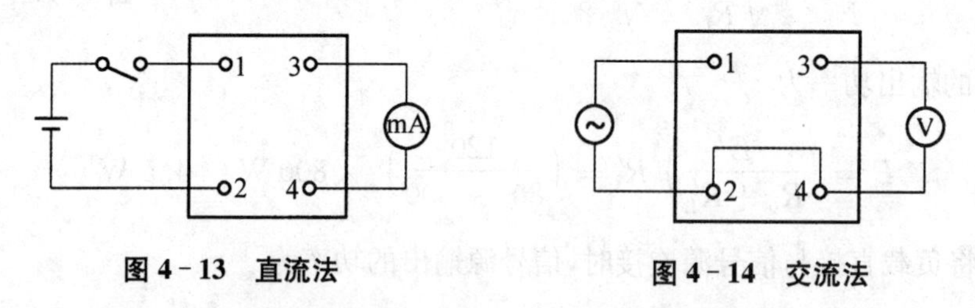

图 4-13 直流法　　图 4-14 交流法

4.3.5 变压器的额定值及运行特性

下面将主要介绍变压器的额定值及运行特性。其中,变压器的运行特性主要包括外特性和效率特性。

1. 变压器的额定值

变压器的额定值是指变压器在规定的使用环境和运行条件下的主要技术数据的限定

值。它通常标在铭牌上，故又称为铭牌数据。铭牌数据是选择和使用变压器的依据。本节主要介绍以下几个主要的铭牌数据。

(1) 额定电压

额定电压包括一次额定电压和二次额定电压。一次额定电压是指变压器正常工作时一次绕组上应施加的电源电压，用U_{1N}表示；二次额定电压是指一次绕组加上额定电压时二次绕组的空载电压，用U_{2N}表示。对三相变压器，额定电压是指线电压。例如，6 000 V/400 V，表示一次额定电压U_{1N}为6 000 V，二次额定电压U_{2N}为400 V。

由于变压器有内阻抗压降，因此，二次绕组的额定电压一般比满载时的电压高5%～10%。

(2) 额定电流

额定电流是指按规定工作方式(长时连续工作或短时工作或间歇工作)运行时，一、二次绕组允许通过的最大电流，包括一次额定电流I_{1N}和二次额定电流I_{2N}。它们是根据绝缘材料允许的温度确定的。对三相变压器，额定电流是指线电流。

(3) 额定容量

额定容量是指二次绕组的额定电压与额定电流的乘积，用S_N表示。它是视在功率，单位为V·A。

对单相变压器

$$S_N = U_{2N} I_{2N} \approx U_{1N} I_{1N} \tag{4-23}$$

对三相变压器

$$S_N = \sqrt{3} U_{2N} I_{2N} \approx \sqrt{3} U_{1N} I_{1N} \tag{4-24}$$

(4) 额定频率

额定频率是指变压器额定运行时一次绕组外加交流电压的频率。我国规定的额定功率为50 Hz。

2. 变压器的外特性

变压器负载运行时，二次绕组上存在阻抗，产生阻抗压降，这就使得二次绕组的端电压随负载电流的变化而变化。变压器的外特性是指在电源电压U_1和负载功率因数$\cos\varphi_2$不变的条件下，二次绕组的电压U_2随电流I_2变化的规律$U_2 = f(I_2)$，如图4-15所示。对电阻性和电感性负载而言，电压U_2随电流I_2的增加而下降，而电容性负载则相反。

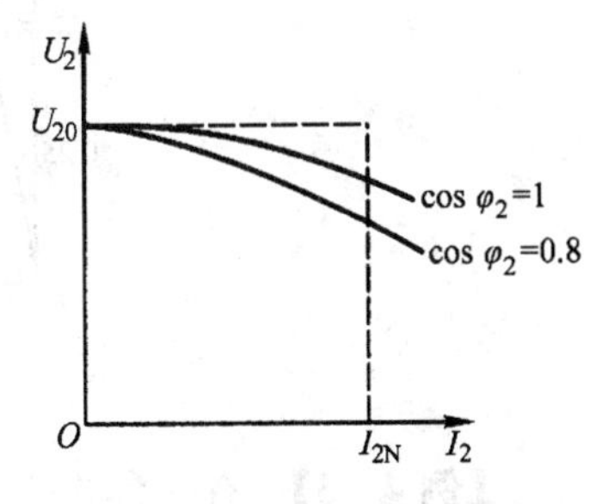

图4-15　变压器的外特性曲线

通常希望电压U_2的变化越小越好。从空载到额定负载，二次绕组电压的变化程度用电压变化率ΔU表示，即

$$\Delta U = \frac{U_{20} - U_2}{U_{20}} \times 100\% \tag{4-25}$$

电压变化率是变压器的主要性能指标之一，它反映了供电电压的质量，即电压的稳定性。在一般变压器中，由于其电阻和漏磁感抗均很小，电压变化率为5%左右。

3. 变压器的功率、损耗与效率

(1) 变压器的功率

变压器输入的有功功率为

$$P_1 = U_1 I_1 \cos\varphi_1 \tag{4-26}$$

式中，φ_1为一次绕组的电压与电流之间的相位差，单位为°。

变压器输出的有功功率为

$$P_2 = U_2 I_2 \cos\varphi_2 \tag{4-27}$$

式中，φ_2为二次绕组的电压与电流之间的相位差，单位为°。

(2) 变压器的损耗与效率

变压器从电源得到的有功功率 P_1 不会全部被负载吸收，和交流铁芯线圈一样，变压器运行过程中的功率损耗包括铁芯中的铁损 ΔP_{Fe} 和绕组上的铜损 ΔP_{Cu} 两部分。铁损的大小与铁芯内磁感应强度的最大值 B_m 有关，与负载大小无关；铜损与负载大小有关。

变压器的效率为

$$\eta = \frac{P_2}{P_1} \times 100\% = \frac{P_2}{P_2 + \Delta P_{Fe} + \Delta P_{Cu}} \times 100\% \tag{4-28}$$

变压器的效率较高，对电力变压器，当 $I_2 = (0.5 \sim 0.75) I_{2N}$ 时，其效率可达95%～99%。

效率特性是指负载功率因数不变的情况下，变压器效率 η 随负载电流 I_2 变化的规律，如图 4－16 所示。

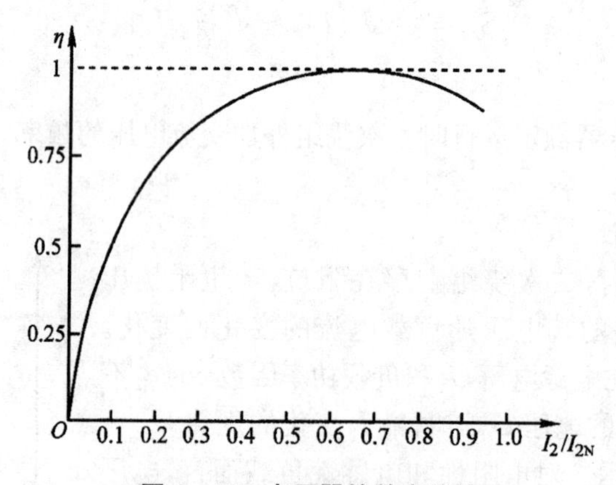

图 4－16　变压器的效率特性

【例 4－3】 有一台 60 kV・A、6 600 V/230 V 单相变压器，测得铁损为 500 W，铜损为 1 500 W，供电炉用电，满载时二次绕组的电压为 220 V。求：(1) 额定电流 I_{1N}、I_{2N}；(2) 电压变化率 ΔU；(3) 额定负载时的效率。

解 (1) 由式(4－23)可得

$$I_{2N} = \frac{S_N}{U_{2N}} = \frac{60 \times 10^3}{230}\ \text{A} = 260.87\ \text{A}$$

于是

$$I_{1N}=\frac{I_{2N}}{K}=I_{2N}\frac{U_{2N}}{U_{1N}}=260.87\times\frac{230}{6\,600}\text{ A}=9.09\text{ A}$$

(2) 由式(4-25)可得电压变化率为

$$\Delta U=\frac{U_{20}-U_2}{U_{20}}\times 100\%=\frac{230-220}{230}\times 100\%=4.3\%$$

(3) 由于此变压器供电炉用电，负载为电阻，所以，额定负载时输出的有功功率为

$$P_2=U_2I_2=220\times 260.87\text{ W}=57\,391.4\text{ W}$$

于是，根据式(4-28)可得效率为

$$\eta=\frac{P_2}{P_2+\Delta P_{Fe}+\Delta P_{Cu}}\times 100\%=\frac{57\,391.4}{57\,391.4+500+1\,500}\times 100\%=96.6\%$$

本章小结

1. 磁路的基本知识

(1) 磁感应强度 $\boldsymbol{B}$ 是表示磁场中某点的磁场强弱和方向的物理量，$B=F/IL$。磁通 Φ 是描述磁场在某一范围内分布情况的物理量，$\Phi=BS$。磁导率 μ 是用来表示磁场媒质磁性的物理量，真空磁导率 $\mu_0=4\pi\times 10^{-7}$ H/m。磁场强度 $\boldsymbol{H}$ 是计算磁场时所引用的一个物理量，$H=B/\mu$。

(2) 铁磁性材料具有高导磁性、磁饱和性和磁滞性。交变磁化时的铁芯损耗称为铁损，包括磁滞损耗和涡流损耗。

(3) 人为造成的主磁通的闭合路径称为磁路。安培环路定律的表达式为$\oint \boldsymbol{H}dl=\sum \boldsymbol{I}$。磁路欧姆定律的表达式为 $\Phi=\dfrac{NI}{\dfrac{l}{\mu S}}=\dfrac{F}{R_m}$。

2. 交流铁芯线圈电路

(1) 交流铁芯线圈电路的电磁关系为 $e=-N\dfrac{d\Phi}{dt}$，$e_\sigma=-N\dfrac{d\Phi_\sigma}{dt}=-L_\sigma\dfrac{di}{dt}$。

(2) 交流铁芯线圈电路电压、电流关系的相量表示式为 $\dot{U}=R\dot{I}+jX_\sigma\dot{I}-\dot{E}$。

(3) 交流铁芯线圈的功率损耗为 $\Delta P=\Delta P_{Cu}+\Delta P_{Fe}=\Delta P_{Cu}+\Delta P_h+\Delta P_e$。

3. 变压器

(1) 按用途不同，变压器可分为电力变压器和特殊变压器两类。按电源的相数不同，变压器可分为单相变压器、三相变压器和多相变压器。

(2) 虽然变压器的种类繁多，用途各异，但其基本结构是相同的，主要由铁芯和绕组两部分组成。

(3) 变压器一、二次绕组的电压变换关系为 $\dfrac{U_1}{U_{20}}\approx\dfrac{E_1}{E_2}=\dfrac{N_1}{N_2}=K$；电流变换关系为$\dfrac{I_1}{I_2}\approx$

$\dfrac{N_2}{N_1}=\dfrac{1}{K}$;阻抗变换关系为$|Z'|=K^2|Z|$。

(4) 当电流流入(或流出)两个线圈时,若产生的磁通方向相同,两个线圈中的感应电动势方向也相同,则这两个流入端(或流出端)称为同极性端。当知道线圈的绕向时,同极性端可通过观察判断出;但通常我们并不知道线圈的绕向,只能通过实验的方法(直流法和交流法)来测定同极性端。

(5) 变压器的额定值是指变压器在规定的使用环境和运行条件下的主要技术数据的限定值。它通常标在铭牌上,故又称为铭牌数据,主要包括额定电压、额定电流、额定容量和额定频率等。

变压器的外特性是指在电源电压U_1和负载功率因数$\cos\varphi_2$不变的条件下,二次绕组的电压U_2随电流I_2变化的规律$U_2=f(I_2)$。

变压器输入和输出的有功功率分别为$P_1=U_1I_1\cos\varphi_1$和$P_2=U_2I_2\cos\varphi_2$。

变压器运行过程中的功率损耗包括铁芯中的铁损ΔP_{Fe}和绕组上的铜损ΔP_{Cu}两部分。变压器的效率为:$\eta=\dfrac{P_2}{P_1}\times 100\%=\dfrac{P_2}{P_2+\Delta P_{Fe}+\Delta P_{Cu}}\times 100\%$。效率特性是指负载功率因数不变的情况下,变压器效率η随负载电流I_2变化的规律。

本章思考与练习

一、填空题

1. 按导磁性能的不同,自然界的物质大体上可分为_______和_______。

2. 磁感应强度 **B** 的变化滞后于磁场强度 **H** 的变化,这种性质称为_______。表示 **B** 与 **H** 变化关系的闭合曲线称为_______。

3. 铁磁性材料在交变磁化过程中由磁滞现象所引起的能量损耗称为_______。交变磁化一周,在单位体积铁芯内所产生的_______与磁滞回线所包围的面积成_______。

4. 铁芯是变压器的_______部分。铁芯由_______和_______两部分组成。其中,_______上装有绕组;_______用于连接铁芯柱以使磁路闭合。

5. 当电流流入两个线圈时,若产生的磁通方向相同,两个线圈中的感应电动势方向也相同,则这两个流入端称为_______,用符号_______表示。

二、解答题

1. 对一次绕组具有 95 匝线圈的单相变压器,通以工频励磁电流,其交变磁通$\Phi=0.01\sin\omega t$,并且变压器的二次绕组开路,求变压器一次绕组所产生的感应电动势。

2. 有一交流铁芯线圈,线圈的工频交流电压为 220 V,电路中电流表的读数为 4 A,功率表的读数为 100 W,漏磁通和线圈上的电阻可忽略不计,求:(1) 铁芯线圈的功率因数;(2) 铁芯线圈的等效电阻和感抗。

3. 某收音机末级的输出电阻为 800 Ω,现通过一个输出变压器接上一个 8 Ω 的喇叭做其负载。求负载获得最大功率时,变压器的匝数比应为多少?若变压器的一次绕组为 300

匝，则二次绕组的匝数应为多少？

4. 有一变压器，其一次绕组电压为 2 200 V，二次绕组电压为 220 V，接上一纯电阻负载后，测得二次绕组电流为 15 A，变压器的效率为 90%。试求：(1) 一次绕组电流；(2) 变压器从电源吸收的功率；(3) 变压器的损耗功率。

第5章　异步电动机

【本章导读】

电动机是一种将电能转换为机械能的能量转换设备。目前,各种生产机械都广泛采用电动机来驱动。电动机可分为交流电动机和直流电动机两大类。其中,生产上主要应用的是交流电动机,它广泛应用于各种生产机械上,如切削机床、起重机、锻压机及铸造机械等;而直流电动机仅应用于需要均匀调速的生产机械上,如龙门刨床、轧钢机和某些重型机床的主传动机构,以及某些电力牵引和起重设备。本章主要讨论交流电动机。

交流电动机按电源相数可分为三相电动机和单相电动机;按其转速与电源频率之间的关系可分为异步电动机和同步电动机。由于同步电动机主要应用于功率较大、不需要调速、长期工作的生产机械上,如压缩机、水泵和通风机等,应用范围较窄,因此,本章将主要介绍异步电动机,尤其对三相异步电动机进行详细介绍。

【本章学习目标】

◉ 掌握三相异步电动机的结构及工作原理

◉ 了解三相异步电动机的铭牌数据

◉ 掌握三相异步电动机的电磁转矩及机械特性

◉ 了解三相异步电动机的起动、调速和制动

◉ 了解单相异步电动机的工作原理及结构

5.1　三相异步电动机的结构及工作原理

三相异步电动机的转子转速低于旋转磁场的转速,转子绕组因与磁场间存在着相对运动而产生感应电动势和电流,因此,三相异步电动机又称为感应电动机。

5.1.1　三相异步电动机的基本结构

三相异步电动机由定子和转子两大基本部分组成,如图5-1所示。

1. 定子

定子由机座(外壳)、定子铁芯和定子绕组组成。

(1) 机座

机座是由铸铁或铸钢制成的,它是电动机的外壳,起着支撑电动机的作用。通常机座的

外表要求散热性能好，所以一般铸有散热片。

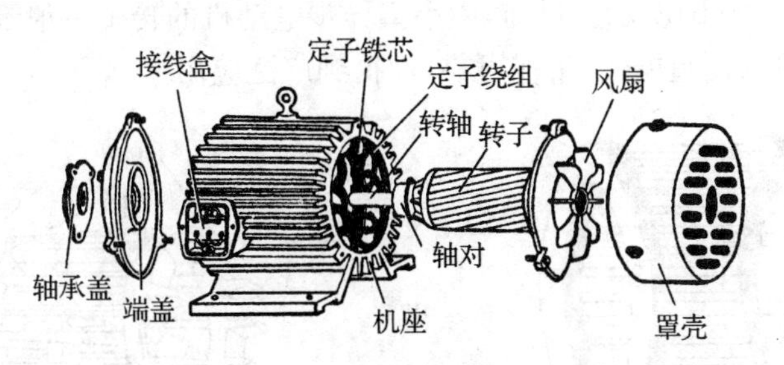

图 5-1　三相异步电动机的结构

(2) 定子铁芯

定子铁芯是电动机磁路的一部分。为了减少铁损，定子铁芯一般由互相绝缘的硅钢片叠成。铁芯的内表面冲有槽，用以放置定子绕组，如图 5-2 所示。

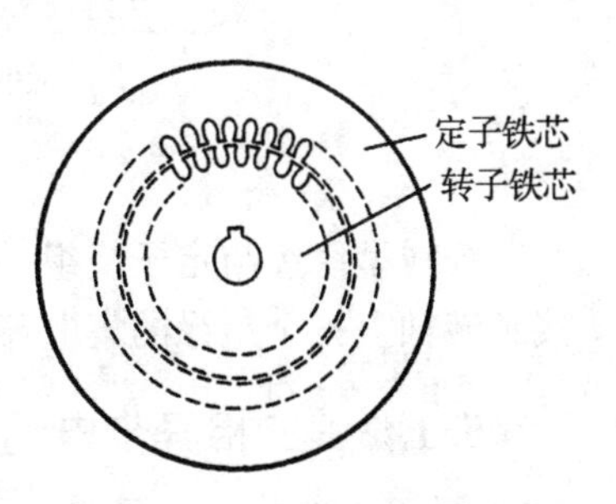

图 5-2　定子与转子铁芯

(3) 定子绕组

定子绕组是电动机电路的一部分。它由三个完全相同的绕组组成，每个绕组为一相，三个绕组在空间上相差 120°电角度。三个绕组的始端和末端都被引至接线盒内，可根据需要连接成星形或三角形，如图 5-3 所示。

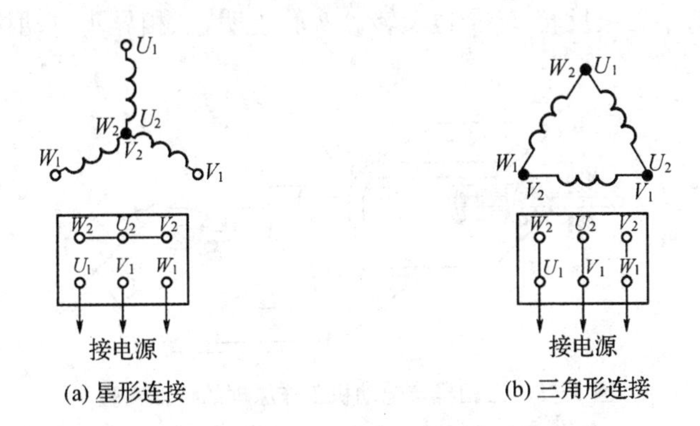

图 5-3　定子绕组的星形连接或三角形连接

2. 转子

转子由转子铁芯、转子绕组和转轴组成。

(1) 转子铁芯

转子铁芯是电动机磁路的一部分。它也是由硅钢片叠成的。硅钢片外围有均匀分布的槽，用以放置转子绕组，如图 5-2 所示。转子铁芯固定在转轴支架上。

(2) 转子绕组

转子绕组可分为笼型和绕线型两种，据此，异步电动机又可分为笼型异步电动机和绕线型异步电动机两种。

笼型绕组是在转子铁芯的每一个槽中插入一铜条(导条)，在铜条两端各用一铜环(端环)把铜条连接起来，称为铜排转子。若把铁芯拿出来，整个转子绕组的外形很像一个鼠笼，如图 5-4(a)所示。还可用铸铝的方法，把转子导条、端环及风叶用铝液一次浇铸而成，称为铸铝转子，如图 5-4(b)所示。目前，中小型异步电动机的转子一般都采用铸铝转子。笼型绕组由于结构简单、制造方便、工作可靠，而得到广泛应用。

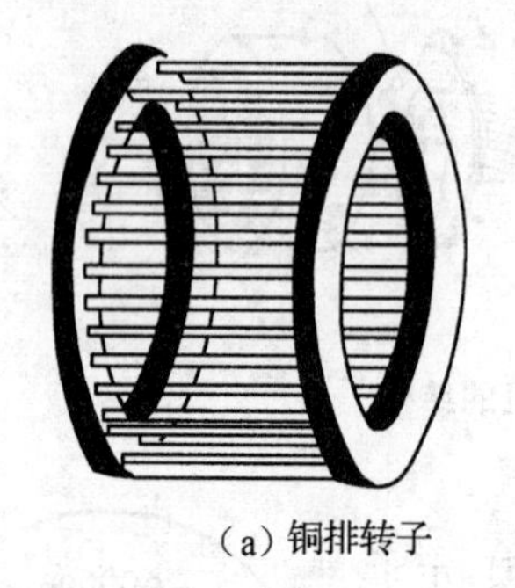
(a) 铜排转子

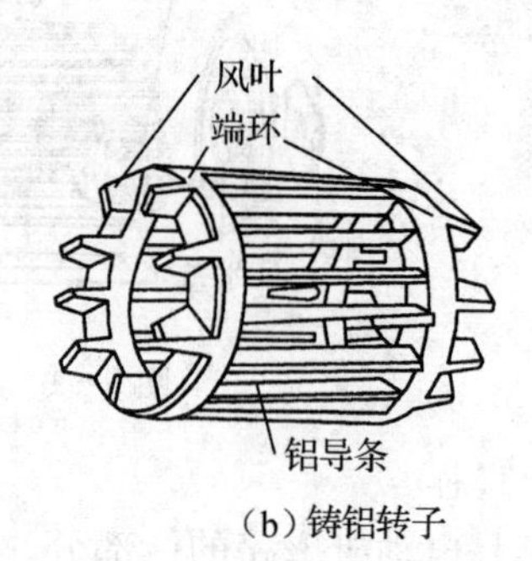

(b) 铸铝转子

图 5-4　笼型绕组

绕线型绕组与定子绕组一样，也是一个三相绕组，它一般连接成星形，三根引出线分别接到转轴上三个绝缘的集电环上，通过三个电刷与外电路相连。

5.1.2　三相异步电动机的工作原理

三相异步电动机的工作原理可通过如下小实验进行简单模拟。如图 5-5 所示，磁极与转子之间没有机械联系。当转动外面的磁极时，转子随着磁极同方向一起转动。磁极转动得快，转子转得也快。磁极反转，转子也反转。实验说明，三相异步电动机工作的关键是有旋转磁场。

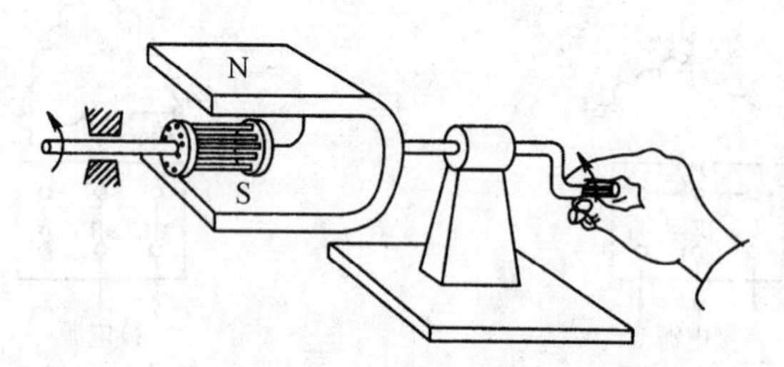

图 5-5　三相异步电动机工作原理的模拟实验

1. *旋转磁场*

(1) 旋转磁场的产生

三相异步电动机的定子铁芯中放有三相对称绕组 U_1U_2、V_1V_2 和 W_1W_2。设三相绕组连成星形接在三相电源上，如图 5-6(a)所示，则三相绕组中有三相对称电流通过。取电流的参考方向为从绕组始端指向末端。电流在正半周时，其值为正，其实际方向与参考方向一致；在负半周时，其值为负，其实际方向与参考方向相反。则流过三相绕组的电流分别为

$$
\begin{aligned}
i_1 &= I_m \sin \omega t \\
i_2 &= I_m \sin(\omega t - 120°) \\
i_3 &= I_m \sin(\omega t + 120°)
\end{aligned}
$$

三相电流的波形如图 5-6(b)所示。

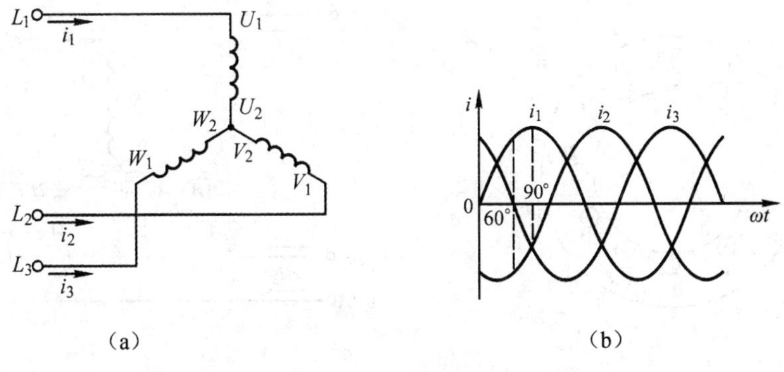

（a） （b）

图 5－6 三相对称电流

由于各相绕组中的电流是交变的，所以，各电流的磁场也是交变的，而三相电流的合磁场则是一旋转磁场。下面通过图 5－6(b)所示曲线的几个不同瞬间来分析旋转磁场的形成。

① 在 $\omega t = 0$ 的瞬间，$i_1 = 0$；i_2为负值，其方向为由 V_2端流进，V_1端流出；i_3为正值，且 i_3与 i_2大小相等，其方向为由 W_1端流进，W_2端流出。根据右手螺旋定则可知，三相电流所产生的合磁场方向，相当于 N 极在上、S 极在下的两极磁极，又称为一对磁极，如图 5－7(a)所示。

② 在 $\omega t = 60°$ 的瞬间，i_1为正值，其方向为由 U_1端流进，U_2端流出；i_2为负值，其方向为由 V_2端流进，V_1 端流出； $i_3 = 0$。此时，三相电流的合磁场沿顺时针方向旋转 60°，如图 5－7(b)所示。

③ 在 $\omega t = 90°$ 的瞬间，i_1为正值，其方向为由 U_1端流进，U_2端流出；i_2为负值，其方向为由 V_2端流进，V_1端流出；i_3也为负值，其方向为由 W_2端流进，W_1端流出。此时，三相电流的合磁场沿顺时针方向又旋转 30°，如图 5－7(c)所示。

由上可见，定子绕组中随着三相对称电流的不断变化，所产生的合磁场也在空间不断旋转。电流变化一周，合磁场在空间旋转 360°。

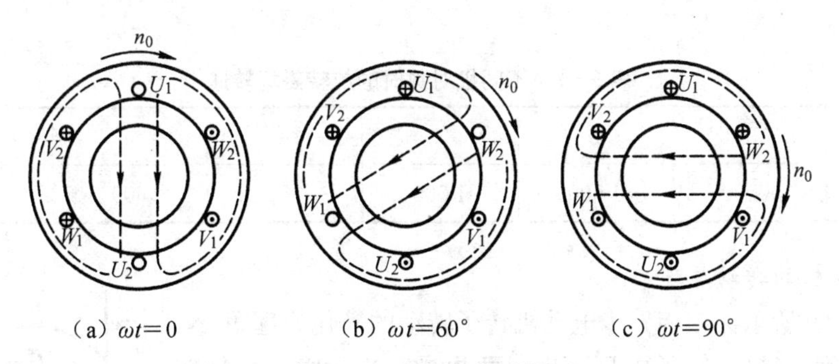

（a） $\omega t=0$ （b） $\omega t=60°$ （c） $\omega t=90°$

图 5－7 两极旋转磁场

以上分析的是每相定子绕组中只有一个线圈的情况，这时产生的旋转磁场只有一对磁极。用 p 表示磁极对数，则 $p = 1$。旋转磁场的极数与定子绕组的排列有关。如果每相定子绕组分别由两个线圈串联而成，如图 5－8 所示，当三相对称电流通过这些线圈时，便能产生两对磁极（四极）。电流变化一周时，四极旋转磁场在空间旋转 180°。

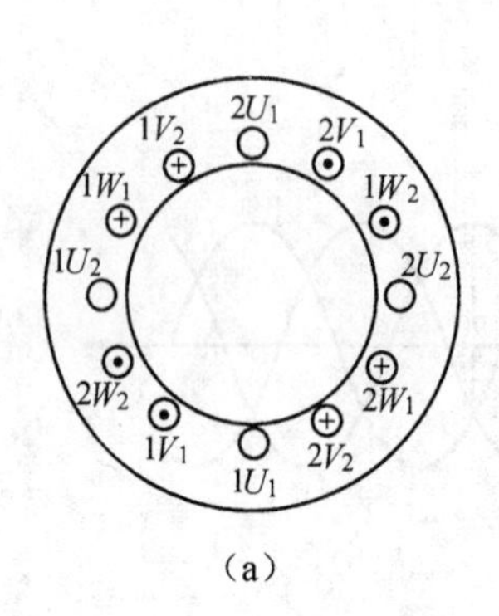

(a)

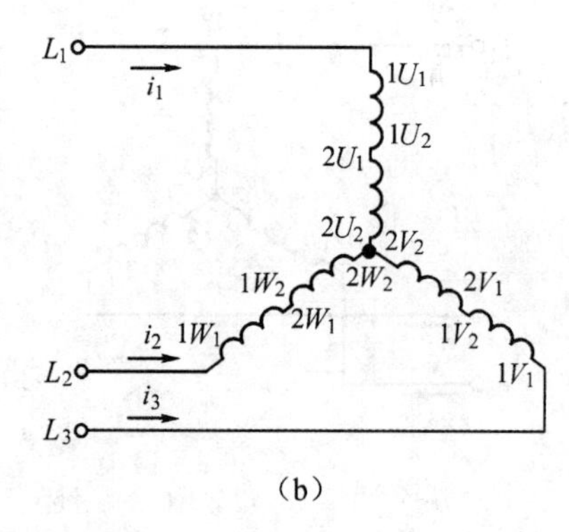

(b)

图 5-8　两对磁极结构

(2) 旋转磁场的转向

旋转磁场的转向与电流的相序一致。如图 5-6 和图 5-7 所示，电流的相序为 $U \to V \to W$ 时，旋转磁场按绕组首端 $U_1 \to V_1 \to W_1$ 方向顺时针旋转。若把三相电流的相序任意调换其中两相，如变为 $U \to W \to V$，则旋转磁场将按 $U_1 \to W_1 \to V_1$ 方向逆时针旋转。

(3) 旋转磁场的转速

三相异步电动机的转速与旋转磁场的转速有关，而旋转磁场的转速则决定于磁场的极对数。由上述分析可知，$p=1$ 时，电流变化一周，旋转磁场在空间转 1 周；$p=2$ 时，电流变化一周，旋转磁场在空间转 1/2 周。依次类推，当有 p 对磁极时，电流变化一周，旋转磁场就在空间转 $1/p$ 周，即 p 对磁极旋转磁场的转速 n_0 应为

$$n_0 = \frac{60 f_1}{p} \tag{5-1}$$

式中，f_1 为定子电流的频率，单位为 Hz。

旋转磁场的转速又称为同步转速。国产异步电动机定子绕组电流的频率 f_1 为 50 Hz，于是，根据式(5-1)可知，对应于不同的极对数 p，旋转磁场的转速 n_0 是常数，如表 5-1 所示。

表 5-1　不同极对数时的旋转磁场转速

p	1	2	3	4	5	6
n_0/(r/min)	3 000	1 500	1 000	750	600	500

2. 电动机的转动原理

如图 5-9 所示为三相异步电动机转子转动的简化原理图，N、S 表示两极旋转磁场，转子中只画出了两根导条作示意。设旋转磁场以 n_0 的转速顺时针旋转，则旋转磁场与静止的转子导条之间就存在相对运动，相当于转子导条切割磁力线，导条中就会产生感应电动势和电流，其方向可由右手螺旋定则确定。

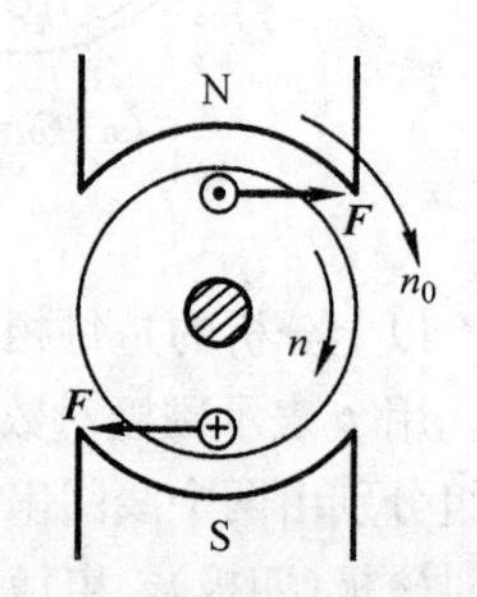

图 5-9　转子转动原理图

通电的导条在旋转磁场中将会受到电磁力 $\boldsymbol{F}$ 的作用，电磁力的方向可用左手定则判断。电磁力作用到电动机的转轴上将会产

生电磁转矩，从而带动转子以转速 n 旋转起来，其转动方向与旋转磁场的旋转方向相同。

3. 转差率

尽管电动机转子的转动方向与旋转磁场的转向相同，但转子的转速 n 不能与旋转磁场的转速 n_0 相等，即 $n < n_0$。这是因为如果两者相等，则转子与旋转磁场之间将没有相对运动，转子中就不会产生感应电动势和电流，也不会有电磁转矩，转子就不可能继续以转速 n 运动了。因此，转子转速与旋转磁场转速之间必须有一定差值，它们不同步，异步电动机也因此得名。

为了便于分析计算，引入了转差率 s，它是同步转速 n_0 与转子转速 n 之差与同步转速 n_0 之比，即

$$s = \frac{n_0 - n}{n_0} \tag{5-2}$$

转差率是分析异步电动机的一个重要参数。电动机起动瞬间，$n = 0$，$s = 1$，此时转差率最大；若转子转速 n 达到同步转速 n_0，则 $s = 0$。所以，转差率 s 的变化范围为 0～1。通常，异步电动机在额定负载时的转差率为 1%～9%。

式(5-2)也可写为

$$n = (1 - s)n_0 \tag{5-3}$$

【例 5-1】 一台三相异步电动机，其额定转速 $n = 975$ r/min。试求电动机的极对数和额定负载时的转差率。电源频率 $f_1 = 50$ Hz。

解 由于电动机的额定转速接近而略小于同步转速，因此，根据表 5-1 所示可知，与此电动机的额定转速 975 r/min 最相近的同步转速为 $n_0 = 1\,000$ r/min，与此对应的磁极对数为 $p = 3$。于是，额定负载的转差率为

$$s = \frac{n_0 - n}{n_0} \times 100\% = \frac{1\,000 - 975}{1\,000} \times 100\% = 2.5\%$$

5.2 三相异步电动机的工作特性

本节主要介绍三相异步电动机的工作特性，包括铭牌数据、电磁转矩及机械特性。

5.2.1 铭牌数据

每台电动机的机座上都有一个铭牌，标记了电动机的型号和额定值等数据。要正确使用电动机，必须能看懂铭牌。Y132M—4 型三相异步电动机的铭牌如下

三相异步电动机		
型号 Y132M—4	功　　率 7.5 kW	频　　率 50 Hz
电压 380 V	电　　流 15.4 A	接　　法 Δ
转速 1 440 r/min	绝缘等级 B	工作方式 连续
年　　月	编号	××电机厂

1. 型号

为了适应不同用途和不同工作环境的需要，电动机制成不同的系列，每种系列用各种型号表示。例如，Y132M—4型号

Y——三相异步电动机；

132——机座中心高(mm)；

M——机座长度代号(S表示短机座，M表示中机座，L表示长机座)；

4——磁极数。

2. 接法

铭牌数据中的接法是指定子三相绕组的接法。一般笼型电动机的接线盒中有6根引出线，分别标有U_1、V_1、W_1、U_2、V_2、W_2。这6个引出线端在接电源之前，相互间必须正确连接。连接方法有星形(Y)和三角形(△)两种。通常，三相异步电动机自3 kW以下者，连接成星形；自4 kW以上者，连接成三角形。

3. 额定功率P_N

额定功率P_N是指电动机在额定运行情况下，转轴所允许输出的机械功率。

4. 额定电压U_N

额定电压U_N是指电动机额定运行时，在三相定子绕组上所加的线电压。

5. 额定电流I_N

额定电流I_N是指电动机额定运行时，定子绕组上的线电流值。

6. 额定频率f_N

额定频率f_N是指加在电动机定子绕组上的允许频率。我国的工频为50 Hz。

7. 额定转速n_N

额定转速n_N是指电动机在额定电压、额定电流和额定输出功率情况下的转速。

8. 绝缘等级

绝缘等级是指电动机内部所用绝缘材料允许的最高温度等级，它决定了电动机工作时允许的温升。各种等级对应的温度关系如表5-2所示。

表5-2 电动机允许温升与绝缘耐热等级关系

绝缘耐热等级	A	E	B	F	H	C
允许最高温度/℃	105	120	130	155	180	180以上
允许最高温升/℃	60	75	80	100	125	125以上

9. 工作方式

电动机的工作方式有三种：连续工作方式、短时工作方式和断续工作方式。

(1) 连续工作方式。在额定条件下长时间连续运行。

(2) 短时工作方式。在额定条件下只能在规定时间内运行。

(3) 断续工作方式。在额定条件下以周期性间歇方式运行。

5.2.2 电磁转矩

异步电动机能够转动的原因，是定子绕组产生旋转磁场，使转子绕组中产生感应电流，

电流同旋转磁场的磁通作用产生电磁转矩。因此在讨论电磁转矩之前，首先介绍一下定子、转子电路的各物理量。

1. 定子、转子电路的物理量

(1) 定子电动势

与变压器类似，定子电动势 E_1 为

$$E_1 = 4.44 f_1 N_1 \Phi K_1 \approx U_1 \tag{5-4}$$

式中，K_1 为定子绕组系数。

需要说明的是，式(5-4)中，Φ 为电动机的每极磁通量，由于 $U_1 \approx E_1$，所以，当电源电压 U_1 和频率 f_1 一定时，异步电动机旋转磁场的每极磁通量 Φ 基本不变。

(2) 转子频率

因旋转磁场和转子间的相对转速为 $n_0 - n$，所以转子频率为 f_2：

$$f_2 = \frac{p(n_0 - n)}{60} = \frac{n_0 - n}{n_0} \cdot \frac{pn_0}{60} = sf_1 \tag{5-5}$$

由式(5-5)可以看出，转子频率与转差率 s 有关，也就是与转速 n 有关。在电动机起动瞬间，即 $n = 0$ 时，$s = 1$，转子频率 f_2 最高，$f_2 = f_1$。在额定负载时，$s = 1\% \sim 9\%$，则 $f_2 = 0.5 \sim 4.5\ \text{Hz}(f_1 = 50\ \text{Hz})$。

(3) 转子电动势

与变压器类似，转子电动势 E_2 为

$$E_2 = 4.44 f_2 N_2 \Phi K_2 \tag{5-6}$$

式中，K_2 为转子绕组系数。

在 $n = 0$，即 $s = 1$ 时，起动瞬间的转子电动势为

$$E_{20} = 4.44 f_1 N_2 \Phi K_2 \tag{5-7}$$

则

$$E_2 = sE_{20} \tag{5-8}$$

由式(5-8)可知，转子电动势 E_2 也与转差率 s 有关。

(4) 转子感抗

转子感抗 X_2 与转子频率 f_2 有关，即

$$X_2 = 2\pi f_2 L_2 = 2\pi s f_1 L_2 \tag{5-9}$$

在 $n = 0$，即 $s = 1$ 时，起动瞬间的转子感抗为

$$X_{20} = 2\pi f_1 L_2 \tag{5-10}$$

则

$$X_2 = sX_{20} \tag{5-11}$$

由式(5-11)可知，转子感抗 X_2 也与转差率 s 有关。

(5) 转子电流

设转子每相绕组的电阻为 R_2,则每相绕组的电流 I_2 为

$$I_2=\frac{E_2}{\sqrt{R_2^2+X_2^2}}=\frac{sE_{20}}{\sqrt{R_2^2+(sX_{20})^2}} \tag{5-12}$$

由式(5-12)可知,转子电流 I_2 也与转差率 s 有关,其变化规律如图 5-10 所示。

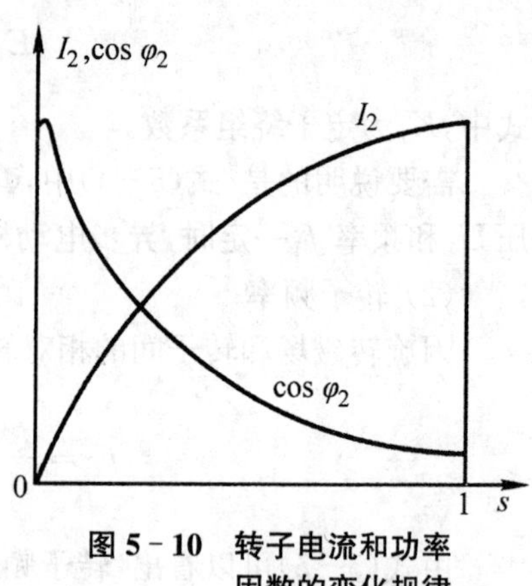

图 5-10 转子电流和功率因数的变化规律

(6) 转子功率因数

转子电路为感性电路,转子电流 I_2 总是比转子电动势 E_2 滞后 φ_2 角度,所以,转子功率因数为

$$\cos\varphi_2=\frac{R_2}{\sqrt{R_2^2+X_2^2}}=\frac{R_2}{\sqrt{R_2^2+(sX_{20})^2}} \tag{5-13}$$

由式(5-13)可知,转子功率因数 $\cos\varphi_2$ 也与转差率 s 有关,其变化规律如图 5-10 所示。

2. 转矩公式

电磁转矩(简称转矩)由转子电流 I_2 与旋转磁场的每极磁通 Φ 相互作用产生,其大小与 I_2 及 Φ 成正比。转子电路为感性电路,其功率因数为 $\cos\varphi_2$。于是可得出

$$T=K_T\Phi I_2\cos\varphi_2 \tag{5-14}$$

式中,K_T 为与电动机结构有关的常数。

将式(5-4)、式(5-12)和式(5-13)代入式(5-14)中可得

$$T=K\cdot\frac{sR_2U_1^2}{R_2^2+(sX_{20})^2} \tag{5-15}$$

式中,K 为常数。

由式(5-15)可知,转矩 T 与定子每相电压 U_1 的平方成正比,所以,电源电压变动时,对转矩的影响很大。

5.2.3 机械特性

当电源电压 U_1、频率 f_1 及电动机结构一定(R_2 和 X_{20} 为常量)时,电磁转矩 T 只与转差率 s 有关,其关系曲线 $T=f(s)$ 称为电动机的转矩特性曲线,如图 5-11(a)所示。而实际工作中,往往用 $n=f(T)$ 曲线来分析问题,我们将 $n=f(T)$ 曲线称为电动机的机械特性曲线,如图 5-11(b)所示。把 $T=f(s)$ 曲线按顺时针方向转 90°,再将表示 T 的横轴下移即可得到 $n=f(T)$ 曲线。

1. 三个重要转矩

研究机械特性是为了分析电动机的运行情况。在机械特性曲线上,有 3 个重要转矩(额定转矩、最大转矩、起动转矩),下面将分别介绍。

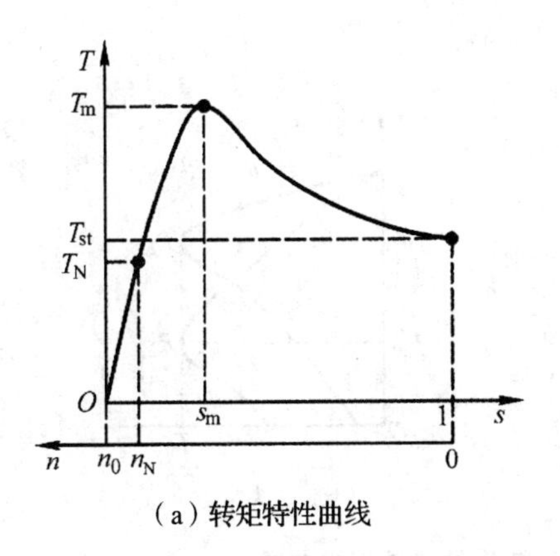

(a) 转矩特性曲线

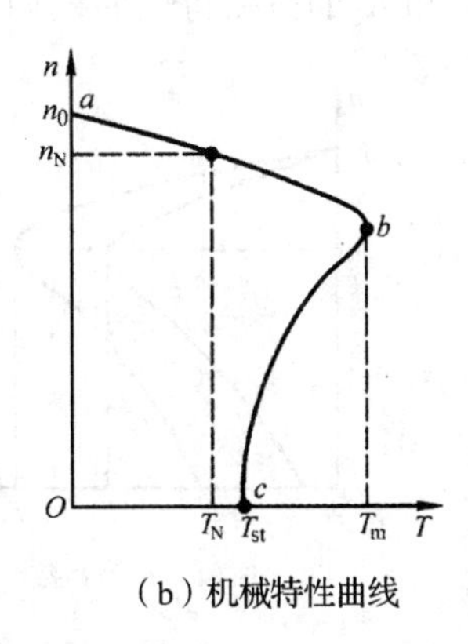

(b) 机械特性曲线

图 5-11　特性曲线

(1) 额定转矩

额定转矩 T_N是指电动机带额定负载时产生的转矩。电动机等速运行时,其转矩 T 必须与阻转矩 T_C相平衡,即

$$T = T_C$$

电动机的阻转矩主要包括转轴上的机械负载转矩 T_2和机械损耗转矩 T_0。由于 T_0很小,可忽略不计,所以

$$T = T_C = T_2 + T_0 \approx T_2$$

由于电动机转轴上输出的功率 P_2等于转矩 T 与角速度 ω 的乘积,即 $P_2 = T\omega$,则

$$T = \frac{P_2}{\omega} = \frac{P_2}{\frac{2\pi n}{60}} = 9\,550\,\frac{P_2}{n} \tag{5-16}$$

式(5-16)中,转矩 T 的单位为 N·m,输出功率 P_2的单位为 kW,转速 n 的单位为 r/min。

根据电动机铭牌上的额定功率 P_N和额定转速 n_N,由式(5-16)可计算出额定转矩 T_N。

(2) 最大转矩

最大转矩 T_m是指三相异步电动机所能产生的最大电磁转矩,如图 5-11(b)所示曲线上的 b 点。它所对应的转速和转差率称为临界转速 n_m和临界转差率 s_m。令 $\mathrm{d}T/\mathrm{d}s=0$ 即可得 s_m为

$$s_m = \frac{R_2}{X_{20}} \tag{5-17}$$

再将式(5-17)代入式(5-15)中可得

$$T_m = K\,\frac{U_1^2}{2X_{20}} \tag{5-18}$$

可以看出,T_m与 U_1^2成正比,与转子电阻 R_2无关;s_m与 R_2有关,R_2越大,s_m也越大。对应

于不同U_1和R_2的机械特性曲线如图 5 - 12 所示。

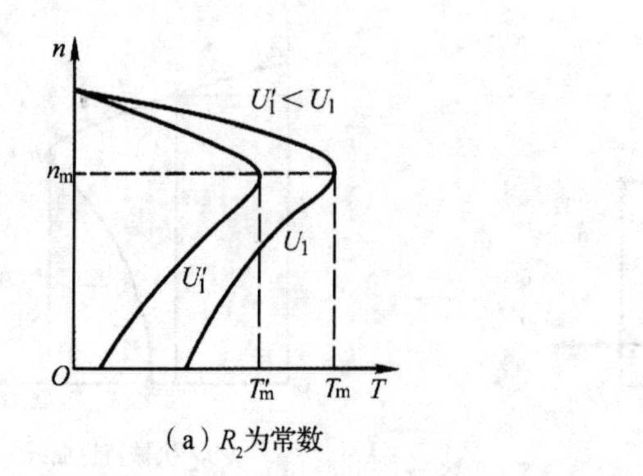

(a) R_2为常数

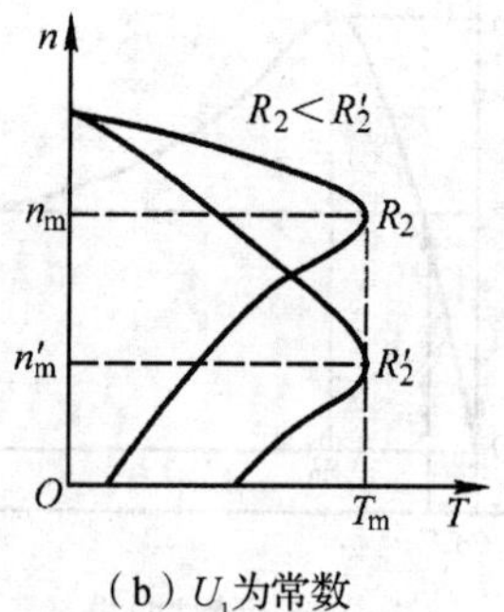

(b) U_1为常数

图 5 - 12　对应于不同U_1和R_2的机械特性曲线

当负载转矩超过最大转矩时,电动机将因带不动负载而发生停车,这种现象称为堵转。电动机堵转时,其定子绕组仍接在电源上,而转子却静止不动,这时定子及转子中的电流将会立即增大到额定值的 6～7 倍,若不及时切除电源,电动机将迅速过热,以致烧毁。

如果负载转矩只是短时间接近最大转矩而使电动机过载,电动机不会立即过热,这是允许的。因此,最大转矩也表示电动机短时允许过载的能力,常用过载系数λ_m来表示。过载系数λ_m是指电动机的最大转矩T_m与额定转矩T_N之比,即

$$\lambda_m = \frac{T_m}{T_N} \tag{5-19}$$

一般三相异步电动机的过载系数为 1.8～2.2。在选用电动机时,必须考虑可能出现的最大负载转矩,然后根据所选电动机的过载系数计算其最大转矩,它必须大于最大负载转矩。否则,就必须重选电动机。

(3) 起动转矩

起动转矩T_{st}是指电动机接通电源的瞬间($n=0, s=1$)电动机的电磁转矩,如图 5 - 11(b)所示 c 点。将$s = 1$代入式(5 - 15)可得

$$T_{st} = K\frac{R_2U_1^2}{R_2^2 + X_{20}^2} \tag{5-20}$$

电动机的起动转矩必须大于电动机静止时的负载转矩T_2才能起动。通常用起动转矩T_{st}与额定转矩T_N之比来表示电动机的起动能力,称为起动系数λ_s,即

$$\lambda_s = \frac{T_{st}}{T_N} \tag{5-21}$$

2. 电动机的运行分析

如图 5 - 13 所示,电动机的机械特性曲线分为两个区段,ab 段和 bc 段。电动机只能在 ab 段稳定运行,在 bc 段不能稳定运行。

电动机接通电源后,只要起动转矩T_{st}大于负载转矩T_2,转子便能起动旋转。电磁转矩 T 开始沿 bc 段随转速 n 的升高而不断增大,一直到临界点 b,此时,$T = T_m$。经过 b 点

进入 ab 段后，T 随 n 的升高而减小，直到 $T=T_2$，之后电动机就以恒定速度 n 稳定运行。

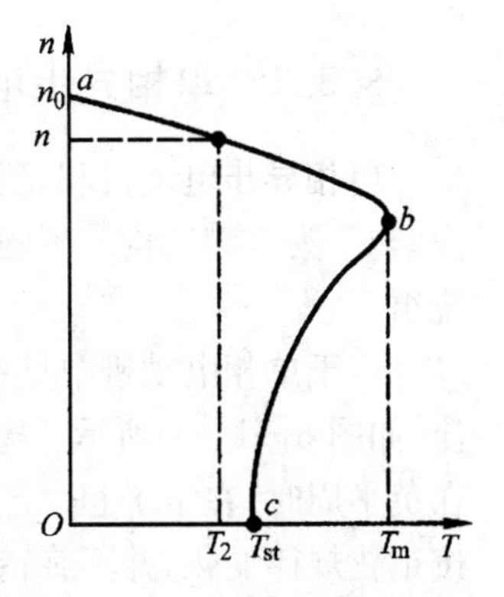

图 5-13　电动机的运行分析

若由于某种原因(如车床切削时吃刀量加大或起重机的起重量加大)使负载转矩增大到 $T_2'(T_2'<T_m)$，在最初瞬间电动机的转矩 $T<T_2'$，所以其转速 n 开始下降。如图 5-13 所示，随着转速的下降，电动机的转矩增大。当转矩增加到 $T=T_2'$ 时，电动机达到新的稳定状态。

由此可见，在机械特性曲线的 ab 段，当负载转矩发生变化时，电动机能自动调节转矩以适应其变化，从而保持稳定运行状态，故 ab 段称为稳定运行区。由于 ab 段比较平坦，转矩变化时产生的转速变化很小，这种特性称为硬的机械特性。

在 bc 段，假设原来暂稳在一个转速上，当负载突然增大时，转速就会下降。随着转速的下降，电动机的转矩也减小，转速会进一步下降，最后变为零。因此，在 bc 段电动机无法稳定运行。

【例 5-2】　有一三相异步电动机，三角形连接，额定功率为 30 kW，额定转速为 1 450 r/min，过载系数为 2.2。试求：(1) 额定转矩、额定转差率和最大转矩；(2) 当电源电压下降到 0.9U 时，其输出的最大转矩为多少？

解　(1) 由式(5-16)可得额定转矩为

$$T_N = 9\,550\frac{P_N}{n_N} = 9\,550\times\frac{30}{1\,450}\ \text{N}\cdot\text{m} = 197.6\ \text{N}\cdot\text{m}$$

因 $n_N=1\,450$ r/min，可知 $n_0=1\,500$ r/min，则额定转差率为

$$s_N=\frac{n_0-n_N}{n_0}=\frac{1\,500-1\,450}{1\,500}=0.033$$

又由式(5-19)可得最大转矩为

$$T_m=\lambda_m T_N = 2.2\times197.6\ \text{N}\cdot\text{m}=434.7\ \text{N}\cdot\text{m}$$

(2) 电源电压下降到 0.9U 时，由于最大转矩 T_m 与 U_1^2 成正比，所以

$$T_m' = 0.9^2 T_m = 0.81\times434.7\ \text{N}\cdot\text{m} = 352\ \text{N}\cdot\text{m}$$

5.3　单相异步电动机

单相异步电动机是由单相交流电源供电的一种感应电动机。它容量小、结构简单、成本低、运行可靠、维修方便，因此广泛应用于家用电器及工农业生产中，如风扇、洗衣机、冰箱、空调、电钻、风机等。

5.3.1 单相异步电动机的工作原理

单相异步电动机和笼型三相异步电动机的结构差不多,其定子绕组也是嵌放在铁芯槽内,转子为笼型结构。不同的是三相异步电动机有三相绕组,而单相异步电动机只有一相绕组。

由于单相电动机中只有一相绕组,所以,接通电源后,在绕组中会产生单相正弦交流电流,如图 5-14(a)所示。电流在正半周时,在定子腔中产生的磁场如图 5-14(b)所示;电流在负半周时,在定子腔中产生的磁场如图 5-14(c)所示。该磁场的大小和方向随交流电流按正弦规律变化,并不旋转,称为脉动磁场。

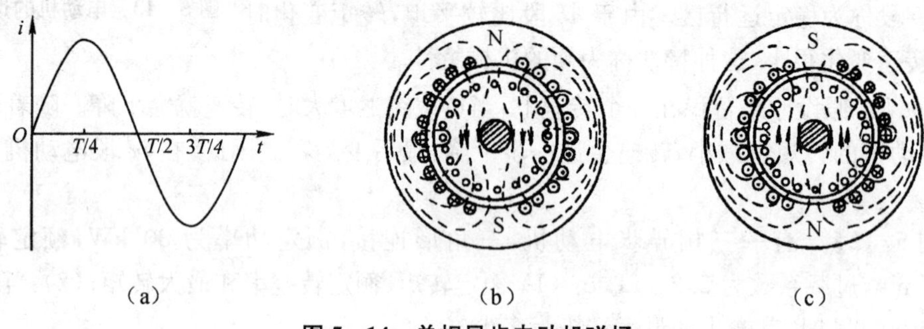

图 5-14 单相异步电动机磁场

由于脉动磁场不旋转,所以转子上不会产生感应电流,也不会产生电磁转矩,转子也就不能旋转,即电动机不会自行起动。如果有一外力推动转子转动,则转子就会因切割磁场而产生电磁转矩,从而会持续沿外力方向转动。因此,单相异步电动机的转动问题关键在于给它提供的起动转矩。下面我们根据不同的起动方法来进一步了解单相异步电动机的类型、结构及工作原理。

5.3.2 单相异步电动机的结构

按起动方法不同,单相异步电动机可分为分相式单相异步电动机和罩极式单相异步电动机两种。

1. 电容分相式单相异步电动机

分相式单相异步电动机可用电容、电感或电阻来分相,下面以电容分相式单相异步电动机为例进行介绍。

如图 5-15 所示为电容分相式单相异步电动机的接线图。它有两个定子绕组:工作绕组和起动绕组。工作绕组的电阻小,匝数多,电感大;起动绕组的电阻大,匝数少,电感较小。两绕组在空间相隔 90°。起动绕组上串联一个电容器,使两个绕组中的电流在相位上相差 90°,这即为分相。实验及理论证明,在空间相差 90°的两个绕组,其中通有的相位差为 90°的两相电流,也能产生旋转磁场。

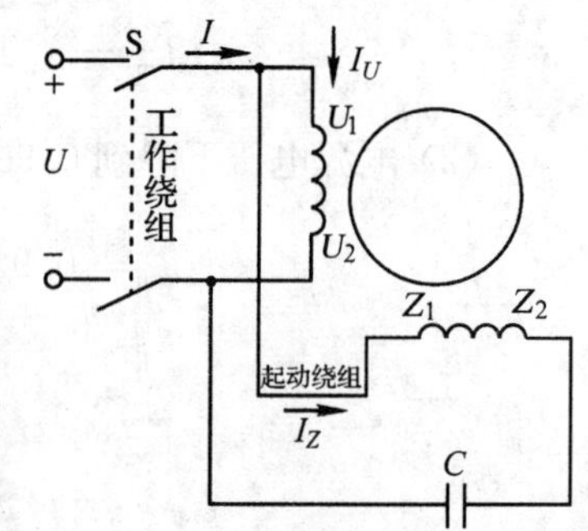

图 5-15 电容分相式单相异步电动机的接线图

在旋转磁场的作用下,电动机的转子就能转动起来,当转速接近额定值,将起动绕组断开,电动机可继续运行。

2. 罩极式单相异步电动机

罩极式单相异步电动机的结构如图 5-16 所示，其定子多做成凸极式，在磁极一侧开一小槽，其中装有短路铜环（称为罩极）。

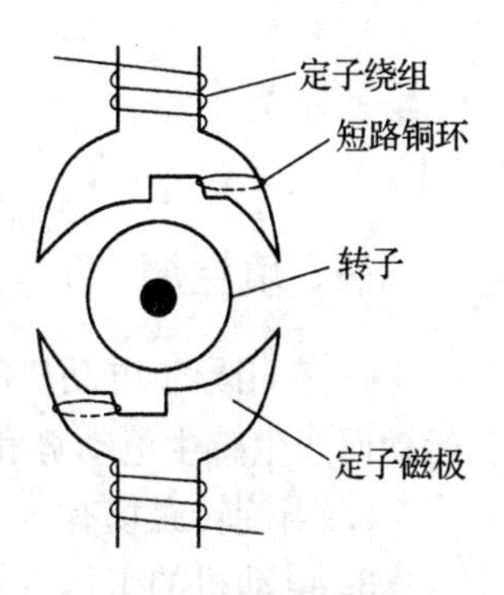

图 5-16　罩极式单相异步电动机的结构

当定子绕组通入单相交流电流 i 时，产生交变磁通 Φ_1。在磁通 Φ_1 的作用下，铜环内产生感应电流，同时感应电流还会产生阻碍原磁场变化的磁通 Φ'。这样，通过铜环的磁通即为 Φ_1 与 Φ' 的合磁通 Φ_2，Φ_1 与 Φ_2 之间存在相位差，Φ_2 滞后于 Φ_1。从总体上看，电动机内部犹如形成了一个向罩极部分移动的磁场，它可使转子产生转矩而起动。

罩极式单相异步电动机结构简单，工作可靠，但起动转矩较小，常用于对起动转矩要求不高的设备中，如风扇等。

本章小结

1. 三相异步电动机的结构及工作原理

(1) 三相异步电动机由定子和转子两大基本部分组成。其中，定子由机座（外壳）、定子铁芯和定子绕组组成；转子由转子铁芯、转子绕组和转轴组成。

(2) 由于各相绕组中的电流是交变的，所以，各电流的磁场也是交变的，分析可知，三相电流的合磁场为旋转磁场。旋转磁场的转向与电流的相序一致。p 对磁极旋转磁场的转速为 $n_0 = \dfrac{60f_1}{p}$。

三相异步电动机的转动原理：旋转磁场与静止的转子导条之间由于电磁感应原理产生电磁转矩，从而推动电动机转轴开始转动，其转动方向与旋转磁场的旋转方向相同。

转差率 s 是同步转速 n_0 与转子转速 n 之差与同步转速 n_0 之比，即 $s = \dfrac{n_0 - n}{n_0}$。

2. 三相异步电动机的工作特性

(1) 三相异步电动机铭牌数据包括型号、接法、额定功率、额定电压、额定电流、额定频率、额定转速、绝缘等级和工作方式等。

(2) 电磁转矩公式。$T = K_T \Phi I_2 \cos\varphi_2$ 或 $T = K\dfrac{sR_2U_1^2}{R_2^2 + (sX_{20})^2}$。

(3) 在机械特性曲线上，有 3 个重要转矩：额定转矩 $T_N = 9\,550\dfrac{P_N}{n_N}$，最大转矩 $T_m = K\dfrac{U_1^2}{2X_{20}}$，起动转矩 $T_{st} = K\dfrac{R_2U_1^2}{R_2^2 + X_{20}^2}$。

在机械特性曲线的 ab 段，当负载转矩发生变化时，电动机能自动调节转矩以适应其变化，从而保持稳定运行状态，故 ab 段称为稳定运行区。由于 ab 段比较平坦，转矩变化时产生的转速变化很小，这种特性称为硬的机械特性。

本章思考与练习

一、填空题

1. 三相异步电动机的转子转速低于旋转磁场的转速，转子绕组因与磁场间存在着相对运动而产生感生电动势和电流，因此，三相异步电动机又称为______________。

2. 当旋转磁场有 p 对磁极时，电流变化一周，其旋转磁场就在空间转过________周。

3. 电动机的工作方式有 3 种：____________、____________和____________。

4. 最大转矩也表示电动机短时允许过载的能力，常用过载系数 λ_m 表示，$\lambda_m=$________。

5. 电动机的起动转矩必须大于电动机静止时的________才能起动。通常用起动转矩 T_{st} 与额定转矩 T_N 之比来表示电动机的起动能力，称为______________。

6. 在机械特性曲线的稳定运行区，当负载转矩发生变化时，电动机能______________以适应其变化，从而保持稳定运行状态。

7. 起动是指电动机从静止状态过渡到稳定运行状态的过程。在起动瞬间，电动机的起动电流很________，约为额定电流的________，而起动转矩则较________。

8. 异步电动机可以通过改变____________、____________和____________三种方法来进行调速。

9. 单相异步电动机的结构与三相异步电动机类似，但它只有________，因此产生的磁场为________。

二、解答题

1. 已知某异步电动机的额定转速为 $n_N = 1\,470$ r/min，电源频率 $f_1 = 50$ Hz，试求电动机的额定转差率 s_N。

2. 有一三相异步电动机，其额定数据如下：$P_N = 40$ kW，$n_N = 1\,470$ r/min，$U_N = 380$ V，$\eta = 0.9$，$\lambda_m = 2$，$\lambda_s = 1.2$，$\cos\varphi = 0.9$。试求：(1) 额定电流；(2) 额定转差率；(3) 额定转矩、最大转矩和起动转矩。

3. 有一三相笼型异步电动机，$P_N = 36$ kW，定子绕组三角形连接，$U_N = 380$ V，$I_N = 70$ A，$n_N = 1\,460$ r/min，$I_{st}/I_N = 5$，$\lambda_s = 1.2$，起动时负载转矩为 60 N·m，$I_{st} < 160$ A。试问：(1) 电动机能否直接起动？(2) 电动机能否采用 Y-△降压起动？

4. 有一三相异步电动机，其额定数据如表 5-3 所示。试求：(1) 额定电流；(2) 额定转差率；(3) 额定转矩、最大转矩、起动转矩。

表 5-3 此三相异步电动机的额定数据

功率	转速	电压	效率	功率因数	I_{st}/I_N	T_{st}/T_N	T_m/T_N
45 kW	1 480 r/min	380 V	95.3%	0.88	7.0	1.9	22

5. 题 4 中，(1) 如果负载转矩为 510.2 N·m，试问在 $U = U_N$ 和 $U' = 0.9U_N$ 两种情况下电动机能否起动？(2) 采用 Y-△降压起动时，求起动电流和起动转矩。当负载转矩分别

为额定转矩的 80％和 50％时，电动机能否起动？

6. 某厂电源容量为 560 kVA，一皮带运输机采用三相笼型异步电动机拖动，其技术数据为：$P_N = 40$ kW，三角形连接，全压起动电流为额定电流的 7 倍，起动转矩为额定转矩的 1.8 倍，要求带 $0.8T_N$ 负载起动，试问采用什么方法起动？

第6章　电气控制电路

【本章导读】

现代的生产机械，大多以电动机为动力来源。电动机的控制，最常见的是接触器继电器控制方式，它是自动化控制的基础。本单元在介绍常用低压电器的基础上，以电动机为控制对象，重点介绍生产实际中常用的典型机械的电气控制线路。

【本章学习目标】

◉ 了解常用低压控制电器的组成结构及工作原理
◉ 熟悉常用低压控制电器的功能及使用场合
◉ 能正确选择和使用常用低压控制电器
◉ 掌握电气原理图的读图方法，了解绘制原则
◉ 熟悉各种电气控制线路的工作原理
◉ 能设计绘制电动机的基本控制线路

6.1　常用低压电器

低压电器是一种能根据外界的信号和要求，手动或自动地接通、断开电路，以实现对电路或非电对象的切换、控制、保护、检测、变换和调节的元件或设备。它的工作电压是直流 1 200 V、交流 1 000 V 以下。

6.1.1　刀开关

刀开关俗称闸刀开关，是一种结构简单、应用广泛的手动低压电器。刀开关由胶木盖、手柄、刀座、闸刀、瓷底、熔丝等组成。图6-1(a)所示为 HK 系列负荷开关的结构，图 6-1(b)所示为开关的图形符号。

使用较为广泛的胶盖闸刀开关为 HK 系列，其型号含义如图 6-2 所示：

选用刀开关的应注意：额定电压、额定电流及极数的选择应符合电路的要求。选择开关时，应注意检查各刀片与对应夹座是否接触良好，各刀片与夹座开合是否同步。如有问题，应予以修理或更换。

6.1.2　组合开关

组合开关又称为转换开关，图 6-3 所示为组合开关的结构、接线和符号。

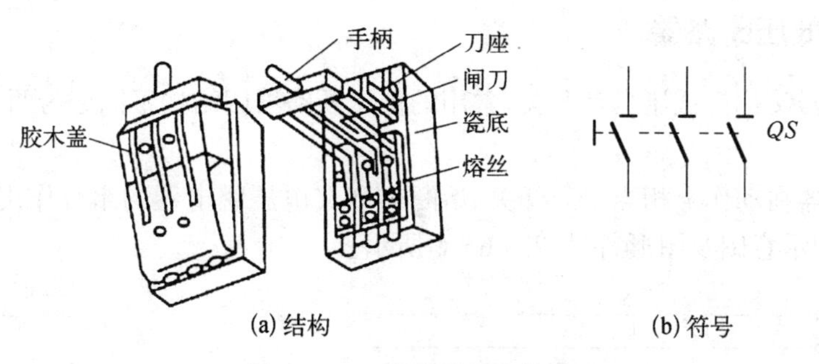

(a) 结构　(b) 符号

图6-1　刀开关结构和符号

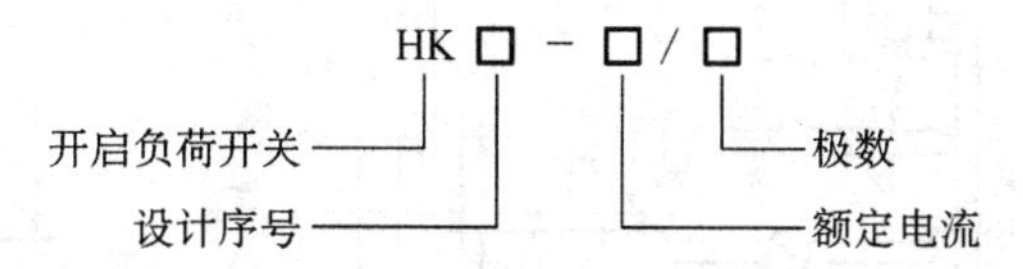

图6-2　刀开关型号含义

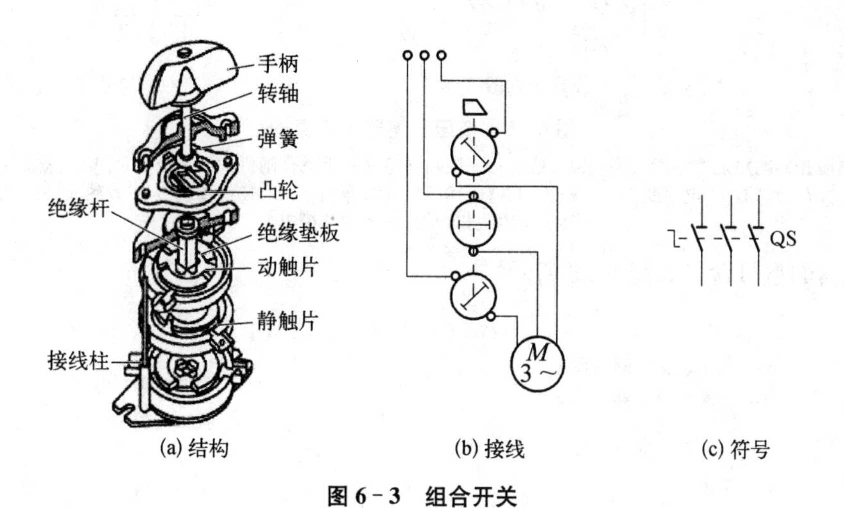

(a) 结构　(b) 接线　(c) 符号

图6-3　组合开关

其型号含义如图6-4所示：

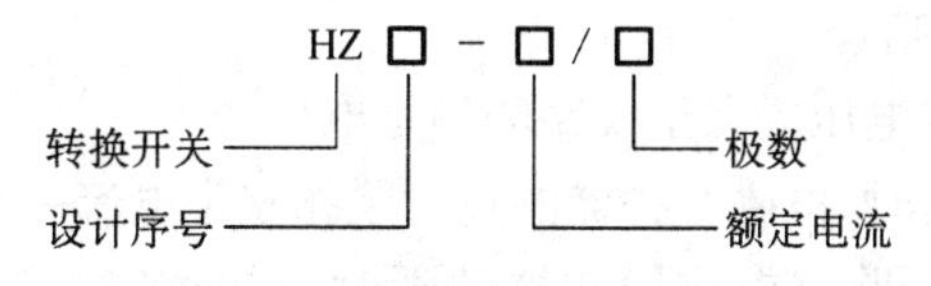

图6-4　组合开关型号含义

组合开关的选用

① 用于一般照明、电热电路，其额定电流应大于或等于被控电路的负载电流总和。

② 当用作设备电源引入开关时，其额定电流稍大于或等于被控制电路的负载电流的总和。

③ 当用于直接控制电动机时，其额定电流一般可取电动机额定电流的2～3倍。

6.1.3 低压断路器

低压断路器又称为低压自动开关，常用的低压断路器因结构不同分为两类：装置式和万能式。

低压断路器在动作上相当于刀开关、熔断器和欠电压继电器的组合作用。它的结构形式很多，其原理示意图及图形符号如图 6-5 所示。

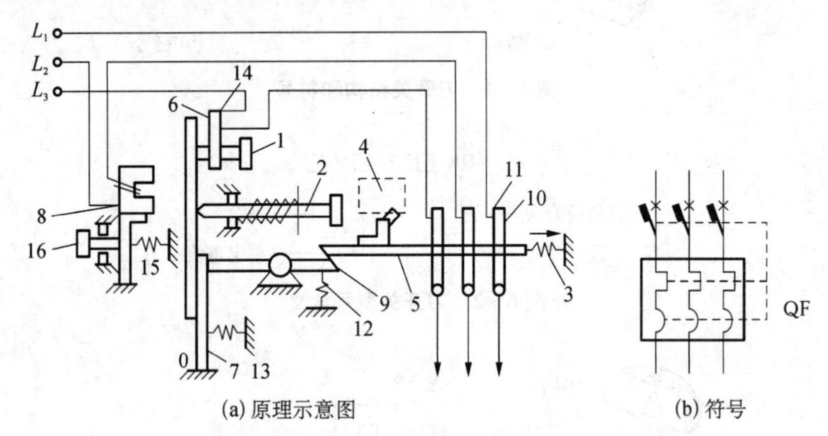

图 6-5 低压断路器工作原理

1—热脱扣器的整定按钮；2—手动脱扣按钮；3—脱扣弹簧；4—手动合闸机构；5—合闸联杆；6—热脱扣器；7—锁钩；8—电磁脱扣器；9—脱扣联杆；10、11—动、静触点；12、13—弹簧；14—发热元件；15—电磁脱扣弹簧；16—调节按钮。

断路器的型号含义如图 6-6 所示：

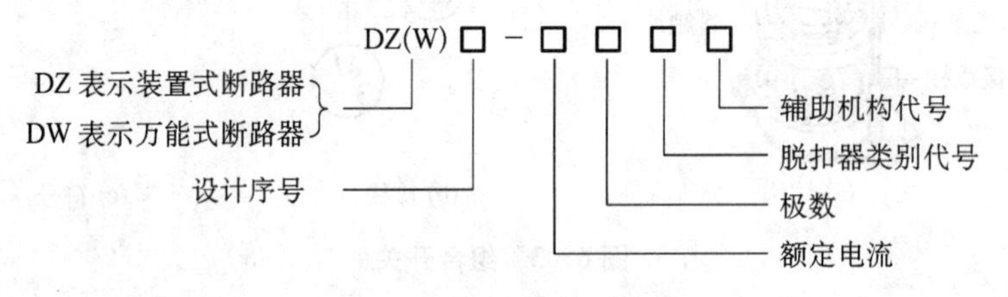

图 6-6 断路器型号含义

低压断路器的选用原则：

① 低压断路器的额定电压应高于线路的额定电压。

② 用于控制照明电路时，电磁脱扣器的瞬时脱扣整定电流一般取负载的 6 倍。用于电动机保护时，装置式低压断路器电磁脱扣器的瞬时脱扣整定电流应为电动机启动电流的 1.7 倍。万能式低压断路器的上述电流应为电动机启动电流的 1.35 倍。

③ 用于分断或接通电路时，其额定电流和热脱扣器整定电流均应等于或大于电路中负载额定电流的 2 倍。

④ 选用低压断路器作为多台电动机短路保护时，电磁脱扣器整定电流为容量最大的一台电动机启动电流的 1.3 倍加上其余电动机额定电流的 2 倍。

⑤ 选用低压断路器时，在类型、等级、规格等方面要配合上、下级开关的保护特性，不允许因本级保护失灵导致越级跳闸，扩大停电范围。

6.1.4　按钮

通常用来接通或断开控制电流，从而控制电动机或其他电气设备的运行。按钮常用的有 LA10，LA18，LA19 和 LA25 等系列，其中 LA19 系列按钮结构和外形及符号如图 6－7 所示。

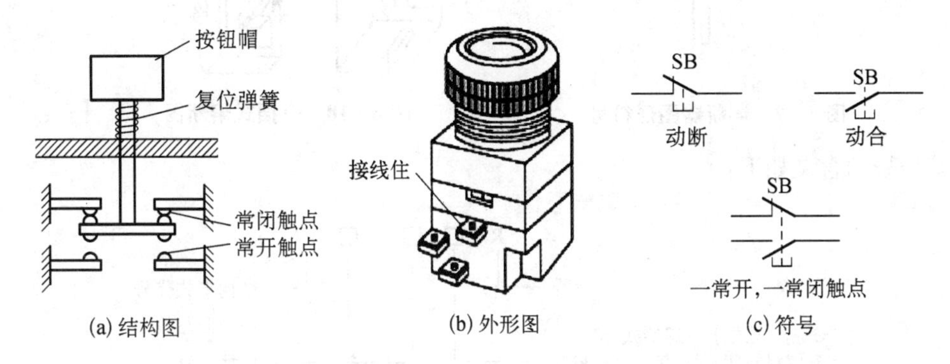

图 6－7　LA19 系列按钮

常用按钮的型号含义如图 6－8 所示。

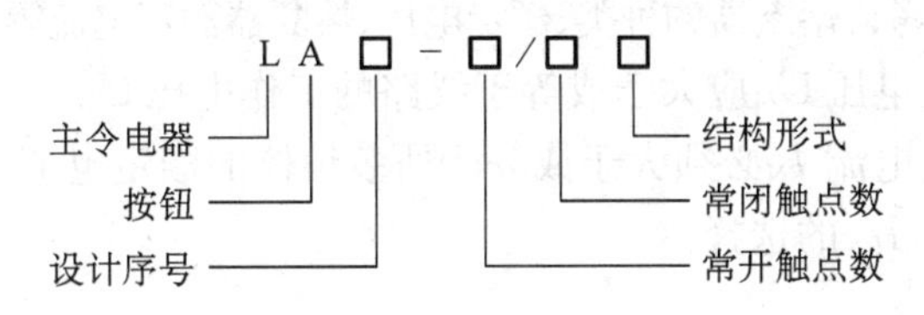

图 6－8　按钮的型号含义

按钮的选用原则：

① 根据使用场合，选择按钮的种类。

② 根据用途，选用合适的形式。

③ 按控制回路的需要，确定不同按钮数。

④ 按工作状态指示和工作情况要求，选择按钮和指示灯的颜色(参照国家有关标准)。

⑤ 核对按钮额定电压、电流等指标是否满足要求。

6.1.5　熔断器

熔断器(又称保险丝)主要用于短路保护。熔断器的符号如图 6－9 所示。

常用的低压熔断器有插入式、螺旋式、无填料半封闭式、填料封闭管式等几种，如 RCL，RL1，RT0 系列，这里主要介绍一下瓷插式熔断器。

瓷插式熔断器主要用于 380 V 三相电路和 220 V 单相电路做短路保护，其外形及结构如图 6－10 所示。

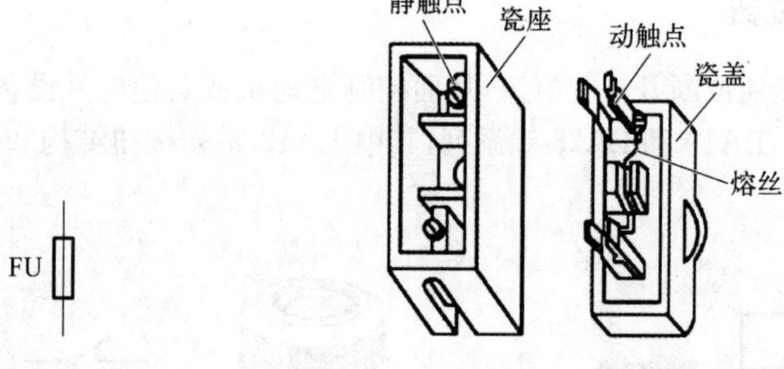

图 6-9　熔断器图形符号　　图 6-10　瓷插式熔断器

其型号的含义如下：

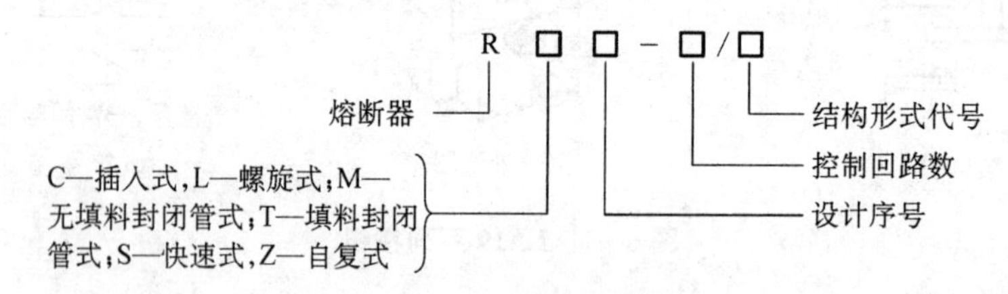

图 6-11　熔断器型号含义

选择熔断器主要应考虑熔断器的种类、额定电压、熔断器额定电流等级和熔体的额定电流。

(1) 熔断器的额定电压 U_N 应大于或等于线路的工作电压 U_L。

(2) 熔断器的额定电流 I_N 必须大于或等于所装熔体的额定电流 I_{RN}。

(3) 熔体额定电流 I_{RN} 的选择。

6.1.6　交流接触器

交流接触器主要由电磁系统、触点系统、灭弧装置等部分组成，其结构图、原理图及符号如图 6-12 所示。

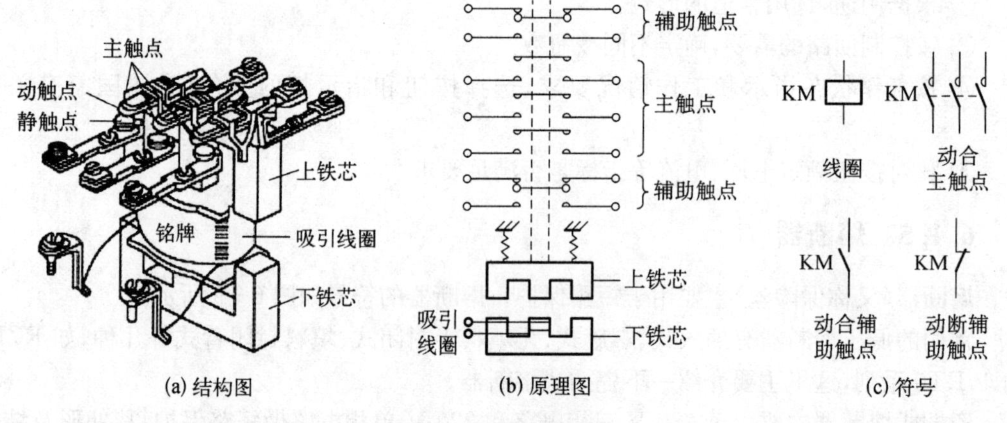

图 6-12　交流接触器

当交流接触器的电磁线圈接通电源时，线圈电流产生磁场，使静铁芯产生足以克服弹簧反作用力的吸力，将动铁芯向下吸合，使常开主触点和常开辅助触点闭合，常闭辅助触点断开。主触点将主电路接通，辅助触点则接通或分断与之相连的控制电路。

当接触器线圈断电时，静铁芯吸力消失，动铁芯在反作用弹簧力的作用下复位，各触点也随之复位，将有关的主电路和控制电路分断。

常用的交流接触器有 CJ 0、CJ 10、CJ 12 等系列产品，其型号的含义如下：

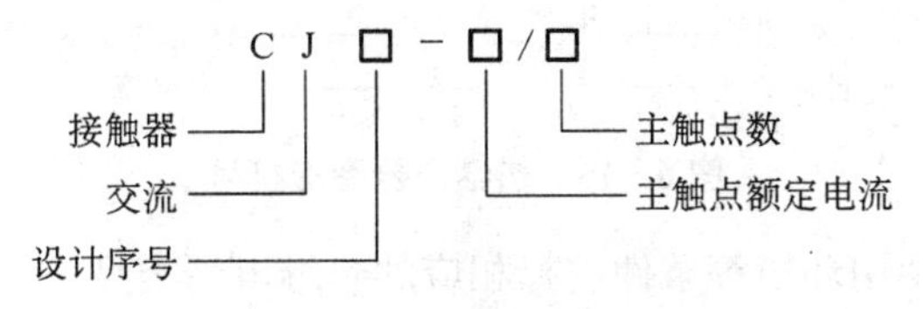

图 6-13　接触器图形符号

交流接触器在选用时，其工作电压不低于被控制电路的最高电压，交流接触器主触点额定电流应大于被控制电路的最大工作电流。用交流接触器控制电动机时，电动机最大电流不应超过交流接触器额定电流允许值。用于控制可逆运转或频繁启动的电动机时，交流接触器要增大一至二级使用。

交流接触器电磁线圈的额定电压应与被控制辅助电路电压一致，对于简单电路，多用 380 V 或 220 V；在线路较复杂或有低压电源的场合或工作环境有特殊要求时，也可选用 36 V，127 V 等。

6.1.7　热继电器

热继电器的用途是对电动机和其他用电设备进行过载保护。热继电器的结构如图 6-14 所示，它由发热元件、触点、动作机构、复位按钮和整定电流装置五部分组成。

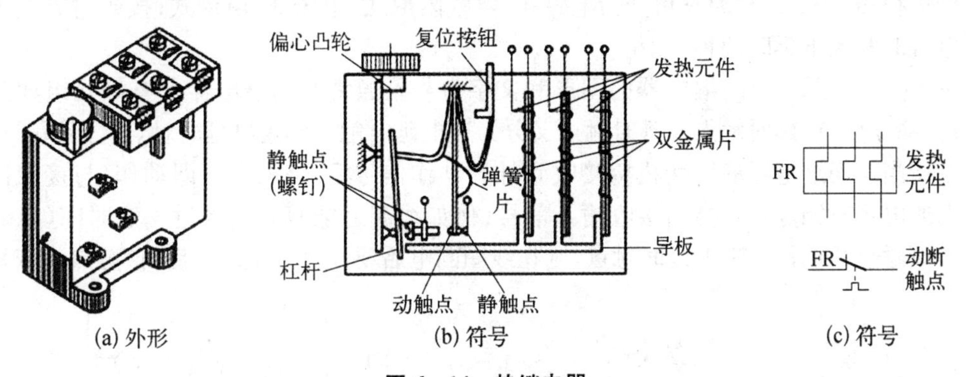

(a) 外形　(b) 符号　(c) 符号

图 6-14　热继电器

发热元件由双金属片及绕在双金属片外面的电阻丝组成，双金属片由两种热膨胀系数不同的金属片复合而成。使用时将电阻丝直接串联在异步电动机的电路上。

电路正常工作时，对应的负载电流流过发热元件产生的热量不足以使双金属片产生明显的弯曲变形；当设备过载时，负载电流增大，与它串联的发热元件产生的热量使双金属片产生弯曲变形，经过一段时间后，当弯曲程度达到一定幅度时，由导板推动杠杆，使热继电器的触点动作，其动断触点断开，动合触点闭合。

热继电器的整定电流，是指热继电器长期运行而不动作的最大电流。通常只要负载电流超过整定电流 1.2 倍，热继电器必须动作。整定电流的调整可通过旋转外壳上方的旋钮完成，旋钮上刻有整定电流标尺，作为调整时的依据。

常用的热继电器有JR 0，JR 2，JR 16等系列，其型号的含义如下：

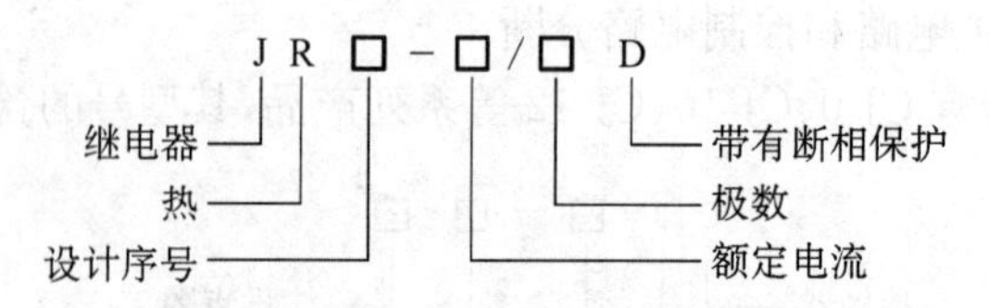

图6-15 热继电器图形符号

应根据保护对象、使用环境等条件选择相应的热继电器类型。

(1) 对于一般轻载启动、长期工作或间断长期工作的电动机，可选择两相保护式热继电器，当电源平衡性较差、工作环境恶劣或很少有人看守时，可选择三相保护式热继电器，对于三角形接线的电动机应选择带断相保护的热继电器。

(2) 额定电流或发热元件整定电流均应大于电动机或被保护电路的额定电流。当电动机启动时间不超过5 s时，发热元件整定电流可以与电动机的额定电流相等。若电动机频繁启动、正反转、启动时间较长或带有冲击性负载等情况下，发热元件的整定电流值应为电动机额定电流的1.1～1.5倍。

应注意：热继电器可以做过载保护但不能作短路保护；对于点动、重载启动、频繁正反转及带反接制动等运行的电动机，一般不宜采用热继电器做过载保护。

6.1.8 时间继电器

时间继电器是一种利用电磁原理或机械原理来延迟触点闭合或分断的自动控制电器。它的种类很多，按其工作原理可分为电磁式、空气阻尼式、电子式、电动式；按延时方式可分为通电延时和断电延时两种。

图6-19所示为时间继电器的图形和文字符号。通常时间继电器上有好几组辅助触点，分为瞬动触点、延时触点。延时触点又分为通电延时触点和断电延时触点。所谓瞬动触点即是指当时间继电器的感测机构接收到外界动作信号后，该触点立即动作(与接触器一样)，而通电延时触点则是指当接收输入信号(例如线圈通电)后，要经过一定时间(延时时间)后，该触点才动作。断电延时触点，则在线圈断电后要经过一定时间后，该触点才恢复。

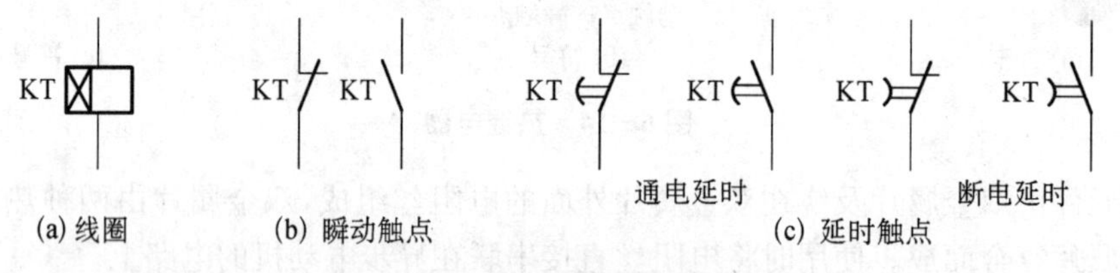

图6-16 时间继电器图形符号

JSZ 3系列时间继电器是采用集成电路和专业制造技术生产的新型时间继电器，具有体积小、重量轻、延时范围广、抗干扰能力强、工作稳定可靠、精度高、延时范围宽、功耗低、外形美观、安装方便等特点，广泛在自动化控制中作为延时控制之用。JSZ 3系列电子式时间继电器采用插座式结构，所有元件装在印制电路板上，用螺钉使之与插座紧固，再装上塑料罩壳组成本体部分，在罩壳顶部装有铭牌和整定电位器旋钮，并有动作指示灯。

其型号的含义如下：

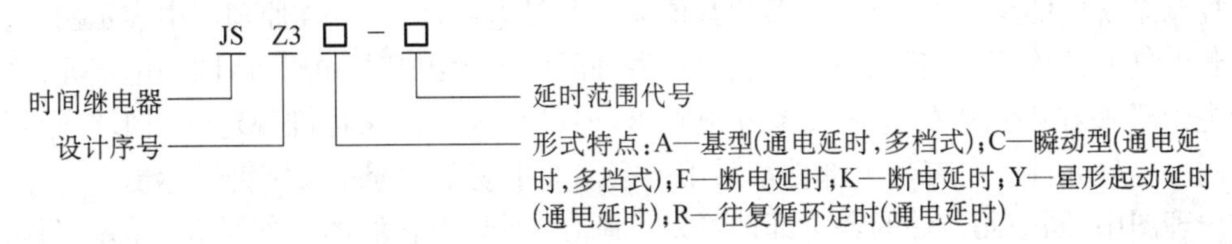

图 6-17　时间继电器图形符号

选用时间继电器的时候应根据被控制线路的实际要求选择不同延时方式及延时时间、精度的时间继电器，同时应根据被控制电路的电压等级选择电磁线圈的电压，使两者电压相符。

6.2　基本控制电路

6.2.1　基本电气识图

电气控制图是以各种图形、符号和图线等形式来表示电气系统中各电气设备、装置、元器件的相互连接关系，它是电气设计、生产、维修人员的工程语言。

电气控制图样必须采用一定的格式和统一的文字符号和图形来表达，国家为此制订了一系列标准。国家标准局参照国际电工委员会(IEC)颁布了一系列有关文件，如 GB 4728《电气简图用图形符号》、GB 7159—87《电气技术中的文字符号制定通则》、GB 4026—83《电器接线端子的识别和字母数字符号标志接线端子通则》等国家标准。

按用途和表达方式的不同，电气控制图可分为：电气系统图和框图、电气原理图、电器元件布置图、电气安装接线图、功能图、电器元件明细表。

6.2.2　绘制电气原理图的原则

1. 电气原理图一般分主电路和辅助电路两部分

主电路就是从电源到电动机大电流通过的路径，辅助电路包括控制电路、照明电路、信号电路及保护电路等。

2. 电源线的画法

原理图中直流电源和单相交流电源线用水平线画出，一般直流电源的正极画在图样上方，负极画在图样的下方。三相交流电源线集中水平画在图样上方，相序自上而下依 L1、L2、L3 排列，中性线(N 线)和保护接地线(PE 线)放在相线之下。主电路、控制电路和辅助电路应分开绘制。主电路垂直于电源线路，在图的左侧竖直画出；控制电路与信号电路在图的右侧垂直画在两条水平电源线之间。为方便读图，图中自左至右，从上而下表示动作顺序，但耗电元件(如接触器、继电器的线圈、电磁铁线圈、信号灯等)直接与下方水平电源线连接，控制触点接在上方电源水平线与耗电元件之间。

3. 原理图中电器元件的画法

控制系统内的全部电动机、电器和其他器件的带电部件，都应在原理图中表示出来。电路中各电气元件均不画实际的外形图，只在原理图中表示出其带电部件，同一电气元件的不同带电部件按在电路中的连接关系分别画出，但必须采用国家标准规定的图形符号画出。对于同一电气元件上所有带电部件都采用国家标准中规定的同一文字符号标出。

原理图中，同一元器件的各个部件可以不画在一起，但它们的动作是关联的。例如，接触器、继电器的线圈和触点可以不画在一起，但同一元器件的各部件必须标以相同的文字符号，为了便于分析其下标可以不同。对于同一电路中几个同类电器，则用不同数字同一文字符号表示。

原理图中元件、器件和设备的可移动部分，都按没有通电和没有外力作用时的开闭状态画出。例如，继电器、接触器的触点，按吸引线圈不通电状态画；主令控制器、万能转换开关，按手柄处于零位时的状态画；按钮的触点，按不受外力作用时的状态画等等。

4. 线路连接点、交叉点的绘制

在电路图中，对于需要测试和拆接的外部引线的端子，采用"空心圆"表示；有直接电联系的导线连接点，用"实心圆"表示；无直接电联系的导线交叉点不画黑圆点。

5. 电路图采用电路编号法

电路编号法是电路中的各个接点用字母或数字编号。

① 主电路在电源开关的出线端按相序依次编号为U_{11}，V_{11}，W_{11}。然后按从上至下、从左至右的顺序，每经过一个电器元件后，编号要递增，如U_{12}，V_{12}，W_{12}；U_{13}，V_{13}，W_{13}；…。单台三相交流电动机的三根引出线按相序依次编号为U，V，W，对于多台电动机引出线的编号，为了不致引起误解和混淆，可在字母前用不同的数字加以区别，如$1U$，$1V$，$1W$；$2U$，$2V$，$2W$，…。

② 辅助电路编号按"等电位"原则从上至下、从左至右的顺序用数字依次编号，每经过一个电器元件后，编号要依次递增。控制电路编号的起始数字必须是1，其他辅助电路编号的起始数字依次递增100，如照明电路编号从101开始；指示电路编号从201开始等。

通过开关、按钮、继电器、接触器等电器触点的接通或断开来实现的各种控制叫作继电-接触器控制，通过这种方式构成的自动控制系统称为继电－接触器控制系统。三相笼型异步电动机的基本控制电路有点动控制电路、单向长动控制电路、正反转互锁控制电路、星三降压启动控制等。

6.2.3 点动控制电路

用按钮和接触器组成的单向点动控制电动机原理图，如图6-18所示。

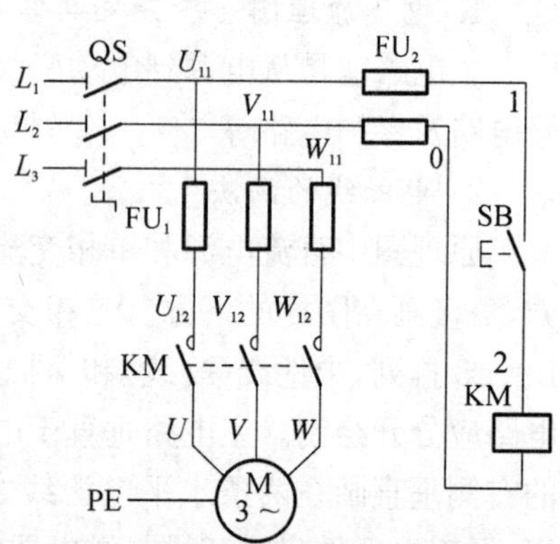

图6-18 点动控制电路图

当需要电路工作时，首先合上电源开关QS，按下SB，接触器KM线圈通电，衔铁吸合，带动它的三对主触点KM闭合，电动机M接通三相电源起动正转。当放开SB后，接触器KM线圈失电，衔铁受弹簧拉力作用而复位，带动三对主触点断开，电动机M断电停转。

6.2.4　单向长动控制电路

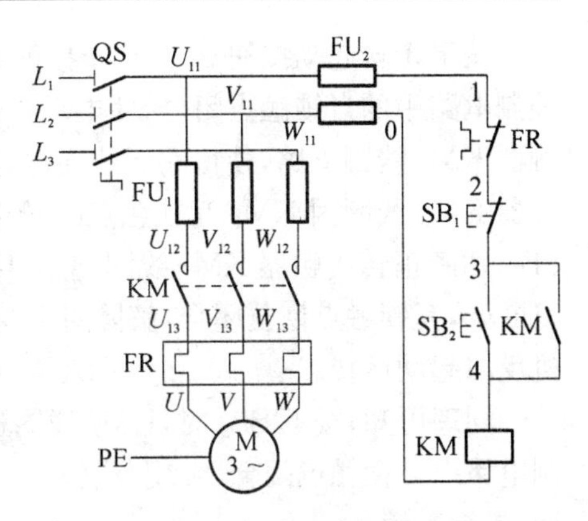

图6-19　电动机长动控制电路图

用按钮和接触器组成的单向长动控制线路原理如图6-19所示。

主电路由刀开关QK、熔断器FU、接触器KM的主触头、热继电器FR的发热元件和电动机M组成，控制电路由停止按钮SB_2、起动按钮SB_1、接触器KM的常开辅助触头和线圈、热继电器FR的常闭触头组成。

线路的工作过程如下：

起动过程：先合上刀开关QK→按下起动按钮SB→接触器KM线圈通电→KM主触头闭合（松开SB_1）→电动机通电起动→KM辅助触头闭合（自锁、实现长动）。

停机过程：松开SB→KM线圈断电→KM主触头和辅助常开触头断开→M断电停转。

6.2.5　正、反转控制电路

将KM_1、KM_2正、反转接触器的常闭辅助触点分别串接到对方线圈电路中，形成相互制约的控制，这种相互制约的控制关系也称为互锁，或叫联锁，这两对起互锁作用的常闭触点称为互锁触点。由接触器或继电器常闭触点构成的互锁也称为电气互锁。

在实际应用中，往往要求生产机械改变运动方向，这就要求电动机能实现正、反转。

由三相异步电动机转动原理可知，若要电动机逆向运行，只要将接于电动机定子的三相电源线中的任意两相对调一下即可，可通过两个接触器来改变电动机定子绕组的电源相序来实现。电动机正、反转控制线路如图6-20所示。

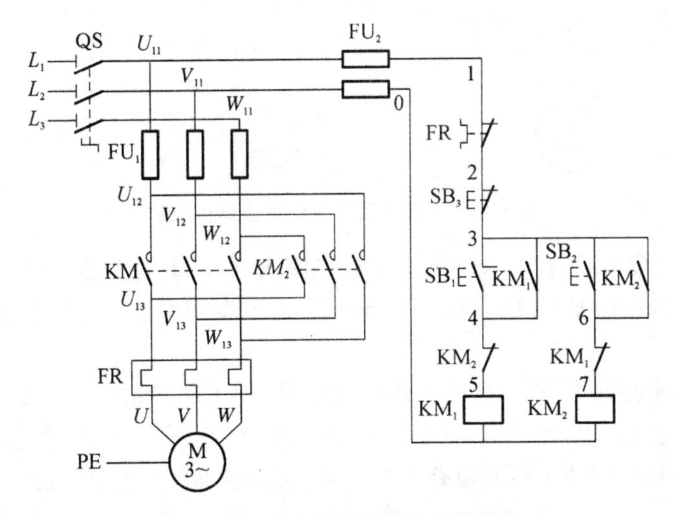

图6-20　电动机正反转控制电路图

图中接触器KM_1为正向接触器，控制电动机M正转；接触器KM_2为反向接触器，控制电动M反转。

按下正转起动按钮 SB_1，正转接触器 KM_1 线圈通电，一方面 KM_1 主电路中的主触点和控制电路中的自锁触点闭合，使电动机连续正转；另一方面动断互锁触点断开，切断反转接触器 KM_2 线圈支路，使得它无法通电，实现互锁。此时即使按下反转起动按钮 SB_2，反转接触器 KM_2 线圈因 KM_1 互锁触点断开也不会通电。要实现反转控制，必须先按下停止按钮 SB_3，切断正转接触器 KM_1 线圈支路，KM_1 主电路中的主触点和控制电路中的自锁触点恢复断开，互锁触点恢复闭合，解除对 KM_2 的互锁，然后按下反转起动按钮 SB_2，才能使电动机反向起动运转。

同理可知，按下 SB_2 时，KM_2 线圈通电，一方面主电路中 KM_2 三对常开主触点闭合，控制电路中自锁触点闭合，实现反转；另一方面反转互锁触点断开，使 KM_1 线圈支路无法接通，进行互锁。

这种控制电路的优点是可以避免由于误操作以及因接触器故障引起电源短路的事故发生，但存在的主要问题是，从一个转向过渡到另一个转向时要先按停止按钮 SB_3，不能直接过渡，显然这是十分不方便的。可见接触器互锁正、反转控制电路的特点是安全但不方便，运行状态转换必须是“正转→停止→反转”。

采用复式按钮和接触器复合互锁的正、反转控制电路如图 6－21 所示，它可以克服上述两种正、反转控制电路的缺点，图中，SB_2 与 SB_3 是两只复合按钮，它们各具有一对动合触点和一对动断触点，该电路具有按钮和接触双重互锁作用。

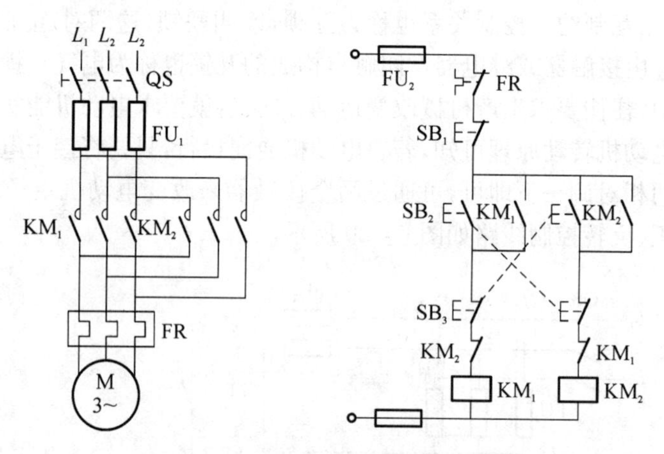

图 6－21　双重互锁电动机正反转控制

合上电源开关 QS。正转时，按 SB_2，KM_1 线圈通电，KM_1 主触点闭合，电动正转。与此同时，SB_2 的动断触点和 KM_1 的互锁动断触点都断开，双双保证反转接触器 KM_2 线圈不会同时获电。

反转时，只要直接按下 SB_3，其动断触点先断开，使 KM_1 线圈断电，KM_1 的主、辅触点复位，电动机停止正转。与此同时，SB_3 动合触点闭合，使 KM_2 线圈通电，KM_2 主触点闭合，电动机反转，串接在 KM_1 线圈电路中的 KM_2 动断辅助触点断开，起到互锁作用。

6.2.6　星形-三角形降压启动控制电路

电动机绕组接成三角形时，每相绕组所承受的电压是电源的线电压(380 V)；而接成星形时，每相绕组所承受的电压是电源的相电压(220 V)。

对于正常运行时定子绕组接成三角形的笼型异步电动机，控制线路也是按时间原则实现控制。

起动时将电动机定子绕组联结成星形，加在电动机每相绕组上的电压为额定电压的$\sqrt{1/3}$，从而减小了起动电流。待起动后按预先整定的时间把电动机换成三角形联结，使电动机在额定电压下运行。控制线路如图6－22所示。图中时间继电器控制的星形-三角形降压启动控制电路中，KM_1 为电源接触器，KM_2 为定子绕组三角形连接接触器，KM_3 为定子绕组星形连接接触器。

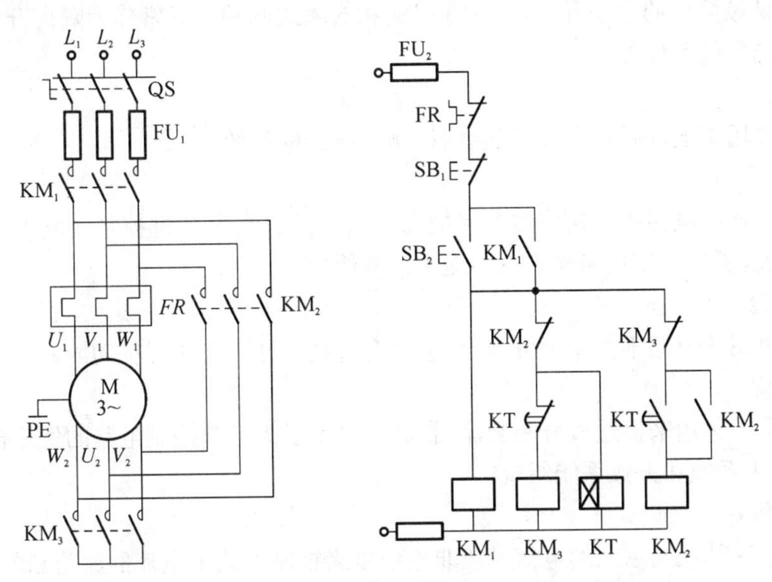

图6－22　星形-三角形降压启动控制电路图

电动机启动时，合上QS，接通整个控制电路电源。其控制过程为：按下 SB_2→KM_1、KM_3、KT线圈同时通电→KM_1 辅助触点吸合自锁，KM_1 主触点吸合接通三相交流电源；KM_3 主触点吸合将电动机三相定子绕组尾端短接，电动机星形启动。

KM_3 的常闭辅助触点断开对 KM_2 线圈联锁，使 KM_2 线圈不能通电；KT按设定的Y形降压启动时间工作→电动机转速上升至一定值(接近额定转速)时，时间继电器KT的延时时间结束→KT延时断开的常闭触点断开，KM_3 断电，KM_3 主触点恢复断开，电动机断开星形接法。

KM_3 常闭辅助触点恢复闭合，为 KM_2 通电做好准备→KT延时闭合的常开触点闭合，KM_2 线圈通电自锁，KM_2 主触点将电动机三相定子绕组首尾顺次连接成三角形，电动机接成三角形全压运行。同时 KM_2 的常闭辅助触点(联锁触点)断开，使 KM_3 和KT线圈都断电。

停止时，按下 SB_1→KM_1、KM_2 线圈断电→KM_1 主触点断开，切断电动机的三相交流电源，KM_1 自锁触点恢复断开解除自锁，电动机断电停转；KM_2 常开主触点恢复断开，解除电动机三相定子绕组的三角形接法，为电动机下次星形启动做准备，KM_2 自锁触点恢复断开解除自锁，KM_2 常闭辅助触点恢复闭合，为下次星形启动 KM_3、KT线圈通电做准备。

本章小结

1. 低压电器

工作电压范围在直流 1 200 V 以下、交流 1 000 V 以下的电工器件称为低压电器。可分为低压配电电器和控制电器两大类。

2. 刀开关

刀开关是最简单的手动开关，包括开启式和封闭式两种。通常作为隔离开关，有时也用于小容量电动机的起停控制。

3. 按钮

按钮主要用来通、断控制电路以达到控制主电路的目的。

4. 熔断器

熔断器在低压电路中可用作过载保护和短路保护。在电动机控制线路中，因电动机的起动电流较大，所以只作短路保护而不能作过载保护。

5. 断路器

断路器可用于电路不频繁地分与合，它具有过载、短路、失压保护功能。

6. 接触器

接触器是一种用来接通或分断交流、直流主电路或大容量控制电路的低压控制电器，由电磁系统、触头系统和灭弧系统组成。

7. 继电器

继电器是一种根据输入的电信号或非电信号来控制电路中电流的通与断的自动控制电器，包括控制继电器，如中间继电器时间继电器、保护继电器等。

8. 电气图

电气图是采用国家统一规定的图形符号和文字符号来表示电气设备和元器件连接关系和电气工作原理的图。

9. 电气控制系统的基本线路

电气控制系统的基本线路有三相异步电动机的点动控制电路、自锁控制电路、正反转控制电路、降压起动控制电路，它们是分析和设计机械设备电气控制线路的基础。

本章思考与练习

一、填空题

1. 低压电器是指工作在直流________电压、交流________电压以下的各种电器。

2. 熔断器在电动机控制线路中的作用是________，热继电器在电动机控制线路中的作用________。

3. 电气原理图一般分________和________两部分。

4. 将正、反转接触器的常闭辅助触点分别串接到对方线圈电路中，形成相互制约的控制，这种相互制约的控制关系称为________。

5. 三相异步电动机采用 Y -△转换起动时的起动转矩为直接起动时起动转矩的________。

二、简答题

1. 下列 4 个控制电路中，哪个图能实现电动机的自锁控制，不能实现的请简述原因。

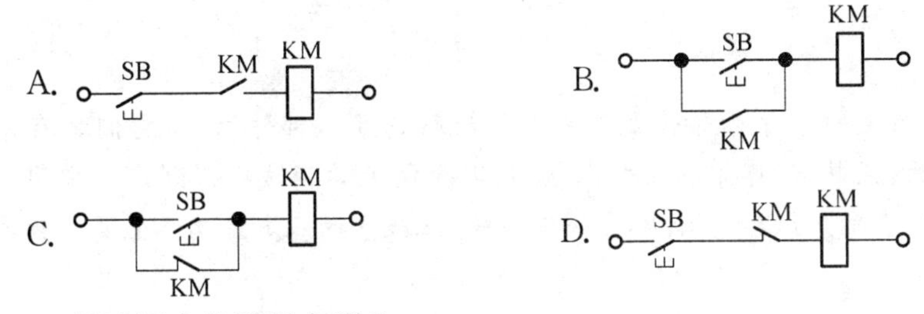

2. 简述图中的错误有哪些。

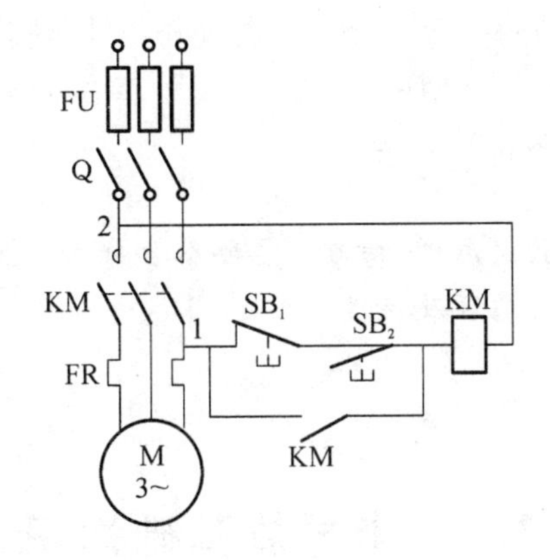

3. 设计一个能够两地点控制电动机正反转的电路。

4. 设计一种既能点动，又能连续工作的并可使三相异步电动机正反转运行的控制电路，需要对电动机进行过载保护。对你设计的电路图各功能加以说明。（主电路不用画，只画出控制电路）

5. 要求设计一个两台电动机顺序控制电路：M_1 起动后，M_2 才能起动；M_2 停转后，M_1 才能停转。

第 7 章 常用半导体器件

【本章导读】

以二极管、三极管为主的半导体器件是构成电子线路的基本部件，由于它们具有体积小、重量轻、使用寿命长、耗电省、可靠性强等优点，在现代电子学领域中得到广泛应用。本章将首先介绍半导体的基础知识，然后详细介绍二极管、三极管的基本结构及主要参数等。

【本章学习目标】

◉ 掌握半导体的基本特性、本征半导体和杂质半导体的结构特点
◉ 掌握 PN 结的形成及其单向导电性
◉ 掌握二极管的结构、特性及主要参数
◉ 了解几种特殊的二极管
◉ 掌握三极管的结构、电流放大原理、特性及主要参数
◉ 了解场效应管的结构、工作原理及特性

7.1 半导体基础知识

半导体器件都是由半导体材料制成的，因此，在介绍半导体器件前，需要先了解一下半导体材料的基础知识。

7.1.1 半导体的基本特性

根据导电性能的不同，自然界的物质大体可分为导体、绝缘体和半导体三大类。其中，容易导电、电阻率小于 $10^{-4}\Omega\cdot cm$ 的物质称为导体，如铜、铝、银等金属材料；很难导电、电阻率大于 $10^{4}\Omega\cdot cm$ 的物质称为绝缘体，如塑料、橡胶、陶瓷等材料；导电能力介于导体和绝缘体之间的物质称为半导体，如硅、锗、硒及大多数金属氧化物和硫化物等。

半导体之所以被作为制造电子器件的主要材料在于它具有热敏性、光敏性和掺杂性。

(1) 热敏性　是指半导体的导电能力随着温度的升高而迅速增加的特性。利用这种特性可制成各种热敏元件，如热敏电阻等。

(2) 光敏性　是指半导体的导电能力随光照的变化有显著改变的特性。利用这种特性可制成光电二极管、光电三极管和光敏电阻等。

(3) 掺杂性　是指半导体的导电能力因掺入微量杂质而发生很大变化的特性。利用这

种特性可制成二极管、三极管和场效应管等。

7.1.2　本征半导体和杂质半导体

半导体一般可分为本征半导体和杂质半导体。

1. 本征半导体

本征半导体是指完全纯净的、具有晶体结构的半导体。

在电子器件中，用得最多的半导体材料是硅和锗。将锗和硅材料提纯并形成单晶体后，所有原子便基本上整齐排列了，其平面示意图如图7-1所示。

硅和锗都是四价元素，最外层原子轨道上具有4个电子，称为价电子。每个原子的4个价电子不仅受自身原子核的束缚，而且还与周围相邻的4个原子发生联系。这样，每个原子的一个价电子与另一个原子的一个价电子就组成了共价键结构。

本征半导体在绝对温度 $T=0$ K 和没有外界影响的条件下，价电子全部束缚在共价键中。当温度升高或受光照时，半导体共价键中的价电子会从外界获得一定能量，少数价电子将挣脱共价键的束缚，成为自由电子，同时在原来共价键的相应位置上留下一个空位，这个空位称为空穴，如图7-2所示。

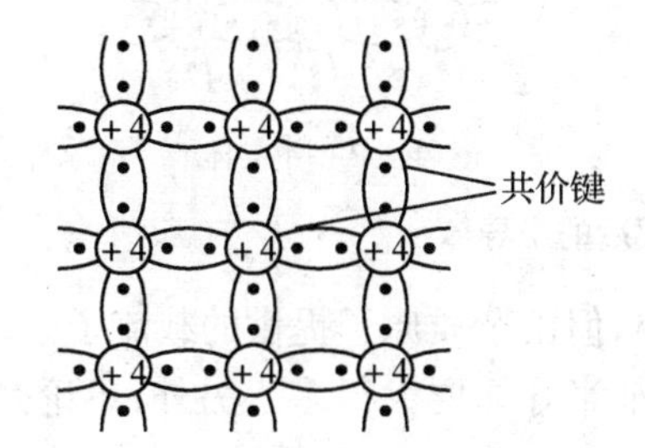

图7-1　本征半导体的单晶结构模型

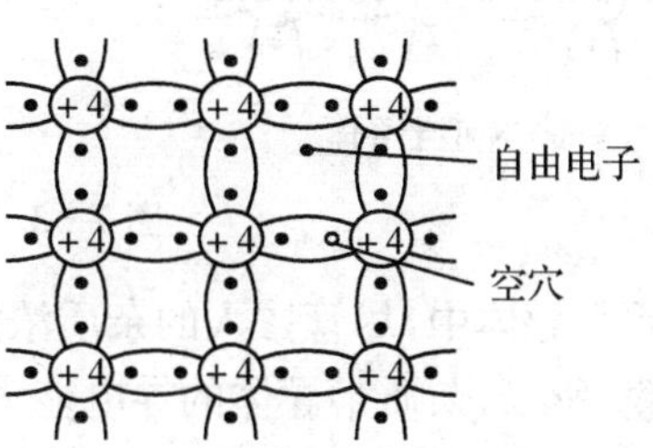

图7-2　本征激发示意图

显然，在本征半导体中，自由电子和空穴是成对出现的，电子与空穴的数量总是相等的，称为电子-空穴对。

我们把在热或光的作用下，本征半导体中产生电子-空穴对的现象称为本征激发。

共价键中出现空穴后，在外电场或其他能源的作用下，邻近的价电子就可填补到这个空穴上，而在这个价电子原来的位置上又会留下新的空穴，以后其他价电子又可转移到这个新的空穴上。

为了区别于自由电子的运动，我们把这种价电子的填补运动称为空穴运动，认为空穴是一种带正电荷的载流子，它所带的电荷和电子的电荷大小相等，符号相反。由此可见，本征半导体中存在2种载流子：电子和空穴。

2. 杂质半导体

本征半导体虽然有自由电子和空穴两种载流子，但由于数量极少，导电能力仍然很低。但若在本征半导体中有选择地掺入微量其他元素，将会使其导电性能发生显著变化。这些掺入的微量元素统称为杂质。掺入杂质的半导体称为杂质半导体。根据掺入的杂质不同，杂质半导体可分为N型半导体和P型半导体两种。

(1) N型半导体

在本征半导体硅(或锗)中掺入微量五价元素磷，由于磷原子有5个价电子，它与周围的硅原子组成共价键时,多余的一个价电子很容易摆脱原子核的束缚成为自由电子。每掺入一个磷原子都能提供一个电子,从而使半导体中电子的数目大大增加,这种半导体导电主要靠电子,所以称为电子型半导体或N型半导体,如图7-3(a)所示。N型半导体中,自由电子是多数载流子(即多子),空穴是少数载流子(即少子)。

(2) P型半导体

在本征半导体硅(或锗)中掺入微量三价元素硼,由于硼原子只有3个价电子,它与周围硅原子组成共价键时,因缺少一个价电子而形成一个空穴,相邻的价电子很容易填补这个空穴,形成新的空穴。每掺入一个硼原子都能提供一个空穴,从而使半导体中空穴的数目大大增加,这种半导体导电主要靠空穴,所以称为空穴型半导体或P型半导体,如图7-3(b)所示。P型半导体中,空穴是多数载流子,自由电子是少数载流子。

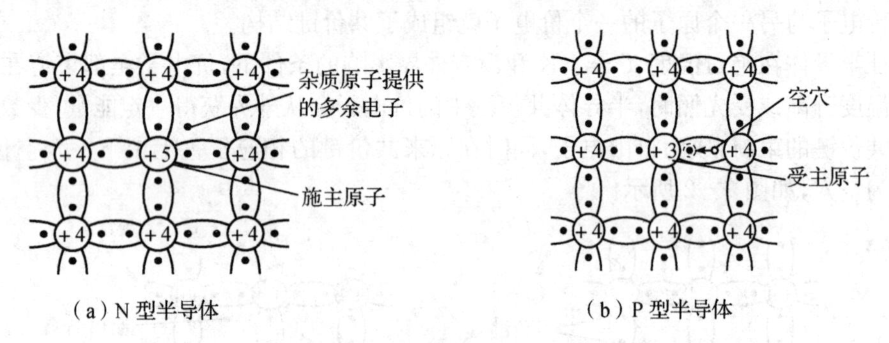

图7-3 掺杂质后的半导体

在杂质半导体中,尽管掺入的杂质浓度很小,但由杂质原子提供的载流子数却远大于本征载流子数,所以,杂质半导体的导电能力比本征半导体要大得多。另外,不论是N型半导体还是P型半导体都是中性的,对外不显电性。

7.1.3 PN结

通过一定的制造工艺,使一块P型半导体和一块N型半导体结合在一起,在其交界处会形成一个特殊的区域,称为PN结。

1. PN结的形成

在P型半导体和N型半导体交界处,由于P型半导体中的空穴多于电子,N型半导体中的电子多于空穴,所以,在交界面附近将产生多数载流子的扩散运动。P区的空穴向N区扩散,与N区的电子复合;N区的电子向P区扩散,与P区的空穴复合。

由于这种扩散运动,N区失掉电子产生正离子,P区得到电子产生负离子,结果在界面两侧形成了由等量正、负离子组成的空间电荷区。在这个区域内,由于多数载流子已扩散到对方并复合掉,好像耗尽了一样,因此,空间电荷区又称为耗尽层。

空间电荷区的形成,建立了由N区指向P区的内电场。显然,内电场对多数载流子的扩散运动起阻碍作用,故空间电荷区也称为阻挡层。

同时,内电场有助于少数载流子的漂移运动,因此,在内电场作用下,N区的空穴向P区漂移,P区的电子向N区漂移,其结果是使空间电荷区变窄,内电场削弱。显然,扩散运动与漂移运动是对立的,当二者的运动达到动态平衡时,空间电荷区的宽度便基本稳定下来。这种宽度稳定的空间电荷区称为PN结。

提示： 漂移是指在电场作用下少数载流子越过空间电荷区进入另一侧。

2. PN 结的单向导电性

PN 结无外加电压时，扩散运动和漂移运动处于动态平衡，流过 PN 结的电流为 0。当外加一定电压时，所加电压的极性不同，PN 结的导电性能也不同。通常将加在 PN 结上的电压称为偏置电压。

(1) 正向偏置

给 PN 结外加正向偏置电压，即 P 区接电源正极，N 区接电源负极，称 PN 结正向偏置(简称正偏)，如图 7－4 所示。

由于外加电源产生的外电场的方向与 PN 结产生的内电场方向相反，因此，扩散运动与漂移运动的平衡被破坏。外电场有利于扩散运动，不利于漂移运动，于是，多子的扩散运动加强，中和一部分空间电荷，使整个空间电荷区变窄，并形成较大的扩散电流，方向由 P 区指向 N 区，称为正向电流。此时，PN 结处于导通状态。

(2) 反向偏置

给 PN 结加反向偏置电压，即 N 区接电源正极，P 区接电源负极，称 PN 结反向偏置(简称反偏)，如图 7－5 所示。

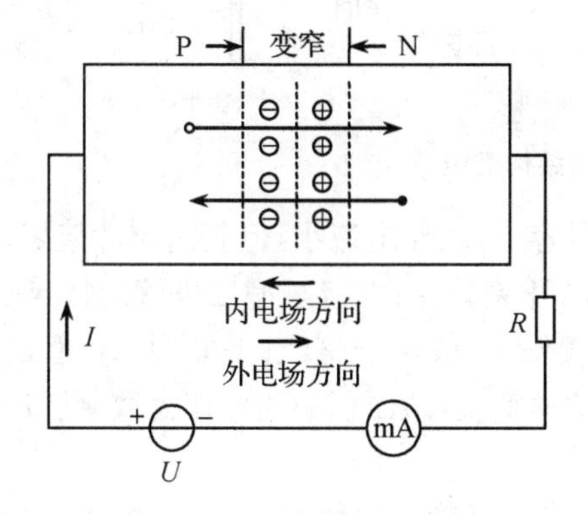

图 7－4　PN 结正向偏置

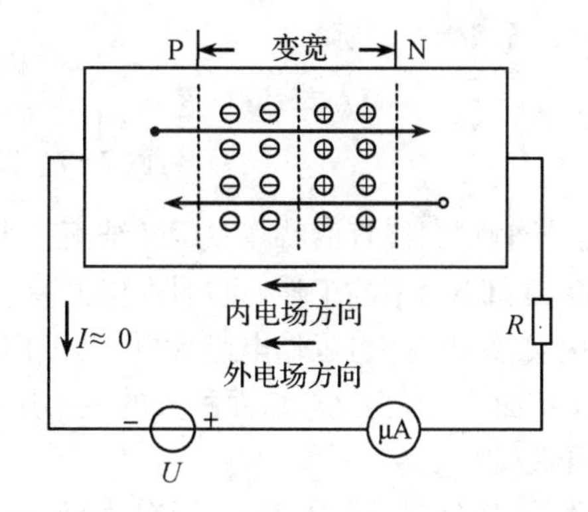

图 7－5　PN 结反向偏置

由于外加电场与内电场的方向一致，因而加强了内电场，促进了少子的漂移运动，阻碍了多子的扩散运动，使空间电荷区变宽。此时，主要由少子的漂移运动形成的漂移电流将超过扩散电流，方向由 N 区指向 P 区，称为反向电流。由于常温下少子的数量很少，所以反向电流很小。此时，PN 结处于截止状态。

应当指出，由于少子是热激发产生的，因而 PN 结的反向电流对温度的变化非常敏感。

综上所述，PN 结具有单向导电性，即正向偏置时，PN 结电阻很小，呈导通状态；反向偏置时，PN 结电阻很大，呈截止状态。

7.2　半导体二极管

在 PN 结上加上电极引线和管壳，就成为一个晶体二极管(简称二极管)，其结构和电路符号如图 7-6 所示。其中,从 P 区引出的电极称为阳极;从 N 区引出的电极称为阴极。

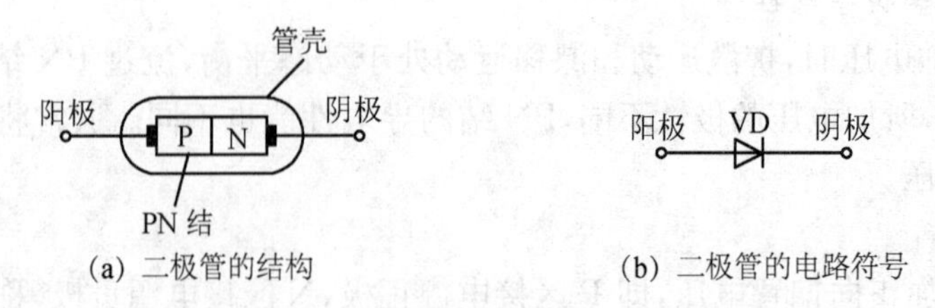

(a) 二极管的结构　　(b) 二极管的电路符号

图 7-6 二极管的结构和电路符号

7.2.1 二极管的结构和类型

按结构不同,二极管可分为点接触型、面接触型和平面型三大类,如图 7-7 所示。

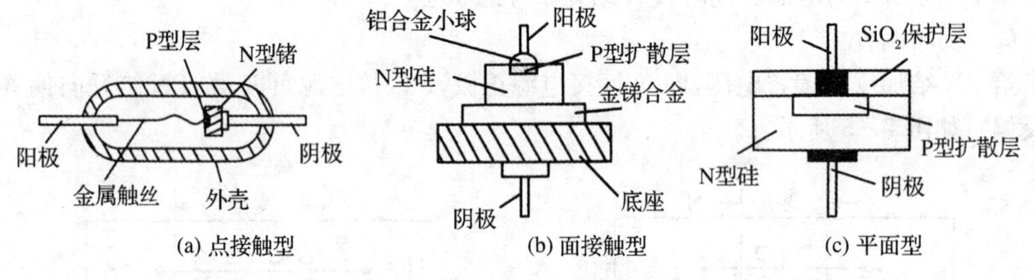

(a) 点接触型　　(b) 面接触型　　(c) 平面型

图 7-7 二极管的结构类型

点接触型二极管的特点是 PN 结面积小,结电容小,工作电流小,但其高频性能好,一般用于高频和小功率的工作,也可用作数字电路中的开关元件;面接触型二极管的特点是 PN 结面积大,结电容大,工作电流大,但其工作频率较低,一般用于整流;平面型二极管的特点是 PN 结面积可大可小,结面积大的主要用于大功率整流,结面积小的可作为数字脉冲电路中的开关管。

此外,按材料不同,二极管可分为硅二极管和锗二极管。按用途不同,二极管可分为普通二极管、整流二极管、稳压二极管、光电二极管及变容二极管等。

7.2.2 二极管的特性

二极管的本质是一个 PN 结,但对于实际的二极管,考虑到引线电阻、半导体的体电阻和表面漏电流等因素的影响,二极管的特性与 PN 结的理论特性略有差别。

1. 伏安特性

二极管的典型伏安特性曲线如图 7-8 所示。根据二极管所加电压的正负,其伏安特性曲线可分为正向特性和反向特性两部分。

(1) 正向特性

当二极管所加的正向电压较小时,二极管呈现较大的电阻,正向电流很小,几乎为零。与这一部分相对应的电压称为死区电压或阈值电压。死区电压的大小与二极管

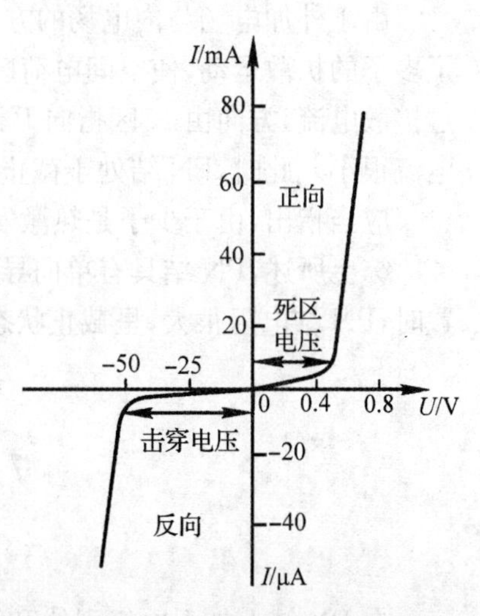

图 7-8 二极管的伏安特性曲线

的材料及温度等因素有关。室温下，硅管的死区电压约为 0.5 V，锗管的死区电压约为 0.1 V。

当正向电压大于死区电压后，二极管呈现很小的电阻，二极管正向导通。导通后，随着正向电压的升高，正向电流急剧增大，电压与电流的关系基本上为一指数曲线。导通后的正向压降，硅管为 0.6～0.7 V，锗管为0.2～0.3 V。

(2) 反向特性

二极管外加反向电压时，反向电流很小，且在一定的电压范围内基本不随反向电压变化，这个电流称为反向饱和电流。当反向电压增大到某一数值后，反向电流急剧增大，此时二极管失去单向导电性，这种现象称为反向击穿，其所对应的电压称为反向击穿电压 U_{BR}。

反向击穿会造成 PN 结损坏(烧毁)，但只要反向电流不超过一定值，PN 结就不会损坏，稳压二极管就是利用这一特性制作的。普通二极管的反向击穿电压一般在几十伏以上，高反压管可达几千伏。

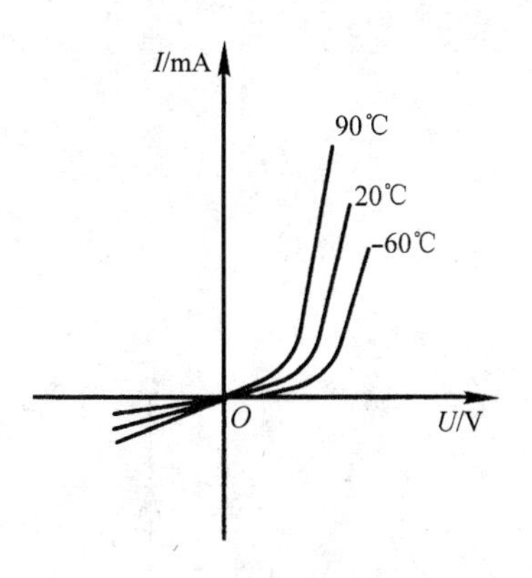

图 7－9 温度对二极管伏安特性的影响

2. 温度特性

二极管的伏安特性对温度非常敏感。如图 7－9 所示，温度升高，正向特性曲线向左移动，反向特性曲线向下移动。在室温附近，温度每升高 1℃，正向压降减小 2～2.5 mV，温度每升高 10℃，反向电流约增大 1 倍。

7.2.3 二极管的主要参数

二极管的参数是表征二极管的性能及其适用范围的重要依据，是选择、使用二极管的主要依据。

1. 最大整流电流

最大整流电流 I_F是指二极管长期工作允许通过的最大正向电流。在规定的散热条件下，二极管的正向平均电流不能超过此值，否则可能会使二极管因过热而损坏。

2. 最大反向工作电压

最大反向工作电压 U_{RM}是指二极管工作时允许外加的最大反向电压。若超过此值，二极管可能会被击穿。通常取反向击穿电压 U_{BR}的一半作为 U_{RM}。U_{RM}数值较大的二极管称为高压二极管。

3. 最大反向电流

最大反向电流 I_{RM}是指二极管在常温下承受最大反向工作电压 U_{RM}时的反向电流。反向电流越小，二极管的单向导电性能越好。反向电流受温度的影响很大，随着温度的升高，其值增大。

4. 最高工作频率

最高工作频率 f_M是指允许加在二极管两端的交流电压的最高频率值。使用中，若加在二极管两端的交流电压频率超过此值，二极管的单向导电性能将变差甚至失去。f_M值主要取决于 PN 结结电容的大小。结电容越大，二极管允许的最高工作频率越低。

7.2.4 特殊二极管

下面介绍几种特殊二极管：稳压二极管、发光二极管和光电二极管。

1. 稳压二极管

稳压二极管是一种特殊的面接触型半导体硅二极管，其正常工作在反向击穿区，通过反向击穿特性实现稳压作用，其符号和伏安特性曲线如图 7－10 所示。

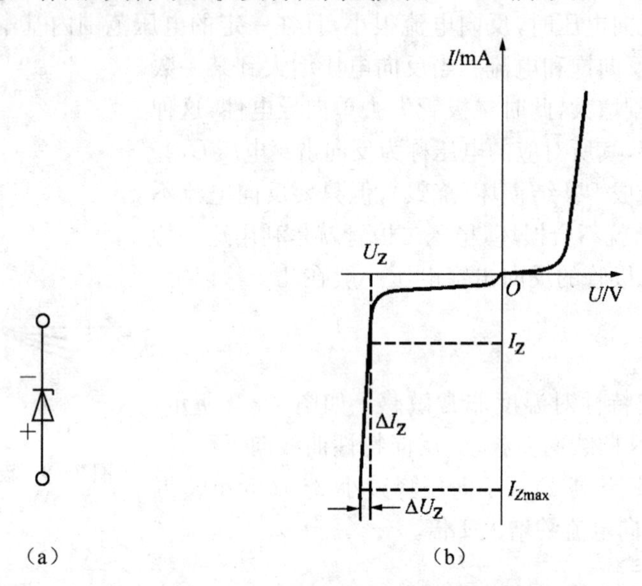

图 7－10 稳压二极管的符号和伏安特性曲线

稳压管二极的正向特性曲线与普通二极管类似，而当外加反向电压的数值增大到一定程度时，发生击穿，击穿曲线很陡，几乎平行于纵轴，所以，当电流在很大范围内变化时，稳压二极管两端的电压变化很小。利用这一特性，稳压二极管在电路中能起稳压作用。

只要反向电流不超过其最大稳定电流，稳压二极管就不会形成破坏性的热击穿，因此，在电路中应与稳压二极管串联适当的限流电阻。

稳压二极管的主要参数有稳定电压 U_Z、稳定电流 I_Z、动态电阻 r_Z、电压温度系数 α_U、最大耗散功率 P_{ZM} 等。

(1) 稳定电压 U_Z

稳定电压 U_Z 是指流过规定电流时稳压二极管两端的反向电压值。即使是同一型号的稳压管，其稳压值也有一定的离散性，使用时要进行测试，按需选用。

(2) 稳定电流 I_Z

稳定电流 I_Z 只是稳压二极管稳定工作时的参考电流值，通常为工作电压等于 U_Z 时所对应的电流值。对每一种型号的稳压二极管，都规定有一个最大稳定电流 I_{Zmax}。

(3) 动态电阻 r_Z

动态电阻 r_Z 是指稳压范围内的电压变化量与相应电流变化量之比，即

$$r_Z = \frac{\Delta U_Z}{\Delta I_Z} \tag{7-1}$$

稳压二极管的反向伏安特性曲线越陡，则动态电阻越小，稳压性能越好。

(4) 电压温度系数 α_U

电压温度系数 α_U 是指温度每增加1℃时，稳定电压的相对变化量，即

$$\alpha_U = \frac{\Delta U_Z}{U_Z \Delta T} \times 100\% \tag{7-2}$$

2. 发光二极管

发光二极管(LED)是一种能将电能转换成光能的半导体器件，其材料主要为砷化镓、氮化镓等，主要用于音响设备的电平显示及线路通、断状态的指示等。

发光二极管与普通二极管一样，也是由PN结而构成的，同样具有单向导电性，但它在正向导通时能发出可见光或不可见光。发光二极管的电路符号如图7-11(a)所示。

3. 光电二极管

光电二极管是一种能将光能转换成电能的半导体器件，它主要用于需光电转换的自动探测、计数和控制装置中。

光电二极管的结构与普通二极管相似，只是在管壳上有一个能入射光线的窗口。光电二极管工作在反向偏置状态，其反向电流随光照强度的变化而变化。光电二极管的电路符号如图7-11(b)所示。

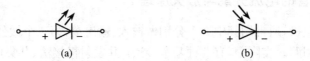

图7-11　发光二极管和光电二极管的电路符号

7.3　半导体三极管

半导体三极管又称为晶体三极管，简称晶体管，是最重要的电子器件，它的放大作用和开关作用促进了电子技术的飞跃发展。

7.3.1　三极管的结构

如图7-12(a)所示为三极管的结构，它是由三层不同性质的半导体组合而成的。按半导体的组合方式不同，三极管可分为NPN型和PNP型两类。

无论是NPN型管还是PNP型管，它们均有3个区：发射区、基区和集电区，并相应地引出3个电极：发射极E、基极B和集电极C。同时，在3个区的交界处形成2个PN结：发射结和集电结。

三极管的电路符号如图7-12(b)所示，符号中的箭头方向表示发射结正向偏置时的电流方向。

注意：集电区和发射区虽然是相同类型的杂质半导体，但不能互换。

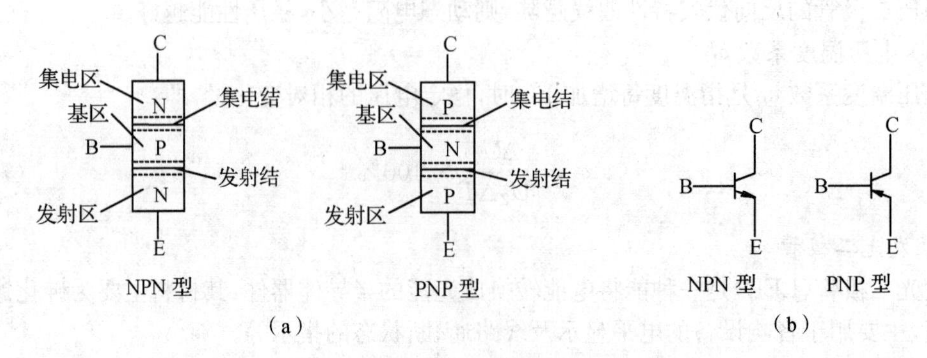

图 7-12　三极管的结构与电路符号

7.3.2　三极管的类型

三极管的分类方法很多，除可分为 NPN 型和 PNP 型之外，还可进行以下分类。

按使用的半导体材料不同，三极管可分为硅管和锗管。

按工作频率不同，三极管可分为高频管和低频管。其中，高频管的工作频率不低于 3 MHz；低频管的工作频率低于 3 MHz。

7.3.3　三极管的电流分配与放大原理

三极管有 3 个电极，通常用其中 2 个分别做输入、输出端，第三个做公共端，这样可以构成输入和输出两个回路。实际中，有 3 种基本接法：共发射极接法、共集电极接法和共基极接法。其中，共发射极接法最具代表性。

1. 三极管实现电流放大作用的条件

三极管具有的电流放大作用是由三极管的内部结构条件与外部条件共同决定的。

(1) 内部结构条件

① 发射区很小，但掺杂浓度高。

② 基区最薄且掺杂浓度最小(比发射区小 2～3 个数量级)。

③ 集电结面积最大，且集电区的掺杂浓度小于发射区的掺杂浓度。

(2) 外部条件

外部条件是要保证外加电源的极性使发射结处于正向偏置状态，使集电结处于反向偏置状态。

2. 实验说明

下面通过一个实验来说明三极管各电流之间的关系，实验电路如图 7-13 所示。在三极管的发射结加正向电压，集电结加反向电压，保证三极管工作在放大状态。改变可变电阻 R_B，则基极电流 I_B、集电极电流 I_C 和发射极电流 I_E 都会发生变化。测量结果如表 7-1 所示。

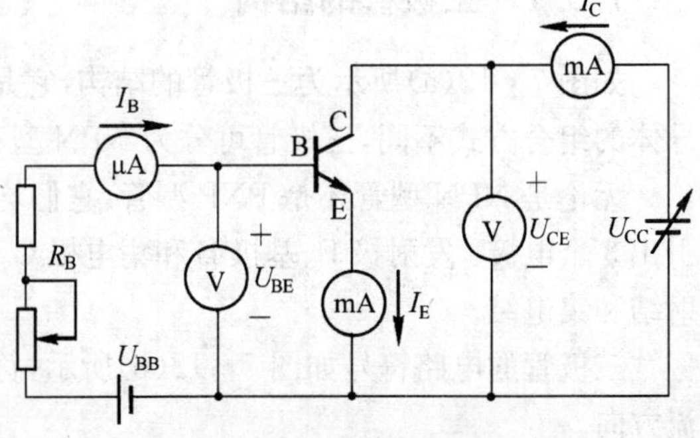

图 7-13　实验电路

表7-1　三极管电流测量数据

I_B/mA	0	0.010	0.020	0.040	0.060	0.080
I_C/mA	<0.001	0.485	0.980	1.990	2.995	3.995
I_E/mA	<0.001	0.495	1.000	2.030	3.055	4.075

由此实验及测量结果可得出如下结论：

(1) 各极电流的关系满足：$I_E = I_B + I_C$，符合基尔霍夫电流定律。

(2) I_C和I_E比I_B大得多。

(3) 从表7-1各列数据中求得I_C和I_B的变化量，加以比较。例如，选第4列和第3列的数据，可得

$$\frac{\Delta I_C}{\Delta I_B} = \frac{1.990 - 0.980}{0.040 - 0.020} = \frac{1.010}{0.020} = 50.5$$

这说明，基极电流的少量变化可以引起集电极电流的较大变化，这就是三极管的电流放大作用。

3. 三极管内部载流子的运动

通过上面的实验可知，当三极管处于正向偏置时具有电流放大能力，下面以NPN型三极管为例分析其内部载流子的运动规律。其内部载流子的运动情况如图7-14所示。

(1) 发射区向基区扩散电子

由于发射结加正偏电压，因此，发射结两侧多子的扩散运动大于少子的漂移运动，发射区的多子(电子)源源不断地越过发射结到达基区，同时，基区的多子(空穴)源源不断地越过发射结到达发射区，由电子电流和空穴电流共同形成了发射极电流I_E。

因基区很薄且掺杂浓度最小，空穴电流I_{EP}很小，可以忽略不计，所以，发射极电流$I_E \approx I_{EN}$。

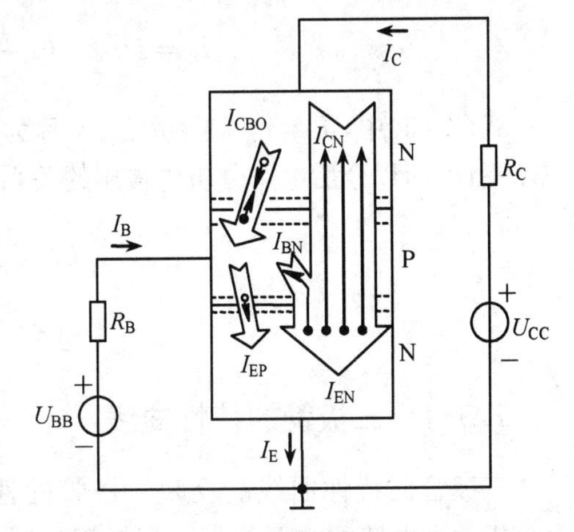

图7-14　三极管内部载流子的运动情况

(2) 电子在基区的扩散与复合

由发射区扩散到基区的电子浓度，在靠近发射结处的浓度要高于靠近集电结处的浓度，因此，在基区中形成了电子的浓度差，这样，电子会向集电结继续扩散。在扩散过程中，绝大部分电子扩散到集电结边沿，很少部分电子与基区的多子空穴复合，复合掉的空穴由基区电源补充，从而形成基极电流I_B的主要部分I_{BN}。

扩散到集电结的电子与复合掉的电子的比例决定了三极管的电流放大能力，三极管的电流控制就发生在这一过程。

(3) 电子被集电区收集

集电结反偏，使得其内电场很强。这个内电场阻止集电区电子向基区扩散，而对基区扩散过来的电子有很强的吸引力，故从基区扩散来的电子在强电场的作用下将迅速漂移越过

集电结进入集电区,形成集电极电流 I_C的主要部分 I_{CN}。

同时,集电结加反向电压使基区的少子电子和集电区的少子空穴通过集电结形成反向饱和电流 I_{CBO}。它的数值很小,但受温度影响很大,会造成管子的工作性能不稳定。所以,在制造管子时,应尽量设法减小 I_{CBO}。

4. 电流分配关系

通过以上分析可知三极管各极电流的关系为

$$\left.\begin{aligned} I_C &= I_{CN} + I_{CBO} \\ I_B &= I_{BN} - I_{CBO} \\ I_E &= I_{CN} + I_{BN} = I_C + I_B \end{aligned}\right\} \tag{7-3}$$

实验表明,在发射结正偏、集电结反偏的条件下,三极管基极与集电极上的电流不是孤立的,它们之间存在一定的比例关系。这一比例关系是由管子的结构特点所决定的,管子做好之后这一比例关系就基本确定了。

为了反映 I_{CN}和 I_{BN}之间的比例关系,定义$\bar{\beta}$为共发射极直流电流放大系数,即

$$\bar{\beta} = \frac{I_{CN}}{I_{BN}} = \frac{I_C - I_{CBO}}{I_B + I_{CBO}} \approx \frac{I_C}{I_B} \tag{7-4}$$

式(7-4)可变换为

$$I_C = \bar{\beta} I_B + (1+\bar{\beta}) I_{CBO} = \bar{\beta} I_B + I_{CEO} \tag{7-5}$$

式(7-5)中,$I_{CEO} = (1+\bar{\beta}) I_{CBO}$,称为穿透电流。由于 I_{CBO}很小,I_{CEO}也很小,分析时可忽略不计,所以今后电路分析中常用的关系式为

$$\left.\begin{aligned} I_C &\approx \bar{\beta} I_B \\ I_E &\approx (1+\bar{\beta}) I_B \end{aligned}\right\} \tag{7-6}$$

7.3.4 三极管的特性曲线

三极管的特性曲线能反映三极管的性能,是分析放大电路的重要依据。三极管的特性曲线可分为输入特性曲线和输出特性曲线。下面以共发射极放大电路为例来讨论三极管的特性曲线。它们可以通过如图 7-13 所示电路进行测绘。

1. 输入特性曲线

输入特性曲线是指当集-射极电压 U_{CE}为常数时,输入电路(基极电路)中基极电流 I_B与基-射极电压 U_{BE}之间的关系曲线 $I_B = f(U_{BE})$,如图 7-15 所示。

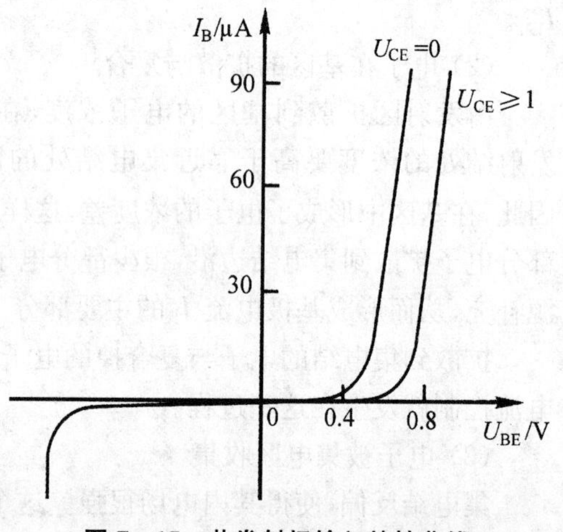

图 7-15 共发射极输入特性曲线

$U_{CE}=0$ 时，集电极与发射极短接，三极管相当于两个二极管并联，U_{BE} 即为加在并联二极管上的正向电压，故三极管的输入特性曲线与二极管伏安特性曲线的正向特性相似。

$U_{CE}\geqslant 1\ V$ 时，曲线右移，因为此时集电结已反向偏置，内电场足够大，可以把从发射区进入基区的电子中的绝大部分拉入集电区。因此，在相同的 U_{BE} 下，$U_{CE}\geqslant 1\ V$ 时的基极电流 I_B 比 $U_{CE}=0$ 时的小。但是当 U_{CE} 超过 1 V 以后，即使其再增加，只要 U_{BE} 不变，I_B 也不再明显减小，所以通常只画出 $U_{CE}\geqslant 1\ V$ 的一条输入特性曲线。

由图 7 - 15 可以看出，三极管的输入特性中也存在死区电压，只有在发射结外加电压大于死区电压时，三极管才会产生基极电流。硅管的死区电压约为 0.5～0.7 V，锗管的死区电压约为 0.1～0.3 V。

2. 输出特性曲线

输出特性曲线是指当基极电流 I_B 为常数时，输出电路(集电极电路)中集电极电流 I_C 与集-射极电压 U_{CE} 之间的关系曲线 $I_C=f(U_{CE})$。在不同的 I_B 下，可得出不同的曲线，所以，三极管的输出特性曲线是一组曲线，如图 7 - 16 所示。

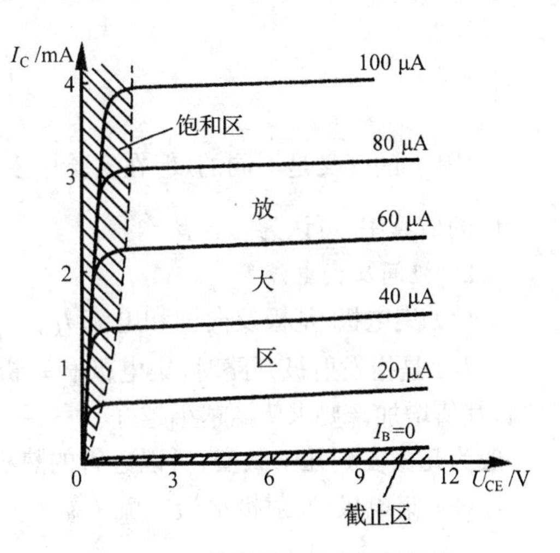

图 7 - 16　共发射极输出特性曲线

由图 7 - 16 可以看出，输出特性曲线可以分为 3 个区域，分别对应 3 种不同的工作状态。现分别讨论如下：

(1) 放大区

输出特性曲线的近于水平部分是放大区。在放大区，I_C 和 I_B 成正比关系，即 $I_C=\beta I_B$，所以，放大区又称为线性区。放大区具有可控性(I_B 可以控制 I_C)和恒流性(I_C 几乎不随 U_{CE} 和负载的变化而变化)。三极管工作在放大区的电压条件是：发射结正偏，集电结反偏。此时，$U_{CE}>U_{BE}$。

(2) 饱和区

对应于 U_{CE} 较小的区域是饱和区。此时，$U_{CE}\leqslant U_{BE}$。在饱和区，U_{CE} 略有增加，I_C 迅速上升，但 $I_C\neq\beta I_B$，I_B 不能控制 I_C，因此，三极管不能起放大作用。$U_{CE}=U_{BE}$ 的情况称为临界饱和状态，对应点的轨迹称为临界饱和线。饱和时，集电极与发射极之间的电压称为饱和压降。三极管工作在饱和区的电压条件是：发射结正偏，集电结也正偏。

(3) 截止区

基极电流 $I_B=0$ 对应曲线下方的区域是截止区。在截止区，$I_B=0$，$I_C\approx 0$，三极管不导通，同样也失去了电流的放大作用。三极管工作在截止区的电压条件是：发射结反偏，集电结也反偏。

由以上分析可知，当三极管饱和时，$U_{CE}\approx 0$，发射极与集电极之间如同一个开关的接通，其间电阻很小；当三极管截止时，$I_C\approx 0$，发射极与集电极之间如同一个开关的断开，其间电阻很大。可见，三极管除了具有放大作用外，还具有开关作用。

7.3.5 三极管的主要参数

三极管的参数是正确选用三极管的主要依据，在计算机辅助分析和设计中，根据三极管的结构和特性，需要用到几十个参数。下面我们只介绍几个主要参数。

1. 电流放大系数

如上所述，当三极管接成共发射极电路时，在静态(无输入信号)下，集电极电流 I_C和基极电流 I_B的比值称为共发射极直流电流放大系数$\bar{\beta}$，即

$$\bar{\beta} = \frac{I_C}{I_B}$$

在动态(有输入信号)下，集电极电流变化量 ΔI_C和基极电流变化量 ΔI_B的比值称为共发射极交流电流放大系数 β，即

$$\beta = \frac{\Delta I_C}{\Delta I_B} \tag{7-7}$$

$\bar{\beta}$和 β 的含义是不同的，但在实验中发现，在放大区，这两个参数的值非常接近，所以，在今后的估算中，可认为 $\bar{\beta} = \beta$。

2. 极间反向电流

(1) 集电极-基极反向饱和电流 I_{CBO}

I_{CBO}是指发射极开路时，集电极和基极之间的反向电流。I_{CBO}受温度影响较大，温度升高，其值增加。要求 I_{CBO}越小越好。室温下，小功率硅管的 I_{CBO}在 1 微安以下，锗管的 I_{CBO}一般为几微安到几十微安，所以硅管的热稳定性比较好。

(2) 集电极-发射极穿透电流 I_{CEO}

I_{CEO}是指基极开路时，由集电区穿过基区流入发射区的电流。因 $I_{CEO} = (1+\bar{\beta})I_{CBO}$，温度升高时，$I_{CEO}$ 比 I_{CBO} 增加得更快，它对三极管的工作影响更大，所以，I_{CEO} 是衡量管子质量好坏的重要参数，其值越小越好。

3. 极限参数

(1) 集电极最大允许电流 I_{CM}

三极管工作在放大区时，若集电极电流超过一定值，其电流放大系数 β 就会下降。三极管的 β 值下降到正常值的 2/3 时的集电极电流称为三极管的集电极最大允许电流 I_{CM}。因此，使用三极管时，若 I_C超过 I_{CM}，并不一定会损坏三极管，但是以降低 β 值为代价的。

(2) 集电极-发射极反向击穿电压 $U_{(BR)CEO}$

基极开路时，加在集电极和发射极之间的最大允许电压称为集电极-发射极反向击穿电压 $U_{(BR)CEO}$。当电压 U_{CE}大于 $U_{(BR)CEO}$时，I_{CEO}会突然大幅度上升，说明三极管已被击穿。

(3) 集电极最大允许耗散功率 P_{CM}

集电极电流在流经集电结时将产生热量，使结温升高，从而会引起三极管的参数变化。当三极管因受热而引起的参数变化不超过允许值时，集电极所消耗的最大功率称为集电极最大允许耗散功率 P_{CM}，其计算公式为

$$P_{CM} = I_C U_{CE} \tag{7-8}$$

由 I_{CM}、$U_{(BR)CEO}$、P_{CM}三者共同确定三极管的安全工作区，如图7-17所示。

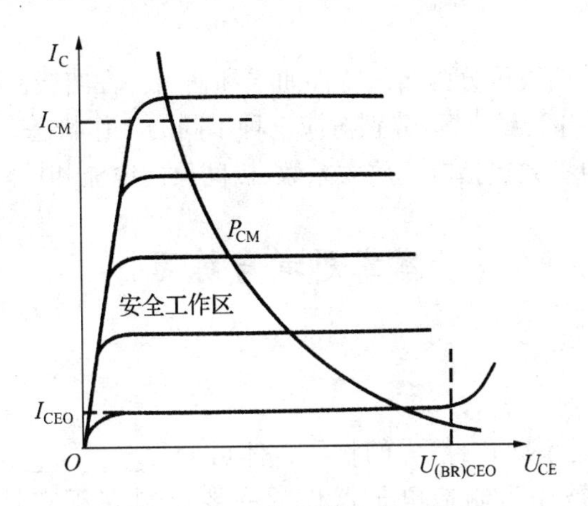

图7-17　三极管的安全工作区

本章小结

1. 半导体基础知识

(1) 半导体之所以被作为制造电子器件的主要材料在于它具有热敏性、光敏性和掺杂性。

(2) 本征半导体是指完全纯净的、具有晶体结构的半导体。掺入杂质的半导体称为杂质半导体。根据掺入的杂质不同，杂质半导体可分为N型半导体和P型半导体两种。

(3) 通过一定的制造工艺，使一块P型半导体和一块N型半导体结合在一起，在其交界处会形成一个特殊的区域，称为PN结。PN结具有单向导电性，即正向偏置时，PN结电阻很小，呈导通状态；反向偏置时，PN结电阻很大，呈截止状态。

2. 半导体二极管

(1) 按结构不同，二极管可分为点接触型、面接触型和平面型三大类。

(2) 二极管的伏安特性曲线可分为正向特性和反向特性两部分。二极管的伏安特性对温度非常敏感。

(3) 二极管的主要参数包括最大整流电流、最大反向工作电压、最大反向电流、最高工作频率。

(4) 稳压二极管是一种特殊的面接触型半导体硅二极管，其正常工作在反向击穿区，通过反向击穿特性实现稳压作用。发光二极管(LED)是一种能将电能转换成光能的半导体器件，主要用于音响设备的电平显示及线路通、断状态的指示等。光电二极管是一种能将光能转换成电能的半导体器件，它主要用于需光电转换的自动探测、计数和控制装置中。

3. 半导体三极管

(1) 三极管有3个区：发射区、基区和集电区。并相应地引出3个电极：发射极E、基极B和集电极C。同时，在3个区的交界处形成2个PN结：发射结和集电结。

(2) 三极管处于正向偏置时具有电流放大能力，其内部载流子的运动情况包括发射区向

基区扩散电子、电子在基区的扩散与复合、电子被集电区收集。共发射极直流电流放大系数为

$$\bar{\beta}=\frac{I_{CN}}{I_{BN}}=\frac{I_C-I_{CBO}}{I_B+I_{CBO}}\approx\frac{I_C}{I_B}$$

(3) 三极管的特性曲线可分为输入特性曲线和输出特性曲线。输出特性曲线可以分为3个区域：放大区、饱和区、截止区，分别对应三种不同的工作状态。

(4) 三极管的主要参数包括电流放大系数、极间反向电流和极限参数等。

本章思考与练习

一、填空题

1. 根据导电性能的不同，自然界的物质大体可分为________、________和________三大类。半导体之所以被作为制造电子器件的主要材料在于它具有________、________和________。

2. 完全纯净的、具有晶体结构的半导体称为________。掺入杂质的半导体称为________。根据掺入的杂质不同，它可分为________和________两种。

3. PN结具有单向导电性，即正向偏置时，PN结电阻很小，呈________状态；反向偏置时，PN结电阻很大，呈________状态。

4. 按结构不同，二极管可分为________、________和________三大类。

5. ________________是指二极管工作时允许外加的最大反向电压。若超过此值，二极管可能会被击穿。

6. 稳压二极管是一种特殊的面接触型半导体硅二极管，其正常工作在________区，通过________特性实现稳压作用。

二、解答题

1. 简述PN结的形成过程。

2. 什么是二极管的死区电压？硅管和锗管的死区电压值各为多少？

3. 如图7-18(a)所示为由两个二极管构成的电路，输入信号 u_1 和 u_2 的波形如图7-18(b)所示。忽略二极管的管压降，画出输出电压 u_o 的波形。

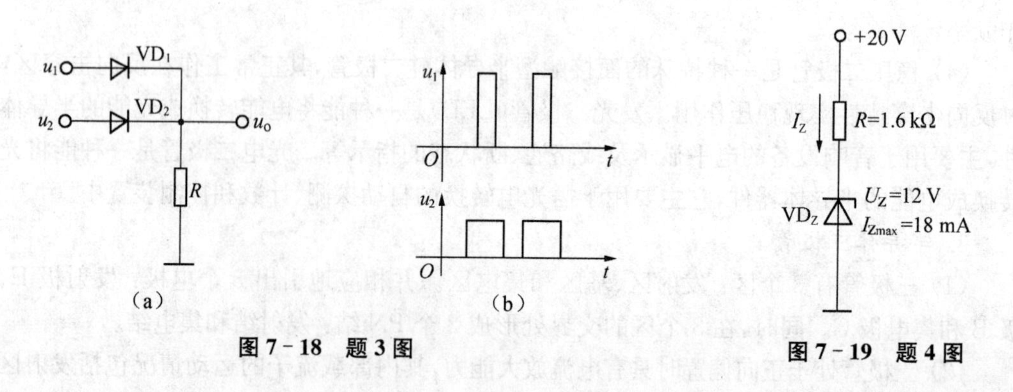

图7-18 题3图

图7-19 题4图

4. 如图7－19所示，通过稳压二极管的电流 I_Z 等于多少？R 是限流电阻，其值是否合适？

5. 说明三极管实现电流放大作用的条件。

6. 已测得某电路中处于放大状态的两只三极管各极的对地电压值分别为 U_1、U_2、U_3，试判断它们的管型，并确定各极名称。

(1) $U_1 = 6.2\ \text{V}$，$U_2 = 6.4\ \text{V}$，$U_3 = 2.4\ \text{V}$；(2) $U_1 = -2\ \text{V}$，$U_2 = -4.5\ \text{V}$，$U_3 = -5.2\ \text{V}$

7. 已测得某电路中多只三极管各极的对地电压值如下，试判断它们的好坏，并说明它们的工作状态。

(1) $U_C = 0\ \text{V}$，$U_B = -5.3\ \text{V}$，$U_E = -6\ \text{V}$；

(2) $U_C = -1.4\ \text{V}$，$U_B = -1.8\ \text{V}$，$U_E = -1.1\ \text{V}$；

(3) $U_C = 2.6\ \text{V}$，$U_B = 3\ \text{V}$，$U_E = 2.3\ \text{V}$；

(4) $U_C = -7\ \text{V}$，$U_B = -2\ \text{V}$，$U_E = -3\ \text{V}$；

(5) $U_C = 7\ \text{V}$，$U_B = 4\ \text{V}$，$U_E = 1\ \text{V}$；

(6) $U_C = -6\ \text{V}$，$U_B = -0.4\ \text{V}$，$U_E = -0.2\ \text{V}$；

(7) $U_C = 6\ \text{V}$，$U_B = 0\ \text{V}$，$U_E = 0\ \text{V}$；

(8) $U_C = 6\ \text{V}$，$U_B = 1.2\ \text{V}$，$U_E = 1.8\ \text{V}$。

第8章　基本放大电路

【本章导读】

三极管的主要用途之一是利用其放大作用组成各种放大电路。放大电路是电子电路中的最基本组成部分,其应用十分广泛。例如,电视机天线接收到的电视信号只有微伏数量级,经过放大电路放大后就能推动扬声器与显像管工作;自动控制装置把采集到的反映压力、位移、温度和转速等的微弱电信号通过放大电路放大后,就能推动各种继电器工作以达到自动调节的目的等。本章将主要介绍基本放大电路,同时对场效应管放大电路、多级放大电路、差动放大电路及功率放大电路进行简要介绍。

【本章学习目标】

◉ 了解基本放大电路的组成

◉ 掌握共射极放大电路的静态分析和动态分析

◉ 掌握射极输出器的分析

◉ 掌握差动放大电路的分析

◉ 了解功率放大电路的分析

8.1　放大电路基础知识

放大电路是指能把微弱的信号(如电压、电流、功率等)进行不失真的放大,以满足负载需要的电子电路。由于三极管的基本连接方式有3种,所以,以三极管为核心的放大电路也有3种组态,分别为共发射极(简称共射极)、共基极和共集电极。下面我们首先以共射极放大电路为例进行介绍。

8.1.1　共射极基本放大电路的组成

如图8-1所示为典型的共射极放大电路。电路中各元件的作用如下。

(1) 三极管VT。它是放大电路的核心,是能量转换控制器件,起电流放大作用,即 $\Delta i_C=\beta\Delta i_B$。

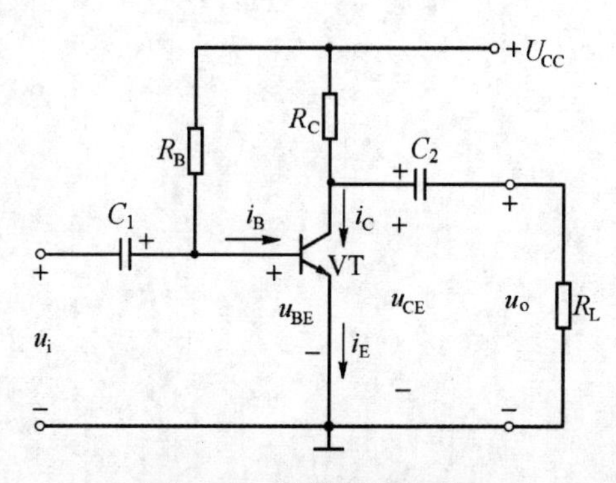

图8-1　共射极放大电路

(2) 集电极电源电压 U_{CC}。除为输出信号提供能量外，它还保证集电结处于反向偏置，以使三极管起到放大作用。U_{CC}一般为几伏到几十伏。

(3) 基极偏置电阻R_B。它和电源U_{CC}一起给基极提供一个合适的基极电流I_B，并保证发射结处于正向偏置，使三极管工作在放大区。R_B的阻值一般为几十千欧到几百千欧。

(4) 集电极负载电阻R_C。它一方面提供直流通路，使U_{CC}对三极管的集电极反向偏置；另一方面将集电极电流的变化变换为电压的变化，以实现电压放大。R_C的阻值一般为几千欧到几十千欧。

(5) 耦合电容C_1和C_2。它们的作用是"隔直流、通交流"，即把信号源与放大电路之间、放大电路与负载之间的直流隔开，而保证交流信号畅通无阻。耦合电容一般采用电解电容。使用时，应注意它的极性与加在它两端的工作电压极性相一致。C_1和C_2的电容值一般为几微法到几十微法。

(6) 负载电阻R_L。是放大电路的负载，如扬声器、继电器、电动机、测量仪表或下一级放大电路等。

8.1.2 放大电路中电压、电流符号的规定

(1) 直流分量用I_B、I_C、U_{BE}、U_{CE}等表示；

(2) 交流分量的瞬时值用i_b、i_c、u_{be}、u_{ce}等表示；

(3) 交流分量的有效值用I_b、I_c、U_{be}、U_{ce}等表示；

(4) 总量(即直流分量和交流分量的叠加)用i_B、i_C、u_{BE}、u_{CE}等表示。

8.2 放大电路的分析

放大电路的分析要从静态和动态两个方面来进行。

静态是指放大电路没有交流输入信号($u_i=0$)时的直流工作状态。此时，放大电路中的电流和电压称为静态值。静态分析的目的是要确定放大电路的静态工作点值：I_B、I_C、U_{CE}，看三极管是否处在其伏安特性曲线的合适位置。

动态是指放大电路在有输入信号($u_i\neq 0$)时的工作状态。此时，放大电路中的电流和电压都含有直流分量和交流分量。动态分析的目的是要确定放大器对信号的电压放大倍数A_u，并分析放大器的输入电阻r_i和输出电阻r_o等。

8.2.1 静态分析

直流通路是指静态电流流经的通路。画直流通路时，电容视为开路；电感视为短路；信号源视为短路，但保留其内阻。如图8-2所示为图8-1所示电路的直流通路。静态分析可用直流通路进行。

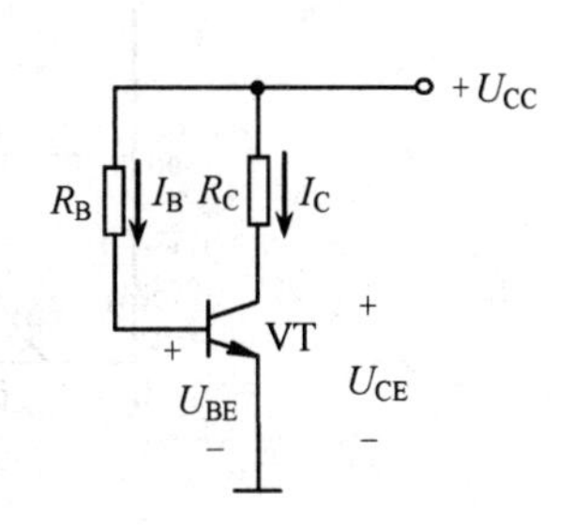

图8-2 直流通路

静态时，三极管基极电流I_B、集电极电流I_C和集-射间电压U_{CE}等直流成分可用I_{BQ}、I_{CQ}和U_{CEQ}表示，它们在三极管特性曲

线上可确定一个点，称为静态工作点，用 Q 表示。显然，静态工作点是由直流通路决定的。

要定量或定性确定静态工作点，通常的分析方法有近似估算法和图解分析法两种。

1. 静态工作点的近似估算

由图 8-2 所示直流通路可求得静态值 I_{BQ} 为

$$I_{BQ}=\frac{U_{CC}-U_{BE}}{R_B} \tag{8-1}$$

三极管工作于放大状态时，发射结正偏，此时 U_{BE} 基本不变，硅管约为 0.7 V，锗管约为 0.3 V，所以，U_{BE} 一般比 U_{CC} 小得多，式(8-1)可写为

$$I_{BQ}\approx\frac{U_{CC}}{R_B} \tag{8-2}$$

根据三极管的电流放大能力可得

$$I_{CQ}=\beta I_{BQ} \tag{8-3}$$

$$U_{CEQ}=U_{CC}-I_{CQ}R_C \tag{8-4}$$

【例 8-1】 在图 8-1 所示电路中，已知 $U_{CC}=12\ \text{V}$，$R_C=4\ \text{k}\Omega$，$R_B=300\ \text{k}\Omega$，$\beta=37.5$，试求放大电路的静态值。

解 根据图 8-2 所示直流通路可得

$$I_{BQ}\approx\frac{U_{CC}}{R_B}=\frac{12}{300\times10^3}\ \text{A}=0.04\ \text{mA}$$

$$I_{CQ}=\beta I_{BQ}=37.5\times0.04\ \text{mA}=1.5\ \text{mA}$$

$$U_{CEQ}=U_{CC}-I_{CQ}R_C=12\ \text{V}-1.5\times10^{-3}\times4\times10^3\ \text{V}=6\ \text{V}$$

2. 静态工作点的图解分析法

利用三极管的输入、输出特性曲线，通过作图的方法对放大电路的性能指标进行分析的方法称为图解法。在静态分析中，图解分析法主要用来确定静态工作点 Q。

在输入特性曲线上确定 Q 点。由直流通路求出静态电流 I_{BQ}，在输入特性曲线上找到与 I_{BQ} 对应的点即为输入回路中的 Q 点，如图 8-3(a)所示。

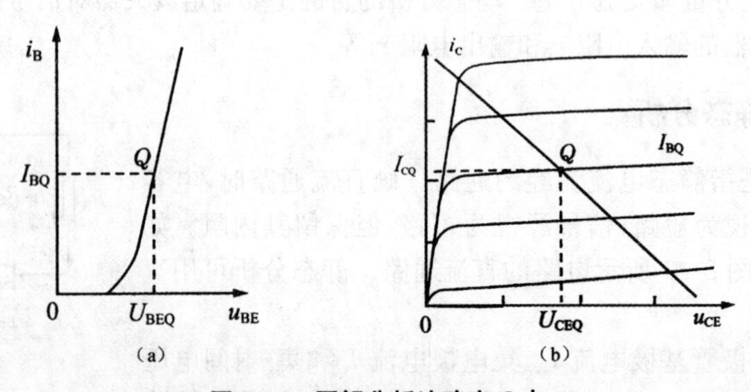

图 8-3 图解分析法确定 Q 点

在输出特性曲线上确定Q点：在输出特性曲线上画出由方程$U_{CEQ}=U_{CC}-I_{CQ}R_C$所决定的直线，该直线由直流通路得出，且与集电极负载电阻有关，所以称为直流负载线。直流负载线与三极管输出特性曲线（$I_B=I_{BQ}$）的交点即为输出回路中的Q点，如图8-3(b)所示

由图8-3(b)所示可知，I_{BQ}的值不同，静态工作点在负载线上的位置也就不同。三极管的工作状态要求不同，需要的静态工作点也不同，这可通过改变I_{BQ}的大小来实现。因此，I_{BQ}很重要，通常将其称为偏置电流，简称偏流。产生偏流的电路称为偏置电路。在图8-2所示电路中，其路径为U_{CC}→R_B→发射结→地。通常可通过改变偏置电阻R_B的阻值来调整偏流I_{BQ}的大小。

3. 静态工作点的稳定

如前所述，放大电路应有合适的静态工作点，以保证有较好的放大效果。但实际中，有很多因素，如电源电压的波动、电路参数的变化及温度的波动等都会影响静态工作点的稳定性。实践表明，温度的波动是其中最主要的因素。如果温度升高后偏置电流I_B能自动减小以限制I_C的增大，则静态工作点就能基本稳定。

前面所讲的放大电路中，R_B一经选定后，I_B也就固定不变。这种电路称为固定偏置放大电路，它不能稳定静态工作点。为克服此缺点，常采用分压式偏置放大电路来稳定静态工作点，如图8-4所示。

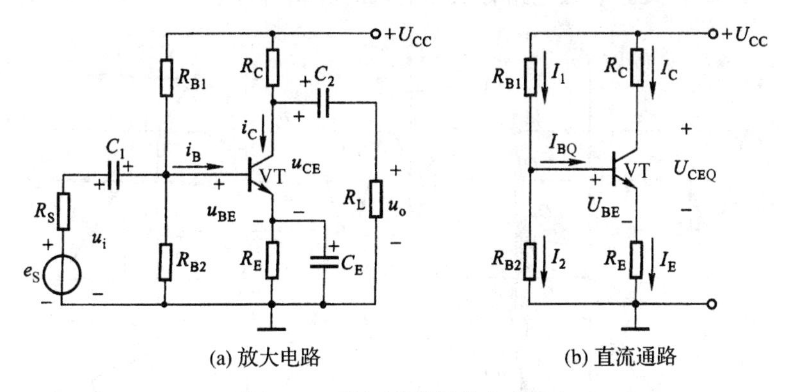

图8-4 分压式偏置放大电路

在图8-4所示电路中，R_{B1}和R_{B2}为偏置电阻，R_E为发射极电阻。R_{B1}和R_{B2}对电源电压分压，使基极有一定的电位。由图8-4(b)所示直流通路可得

$$I_1=I_2+I_{BQ}$$

一般I_{BQ}很小，若使$I_2\gg I_{BQ}$，则

$$I_1\approx I_2\approx\frac{U_{CC}}{R_{B1}+R_{B2}}$$

基极的电位为

$$V_B=R_{B2}I_2\approx\frac{R_{B2}}{R_{B1}+R_{B2}}U_{CC} \tag{8-5}$$

由式(8-5)可知,V_B与三极管的参数无关,不受温度影响。

此外,由图8-4(b)还可得

$$U_{BE}=V_B-V_E=V_B-R_E I_E$$

若使$V_B \gg U_{BE}$,则

$$I_C \approx I_E=\frac{V_B-U_{BE}}{R_E} \approx \frac{V_B}{R_E} \quad (8-6)$$

由式(8-6)可知,I_C也与三极管的参数无关,不受温度影响。

因此,只要满足$I_2 \gg I_{BQ}$和$V_B \gg U_{BE}$两个条件,V_B和I_C就与三极管的参数几乎无关,不受温度变化的影响,静态工作点就能基本稳定。对硅管而言,估算时,一般可选取$I_2=(5\sim10)I_{BQ}$和$V_B=(5\sim10)U_{BE}$。

8.2.2 动态分析

动态分析是在静态值确定后分析信号的传输情况,考虑的只是电流和电压的交流分量。动态分析的基本方法有图解法和微变等效电路法两种。

1. 动态过程的图解分析法

如图8-5所示为交流放大电路有信号输入时的图解分析。

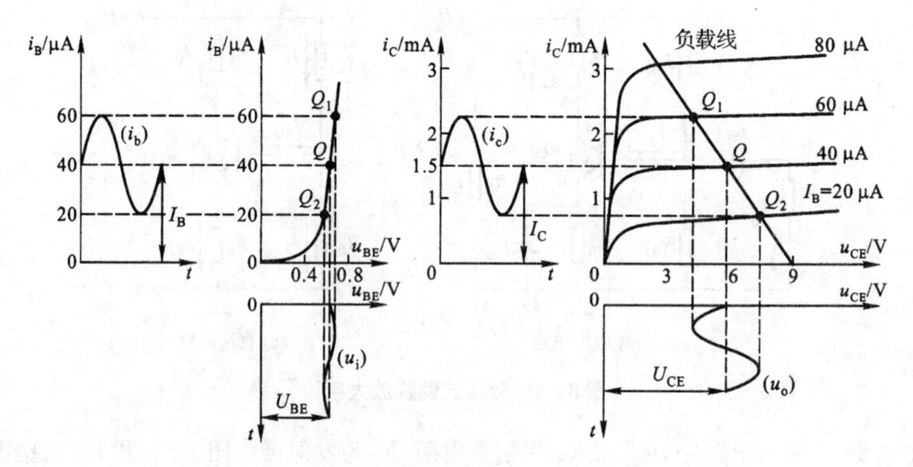

图8-5 交流放大电路有信号输入时的图解分析

由图8-5所示可以得出以下几点。

① 交流信号的传输情况:

$$u_i(\text{即 } u_{be}) \to i_b \to i_c \to u_o(\text{即 } u_{ce})$$

② 电压和电流都含有直流分量和交流分量,即

$$u_{BE}=U_{BE}+u_{be}, i_B=I_B+i_b$$
$$i_C=I_C+i_c, u_{CE}=U_{CE}+u_{ce}$$

由于电容C_2的隔直作用,u_{CE}的直流分量U_{CE}不能到达输出端,因此,只有交流分量u_{ce}能通过C_2构成输出电压u_o。

③ 输入电压 u_i 和输出电压 u_o 相位相反，即电路具有倒相作用；同时，输出电压 u_o 比输入电压 u_i 大得多，表明电路具有电压放大能力。

此外，对放大电路有一基本要求就是输出信号尽可能不失真。失真是指输出信号的波形不像输入信号的波形。在实际电路中，由于静态工作点设置不恰当或输入信号幅度过大等原因，使放大电路的工作范围超出了三极管工作特性曲线的线性范围，会造成输出信号的失真，这种失真称为非线性失真。非线性失真一般包括截止失真和饱和失真。

(1) 截止失真

如图 8-6(a)所示，若静态工作点 Q 设置过低，则集电极电流 I_{CQ} 太小，接近截止区。此时，在输入电压 u_i 的负半周，三极管进入截止区工作，不能正常放大，表现为 i_C 的负半周和输出电压 u_o 的正半周顶部被削平，产生失真。这种由于三极管进入截止区工作而引起的失真称为截止失真。通过减小基极偏置电阻 R_B，增大 I_{BQ}，可将静态工作点适当上移，以消除截止失真。

(2) 饱和失真

如图 8-6(b)所示，若静态工作点 Q 设置过高，则集电极电流 I_{CQ} 太大，接近饱和区。此时，在输入电压 u_i 的正半周，三极管进入饱和区工作，不能正常放大，表现为 i_C 的正半周和输出电压 u_o 的负半周顶部被削平，产生失真。这种由于三极管进入饱和区工作而引起的失真称为饱和失真。通过增大基极偏置电阻 R_B，减小 I_{BQ}，可将静态工作点适当下移，以消除饱和失真。

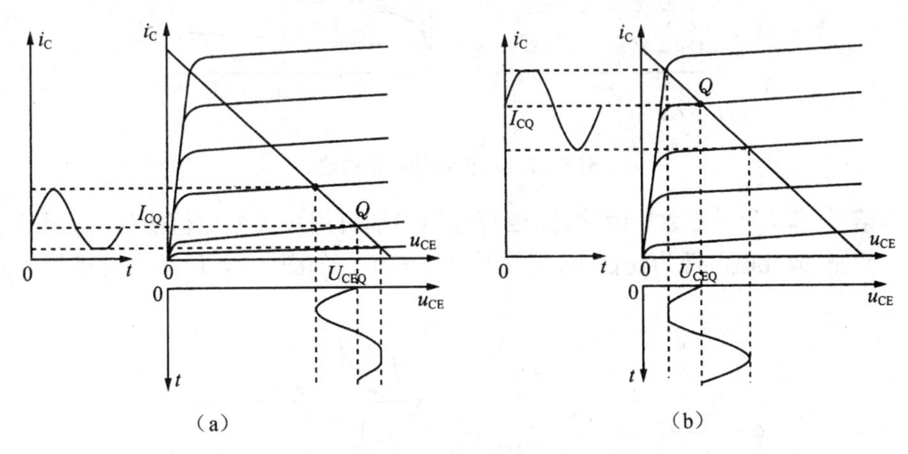

图 8-6　截止失真和饱和失真

2. 微变等效电路分析法

放大电路的微变等效电路是把非线性元件三极管线性化，等效为一个线性元件，从而把以三极管为核心组成的放大电路等效为线性电路，这样，可用求解线性电路的方法来分析计算三极管放大电路。线性化的条件是三极管必须工作在小信号微变量情况下，即三极管必须工作在特性曲线上一个较小的范围内，才能把静态工作点附近小范围内的曲线看成直线。因此，微变等效电路法仅适用于输入信号是低频小信号的情况。

(1) 三极管的微变等效电路

图 8-7(a)所示三极管的输入特性曲线是非线性的。当输入信号很小时，在静态工作点 Q 附近的曲线可视为直线。当 U_{CE} 为常数时，ΔU_{BE} 和 ΔI_B 的比值用 r_{be} 表示，即

$$r_{be}=\frac{\Delta U_{BE}}{\Delta I_B}=\frac{u_{be}}{i_b} \tag{8-7}$$

式中，r_{be}为三极管的输入电阻，它表明了三极管的交流输入特性。在小信号情况下，它是常数，一般为几百欧到几千欧，是对交流而言的一个动态等效电阻。因此，三极管的基极和发射极之间可用 r_{be}等效代替。

低频小功率三极管的输入电阻常用下式估算：

$$r_{be}=300\ \Omega+(1+\beta)\frac{26\ \text{mV}}{I_{EQ}\ \text{mA}} \tag{8-8}$$

如图 8-7(b)所示为三极管的输出特性曲线。在放大区，其特性曲线为一组近似与横轴平行的直线。当U_{CE}为常数时，ΔI_C和 ΔI_B的比值为电流放大系数 β，即

$$\beta=\frac{\Delta I_C}{\Delta I_B}=\frac{i_c}{i_b} \tag{8-9}$$

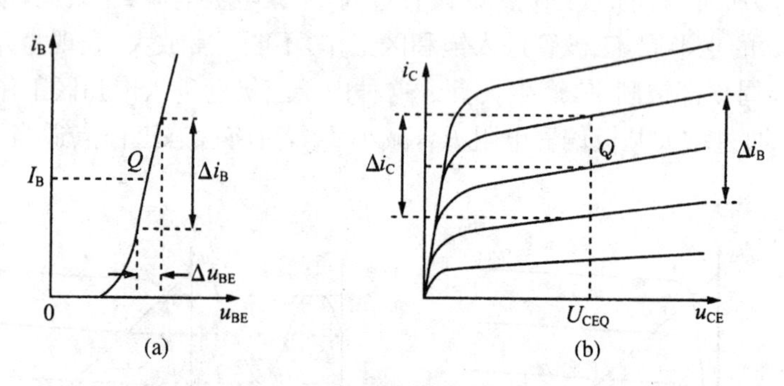

图 8-7 三极管的特性曲线

在小信号下，β为一常数。因此，三极管的输出端可用一等效电流源代替，因其电流 i_c受电流 i_b控制，故此电流源为受控源，用菱形符号表示。如图 8-8 所示为三极管的微变等效电路。

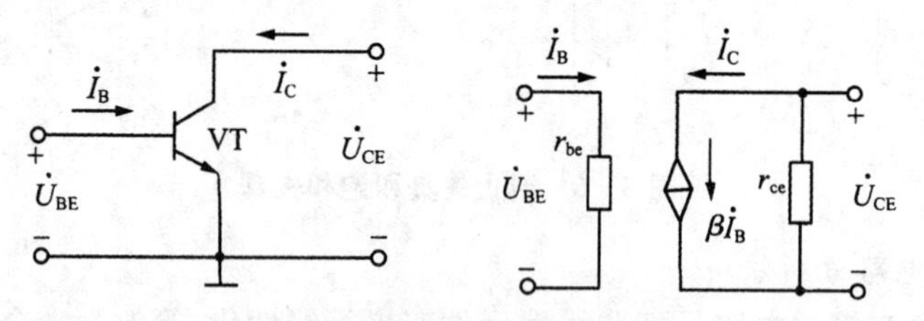

图 8-8 三极管的微变等效电路

(2) 放大电路的微变等效电路

在分析电路时，一般用交流通路来研究放大电路的动态性能。交流通路是指交流电流流经的通路。画交流通路时，耦合电容视为短路，直流电源忽略其内阻也可视为短路。如图 8-9(a)所示为图 8-1 所示电路的交流通路。

由三极管的微变等效电路和放大电路的交流通路即可得出放大电路的微变等效电路，如图 8-9(b)所示。

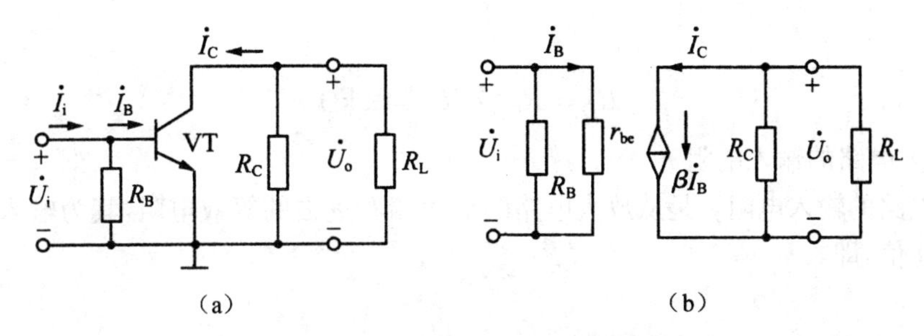

图 8-9　交流通路和微变等效电路

(3) 微变等效电路分析

① 电压放大倍数 A_u

放大电路的电压放大倍数是指输出电压与输入电压的比值，即

$$A_u = \frac{\dot{U}_o}{\dot{U}_i} \tag{8-10}$$

由图 8-9 所示可知：

$$\dot{U}_i = \dot{I}_b r_{be}$$

$$\dot{U}_o = -\dot{I}_c (R_C /\!/ R_L) = -\beta \dot{I}_b R'_L$$

故式(8-10)可写为

$$A_u = \frac{\dot{U}_o}{\dot{U}_i} = -\beta \frac{R'_L}{r_{be}} \tag{8-11}$$

式(8-11)中，R'_L是交流等效负载电阻，负号表示输入电压与输出电压的相位相反。

当放大电路开路(未接 R_L)时，有

$$A_u = -\beta \frac{R_C}{r_{be}} \tag{8-12}$$

可见，放大电路开路时的电压放大倍数比接负载 R_L时大。负载电阻 R_L越小，电压放大倍数越小。

【例 8-2】 在图 8-1 所示电路中，已知 $U_{CC} = 12\ \text{V}$，$R_C = 4\ \text{k}\Omega$，$R_B = 300\ \text{k}\Omega$，$\beta = 37.5$，$R_L = 4\ \text{k}\Omega$，试求电压放大倍数 A_u。

解　在例 8-1 中已求出

$$I_C = 1.5\ \text{mA} \approx I_E$$

由式(8-8)可得

$$r_{be} = 300\ \Omega + (1 + 37.5)\frac{26}{1.5}\ \Omega = 0.967\ \text{k}\Omega$$

所以

$$A_u = -\beta \frac{R'_L}{r_{be}} = -37.5 \times \frac{2}{0.967} = -77.6$$

式中

$$R'_L = R_C \mathbin{/\!/} R_L = 2\ \text{k}\Omega$$

② 放大电路的输入电阻 r_i

放大电路的输入电阻 r_i 是从放大电路的输入端看进去的等效电阻，其为输入电压与输入电流的比值，即

$$r_i = \frac{\dot{U}_i}{\dot{I}_i} \tag{8-13}$$

由图 8-9 所示电路可知

$$r_i = \frac{\dot{U}_i}{\dot{I}_i} = R_B \mathbin{/\!/} r_{be} \approx r_{be} \tag{8-14}$$

实际中，R_B 的阻值比 r_{be} 大得多，因此，共发射极放大电路的输入电阻基本等于三极管的输入电阻，是不高的。

③ 放大电路的输出电阻 r_o

放大电路的输出电阻 r_o 是从放大电路的输出端看进去的等效电阻。实际求取时，将微变等效电路中的输入信号源短路（$u_i = 0$），输出端负载开路，此时，$i_b = 0, i_c = \beta i_b = 0$，电流源相当于开路，故

$$r_o = R_C \tag{8-15}$$

R_C 一般为几千欧，因此，共发射极放大电路的输出电阻较高。

8.3 射极输出器

共集电极放大电路的原理图如图 8-10 所示。在此电路中，交流信号从基极输入，从发射极输出，故又称为射极输出器。

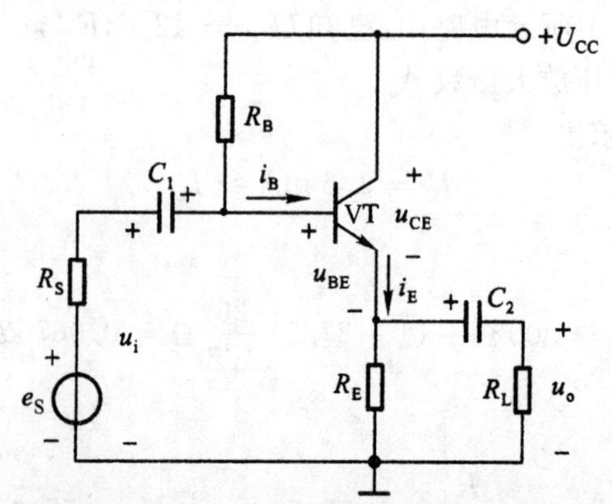

图 8-10 共集电极放大电路的原理图

8.3.1　静态分析

如图 8-11 所示为射极输出器的直流通路，由此电路可得到：

$$I_{\mathrm{E}}=I_{\mathrm{B}}+I_{\mathrm{C}}=I_{\mathrm{B}}+\bar{\beta}I_{\mathrm{B}}=(1+\bar{\beta})I_{\mathrm{B}} \tag{8-16}$$

$$I_{\mathrm{B}}=\frac{U_{\mathrm{CC}}-U_{\mathrm{BE}}}{R_{\mathrm{B}}+(1+\bar{\beta})R_{\mathrm{E}}} \tag{8-17}$$

$$U_{\mathrm{CE}}=U_{\mathrm{CC}}-R_{\mathrm{E}}I_{\mathrm{E}} \tag{8-18}$$

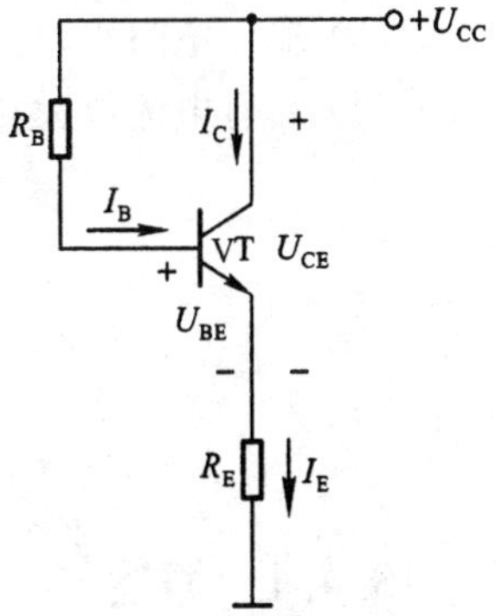

图 8-11　射极输出器的直流通路

8.3.2　动态分析

射极输出器的交流微变等效电路如图 8-12 所示，据此可分析其动态性能指标。

1. 电压放大倍数

由图 8-12 所示电路可得

$$\dot{U}_{\mathrm{o}}=R'_{\mathrm{L}}\dot{I}_{\mathrm{e}}=(1+\beta)R'_{\mathrm{L}}\dot{I}_{\mathrm{b}}(R'_{\mathrm{L}}=R_{\mathrm{E}}\ /\!/\ R_{\mathrm{L}})$$

$$\dot{U}_{\mathrm{i}}=r_{\mathrm{be}}\dot{I}_{\mathrm{b}}+R'_{\mathrm{L}}\dot{I}_{\mathrm{e}}=r_{\mathrm{be}}\dot{I}_{\mathrm{b}}+(1+\beta)R'_{\mathrm{L}}\dot{I}_{\mathrm{b}}$$

$$A_{\mathrm{u}}=\frac{\dot{U}_{\mathrm{o}}}{\dot{U}_{\mathrm{i}}}=\frac{(1+\beta)R'_{\mathrm{L}}\dot{I}_{\mathrm{b}}}{r_{\mathrm{be}}\dot{I}_{\mathrm{b}}+(1+\beta)R'_{\mathrm{L}}\dot{I}_{\mathrm{b}}}=\frac{(1+\beta)R'_{\mathrm{L}}}{r_{\mathrm{be}}+(1+\beta)R'_{\mathrm{L}}} \tag{8-19}$$

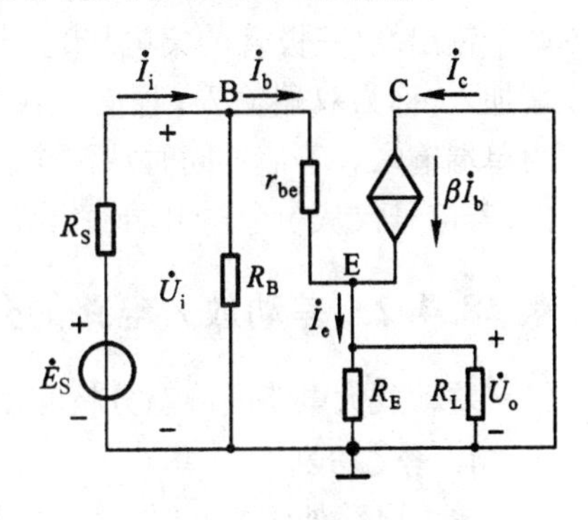

图 8-12　射极输出器的交流微变等效电路

因 $r_{\mathrm{be}}\ll(1+\beta)R'_{\mathrm{L}}$，故$\dot{U}_{\mathrm{o}}\approx\dot{U}_{\mathrm{i}}$，两者幅度相近，相位相同，$|A_{\mathrm{u}}|$小于 1 且接近于 1。

2. 输入电阻

由图 8-12 所示电路可得射极输出器的输入电阻为

$$r_{\mathrm{i}}=R_{\mathrm{B}}\ /\!/\ [r_{\mathrm{be}}+(1+\beta)R'_{\mathrm{L}}] \tag{8-20}$$

射极输出器的输入电阻比较大，可达几十千欧到几百千欧。

3. 输出电阻

射极输出器的输出电阻为(此处不作推导)

$$r_{\mathrm{o}}=R_{\mathrm{E}}\ /\!/\ \frac{r_{\mathrm{be}}}{1+\beta} \tag{8-21}$$

射极输出器的输出电阻很小，一般只有几欧到几十欧。

综上所述，射极输出器具有以下特点：

(1) 电压放大倍数小于 1 且接近于 1，输出与输入同相，具有电压跟随作用；

(2) 输入电阻大，有利于减小放大器对信号电流的索取；

(3) 输出电阻小,具有较强的带负载能力;

(4) 具有电流放大和功率放大作用。

8.4 差动放大电路

8.4.1 概述

差动放大电路是由对称的两个基本放大电路,通过射极公共电阻耦合构成的,如图8-13所示。对称的含义是两个三极管的特性一致,电路参数对应相等。

差动放大电路一般有两个输入端(三极管的基极)和两个输出端(三极管的集电极)。若信号同时从两个输入端加入,称为双端输入;若信号仅从一个输入端加入,称为单端输入。若信号同时从两个输出端输出称为双端输出;若信号仅从一个输出端输出称为单端输出。

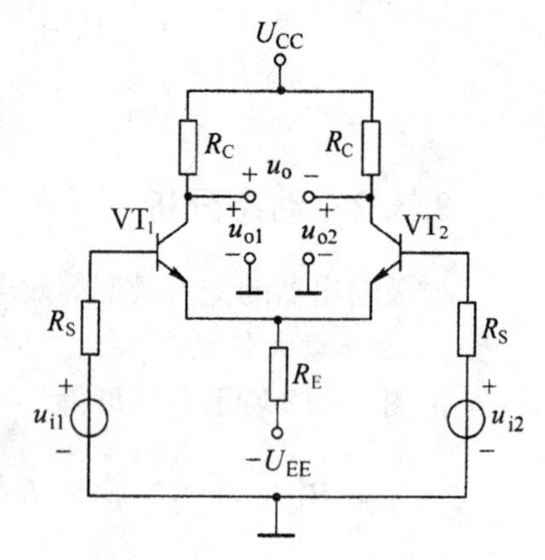

图8-13 差动放大电路

8.4.2 差动放大电路的分析

差动放大电路的静态分析和动态分析与基本放大电路类似。

1. 静态分析

放大电路处于静态时,输入信号为零。由于电路对称,$I_{B1}=I_{B2}=I_B$,$I_{C1}=I_{C2}=I_C$,$U_{CE1}=U_{CE2}=U_{CE}$,则基极电流为

$$I_B=\frac{U_{EE}-U_{BE}}{R_S+(1+\beta)2R_E} \tag{8-22}$$

$$I_C=\beta I_B \tag{8-23}$$

$$U_{CE}=U_{CC}-R_C I_C \tag{8-24}$$

当电源电压或温度变化时,两管的集电极电流和电位同时发生变化,输出电压$U_o=U_{CE1}-U_{CE2}=0$。因此,尽管各管的零点漂移仍存在,但输出电压为零,整个放大电路的零点漂移得到抑制。

2. 动态分析

当有信号输入时,对称差动放大电路可以分为差模输入和共模输入两种情况进行分析。其中,放大器两端分别输入大小相等、极性相反的信号(即$u_{i1}=-u_{i2}$)时称为差模输入;放大器两端分别输入大小相等、极性相同的信号(即$u_{i1}=u_{i2}$)时称为共模输入。

(1) 差模输入

差模输入时,差动放大电路可以双端输入,也可以单端输入(另一端接地);可以双端输出,也可以单端输出。下面我们以双端输入-双端输出的差动放大电路为例进行动态分析。

差模输入方式中，两个输入端之间的电压差称为差模输入电压，即

$$u_{id} = u_{i1} - u_{i2} = 2u_{i1} \tag{8-25}$$

设 u_{i1} 使 VT_1 管产生的集电极电流增量为 i_{C1}，u_{i2} 使 VT_2 管产生的集电极电流增量为 i_{C2}。在差模输入放大电路中，i_{C1} 和 i_{C2} 大小相等，极性相反，即 $i_{C1} = -i_{C2}$，因此，两管的集电极电流分别为

$$i_1 = I_C + i_{C1}$$
$$i_2 = I_C + i_{C2} = I_C - i_{C1}$$

两管的集电极电压分别为

$$u_{C1} = U_{CC} - i_1 R_C$$
$$u_{C2} = U_{CC} - i_2 R_C$$

所以，两管集电极之间的差模输出电压为

$$u_{od} = u_{C1} - u_{C2} = (i_2 - i_1)R_C = -2i_{C1}R_C = 2u_{o1} \tag{8-26}$$

式(8-26)中，$u_{o1} = -i_{C1}R_C$，称为 VT_1 管集电极的增量电压。

差动放大电路的差模电压放大倍数 A_{ud} 是指双端差模输出电压 u_{od} 与双端差模输入电压 u_{id} 之比，即

$$A_{ud} = \frac{u_{od}}{u_{id}} = \frac{2u_{o1}}{2u_{i1}} = \frac{u_{o1}}{u_{i1}} = A_{ud1} \tag{8-27}$$

可见，差动放大电路的差模电压放大倍数 A_{ud} 与单管放大电路的电压放大倍数 A_{ud1} 相等，即

$$A_{ud} = A_{ud1} = -\frac{\beta R_C}{r_{be}} \tag{8-28}$$

两输入端之间的差模输入电阻为

$$r_{id} = 2(R_S + r_{be}) \tag{8-29}$$

两输出端之间的差模输出电阻为

$$r_{od} = 2R_C \tag{8-30}$$

(2) 共模输入

在共模输入信号的作用下，对于完全对称的差动放大电路来说，两管的集电极电位变化相同，因而输出电压等于零，所以，差动放大电路对共模信号没有放大能力，即放大倍数 A_{uc} 为零。

实际上，差动放大电路很难做到完全对称，对共模分量仍有一定的放大能力。而共模分量往往是干扰、噪声和温漂等无用信号，差模分量才是有用的，所以，为了全面衡量差动放大电路放大差模信号和抑制共模信号的能力，引入了共模抑制比 K_{CMRR}，即

$$K_{CMRR} = \left| \frac{A_{ud}}{A_{uc}} \right|$$

K_{CMRR} 值越大，表明电路抑制共模信号的能力越好。

8.5 功率放大电路

多级放大电路的末级或末前级一般都是功率放大级，将前置电压放大级送来的信号进行功率放大，推动负载工作。电压放大电路和功率放大电路都是利用三极管的放大作用将信号放大，不同的是，前者要求输出足够大的电压，后者要求输出足够大的功率；前者工作在小信号状态，后者工作在大信号状态。

8.5.1 功率放大电路概述

1. *功率放大电路应满足的要求*

(1) 应有足够大的输出功率。为了获得较大的输出功率，往往要求三极管工作在极限状态，但使用时，要考虑到三极管的极限参数 P_{CM}、I_{CM} 和 $U_{(BR)CEO}$。

(2) 效率要尽可能高。

(3) 非线性失真要小。

(4) 功率放大管要采取散热等保护措施。

2. *功率放大电路的分类*

按三极管导通状态的不同，功率放大电路的工作状态可分为甲类、乙类和甲乙类三种，如图 8-14 所示。

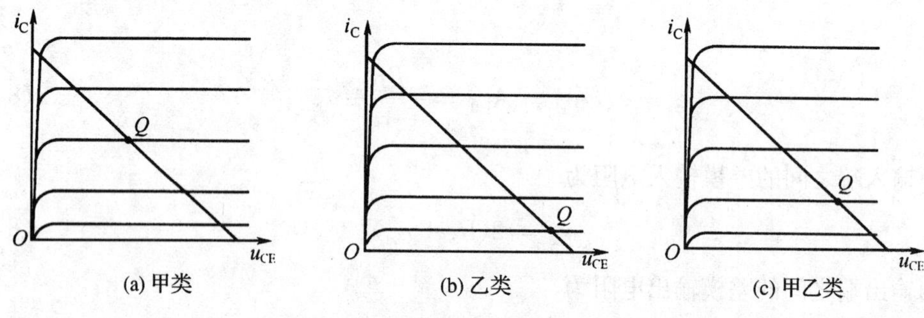

图 8-14 功率放大电路的工作状态

甲类工作状态的静态工作点位于放大区，其静态功耗大，效率低，但失真较小；乙类工作状态的静态工作点位于截止区，其静态功耗接近于零，效率高，但存在严重的失真；甲乙类工作状态的静态工作点接近截止区，它的失真现象较乙类轻，并且静态功耗小，效率高。

可以看出，甲类工作状态下效率较低，而乙类和甲乙类工作状态下，虽然提高了效率，但会产生较严重的失真。因此，下面我们将主要介绍工作于乙类或甲乙类状态的互补对称功率放大电路。

8.5.2 互补对称功率放大电路

1. *无输出电容(OCL)的互补对称功率放大电路*

如图 8-15 所示 OCL 电路中，正负电源的绝对值相同，VT_1 管和 VT_2 管是参数特性对称一致的 NPN 和 PNP 管，它们的基极连在一起作为输入端，发射极连在一起直接接负载 R_L。

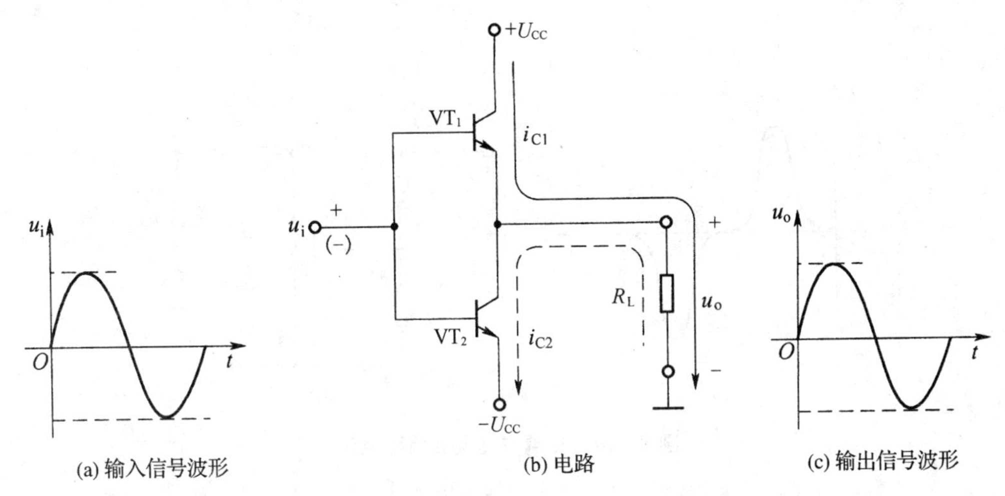

(a) 输入信号波形 (b) 电路 (c) 输出信号波形

图 8-15 无输出电容(OCL)的互补对称功率放大电路

（1）工作原理

① 静态分析

静态时，由于两管的基极都未加偏置电压，因此，两管都不导通，两管电流为零，管子工作在截止区，属于乙类工作状态。发射极电位为零，负载上无电流。

② 动态分析

设输入信号为正弦电压 u_i，当输入信号位于正半周时，VT_1 管发射结正偏导通，VT_2 管发射结反偏截止，有电流 i_{C1} 经 VT_1 管流向负载，在负载 R_L 上获得正半周输出电压 u_o。当输入信号位于负半周时，VT_1 管发射结反偏截止，VT_2 管发射结正偏导通，有电流 i_{C2} 经负载流向 VT_2 管，在负载 R_L 上获得负半周输出电压 u_o。可见，在 u_i 的整个周期内，VT_1 管和 VT_2 管轮流导通，从而在 R_L 上得到完整的输出电压 u_o，所以，此电路称为互补对称功率放大电路。

在此电路中，当输入信号小于三极管的开启电压时，三极管不导通，因此，在正、负半周交替过零处会出现一些非线性失真，这种失真称为交越失真，如图 8-16(a)所示。

为消除交越失真，可给三极管稍加一点偏置，如图 8-16(b)所示，利用两个二极管 VD_1 和 VD_2 的直流电压降，作为 VT_1 管和 VT_2 管的基极偏置电压，使 VT_1 管和 VT_2 管工作在微导通的甲乙类工作状态，既可消除交越失真，又不会产生过多的管耗。

（2）性能参数计算

① 最大输出功率

输出功率为

$$P_o = U_o I_o = \frac{1}{2} U_{om} I_{om} = \frac{U_{om}^2}{2R_L} \tag{8-31}$$

式(8-31)中，U_{om} 为输出电压 u_o 的峰值。理想条件下，负载获得最大输出电压时，其峰值接近电源电压 $+U_{CC}$，所以，负载获得的最大输出功率 P_{om} 为

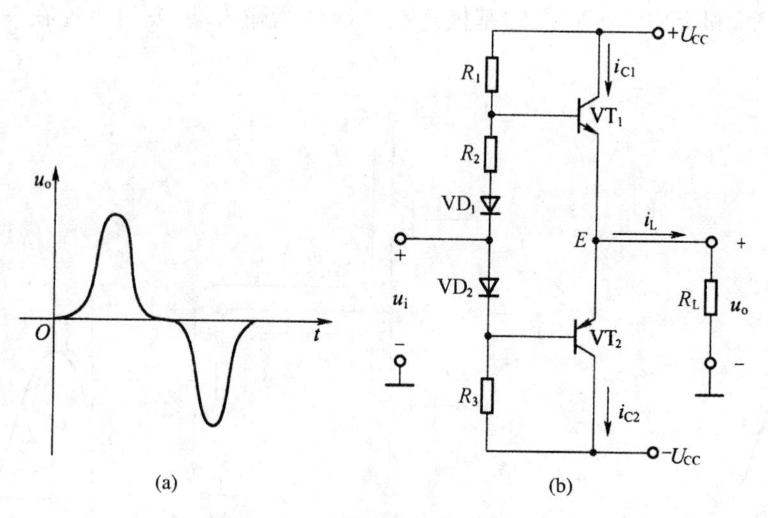

图 8-16 交越失真及其消除电路

$$P_{om} \approx \frac{U_{CC}^2}{2R_L} \tag{8-32}$$

② 电源功率

直流电源提供的功率为半个正弦波的平均功率，信号越大，电流越大，电源功率也越大。电源功率 P_V为(此处不作推导)

$$P_V = U_{CC} I_{CC} = \frac{2U_{CC}U_{om}}{\pi R_L} \tag{8-33}$$

③ 效率

效率 η 为

$$\eta = \frac{P_o}{P_V} = \frac{\pi U_{om}}{4U_{CC}} \tag{8-34}$$

当电路输出最大功率时，功率放大电路的效率达到最大，$\eta_m = \pi/4 = 78.5\%$。

④ 管耗

电源输入的直流功率有一部分通过三极管转换为输出功率，剩余部分则消耗在三极管上，形成三极管的管耗 P_T。显然

$$P_T = P_V - P_o = \frac{2U_{CC}U_{om}}{\pi R_L} - \frac{U_{om}^2}{2R_L} \tag{8-35}$$

P_T有一最大值，当 $U_{om} = 0.64U_{CC}$ 时，P_{Tm} 为

$$P_{Tm} = 0.4P_{om} \tag{8-36}$$

对一只三极管，有

$$P_{Tm} \approx 0.2P_{om} \tag{8-37}$$

2. 无输出变压器(OTL)的互补对称功率放大电路

如图8-17所示为OTL电路。在静态时，调节R_3，使A点的电位为$U_{CC}/2$，输出耦合电容C_L上的电压为A点和"地"之间的电位差，也等于$U_{CC}/2$；并获得合适的U_{B1B2}，使VT_1和VT_2两管工作在甲乙类状态。

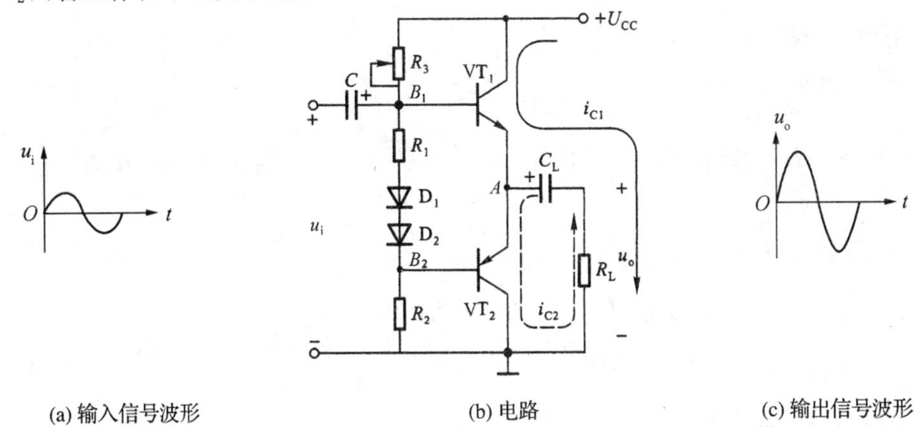

(a) 输入信号波形　　(b) 电路　　(c) 输出信号波形

图8-17 无输出变压器(OTL)的互补对称功率放大电路

设输入信号为正弦电压u_i，当输入信号位于正半周时，VT_1管导通，VT_2管截止，电流i_{C1}经VT_1管流向负载，在负载R_L上获得正半周输出电压u_o。当输入信号位于负半周时，VT_1管截止，VT_2管导通，电容C_L放电，电流i_{C2}经负载流向VT_2管，在负载R_L上获得负半周输出电压u_o。

为使输出波形对称，在C_L放电过程中，其上电压不能下降过多，因此，C_L的容量必须足够大。

本章小结

1. 放大电路基础知识

共射极基本放大电路由三极管VT、集电极电源电压U_{CC}、基极偏置电阻R_B、集电极负载电阻R_C、耦合电容C_1和C_2、负载电阻R_L等组成。

2. 放大电路的分析

(1) 静态是指放大电路没有交流输入信号($u_i=0$)时的直流工作状态。静态分析的目的是要确定放大电路的静态工作点值：I_B、I_C、U_{CE}，看三极管是否处在其伏安特性曲线的合适位置。要定量或定性确定静态工作点，通常的分析方法有近似估算法和图解分析法两种。通过分析可得

$$I_{BQ}\approx\frac{U_{CC}}{R_B},I_{CQ}=\beta I_{BQ},U_{CEQ}=U_{CC}-I_{CQ}R_C$$

采用分压式偏置放大电路可稳定静态工作点。

(2) 动态是指放大电路在有输入信号($u_i\neq0$)时的工作状态。动态分析的目的是要确定放大器对信号的电压放大倍数A_u，并分析放大器的输入电阻r_i和输出电阻r_o等。动态分

析的基本方法有图解法和微变等效电路法两种。通过分析可得

$$A_u = \frac{\dot{U}_o}{\dot{U}_i} = -\beta\frac{R'_L}{r_{be}}, r_i = \frac{\dot{U}_i}{\dot{I}_i} = R_B // r_{be} \approx r_{be}, r_o = R_C$$

3. 射极输出器

(1) 静态分析

$$I_E = I_B + I_C = (1+\bar{\beta})I_B, I_B = \frac{U_{CC} - U_{BE}}{R_B + (1+\bar{\beta})R_E}, U_{CE} = U_{CC} - R_E I_E$$

(2) 动态分析

$$A_u = \frac{\dot{U}_o}{\dot{U}_i} = \frac{(1+\beta)R'_L}{r_{be} + (1+\beta)R'_L}, r_i = R_B // [r_{be} + (1+\beta)R'_L], r_o = R_E // \frac{r_{be}}{1+\beta}$$

4. 差动放大电路

(1) 静态分析

$$I_B = \frac{U_{EE} - U_{BE}}{R_S + (1+\beta)2R_E}, I_C = \beta I_B, U_{CE} = U_{CC} - R_C I_C$$

(2) 动态分析,差模输入时

$$A_{ud} = A_{ud1} = -\frac{\beta R_C}{r_{be}}, r_{id} = 2(R_S + r_{be}), r_{od} = 2R_C$$

共模抑制比 K_{CMRR} 为

$$K_{CMRR} = \left|\frac{A_{ud}}{A_{uc}}\right|$$

本章思考与练习

一、填空题

1. ________是放大电路的核心,是能量转换控制器件,起电流放大作用。

2. 画直流通路时,________视为开路;________视为短路;________视为短路,但保留其内阻。画交流通路时,________视为短路,________忽略其内阻也可视为短路。

3. 在静态分析中,图解分析法主要用来确定________。

4. 在实际电路中,由于静态工作点设置不恰当或输入信号幅度过大等原因,使放大电路的工作范围超出了三极管工作特性曲线的线性范围,从而造成输出信号的失真,这种失真称为________。

5. 射极输出器的________大,有利于减小放大器对信号电流的索取;________小,具有

较强的带负载能力。

6. 在多级放大电路中，通常把与信号源相连接的第一级放大电路称为________，与负载相连接的末级放大电路称为________，输出级与输入级之间的放大电路称为________。

7. 多级放大电路常用的耦合方式有________、________和________等。

8. 在多级放大电路中采用直接耦合方式时存在着两个问题：________和________。为了解决这两个问题，可采用________。

9. 按三极管导通状态的不同，功率放大电路的工作状态可分为________、________和________三种。其中，________工作状态下效率较低，而________工作状态下，虽然提高了效率，但会产生较严重的失真。

二、解答题

1. 在如图8-1所示电路中，电源电压$U_{CC}=12\ \text{V}$，集电极电阻$R_C=3\ \text{k}\Omega$，基极电阻$R_B=300\ \text{k}\Omega$，$\beta=50$。(1) 求放大电路的静态工作点；(2) 若偏置电阻$R_B=30\ \text{k}\Omega$，求放大电路的静态工作点，此时，三极管工作在什么状态？

2. 在如图8-1所示电路中，若$U_{CC}=12\ \text{V}$，$U_{BE}=0.7\ \text{V}$，$R_C=3\ \text{k}\Omega$，$R_B=280\ \text{k}\Omega$，$\beta=50$。试估算放大电路的静态工作点。

3. 试定性判断如图8-18所示各电路对交流信号有无放大作用，并说明理由。

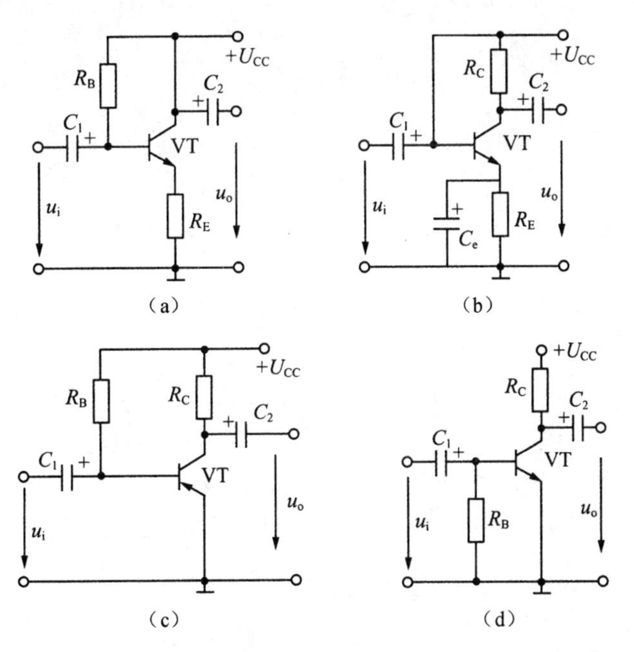

图8-18　题3图

4. 在如图8-4(a)所示电路中，已知$U_{CC}=12\ \text{V}$，$R_C=2\ \text{k}\Omega$，$R_E=2\ \text{k}\Omega$，$R_{B1}=20\ \text{k}\Omega$，$R_{B2}=10\ \text{k}\Omega$，$R_L=6\ \text{k}\Omega$，$\beta=37.5$。(1) 试求静态值；(2) 画出微变等效电路；(3) 计算该电路的A_u、r_i和r_o。

5. 如图8-19所示两级放大电路，已知前级：$U_{CC}=12\ \text{V}$，$\beta_1=60$，$R_{B1}=200\ \text{k}\Omega$，$R_{E1}=2\ \text{k}\Omega$，$R_S=100\ \Omega$；后级：$R_{C2}=2\ \text{k}\Omega$，$R_{E2}=2\ \text{k}\Omega$，$R'_{B1}=20\ \text{k}\Omega$，$R'_{B2}=10\ \text{k}\Omega$，$R_L=6\ \text{k}\Omega$，

$\beta=37.5$。试求：(1) 前后级放大电路的静态值；(2) 放大电路的输入电阻 r_i 和输出电阻 r_o；(3) 各级电压放大倍数 A_{u1}、A_{u2} 及两级电压放大倍数 A_u。

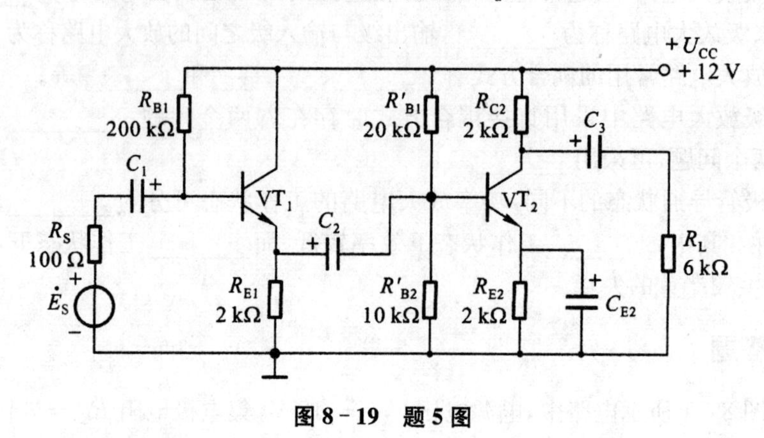

图 8-19 题 5 图

第 9 章　集成运算放大器

【本章导读】

将彼此独立的各种单个元件连接起来的电子电路称为分立电路，前面两章所介绍的电路都是分立电路。与分立电路相对的是集成电路。集成电路是指采用半导体工艺，将各个元件及电路的连线都集中制作在一块半导体芯片上，组成一个不可分割的整体。按其功能不同，集成电路可分为模拟集成电路和数字集成电路两大类。

集成运算放大器是模拟集成电路的一种，它是一种高放大倍数的多级直接耦合放大电路，最初用于数的运算，所以称为集成运算放大器(简称集成运放)。它具有体积小、重量轻、价格便宜、使用可靠、灵活方便、通用性强等优点，在检测、自动控制、信号产生与信号处理等许多方面都得到了广泛应用。

【本章学习目标】

◉ 掌握集成运放的基本组成、主要性能指标及理想模型

◉ 掌握负反馈的类型及其对放大电路性能的影响

◉ 掌握集成运放的线性应用

◉ 掌握集成运放的非线性应用

9.1　集成运算放大器概述

目前，集成运放的放大倍数可高达 10^7 倍(140 dB)。当集成运放工作在放大区时，其输入和输出呈线性关系，所以又称为线性集成电路。

9.1.1　集成运算放大器的基本组成

近年来，集成运放得到迅速发展，出现了各种不同类型和不同结构的集成运放，但其基本结构是相同的。集成运放的电路可分为输入级、中间级、输出级和偏置电路四个基本组成部分，如图 9－1 所示。

1. 输入级

输入级是提高运算放大器质量的关键部分，要求其输入电阻高，能减小零点漂移和抑制共模干扰信号，因此，输入级都采用具有恒流源的差动放大电路。它具有同相和反相两个输入端。

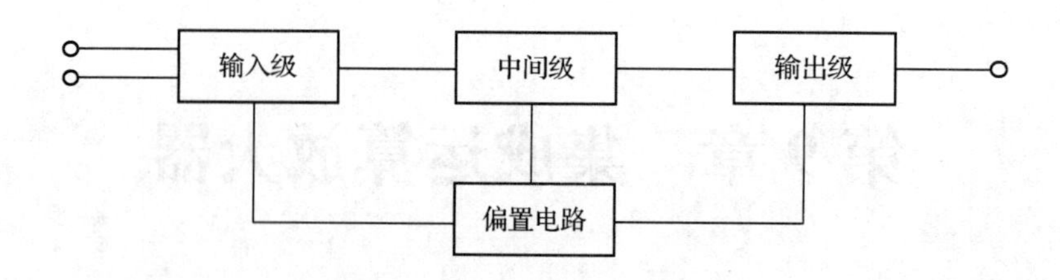

图 9-1 典型集成运放的原理框图

2. 中间级

集成运放的总增益主要由中间级提供，要求中间级有较高的电压放大倍数，因此，中间级一般采用带有恒流源负载的共射放大电路，其放大倍数可达几千倍以上。

3. 输出级

输出级与负载相接，要求其输出电阻低，带负载能力强，能输出足够大的电压和电流，因此，输出级一般采用互补对称电路或射极输出器。

4. 偏置电路

偏置电路为上述各级电路提供稳定和合适的偏置电流，决定各级的静态工作点，一般由各种恒流源电路组成。

此外，集成运放还有一些辅助电路，如电平偏移电路、过流保护电路等。

9.1.2 集成运算放大器的符号

μA741 为应用广泛的一种集成运放，它的外壳封装有双列直插式、圆壳式和扁平式三种形式。如图 9-2(a)所示为 μA741 集成运放双列直插式的管脚排列。其电路的八只管脚序号按逆时针方向排列，从结构特征(凹口或定位销)开始依次为 1,2,3,…,8。不同类型集成运放的外管脚排列是不同的，必须查阅产品手册来确定。

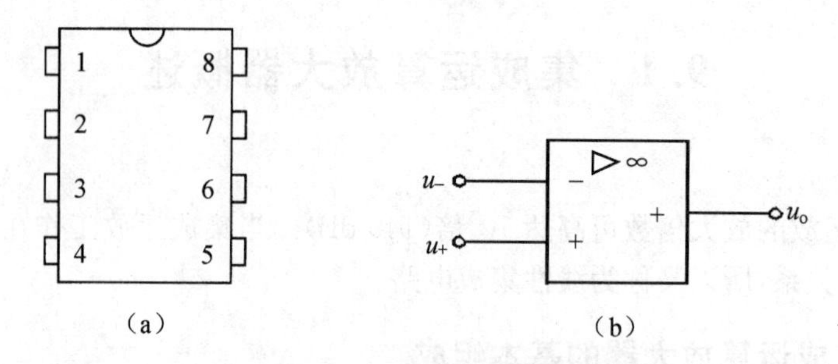

图 9-2 μA741 集成运放的管脚和符号

μA741 集成运放的各管脚功能如下：

1、5——外接调零电位器(通常为 10 kΩ)的两个端子。

2——反相输入端，其电压值标为 u_-，如果信号由该端输入，则输出信号的相位与输入信号相反。

3——同相输入端，其电压值标为 u_+，如果信号由该端输入，则输出信号的相位与输入信号相同。

4——负电源端。

6——输出端，其电压值标为 u_o。

7——正电源端。

8——空脚。

电路图中集成运放的符号如图 9-2(b)所示，在图形符号中，通常只画出输入和输出端，其余各端可不画。

9.1.3　集成运算放大器的主要性能指标

集成运算放大器的性能指标是评价其性能优劣的主要标志，也是选用集成运放的主要依据。因此，必须熟悉这些性能指标的含义和数值范围。

1. 开环差模电压放大倍数 A_{ud}

开环差模电压放大倍数 A_{ud} 是指集成运放在开环状态(无外加反馈回路)下的差模电压放大倍数。对于集成运放而言，希望 A_{ud} 大且稳定。目前，集成运放的 A_{ud} 一般为 60～140 dB。

2. 最大输出电压 U_{OPP}

最大输出电压 U_{OPP} 是指在一定的电源电压下，集成运放最大不失真输出电压的峰值。

3. 差模输入电阻 r_{id}

差模输入电阻 r_{id} 是指集成运放在输入差模信号时的输入电阻。对信号源来说，差模输入电阻 r_{id} 越大，对其影响越小。一般集成运放的 r_{id} 为几百千欧至几兆欧。

4. 开环输出电阻 r_o

开环输出电阻 r_o 是指集成运放在开环状态且负载开路时的输出电阻。其数值越小，带负载的能力越强。

5. 共模抑制比 K_{CMR}

共模抑制比 K_{CMR} 与差动放大电路中的定义相同，也常用分贝值表示。K_{CMR} 值越大，表示集成运放对共模信号的抑制能力越强。

6. 最大差模输入电压 U_{idmax}

最大差模输入电压 U_{idmax} 是指集成运放的反相和同相两输入端之间所能承受的最大电压值，超过这个电压值，会使集成运放的性能显著恶化，甚至可能造成永久性损坏。

7. 最大共模输入电压 U_{icmax}

最大共模输入电压 U_{icmax} 是指集成运放所能承受的最大共模电压值，超过这个电压值，它的共模抑制比将显著下降，导致其工作不正常，失去差模放大能力。

8. 输入失调电压 U_{IO}

理想的集成运放，当输入电压为零时，输出电压也应为零。但在实际的集成运放中，由于元件参数的不对称性等原因，当输入电压为零时，存在一定的输出电压。为了使集成运放的输出电压为零，在输入端加补偿电压，称为输入失调电压 U_{IO}。集成运放的 U_{IO} 越小，其质量越好。U_{IO} 一般为几毫伏。

9. 输入失调电流 I_{IO}

输入失调电流 I_{IO} 是指输入信号为零时，两个输入端静态基极电流之差，即 $I_{IO} = | I_{B1} -$

I_{B2} |。I_{IO} 一般在零点零几微安级，其值越小越好。

10. 输入偏置电流 I_{IB}

输入偏置电流 I_{IB}是指输入信号为零时，两个输入端静态基极电流的平均值，即

$$I_{IB} = \frac{I_{B1} + I_{B2}}{2} \tag{9-1}$$

它的大小主要和电路中第一级管子的性能有关，其值也是越小越好，一般在零点几微安级。

除上述介绍的几个主要性能指标外，集成运放还有一些其他性能指标，使用时可查阅集成运放电路手册。

9.1.4 集成运算放大器的理想模型

理想集成运放是指将集成运放的各项技术指标理想化，以便于在分析估算应用电路的过程中，抓住事物本质，忽略次要因素，简化分析过程。

1. 理想集成运算放大器

理想化的条件主要有：

(1) 开环差模电压放大倍数 $A_{ud} = \infty$；

(2) 差模输入电阻 $r_{id} = \infty$；

(3) 开环输出电阻 $r_o = 0$；

(4) 共模抑制比 $K_{CMR} = \infty$；

(5) 输入失调电压、失调电流及它们的温漂均为零；

(6) 带宽足够大。

由于实际集成运放的上述技术指标接近理想化的条件，因此，在分析时用理想集成运放代替实际集成运放所引起的误差并不严重，在工程上是允许的，这就大大简化了分析过程。在以后章节中，若无特别说明，均将集成运放作为理想集成运放来考虑。

2. 理想集成运算放大器的特性

表示输出电压与输入电压之间关系的特性曲线称为传输特性，如图 9-3 所示。图中，BC 段为集成运放工作的线性区，AB 段和 CD 段为集成运放工作的非线性区(饱和区)。由于集成运放的电压放大倍数极高，BC 段十分接近纵轴。在理想情况下，可认为 BC 段与纵轴重合，用 $B'C'$ 段表示理想集成运放工作在线性区，AB' 段和 $C'D$ 段表示理想集成运放工作在非线性区。

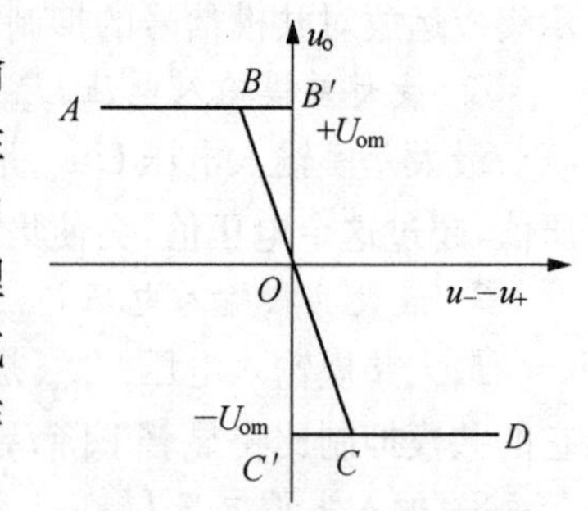

图 9-3 集成运放的传输特性

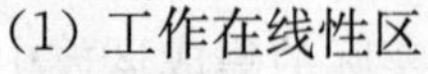

(1) 工作在线性区

当集成运放工作在线性区时，作为一个线性放大元件，其输出信号和输入差值信号是线性关系，即

$$u_o = A_{ud}(u_+ - u_-) \tag{9-2}$$

① 由于理想集成运放的 $A_{ud} = \infty$，而 u_o 是有限值，所以可认为

$$u_{+}-u_{-}\approx 0$$

$$u_{+}\approx u_{-} \tag{9-3}$$

满足此条件称为“虚短”，即两个输入端之间的电压近似为零，相当于短路，但不是真正的短路。

② 由于理想集成运放的 $r_{id}=\infty$，所以可认为两个输入端的电流近似为零，即

$$i_{+}=i_{-}\approx 0 \tag{9-4}$$

满足此条件称为“虚断”，即输入端相当于断路，但又不是真正的断路。

利用“虚短”和“虚断”这两个结论，分析各种运算及处理电路的线性工作情况将十分简便。

(2) 工作在非线性区

当集成运放处于开环状态或同相输入端和输出端有通路(正反馈)时，集成运放工作在非线性区。此时，式(9-2)已不能满足。

当反相输入端 u_{-} 与同相输入端 u_{+} 不等时，输出电压为正、负饱和值(U_{om}或$-U_{om}$)，即

$$u_{-}>u_{+}\text{ 时}, u_{o}=-U_{om}$$

$$u_{-}<u_{+}\text{ 时}, u_{o}=U_{om}$$

此外，集成运放工作在非线性区时，两个输入端的输入电流也等于零。

9.2 放大电路中的负反馈

将放大器输出信号(电压或电流)的一部分(或全部)经过一定的方式送回到输入回路，与原来的输入信号相作用，产生影响，这样的作用过程称为反馈。

具有反馈作用的放大电路的组成框图如图 9-4 所示。任何带有反馈的放大电路都包含两个部分：① 不带反馈的基本放大电路 A，它可以是单级或多级的；② 反馈网络 F，它是联系放大电路输出电路和输入电路的环节，多数是由电阻元件组成的。

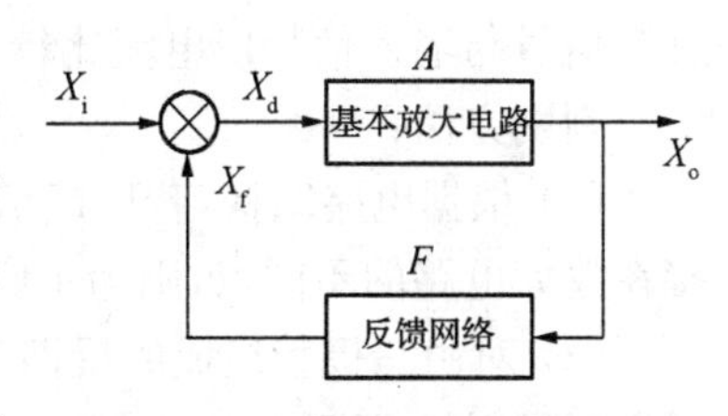

图 9-4 反馈放大电路组成框图

如图 9-4 所示，X_i、X_o、X_f、X_d分别表示反馈放大电路的输入信号、输出信号、反馈信号和基本放大电路输入信号(净输入信号)，它们可以是电压，也可以是电流。X_f和 X_i在输入端比较(⊗是比较环节的符号)，得出净输入信号 X_d。箭头的指向表示信号的传输方向。

9.2.1 反馈的类型及判别方法

1. 正反馈和负反馈

根据反馈极性的不同，反馈可分为正反馈和负反馈。

根据反馈的效果可以区分反馈的极性，使放大电路净输入信号增大的反馈称为正反馈；

使放大电路净输入信号减小的反馈称为负反馈。

判别正、负反馈可以采用瞬时极性法，具体步骤如下：

(1) 首先找出反馈支路，然后假设输入端的瞬时极性为+(或−)，按放大信号路径和反馈信号路径，标出相关点的极性。

(2) 反馈信号送回输入端，在输入端看反馈信号和原输入信号的极性：若反馈信号使净输入信号减小，为负反馈；若反馈信号使净输入信号增大，为正反馈。

注意：信号传输过程中，经电容、电阻后瞬时极性不变。

2. 直流反馈和交流反馈

如果反馈信号只包含直流成分，则称为直流反馈；如果反馈信号只包含交流成分，则称为交流反馈；如果反馈信号中既有直流成分，也有交流成分，则称为交、直流反馈。在很多情况下，反馈信号中同时存在直流成分和交流成分，即交、直流反馈。

判别方法：反馈回路中有电容元件时，为交流反馈；无电容元件时，为交、直流反馈。

3. 电压反馈和电流反馈

根据反馈信号在放大电路输出端的采样方式不同，反馈可分为电压反馈和电流反馈。如果反馈信号取样于输出电压，则称为电压反馈；如果反馈信号取样于输出电流，则称为电流反馈。电压反馈中，反馈信号与输出电压成比例；电流反馈中，反馈信号与输出电流成比例。

判别方法：

(1) 短路法，将输出端短路，若反馈信号因此消失，则为电压反馈；若反馈信号仍然存在，则为电流反馈。

(2) 对共射极电路还可用取信号法，即反馈信号取自输出端的集电极时，为电压反馈；取自输出端的发射极时，为电流反馈。

4. 串联反馈和并联反馈

根据反馈信号与输入信号在放大电路输入端的连接方式不同，反馈可分为串联反馈和并联反馈。如果反馈信号与输入信号在输入端串联连接，即反馈信号与输入信号以电压比较的方式出现在输入端，则称为串联反馈；如果反馈信号与输入信号在输入端并联连接，即反馈信号与输入信号以电流比较的方式出现在输入端，则称为并联反馈。

判别方法：

(1) 根据电路结构，若反馈信号和输入信号接在放大电路的同一点，则为并联反馈；若接在放大电路的不同点，则为串联反馈。

(2) 对由三极管组成的反馈放大电路，若反馈信号送回基极，则为并联反馈；若反馈信号送回发射极，则为串联反馈。

【例 9-1】 判断如图 9-5(a)所示电路的反馈类型和性质。

解 放大器输出电流原来的意义是指流过负载的电流。但在图 9-5(a)所示从三极管集电极输出的电路中，由于负载上的电流和三极管集电极电流同步变化，所以，为了不造成混乱，可把三极管的集电极电流作为输出电流。

先根据交流通路分析交流反馈。在如图 9-5(b)所示交流通路中，存在的反馈元件是 R_{E1}(R_{E2} 被电容 C_E 短路)。因为输出电流 I_o 的变化必然会引起 R_{E1} 端电压的变化，而 R_{E1} 端电压 $\dot{U}_f$ 的变化又肯定对 E 结上的压降产生作用，即输出信号对输入端产生作用，所以 R_{E1}

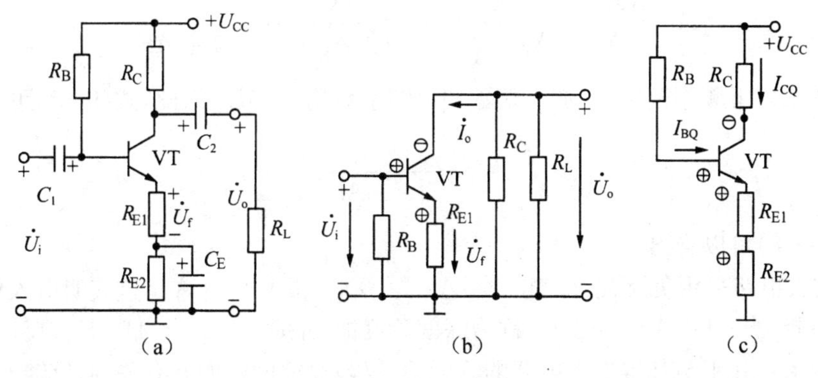

图 9-5　例 9-1 图

上存在着反馈。

将负载短路，I_o仍存在，反馈也依然存在，为电流反馈。该电路中，放大信号从基极输入，而反馈信号则直接作用于发射极，为串联反馈。根据瞬时极性法可得出反馈信号的极性如图 9-5(b)所示，该反馈使净输入信号减小，为负反馈。反馈过程如下：

$$\dot{I}_o \uparrow \ \rightarrow \dot{U}_f\ (=\dot{I}_o R_{E1}) \uparrow \ \rightarrow \ \dot{U}_{be}\ (=\dot{U}_i - \dot{U}_f) \downarrow$$

$$\uparrow \dot{I}_o \downarrow$$

因此，电路中反馈元件 R_{E1}上存在的反馈为电流串联负反馈。

再根据直流通路分析直流反馈。在如图 9-5(c)所示直流通路中，R_{E1}和 R_{E2}的串联电阻有着与上述交流负反馈过程同样的反馈作用。这个直流负反馈可抑制三极管静态电流的变化，能够稳定静态工作点。

综上所述，反馈元件 R_{E1}引入的是电流串联交直流负反馈，反馈元件 R_{E2}引入的是电流串联直流负反馈。

9.2.2　负反馈放大电路的一般表达式

由图 9-4 所示反馈放大电路的方框图可知，基本放大电路的放大倍数 A(也称为开环放大倍数)为输出信号与净输入信号之比，即

$$A = \frac{X_o}{X_d} \tag{9-5}$$

其中，$X_d = X_i - X_f$。

反馈网络的反馈系数 F 为反馈信号与基本放大电路输出信号之比，即

$$F = \frac{X_f}{X_o} \tag{9-6}$$

反馈放大电路的输出信号与输入信号之比称为负反馈放大电路的闭环放大倍数 A_f，即

$$A_f = \frac{X_o}{X_i} = \frac{AX_d}{X_d + X_f} = \frac{AX_d}{(1+AF)X_d} = \frac{A}{1+AF} \tag{9-7}$$

在中频及以下频率范围内，放大倍数和反馈系数均为实数，因此，式(9-7)可写为

$$|A_f| = \frac{|A|}{|1+AF|} \tag{9-8}$$

由式(9-8)可以看出：

(1) 放大电路采用负反馈，即当$|1+AF|>1$时，$|A_f|<|A|$，这表明引入负反馈后，放大倍数下降。当$|1+AF|\gg 1$时，称为深度负反馈，此时，$|A_f|\approx 1/|F|$，反馈放大电路的闭环放大倍数几乎与基本放大电路的A无关，仅与反馈网络的F有关。而反馈网络一般由无源线性元件构成，性能稳定，故A_f也比较稳定。

(2) 当$|1+AF|<1$时，$|A_f|>|A|$，闭环放大倍数增大，电路转为正反馈，其性能不稳定。

(3) 当$|1+AF|=1$时，$|A_f|\to\infty$，即当反馈放大电路没有输入信号时，也产生输出信号，这种现象称为自激振荡，简称自激。自激使放大电路失去放大作用，但有时为了产生各种电压或电流波形，我们也有意识地使反馈放大电路处于自激状态。

由上述分析可知，$|1+AF|$对反馈放大电路性能的影响很大，故将其称为反馈深度。它反映负反馈的程度，是一个非常重要的参数。

9.2.3 深度负反馈放大电路的特点

通常情况下，只要是多级负反馈放大电路，都可认为是深度负反馈。此时有

$$|A_f| \approx \frac{1}{|F|} \tag{9-9}$$

又根据式(9-6)和式(9-7)可得

$$X_i \approx X_f \tag{9-10}$$

所以，在深度负反馈条件下，反馈信号X_f与输入信号X_i近似相等，净输入信号$X_d\approx 0$。对于串联负反馈，$u_i\approx u_f$，$u_d\approx 0$；对于并联负反馈，$i_i\approx i_f$，$i_d\approx 0$，$u_d\approx 0$。

在深度负反馈条件下，串联负反馈的$r_{if}\to\infty$；并联负反馈的$r_{if}\approx 0$；电压负反馈的$r_{of}\approx 0$；电流负反馈的$r_{of}\to\infty$。

9.2.4 四种负反馈组态的分析

负反馈可分为电压串联负反馈、电压并联负反馈、电流串联负反馈和电流并联负反馈四种组态，如图9-6所示。

1. 电压串联负反馈

如图9-6(a)所示为集成运放组成的电压串联负反馈电路。在深度负反馈条件下，根据分压公式可得反馈电压为

$$u_f = \frac{R_1}{R_1 + R_f} u_o \tag{9-11}$$

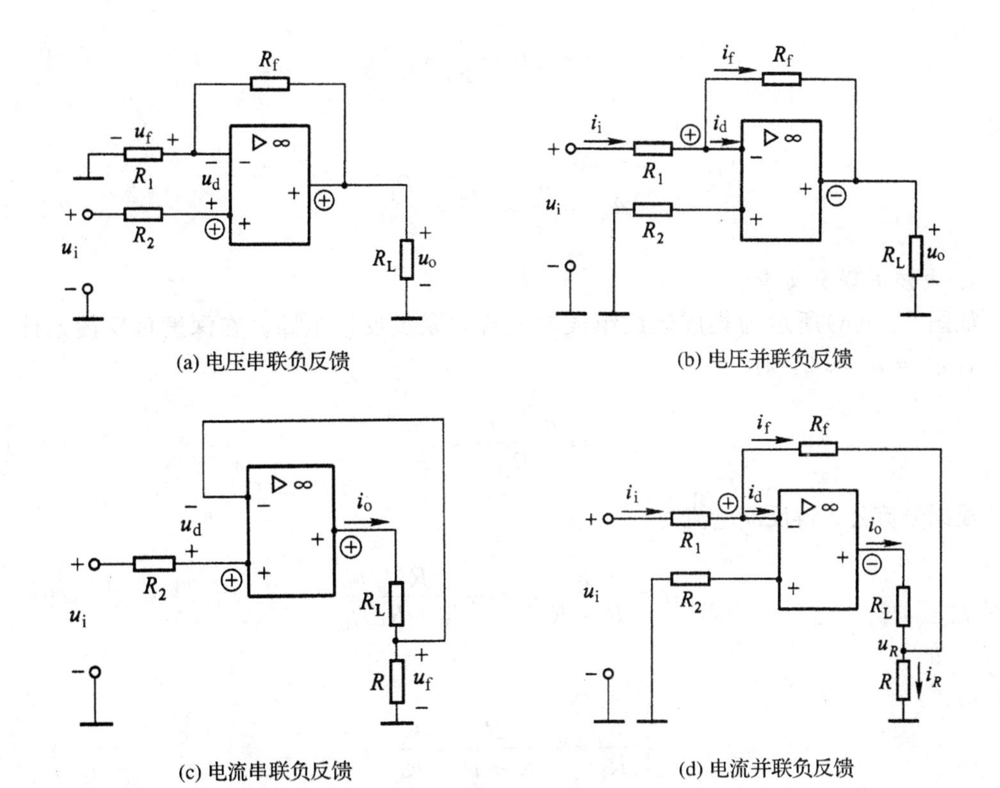

图 9-6　负反馈的四种组态

因 $u_i \approx u_f$，故闭环电压放大倍数为

$$A_{uf} = \frac{u_o}{u_i} \approx \frac{u_o}{u_f} = \frac{R_1 + R_f}{R_1} = 1 + \frac{R_f}{R_1} \tag{9-12}$$

2. 电压并联负反馈

如图 9-6(b)所示为集成运放组成的电压并联负反馈电路。在深度负反馈条件下，$i_i \approx i_f$，$u_+ = u_- \approx 0$，则反馈电流为

$$i_f = \frac{u_- - u_o}{R_f} \approx -\frac{u_o}{R_f} \tag{9-13}$$

于是

$$\frac{u_i}{R_1} \approx -\frac{u_o}{R_f} \tag{9-14}$$

$$A_{uf} = \frac{u_o}{u_i} = -\frac{R_f}{R_1} \tag{9-15}$$

3. 电流串联负反馈

如图 9-6(c)所示为集成运放组成的电流串联负反馈电路。在深度负反馈条件下，有

$$u_i \approx u_f = \frac{R}{R_L} u_o \tag{9-16}$$

所以

$$A_{uf} = \frac{u_o}{u_i} \approx \frac{u_o}{u_f} = \frac{R_L}{R} \tag{9-17}$$

4. 电流并联负反馈

如图 9-6(d)所示为集成运放组成的电流并联负反馈电路。在深度负反馈条件下，$i_i \approx i_f, u_+ = u_- \approx 0$，则

$$i_i = \frac{u_i - u_-}{R_1} \approx \frac{u_i}{R_1} \tag{9-18}$$

根据分流公式得反馈电流为

$$i_f = \frac{R}{R + R_f} i_o = -\frac{R}{R + R_f} \frac{u_o}{R_L} \tag{9-19}$$

所以

$$\frac{u_i}{R_1} = -\frac{R}{R + R_f} \cdot \frac{u_o}{R_L} \tag{9-20}$$

$$A_{uf} = \frac{u_o}{u_i} = -\frac{R + R_f}{RR_1} \cdot R_L = -\left(1 + \frac{R_f}{R}\right)\frac{R_L}{R_1} \tag{9-21}$$

由上述分析可知，在深度负反馈条件下，闭环放大倍数仅由一些电阻来决定，几乎与放大电路无关。

9.2.5 负反馈对放大电路性能的影响

放大电路中引入负反馈后，虽使放大倍数有所下降，但却能提高放大倍数的稳定性，减小非线性失真，拓宽通频带，根据需要灵活改变放大电路的输入电阻和输出电阻等。

1. 负反馈对放大倍数的影响

放大电路的放大倍数取决于放大器件的性能参数及电路元件的参数，当环境温度发生变化、器件老化、电源电压波动以及负载变化时，都会引起放大倍数发生变化。在电路中引入负反馈后，通过上述分析可知，当处于深度负反馈时，$|A_f| \approx 1/|F|$，反馈放大电路的闭环放大倍数几乎与基本放大电路的 A 无关，仅与反馈网络的 F 有关，非常稳定。如果反馈网络是由纯电阻元件组成的，则 F 为一常数，此时，A_f 不仅十分恒定，而且与频率无关。

2. 负反馈对非线性失真的影响

上一章中曾讲到，当输入信号的幅度较大或静态工作点设置不合适时，会造出输出信号的非线性失真，如图 9-7(a)所示。引入负反馈后，可将输出端的失真信号反送到输入端，使净输入信号发生某种程度的补偿，经放大后，输出信号的失真可大大减小，如图 9-7(b)所示。

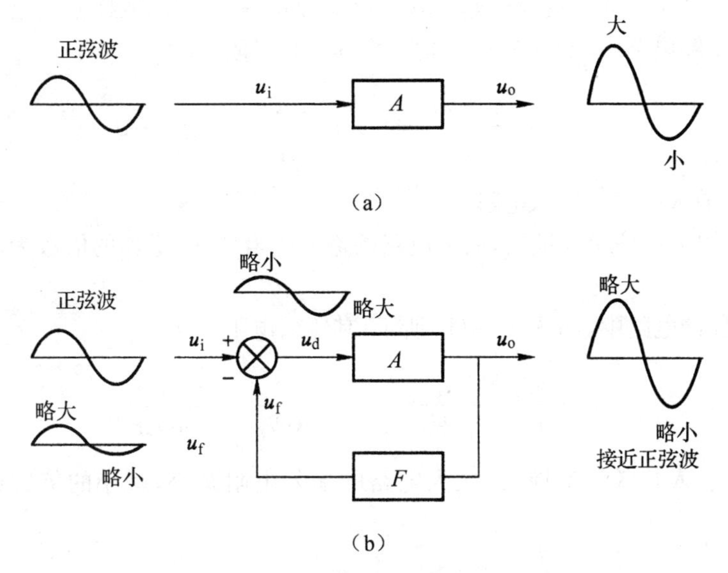

图9-7　利用负反馈改善非线性失真

从本质上说，负反馈是利用失真的净输入波形来改善输出波形的失真，从而使输出信号的失真得到一定程度的补偿，因此，负反馈只能减小失真，无法完全消除失真。

需要指出的是，负反馈只能减小放大电路自身产生的非线性失真，对输入信号的非线性失真无能为力。引入负反馈也可以抑制电路内部的干扰和噪声，其原理与改善非线性失真相似，但其对外来的干扰和噪声也无能为力。

3. 负反馈对通频带的影响

由于三极管本身的某些参数随频率变化，而电路中又总是存在一些电抗元件，因而会造成放大电路的放大倍数随频率的变化而变化。一般中频段的放大倍数较大，而高频段与低频段的放大倍数都将随着频率的升高和降低而减小，这就使得放大电路的通频带较窄。

如果在放大电路中引入负反馈，在中频段，由于放大倍数较大，输出信号较大，反馈信号也较大，通过负反馈作用使净输入信号减小得也较多，因而，中频段的放大倍数有明显的降低。在高频段与低频段，放大倍数较小，输出信号较小，反馈信号也较小，净输入信号减小得也较少，该频段的放大倍数减小较少。这样牺牲了放大倍数，却换取了频率特性的平坦，拓宽了电路的通频带。

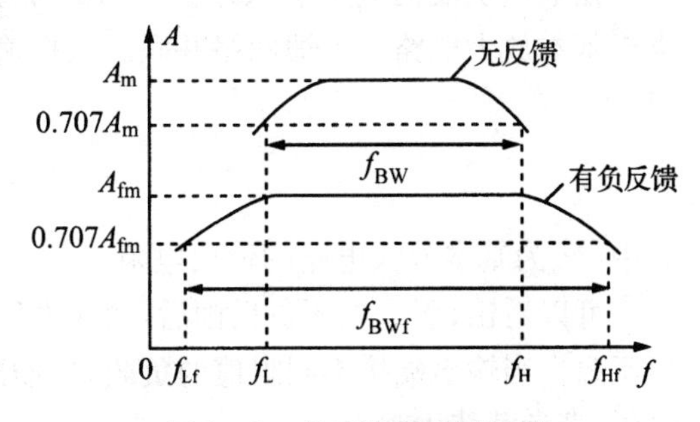

图9-8　负反馈拓展通频带

如图9-8所示为无反馈和有负反馈两种情况的频率响应曲线。图中，f_H和f_L分别为无反馈时的上、下限截止频率，f_{Hf}和f_{Lf}分别为加负反馈时的上、下限截止频率。很明显，加负反馈后，通频带被拓宽了。

4. 负反馈对输入电阻的影响

输入电阻是从放大电路输入端看进去的等效电阻，因此，负反馈对输入电阻的影响取决于所引入的负反馈是串联负反馈还是并联负反馈，而与输出端的取样方式无关。

在串联负反馈电路中，如图 9-9(a)所示，其输入电阻 r_{if} 为

$$r_{if}=\frac{u_i}{i_i}=\frac{u_d+u_f}{i_i}=\frac{u_d+AFu_d}{i_i}=r_i(1+AF) \tag{9-22}$$

式中：r_i为基本放大电路的输入电阻。

可以看出，引入串联负反馈后，放大电路的输入电阻增加，增加的倍数为反馈深度 $(1+AF)$。

在并联负反馈电路中，如图 9-9(b)所示，其输入电阻 r_{if} 为

$$r_{if}=\frac{u_i}{i_i}=\frac{u_i}{i_d+i_f}=\frac{u_i}{i_d+AFi_d}=\frac{r_i}{1+AF} \tag{9-23}$$

可以看出，引入并联负反馈后，放大电路的输入电阻减小，减小的倍数也是反馈深度 $(1+AF)$。

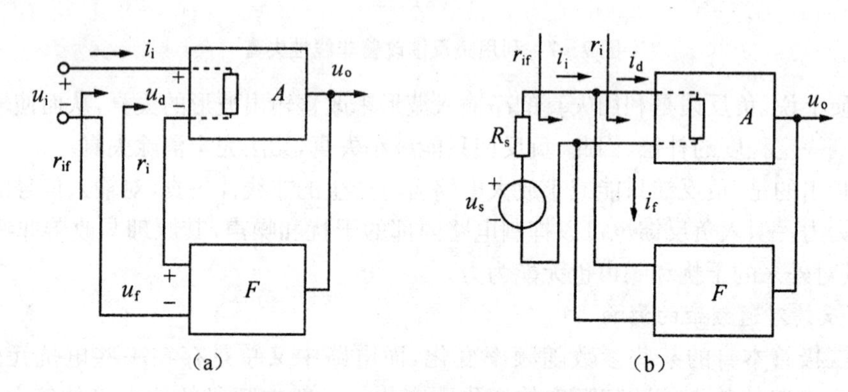

图 9-9 负反馈对输入电阻的影响

5. 负反馈对输出电阻的影响

输出电阻是从放大电路输出端看进去的等效电阻，因此，负反馈对输出电阻的影响取决于所引入的负反馈是电压负反馈还是电流负反馈，而与输入端的连接方式无关。

在电压负反馈电路中，如图 9-6(a)和图 9-6(b)所示，从输出端向放大电路看进去，相当于基本放大电路与反馈网络并联。根据输出电阻的定义可得

$$r_{of}=\frac{r_o}{1+AF} \tag{9-24}$$

式中：r_o为基本放大电路的输出电阻。

可以看出，引入电压负反馈后，放大电路的输出电阻减小 $(1+AF)$ 倍，这使其特性接近恒压源。当输出端接不同阻值的负载时，输出电压基本不变，因此，电压负反馈能稳定输出电压，带负载能力强。

在电流负反馈电路中，如图 9-6(c)和图 9-6(d)所示，从输出端向放大电路看进去，相当于基本放大电路与反馈网络串联。根据输出电阻的定义可得

$$r_{of}=(1+AF)r_o \tag{9-25}$$

可以看出，引入电流负反馈后，放大电路的输出电阻增大 $(1+AF)$ 倍，这使其特性接近恒流源。当输出端接不同阻值的负载时，输出电流基本不变，因此，电流负反馈能稳定输出电流。

9.3　集成运算放大器的线性应用

由集成运放构成的电路如引入不同的反馈网络，可实现比例、加法、减法、积分、微分、对数及指数等运算。对模拟量进行上述运算时，要求输出信号必须反映输入信号的某种运算结果，这就要求引入深度负反馈，使集成运放工作在线性区。下面仅介绍前几种运算。

9.3.1　比例运算电路

比例运算电路是运算电路中最简单的电路，它的输出电压和输入电压成比例。

1. 反相比例运算电路

输入信号从反相输入端输入时，输出信号与输入信号相位相反，这样的集成运放电路为反相比例运算电路。如图 9－10 所示，同相输入端通过电阻 R_2 接地，输入信号 u_i 经电阻 R_1 送到反相输入端，反馈电阻 R_f 跨接在输出端和反相输入端之间。

根据集成运放的"虚断"和"虚短"可知：

$$i_i \approx i_f, u_- \approx u_+ = 0$$

根据图 9－10 所示可得

$$i_i = \frac{u_i - u_-}{R_1} = \frac{u_i}{R_1}$$

$$i_f = \frac{u_- - u_o}{R_f} = -\frac{u_o}{R_f}$$

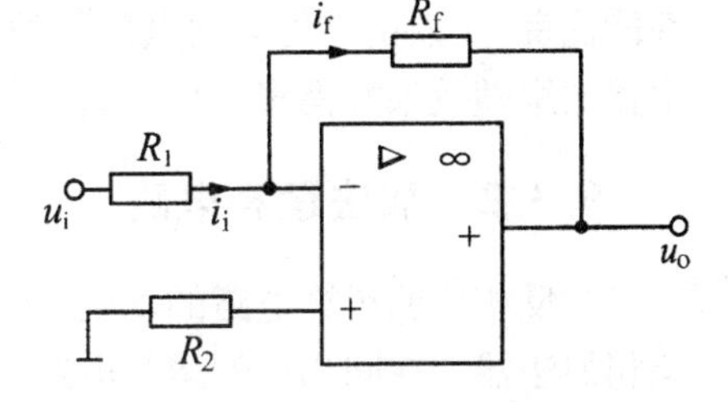

图 9－10　反相比例运算电路

所以

$$u_o = -\frac{R_f}{R_1} u_i$$

闭环电压放大倍数为

$$A_{uf} = \frac{u_o}{u_i} = -\frac{R_f}{R_1} \tag{9-26}$$

式(9－26)表明，输出电压与输入电压是比例关系，电路的电压放大倍数只与外围电阻有关，而与集成运放本身的参数无关，这就保证了放大电路放大倍数的精确和稳定。式中的"－"号表示输出电压与输入电压反相。

图 9－10 中，R_2 为平衡电阻，$R_2 = R_1 // R_f$，其作用是消除静态电流对输出电压的影响。

当 $R_1=R_f$ 时，$u_o=-u_i$，$A_{uf}=-1$，此时电路称为反相器。

2. 同相比例运算电路

如果输入信号从同相输入端引入，集成运放电路就成了同相比例运算电路，如图 9-11 所示。

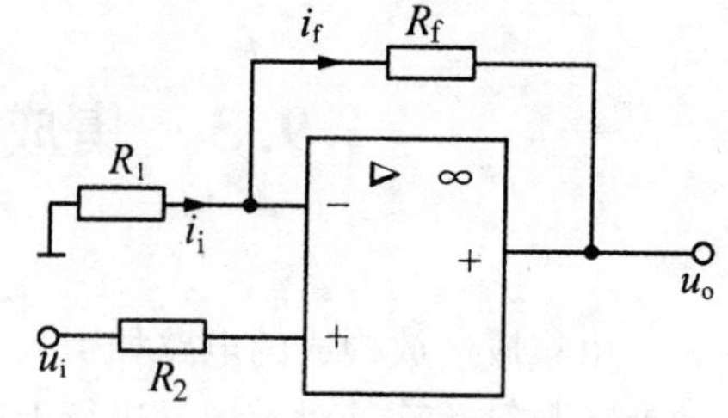

图 9-11 同相比例运算电路

根据集成运放的“虚断”和“虚短”可知

$$i_i \approx i_f, u_- \approx u_+ = u_i$$

根据 $u_o \to R_f \to R_1 \to$“地”回路可得

$$u_- = \frac{R_1}{R_1+R_f}u_o$$

所以

$$u_o = \frac{R_1+R_f}{R_1}u_- = \left(1+\frac{R_f}{R_1}\right)u_- = \left(1+\frac{R_f}{R_1}\right)u_i \tag{9-27}$$

闭环电压放大倍数为

$$A_{uf} = \frac{u_o}{u_i} = 1+\frac{R_f}{R_1} \tag{9-28}$$

式(9-28)表明，输出电压与输入电压的比例关系也与集成运放本身的参数无关，放大倍数的精度和稳定性都很高。同相比例运算电路的电压放大倍数 $A_{uf} \geqslant 1$，为正值，表示输出电压与输入电压同相。

当 $R_1=\infty$ 或 $R_f=0$ 时，$A_{uf}=1$，此时电路为同相器或电压跟随器。由于集成运放的性能优良，所以由它构成的电压跟随器不仅精度高，而且输入电阻大，输出电阻小，比射极输出器的跟随效果好得多，可作为各种电路的输入级、中间级或缓冲级等。

9.3.2 加法运算电路

在反相比例运算电路的基础上增加几个输入支路，便可构成反相加法运算电路，又称为反相加法器。在同相比例运算电路的基础上增加几个输入支路，便可构成同相加法运算电路，又称为同相加法器。下面分析反相加法器。

如图 9-12 所示，根据集成运放的“虚断”和“虚短”，可列出

$$i_{i1} = \frac{u_{i1}}{R_{11}}, i_{i2} = \frac{u_{i2}}{R_{12}}, i_{i3} = \frac{u_{i3}}{R_{13}},$$

$$i_f = i_{i1} + i_{i2} + i_{i3} = -\frac{u_o}{R_f}$$

由以上各式可得

$$u_o = -\left(\frac{R_f}{R_{11}}u_{i1} + \frac{R_f}{R_{12}}u_{i2} + \frac{R_f}{R_{13}}u_{i3}\right) \tag{9-29}$$

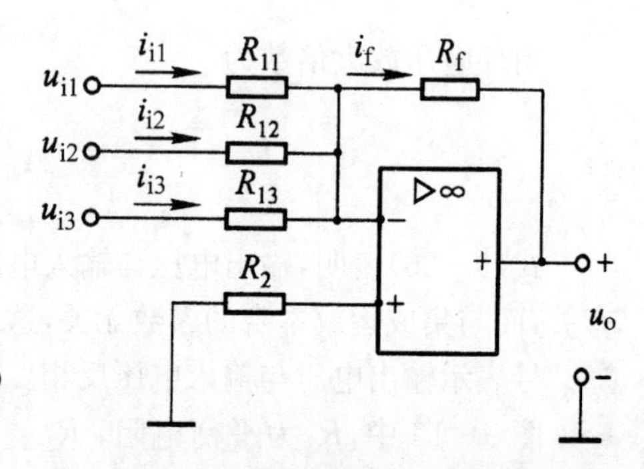

图 9-12 反相加法运算电路

当 $R_{11}=R_{12}=R_{13}=R_1$ 时，式(9-29)为

$$u_o = -\frac{R_f}{R_1}(u_{i1} + u_{i2} + u_{i3}) \tag{9-30}$$

当 $R_1 = R_f$ 时，式(9-30)为

$$u_o = -(u_{i1} + u_{i2} + u_{i3}) \tag{9-31}$$

由以上三式可以看出，加法运算电路也与集成运放本身的参数无关，只要电阻值足够精确，就可保证加法运算的精度和稳定性。

平衡电阻 $R_2 = R_{11} \mathbin{/\!/} R_{12} \mathbin{/\!/} R_{13} \mathbin{/\!/} R_f$。

对同相加法器，读者可自行分析。反相加法器和同相加法器的公式形式是相同的，但一般反相加法器的性能较好，应用较多。

【例 9-2】 如图 9-12 所示反相加法运算电路，若存在关系 $u_o = -(4u_{i1} + 2u_{i2} + 0.5u_{i3})$，试计算各输入电路的电阻和平衡电阻 R_2。设 $R_f = 100\ \text{k}\Omega$。

解　由式(9-29)可得

$$R_{11} = \frac{R_f}{4} = \frac{100}{4}\ \text{k}\Omega = 25\ \text{k}\Omega$$

$$R_{12} = \frac{R_f}{2} = \frac{100}{2}\ \text{k}\Omega = 50\ \text{k}\Omega$$

$$R_{13} = \frac{R_f}{0.5} = \frac{100}{0.5}\ \text{k}\Omega = 200\ \text{k}\Omega$$

$$R_2 = R_{11} \mathbin{/\!/} R_{12} \mathbin{/\!/} R_{13} \mathbin{/\!/} R_f \approx 13.3\ \text{k}\Omega$$

9.3.3　减法运算电路

如图 9-13 所示为用来实现两个电压 u_{i1} 和 u_{i2} 相减的减法运算电路，其两个输入端都有信号输入，实际为差动放大电路。

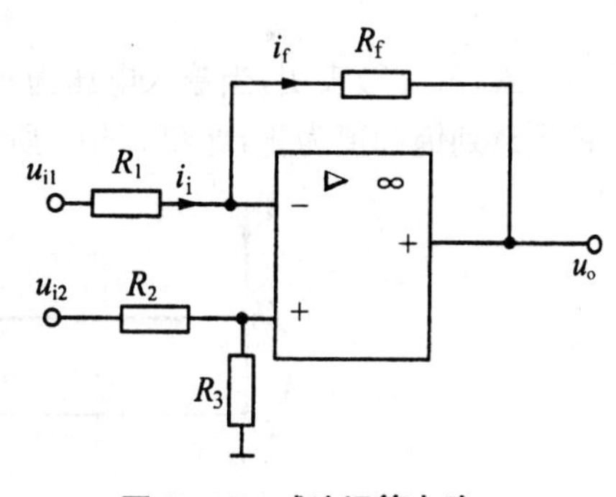

图 9-13　减法运算电路

由图可列出

$$u_- = u_{i1} - R_1 i_i = u_{i1} - \frac{R_1}{R_1 + R_f}(u_{i1} - u_o)$$

$$u_+ = \frac{R_3}{R_2 + R_3} u_{i2}$$

因 $u_- \approx u_+$，故可得

$$u_o = \left(1 + \frac{R_f}{R_1}\right)\frac{R_3}{R_2 + R_3} u_{i2} - \frac{R_f}{R_1} u_{i1} \tag{9-32}$$

当 $R_1 = R_2$、$R_f = R_3$ 时，式(9-32)为

$$u_o = \frac{R_f}{R_1}(u_{i2} - u_{i1}) \tag{9-33}$$

当 $R_f = R_1$ 时，式(9-33)为

$$u_o = u_{i2} - u_{i1} \tag{9-34}$$

由式(9-33)可得闭环电压放大倍数为

$$A_{uf} = \frac{u_o}{u_{i2} - u_{i1}} = \frac{R_f}{R_1} \tag{9-35}$$

由于电路存在共模电压，为保证运算精度，应当选用共模抑制比较高的集成运放或选用阻值合适的电阻。

9.3.4 积分运算电路

在反相比例运算电路中，用电容 C_f 代替电阻 R_f 就构成了积分运算电路，如图 9-14 所示。

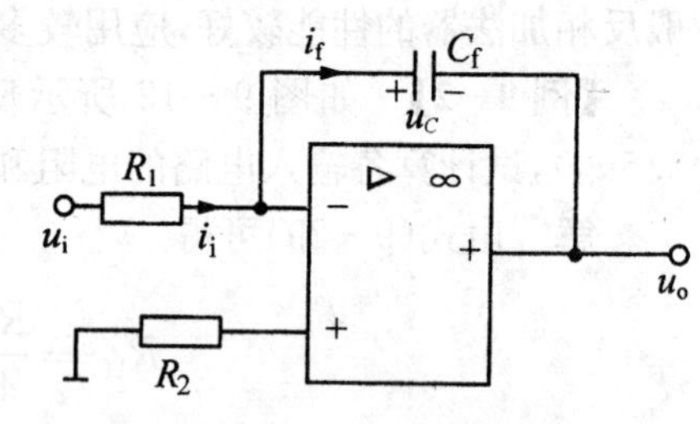

图 9-14 积分运算电路

由于是反相输入，且 $u_- \approx u_+ = 0$，所以

$$i_i = i_f = \frac{u_i}{R_1}$$

$$u_o = -u_C = -\frac{1}{C}\int i_f \mathrm{d}t = -\frac{1}{R_1 C}\int u_i \mathrm{d}t \tag{9-36}$$

式(9-36)表明，输出电压与输入电压的积分成比例，负号表示两者反相。R_1C 称为积分时间常数。

当 u_i 为一常数时，有

$$u_o = -\frac{U_i}{R_1 C} \cdot t \tag{9-37}$$

式(9-37)表明，当输入电压为常数时，积分运算电路的输出电压将随时间作线性变化，直到达到饱和值为止，如图 9-15 所示。

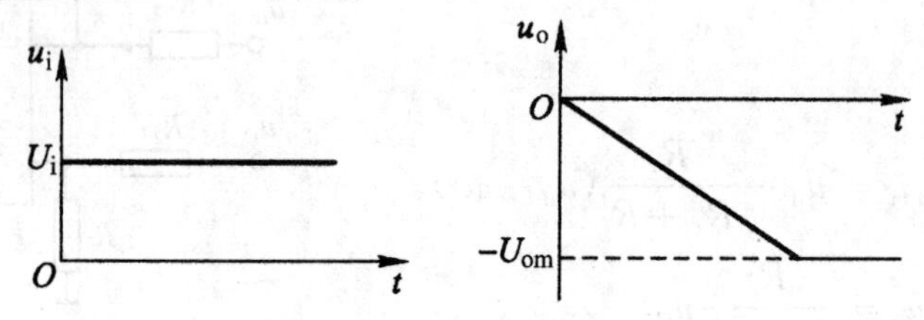

图 9-15 输入与输出波形

9.3.5 微分运算电路

微分运算是积分运算的逆运算，只需将积分电路中输入端的电阻和反馈电容互换位置就可构成微分运算电路，如图 9-16 所示。

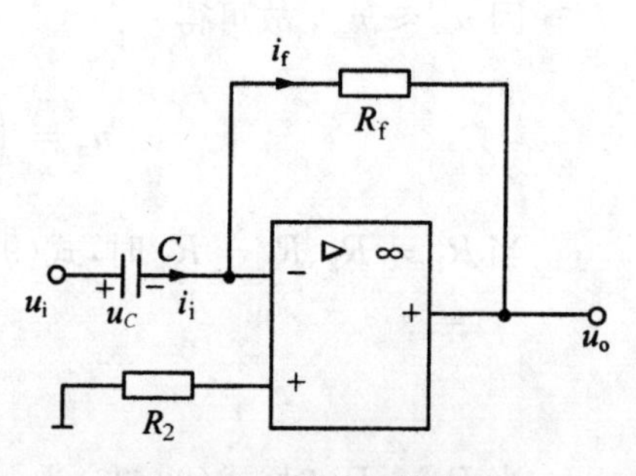

图 9-16 微分运算电路

由图可列出

$$i_i = C\frac{\mathrm{d}u_C}{\mathrm{d}t} = C\frac{\mathrm{d}u_i}{\mathrm{d}t}$$

$$u_o = -R_f i_f = -R_f i_i$$

所以

$$u_o = -R_f C \frac{du_i}{dt} \tag{9-38}$$

式(9-38)表明，输出电压与输入电压的一次微分成正比，负号表示两者反相。R_fC称为微分时间常数。

当输入信号为一个矩形阶跃信号时，输出电压为两个尖脉冲电压信号，如图9-17所示。

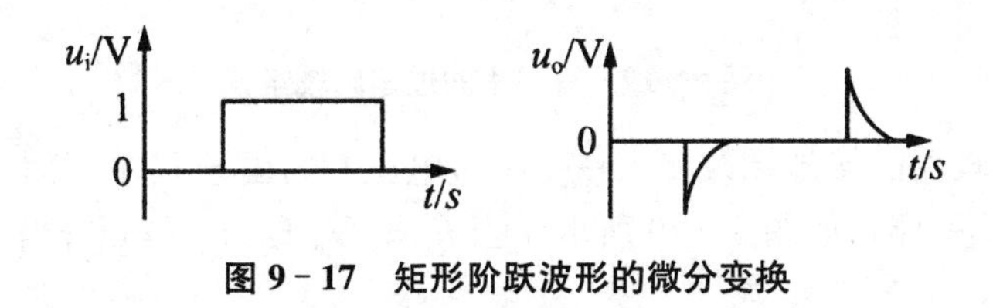

图9-17　矩形阶跃波形的微分变换

9.4　集成运算放大器的非线性应用

当集成运放工作在开环或引入正反馈时，其输出电压和输入电压的关系是非线性的。分析集成运放的非线性应用时，虚短和虚断不再适用。集成运放的非线性应用也十分广泛，本章只介绍其在电压比较器中的应用。

电压比较器是指将一个模拟量电压信号和一个参考电压相比较，在二者幅度相等的附近，输出电压产生跃变，相应输出高电平或低电平的电路。

9.4.1　过零比较器

过零比较器是参考电压为零的比较器，如图9-18(a)所示，其同相输入端接地，输入信号从反相端接入。当$u_i < 0$时，$u_o = U_{om}$；当$u_i > 0$时，$u_o = -U_{om}$。其电压传输特性如图9-18(b)所示。电压比较器输出电平发生跃变时的输入电压称为门限电压或阀值电压，用U_{TH}表示。当输入电压为正弦波电压时，输出电压为矩形波电压，如图9-18(c)所示。

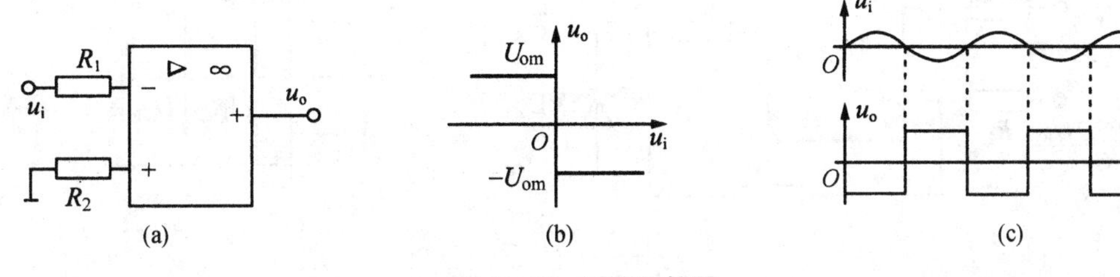

图9-18　过零比较器

有时为了将输出电压限制在某一特定值，以与接在输出端的数字电路电平配合，在比较器的输出端与“地”之间跨接一个双向稳压管 VD_Z，作双向限幅用。其电路和传输特性如图 9－19 所示。u_i 与零电平比较，输出电压 u_o 被限制在 $+U_Z$ 或 $-U_Z$。

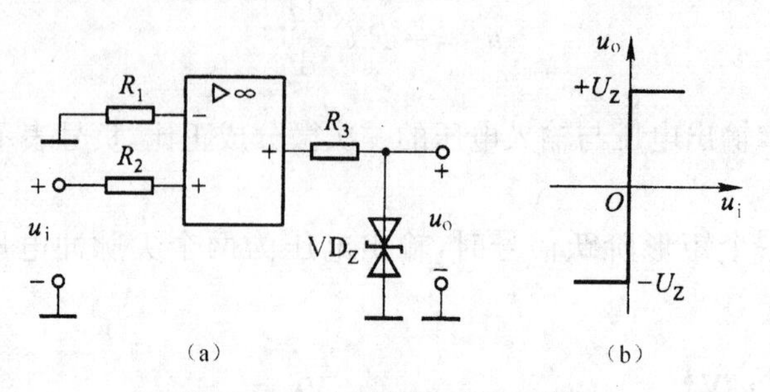

图 9－19 有限幅的过零比较器

如果将过零比较器的接地端改接入一个参考电压 U_R，由于 U_R 的大小与极性均可调整，则电路成为任意电平电路，如图 9－20 所示。当 $u_i < U_R$ 时，$u_o = U_Z$；当 $u_i > U_R$ 时，$u_o = -U_Z$。

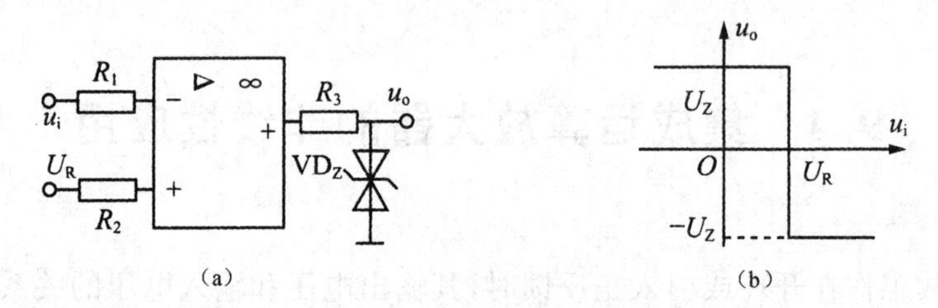

图 9－20 任意电平的电压比较器

9.4.2 滞回比较器

前面介绍的比较器虽然结构简单，灵敏度高，但抗干扰能力差，当输入电压在门限电压附近稍有波动时，就会使输出电压误动，形成干扰信号。采用滞回比较器，可以解决这个问题。

从集成运放电路的输出端引出一个反馈电阻到同相输入端，形成正反馈，就构成了滞回比较器，如图 9－21(a)所示。当输入电压 u_i 逐渐增大或减小时，对应的门限电压不同，传输特性呈“滞回”现象。两门限电压分别为 U_{TH1} 和 U_{TH2}，两者的差值 ΔU_{TH} 称为回差电压或门限宽度。

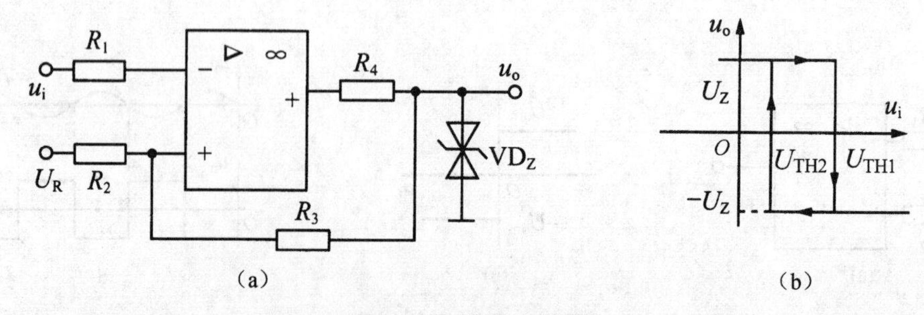

图 9－21 滞回比较器

由于输出电压为$+U_Z$和$-U_Z$，所以根据叠加原理可得

$$U_{TH1}=\frac{U_R R_3}{R_2+R_3}+\frac{U_Z R_2}{R_2+R_3}, U_{TH2}=\frac{U_R R_3}{R_2+R_3}-\frac{U_Z R_2}{R_2+R_3} \tag{9-39}$$

当u_i逐渐增大并等于U_{TH1}时，输出电压u_o就从$+U_Z$跃变到$-U_Z$，输出低电平；当u_i逐渐减小并等于U_{TH2}时，输出电压u_o就从$-U_Z$跃变到$+U_Z$，输出高电平。

回差电压ΔU_{TH}为

$$\Delta U_{TH}=U_{TH1}-U_{TH2}=\frac{2U_Z R_2}{R_2+R_3} \tag{9-40}$$

可见，回差电压ΔU_{TH}与参考电压U_R无关，改变电阻R_2和R_3的值，即可改变门限宽度。

本章小结

1. 集成运算放大器概述

(1) 集成运放的电路可分为输入级、中间级、输出级和偏置电路四个基本组成部分。

(2) 集成运放的主要性能指标：开环差模电压放大倍数A_{ud}、最大输出电压U_{OPP}、差模输入电阻r_{id}、开环输出电阻r_o、共模抑制比K_{CMR}、最大差模输入电压U_{idmax}、最大共模输入电压U_{icmax}、输入失调电压U_{IO}、输入失调电流I_{IO}和输入偏置电流I_{IB}等。

(3) 理想集成运放是指将集成运放的各项技术指标理想化，以便于在分析估算应用电路的过程中，抓住事物本质，忽略次要因素，简化分析过程。由传输特性曲线可以看出，理想集成运放可以工作在线性区和非线性区。

2. 放大电路中的负反馈

(1) 根据反馈极性的不同，反馈可分为正反馈和负反馈；根据反馈信号中包含的是直流成分还是交流成分，反馈可分为直流反馈和交流反馈；根据反馈信号在放大电路输出端的采样方式不同，反馈可分为电压反馈和电流反馈；根据反馈信号与输入信号在放大电路输入端的连接方式不同，反馈可分为串联反馈和并联反馈。

(2) 负反馈放大电路的闭环放大倍数A_f为

$$|A_f|=\frac{|A|}{|1+AF|}$$

(3) 负反馈可分为电压串联负反馈、电压并联负反馈、电流串联负反馈和电流并联负反馈四种组态。

(4) 放大电路中引入负反馈后，虽使放大倍数有所下降，但却能提高放大倍数的稳定性，减小非线性失真，拓宽通频带，根据需要灵活改变放大电路的输入电阻和输出电阻等。

3. 集成运算放大器的线性应用

(1) 输入信号从反相输入端输入时，输出信号与输入信号相位相反，这样的集成运放电

路为反相比例运算电路。如果输入信号从同相输入端引入,集成运放电路就成了同相比例运算电路。

(2) 在反相比例运算电路的基础上增加几个输入支路,便可构成反相加法运算电路,又称为反相加法器。在同相比例运算电路的基础上增加几个输入支路,便可构成同相加法运算电路,又称为同相加法器。

(3) 减法运算电路的两个输入端都有信号输入,实际上为差动放大电路。

(4) 在反相比例运算电路中,用电容 C_f 代替电阻 R_f,就构成了积分运算电路。

(5) 微分运算是积分运算的逆运算,只需将积分电路中输入端的电阻和反馈电容互换位置,就构成了微分运算电路。

4. 集成运算放大器的非线性应用

电压比较器是将一个模拟量电压信号和一个参考电压相比较,在二者幅度相等的附近,输出电压产生跃变,相应输出高电平或低电平的电路。本章仅介绍了过零比较器和滞回比较器。

本章思考与练习

一、填空题

1. 集成运放的电路可分为_______、_______、_______和_______四个基本组成部分。

2. 输入失调电流 I_{IO} 是指输入信号为零时,两个输入端_________之差。

3. "虚短"的条件为_______,"虚断"的条件为_______。

4. 任何带有反馈的放大电路都包含两个部分:① 不带反馈的_______,它可以是单级或多级的;② _______,它是联系放大电路输出电路和输入电路的环节,多数是由电阻元件组成的。

5. 当 $|1+AF|=1$ 时,$|A_f|\rightarrow\infty$,即当反馈放大电路在没有输入信号时,也产生输出信号,这种现象称为_______。

6. 负反馈是利用失真的净输入波形来改善输出波形的失真,从而使输出信号的失真得到一定程度的补偿,因此,负反馈只能_______失真,无法完全_______失真。

7. 输入电阻是从放大电路输入端看进去的等效电阻,因此,负反馈对输入电阻的影响取决于所引入的反馈是_______还是_______,而与输出端_______无关。

8. _______是将一个模拟量电压信号和一个参考电压相比较,在二者幅度相等的附近,输出电压产生跃变,相应输出高电平或低电平的电路。

二、解答题

1. 判断如图 9-22 所示各电路是否存在反馈,如存在反馈,请判断反馈类型。

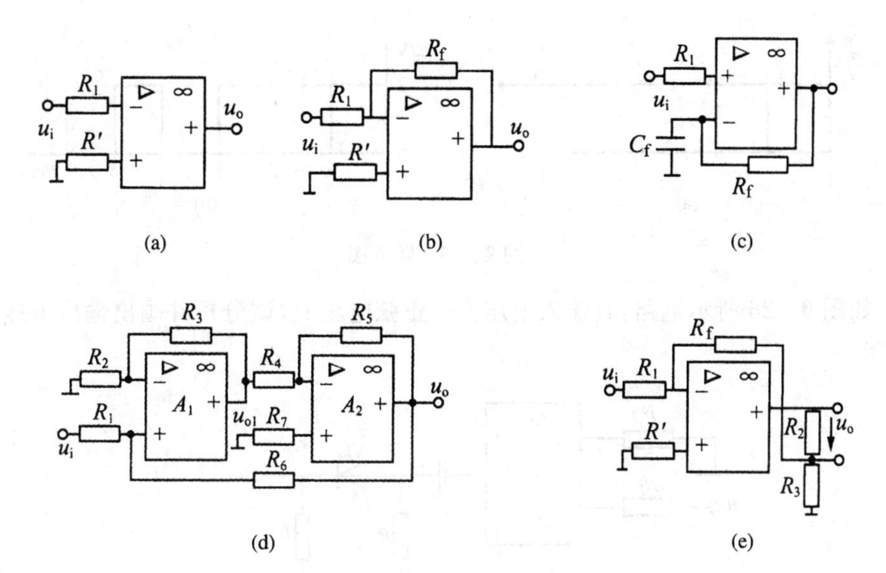

图 9-22　题 1 图

2. 在如图 9-10 所示电路中，$R_1 = 10\ \text{k}\Omega$，$R_f = 50\ \text{k}\Omega$，求 A_{uf} 和 R_2；若输入电压 $u_i = 1.5\ \text{V}$，则 u_o 为多大？

3. 求如图 9-23 所示电路中 u_o 与 u_{i1}、u_{i2} 的关系。

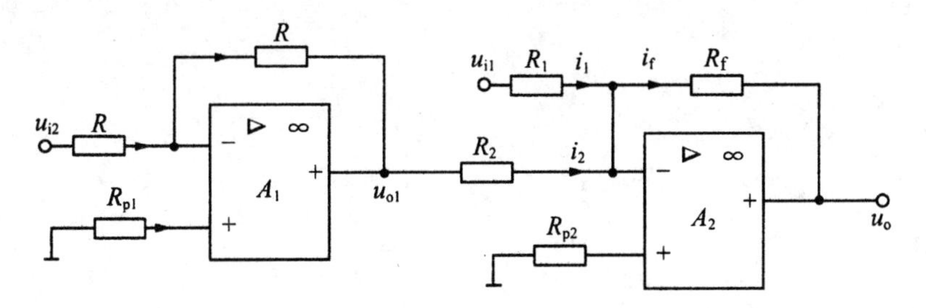

图 9-23　题 3 图

4. 如图 9-24 所示两级运算电路，试求 u_o。

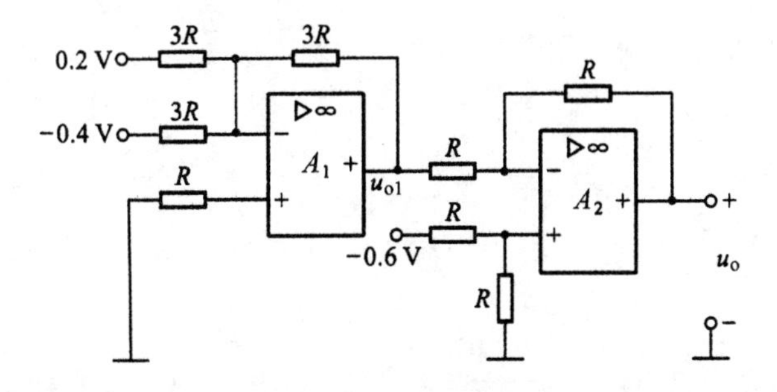

图 9-24　题 4 图

5. 试设计实现代数方程 $y = 5x_1 + 2x_2$ 的运算电路。

6. 如图 9-25 所示输入波形，画出在图 9-14 所示积分器作用下的输出波形。

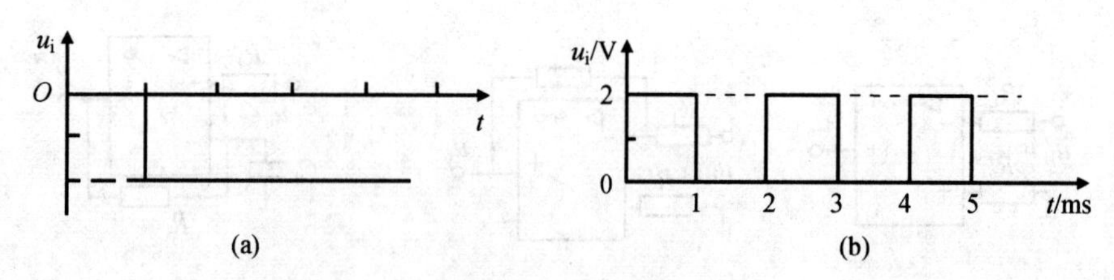

图 9-25　题 6 图

7. 如图 9-26 所示电路，其输入电压为一正弦电压 u_i，试分析并画出输出电压 u_o''、u_o'、u_o的波形。

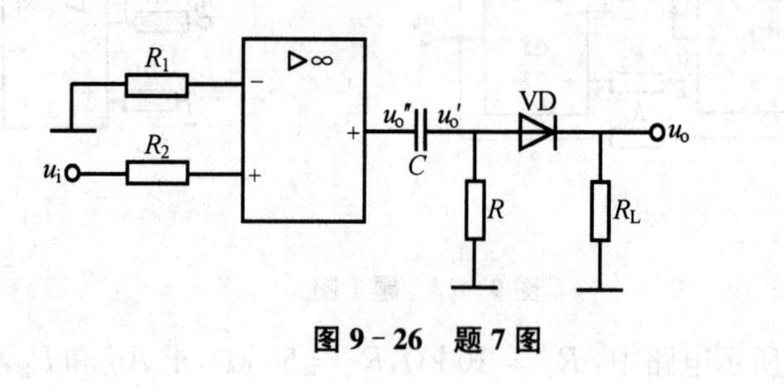

图 9-26　题 7 图

第10章　直流稳压电源

【本章导读】

电子电路工作时都需要直流电源提供能量。虽然在某些情况下，可以利用电池、蓄电池、直流发电机等作为直流电源，但在大多数情况下，都是将交流电源经过一系列的转化得到直流电源。本章将主要介绍小功率直流稳压电源的组成及各组成部分的工作原理。

【本章学习目标】

◉ 掌握单相半波整流电路的电路构成、工作原理、直流电压和直流电流的计算

◉ 掌握单相桥式整流电路的电路构成、工作原理、直流电压和直流电流的计算

◉ 掌握电容滤波电路、电感滤波电路的结构和工作原理

◉ 熟悉稳压电路的构成和工作原理，了解三端集成稳压器的用法

小功率直流稳压电源一般由变压器、整流电路、滤波电路、稳压电路组成，如图10－1所示。

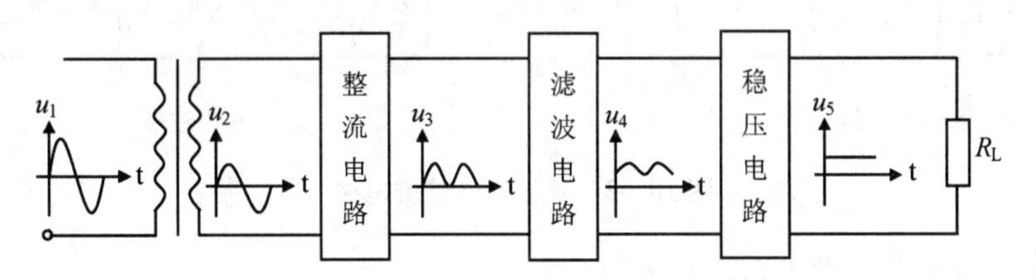

图10－1　小功率直流稳压电源原理框图

各部分电路的作用如下：

(1) 变压器的作用是将交流电网电压 u_1 变为整流电路所需的交流电压 u_2，同时还起到与电网安全隔离的作用。

(2) 整流电路的作用是将交流电压 u_2 变换为单向脉动的直流电压 u_3。

(3) 滤波电路的作用是减小脉动直流电压 u_3 的脉动成分，将其变换为较平滑的直流电压 u_4。

(4) 稳压电路的作用是清除电网波动及负载变化的影响，保持直流输出电压的稳定。

10.1　单相整流电路

整流电路是利用半导体器件的单向导电性将交流电变为单方向脉动的直流电。根据交流电源的相数，整流电路可分为单相整流电路和三相整流电路；根据整流电压波形，又可分

为半波整流电路和全波整流电路。因功率比较小,小功率直流电源通常采用单相交流供电。本节主要介绍单相整流电路。

10.1.1 单相半波整流电路

1. 工作原理

单相半波整流电路如图 10-2(a)所示,由电源变压器 T、整流二极管 VD 及负载 R_L组成。电源变压器一次电压为 u_1,二次电压为 u_2,这两个电压均为正弦交流电压,并设 $u_2=\sqrt{2}U_2\sin\omega t$。

当 u_2为正半周时,二极管 VD 正向导通,此时有电流 i_o流过负载,若忽略二极管的管压降,则负载 R_L两端的电压等于变压器副边线圈电压,即 $u_o=u_2$,输出电压 u_o的波形与 u_2相同;当 u_2为负半周时,二极管 VD 反向截止,负载 R_L上无电流流过,输出电压 $u_o=0$,此时 u_2全部加在二极管两端。

电路中电压波形如图 10-2(b)所示,由图可见负载上得到单方向的脉动电压。由于该电路仅在半个周期内有输出,所以称为半波整流电路。

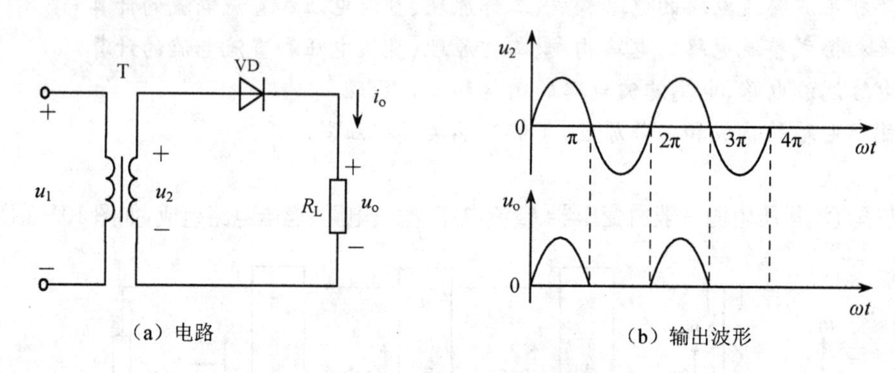

(a) 电路　　(b) 输出波形

图 10-2 单相半波整流电路

2. 负载上的直流电压和直流电流

直流电压 U_o是指一个周期内电压 u_o的平均值,即

$$U_o=\frac{1}{2\pi}\int_0^{\pi}\sqrt{2}U_2\sin\omega t\,d(\omega t)=\frac{\sqrt{2}}{\pi}U_2=0.45U_2 \tag{10-1}$$

流过负载的直流电流 I_o为

$$I_o=\frac{U_o}{R_L}=0.45\frac{U_2}{R_L} \tag{10-2}$$

3. 二极管的选择

一般应根据流过二极管的平均电流和其所承受的最高反向电压来选择二极管的型号。在单相半波整流电路中,流过整流二极管的平均电流与流过负载的直流电流相等,即

$$I_D=I_o=\frac{U_o}{R_L}=0.45\frac{U_2}{R_L} \tag{10-3}$$

二极管截止时承受的最高反向电压 U_{DM}与变压器次级电压 u_2的最大值相等,即

$$U_{DM} = \sqrt{2}U_2 \tag{10-4}$$

注意：一般情况下，允许电网电压有±10%的波动，因此在选择二极管时，对于最大整流电流 I_F 和最大反向工作电压 U_{RM}，应至少留有 10%的余地，以保证二极管安全工作，即

$$I_F > 1.1I_D = 1.1I_o = 1.1\frac{\sqrt{2}U_2}{\pi R_L}$$

$$U_{RM} > 1.1U_{DM} = 1.1\sqrt{2}U_2$$

I_F 和 U_{RM} 的意义详见 7.2.3 节。

半波整流电路结构简单，使用元件少，但电源和变压器利用率低，输出电压低、脉动大，因此只适用于整流电流较小、对电压稳定性要求不高的场合。

【例 10-1】 有一单相半波整流电路，如图 10-2(a)所示，已知负载电阻 $R_L = 1\,k\Omega$，要求其工作电流为 15 mA，试求变压器副边线圈电压的有效值 U_2，并选择合适的整流二极管。

解 由于

$$U_o = I_oR_L = 15\ V$$

故

$$U_2 = \frac{U_o}{0.45} = 33\ V$$

流过二极管的平均电流 I_D 和二极管承受的最高反向电压 U_{DM} 分别为

$$I_D = I_o = 15\ mA$$

$$U_{DM} = \sqrt{2}U_2 \approx 47\ V$$

根据以上求得的参数，查晶体管手册，可选用一只额定整流电流为 100 mA、最大反向工作电压为 50 V 的 2CZ52B 型整流二极管。

10.1.2 单相桥式整流电路

单相桥式整流电路是工程中最常用的一种单相全波整流电路。它由四只二极管组成，如图 10-3(a)图所示，这四只二极管接成了桥式，四个顶点中，相同极性接在一起的一对顶点接向直流负载 R_L，不同极性接在一起的一对顶点接向交流电源。图 10-3(b)所示是它的简化画法。

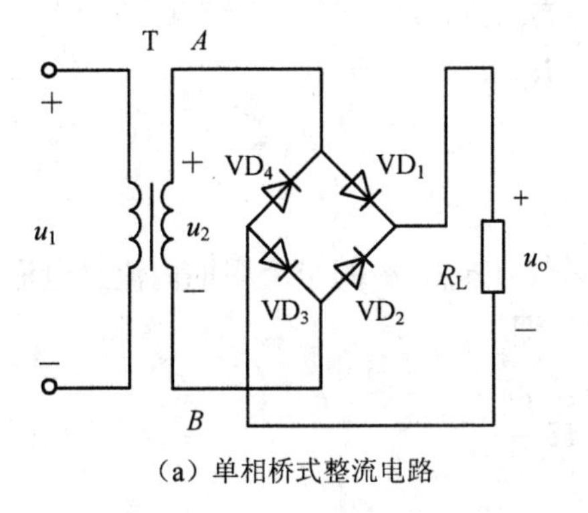

（a）单相桥式整流电路

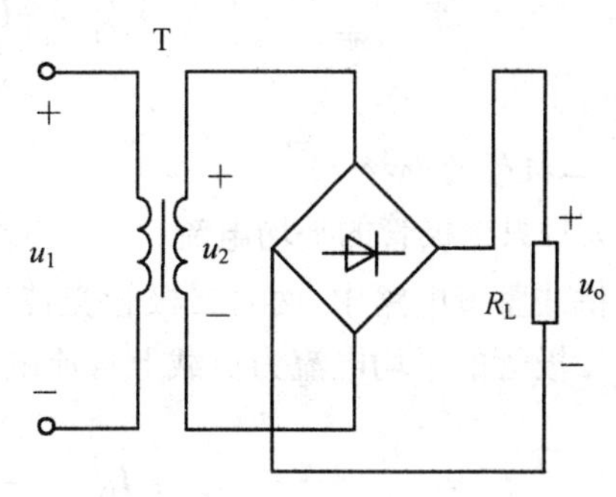

（b）单相桥式整流电路简画法

图 10-3 单相桥式整流电路

1. 工作原理

在电压 u_2 的正半周，A 点电位高于 B 点电位，二极管 VD_1、VD_3 正向导通，二极管 VD_2、VD_4 反向截止，电流的路径是 $A \to VD_1 \to R_L \to VD_3 \to B$。

在 u_2 的负半周，B 点电位高于 A 点电位，二极管 VD_2、VD_4 正向导通，二极管 VD_1、VD_3 反向截止，电流的路径是 $B \to VD_2 \to R_L \to VD_4 \to A$。

由于 VD_1、VD_3 和 VD_2、VD_4 两对二极管交替导通，因此负载 R_L 上在 u_2 的整个周期内都有电流流过，而且方向不变。电路中负载电阻 R_L 两端的电压 u_o、流过 R_L 的电流 i_o 及流过二极管的电流 i_D 的波形如图 10-4 所示。

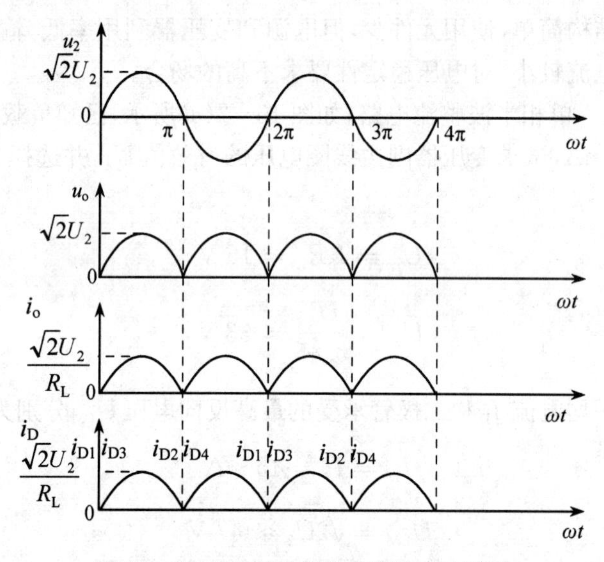

图 10-4 单相桥式整流电路输出波形图

2. 负载上的直流电压和直流电流

负载上的直流电压为

$$U_o = \frac{1}{\pi}\int_0^{\pi} \sqrt{2}U_2 \sin \omega t \, d(\omega t) = \frac{2\sqrt{2}}{\pi}U_2 = 0.9U_2 \tag{10-5}$$

负载上的直流电流为

$$I_o = \frac{U_o}{R_L} = 0.9\frac{U_2}{R_L} \tag{10-6}$$

3. 二极管的选择

(1) 每只二极管的平均电流

在桥式整流电路中，两对二极管交替导通，每只仅在电压 u_2 的半个周期内流过电流，所以每只二极管的平均电流为负载上直流电流的一半，即

$$I_D = \frac{1}{2}I_o = 0.45\frac{U_2}{R_L} \tag{10-7}$$

(2) 每只二极管反向截止时所承受的最高反向电压

$$U_{DM} = \sqrt{2}U_2 \tag{10-8}$$

可根据流过二极管的平均电流和其所承受的最高反向电压来选择二极管的型号。

单相桥式整流电路与单相半波整流电路相比，电源和变压器利用率高，输出电压高，电压脉动小。因此，这种整流电路在工程中应用广泛。

【例10-2】 有一单相桥式整流电路，如图10-3(a)所示，若变压器副边线圈电压的有效值为$U_2 = 40\ \text{V}$，负载电阻$R_L = 3.6\ \Omega$。(1) 求负载上的直流电压U_o，直流电流I_o，每只整流二极管的平均电流I_D及其所承受的最高反向电压U_{DM}。(2) 若VD_2损坏开路，U_o、I_o为多少？(3) 若VD_2短路，会出现什么情况？

解 (1) 由式(10-5)～(10-8)得

$$U_o = 0.9U_2 = 36\ \text{V}$$

$$I_o = \frac{U_o}{R_L} = 10\ \text{A}$$

$$I_D = \frac{1}{2}I_o = 5\ \text{A}$$

$$U_{DM} = \sqrt{2}U_2 = 56\ \text{V}$$

(2) 当VD_2损坏时，在u_2正半周，VD_1、VD_3导通，在u_2负半周，因VD_2开路，无二极管导通，所以电路相当于半波整流电路，故直流电压U_o、直流电流I_o仅为全波整流的一半，即

$$U_o = 0.45U_2 = 18\ \text{V}$$

$$I_o = \frac{U_o}{R_L} = 5\ \text{A}$$

(3) 当VD_2短路时，在u_2正半周电流不再通过负载R_L，而通过二极管VD_1和VD_2构成回路，由于二极管的导通压降只有0.7 V，因此变压器副边线圈短路，易造成电流过大而烧毁变压器和二极管。

10.2 滤波电路

利用整流电路虽然可以把交流电转变为单一方向的直流电压，但该直流电压含有较大的脉动成分，不能保证电子设备的正常工作。因此，在整流电路之后，还需要利用由储能元件组成的滤波电路，来减小电压中的脉动成分，使输出的电压更加平滑。

常用的滤波电路有电容滤波电路、电感滤波电路和复式滤波电路。

10.2.1 电容滤波电路

电容滤波电路是最常见、最简单的滤波电路，由滤波电容C与负载R_L并联而成，它利用电容的充放电来改善输出电压的脉动程度。如图10-5所示为单相桥式整流电容滤波电路。

注意：滤波电容一般采用电解电容，在接线时需要注意电解电容的正、负极。

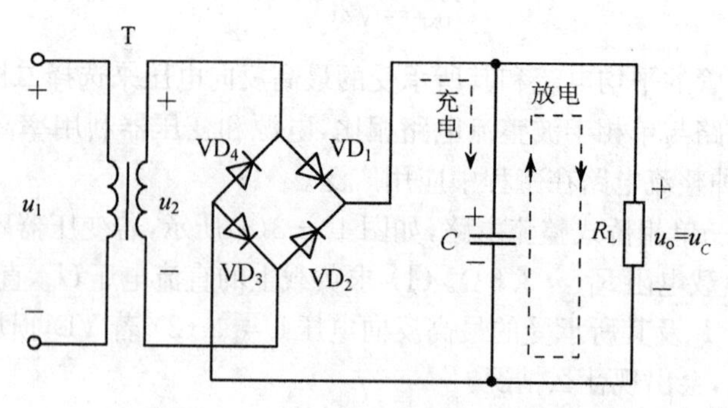

图 10-5　单相桥式整流电容滤波电路

1. 工作原理

在u_2的正半周，且$u_2>u_C$（电容两端电压）时，VD_1、VD_3正向导通，此时，u_2给负载供电的同时对电容器C充电。当充到最大值，即$u_C=U_m$后，u_C和u_2都开始下降，u_2按正弦规律下降。当$u_2<u_C$时，VD_1、VD_3承受反向电压而截止，电容器对负载放电，u_C按指数规律下降。

在u_2的负半周情况相似，只是在$|u_2|>u_C$时，VD_2、VD_4正向导通。经滤波后，u_o的波形如图 10-6 所示，显然脉动减小。

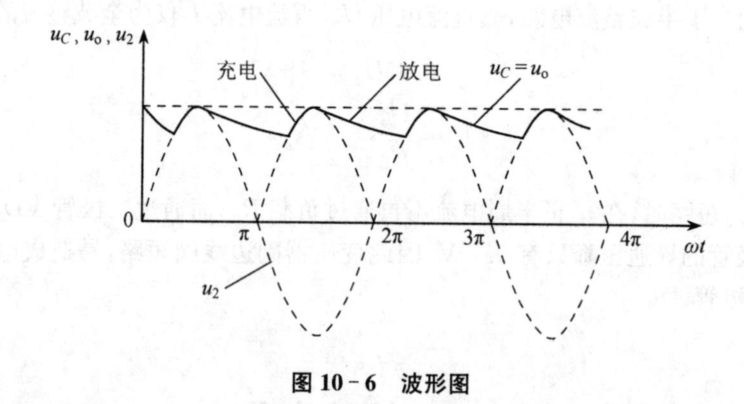

图 10-6　波形图

单相半波整流电容滤波电路的工作原理与单相桥式整流电容滤波电路工作原理相似，在此不再赘述。

2. 负载上电压的计算

一般常用如下公式估算电容滤波时的输出电压平均值：

$$U_o=1.2U_2 \quad （桥式、全波） \tag{10-9}$$

$$U_o=U_2 \quad （半波） \tag{10-10}$$

3. 元件选择

(1) 电容选择

电容的放电时间常数（$\tau=R_LC$）越大，放电过程越慢，输出电压越高，脉动成分也越少，即滤波效果越好。一般要求

$$\tau = R_L C \geqslant (3 \sim 5)\frac{T}{2} \quad (\text{桥式、全波}) \tag{10-11}$$

$$\tau = R_L C \geqslant (3 \sim 5)T \quad (\text{半波}) \tag{10-12}$$

式中 T 为交流电源电压的周期。

(2) 整流二极管的选择

每只二极管的平均电流为

$$I_D = \frac{1}{2}I_o \quad (\text{桥式、全波}) \tag{10-13}$$

$$I_D = I_o \quad (\text{半波}) \tag{10-14}$$

每只二极管所承受的最高反向电压：

$$U_{DM} = \sqrt{2}U_2 \quad (\text{桥式}) \tag{10-15}$$

$$U_{DM} = 2\sqrt{2}U_2 \quad (\text{半波、全波}) \tag{10-16}$$

电容滤波电路适用于要求输出电压高、负载电流较小，并且负载较稳定的电路中。

【例 10-3】 有一整流电容滤波电路，如图 10-5 所示，已知交流电源频率 $f = 50$ Hz，要求直流输出电压 $U_o = 30$ V，直流电流 $I_o = 150$ mA。试求：电源变压器副边电压 u_2 的有效值，选择整流二极管及滤波电容。

解 (1) 由式(10-9)得电源变压器副边电压 u_2 的有效值

$$U_2 = \frac{U_o}{1.2} = \frac{30}{1.2}\ \text{V} = 25\ \text{V}$$

(2) 选择二极管

流过二极管的平均电流为

$$I_D = \frac{1}{2}I_o = \frac{150}{2}\ \text{mA} = 75\ \text{mA}$$

二极管承受的最高反向电压为

$$U_{DM} = \sqrt{2}U_2 = \sqrt{2} \times 25\ \text{V} \approx 35\ \text{V}$$

根据 I_D、U_{DM} 查晶体管手册，可选用 2CP11 二极管，其最大整流电流为 100 mA，最大反向工作电压为 50 V。

(3) 选择滤波电容器

根据式(10-11)，取

$$R_L C = 5 \times \frac{T}{2} = 5 \times \frac{\frac{1}{50}}{2}\ \text{s} = 0.05\ \text{s}$$

由于

$$R_L = \frac{U_o}{I_o} = \frac{30}{0.15}\ \Omega = 200\ \Omega$$

所以

$$C = \frac{0.05}{R_L} = 250\ \mu F$$

选用 $C = 250\ \mu F$、耐压为 50 V 的电解电容。

10.2.2 其他滤波电路

1. 电感滤波电路

电感滤波电路由电感 L 和负载电阻 R_L 串联而成，如图 10－7 所示，它利用电感对交流阻抗大的特点减小电压脉动得到平滑的电压。

其工作原理为：当流过电感线圈的电流增大时，电感线圈产生的自感电动势与电流方向相反，阻止电流的增加，同时将一部分电能转化成磁场能存储于电感之中；当流过电感线圈的电流减小时，自感电动势与电流方向相同，同时释放出存储的能量，补偿电流的减小，从而得到平滑的电压。频率越高、电感越大，滤波效果越好。当忽略电感的电阻时，负载上的直流电压 $U_o \approx 0.9U_2$。

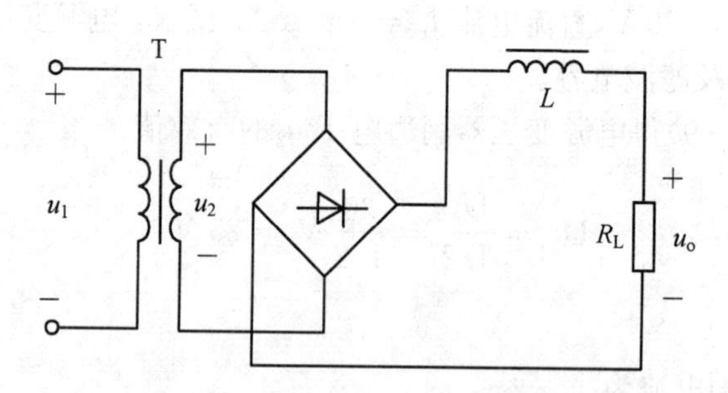

图 10－7 单相桥式整流电感滤波电路

经电感滤波后，不但负载电流及电压脉动减小，而且由于滤波电感电动势的作用，二极管的导通角增大，减小了二极管的冲击电流，延长了整流二极管的寿命。电感滤波电路的缺点是体积大，易引起电磁干扰。电感滤波一般只适用于低电压、大电流场合。

2. 复式滤波电路

为了得到更好的滤波效果，可以将电感、电容、电阻按照一定的方式组成复式滤波电路。常见的复式滤波电路有 Γ 型和 Π 型两种，如图 10－8 所示。

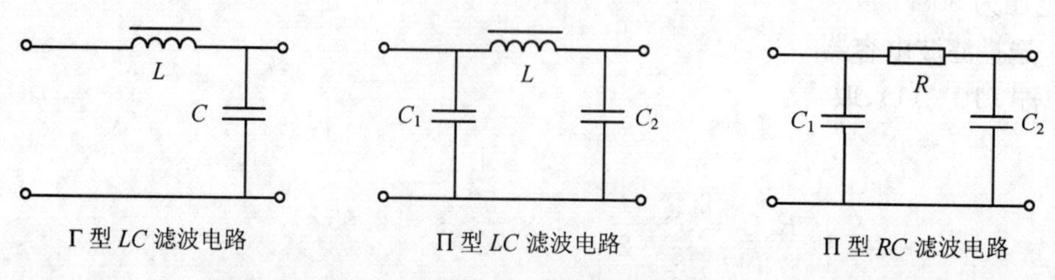

图 10－8 复式滤波电路

这几种复式滤波电路的工作特点和适用场合见表10-1。

表10-1　常用复式滤波电路的比较

常用复式滤波电路	适用场合
Γ型LC滤波电路	适用于电流较大、要求输出电压非常平稳的场合，用于高频时更为合适
Π型LC滤波电路	它的滤波效果比Γ型LC滤波电路更好，但整流二极管的冲击电流较大，因此更适用于小电流负载场合
Π型RC滤波电路	该电路中用电阻R代替了Π型LC滤波电路中的电感线圈，克服了电感线圈体积大而笨重、成本高的缺点。R越大、C_2越大，滤波效果越好。但R太大，将使直流压降增加，所以这种滤波电路主要适用于负载电流较小而又要求输出电压脉动小的场合

10.3　直流稳压电路

虽然经整流和滤波后能够得到较为平滑的直流电压，但是这种直流电压会随交流电源电压的波动和负载的变化而变化，稳定性差。因此，需要一种稳压电路，使输出电压在电网电压波动或负载变化时基本稳定在某一数值。本节将介绍小功率直流电源设备中常用的稳压管稳压电路和串联型稳压电路。

10.3.1　稳压管稳压电路

稳压管稳压电路是最简单的直流稳压电路，由稳压管D_Z和限流电阻R组成，如图10-9(a)所示。如图10-9(b)所示为稳压管的伏安特性曲线。

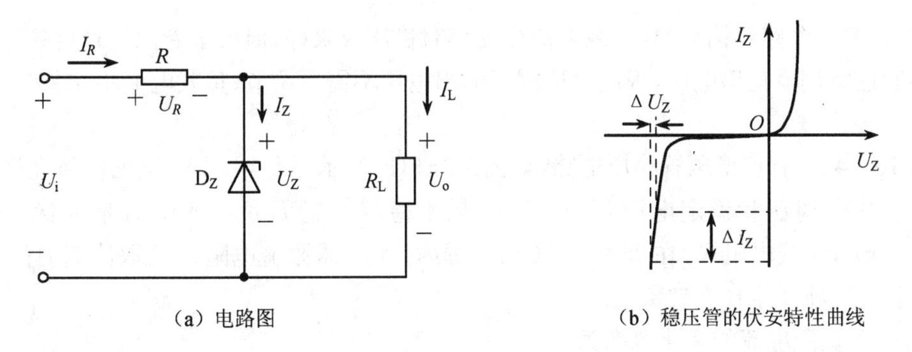

(a) 电路图　　(b) 稳压管的伏安特性曲线

图10-9　稳压管稳压电路

1. 工作原理

(1) 负载电阻R_L不变，输入电压波动

当负载电阻R_L不变、输入电压U_i上升时，U_o随之增大，即U_Z($U_Z=U_o=U_i-U_R$)增大，由稳压管的伏安特性曲线可知，稳压管的电流I_Z显著增大，结果使流过电阻R的电流I_R($I_R=I_Z+I_L$)增大，电阻R上的压降增大，以抵消U_i的增加，从而使负载电压U_o的数值

保持近似不变。上述稳压过程可表示为

$$U_i\uparrow\rightarrow U_o\uparrow(U_Z\uparrow)\rightarrow I_Z\uparrow\rightarrow I_R\uparrow\rightarrow U_R\uparrow\rightarrow U_o\downarrow$$

同理,如果输入电压U_i下降,电阻R上压降减小,其工作过程与上述相反,输出电压U_o仍保持基本不变。

(2) 输入电压U_i不变,负载发生波动

当输入电压U_i不变、负载电阻R_L增大,即负载电流I_L减小时,稳压过程为

$$R_L\uparrow\rightarrow I_L\downarrow\rightarrow I_R\downarrow\rightarrow U_R\downarrow\rightarrow U_o\uparrow(U_Z\uparrow)\rightarrow I_Z\uparrow\rightarrow I_R\uparrow\rightarrow U_R\uparrow\rightarrow U_o\downarrow$$

同理,如果负载电阻减小,稳压过程相反。

由以上分析可知,稳压管稳压电路是利用稳压管所起的电流调节作用,通过限流电阻R上电压变化进行补偿,来达到稳压的目的。

2. 元件的选择

(1) 稳压管的选择

一般按下式选取稳压管

$$\left.\begin{aligned}U_i&=(2\sim3)U_o\\U_Z&=U_o\\I_{Z\max}-I_{Z\min}&>I_{L\max}-I_{L\min}\end{aligned}\right\}\tag{10-17}$$

(2) 限流电阻的选择

限流电阻的大小受其他参数如输入电压U_i,负载电流I_L,稳压管电流$I_{Z\max}$、$I_{Z\min}$等因素的影响,一般按下式选取

$$\frac{U_{i\max}-U_Z}{I_{Z\max}+I_{L\min}}<R<\frac{U_{i\min}-U_Z}{I_{Z\min}+I_{L\max}}\tag{10-18}$$

稳压管稳压电路结构简单,负载电流变动小时稳压效果好,但由于受稳压管自身参数的限制,不能任意调节输出电压,因此只适用于输出电压不需要调节、负载电流小、要求不高的场合。

【例 10-4】 有一稳压管稳压电路,如图 10-9(a)所示,$U_i=12\text{ V}$,电网电压允许波动范围为$\pm10\%$,稳压管稳定电压$U_Z=5\text{ V}$,最小稳定电流$I_{Z\min}=5\text{ mA}$,最大稳定电流$I_{Z\max}=30\text{ mA}$,负载电阻R_L在$250\sim350\,\Omega$范围内。(1) 求限流电阻R的取值范围;(2) 若限流电阻短路,将产生什么现象?

解 (1) 负载电流的变化范围为

$$I_{L\max}=\frac{U_Z}{R_{L\min}}=\frac{5}{250}\text{ A}=0.02\text{ A}$$

$$I_{L\min}=\frac{U_Z}{R_{L\max}}=\frac{5}{350}\text{ A}\approx0.0143\text{ A}$$

由式(10-18)得

$$\frac{12\times0.9-5}{0.005+0.02}\,\Omega<R<\frac{12\times1.1-5}{0.03+0.0143}\,\Omega$$

即 R 的取值范围为 185～232 Ω。

(2) 若限流电阻短路，则 U_i 全部加在稳压管上，使之因电流过大而烧坏。

10.3.2　串联型稳压电路

串联型稳压电路克服了稳压管稳压电路输出电压不可调、输出电流变化范围小的缺点，多用于要求较高的场合。

1. 电路构成及各部分作用

串联型稳压电路如图 10－10 所示，它由取样环节、基准电压电路、比较放大环节和调整环节四部分组成。

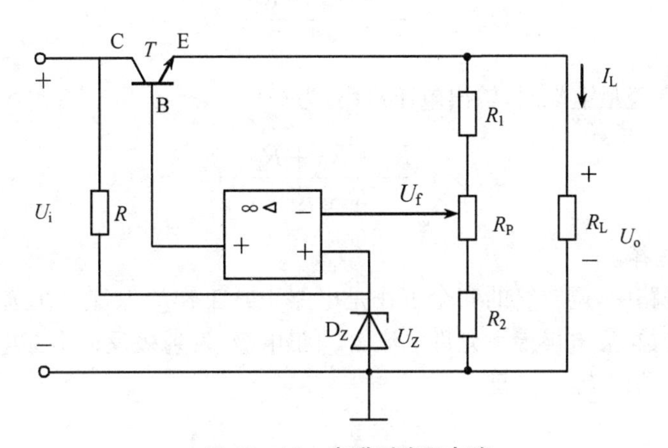

图 10－10　串联型稳压电路

(1) 取样环节

由电阻 R_1、R_P、R_2 组成输出电压的取样电路，将输出电压的一部分（即 U_f）送到比较环节。

(2) 基准电压电路

由稳压二极管 D_Z 和电阻 R 构成，用于为电路提供一个稳定的基准电压 U_Z，作为调整比较的标准。

(3) 比较放大环节

集成运放作为比较放大电路，将采样所得电压 U_f 与基准电压 U_Z 比较放大后送到调整管 T 的基极。

(4) 调整环节

由调整管 T 组成，T 的基极电位 U_B 动态反映了整个稳压电路的输出电压 U_o 的变动，控制基极电位就可控制 U_o 的值。

2. 稳压过程

当由于某种原因（如电网电压波动或负载电阻的变化等）使输出电压 U_o 升高（降低）时，采样电路将这一变化趋势（即取样电压 U_f）送到集成运放的反相输入端，它与集成运放同相输入端的电位 U_Z（即基准电位）进行比较放大，集成运放的输出电压即调整管的基极电位降低(升高),因为调整环节采用射极输出形式,所以输出电压U_o必然降低(升高),从而使U_o得到稳定。上述过程可表示为

$$U_o\uparrow \rightarrow U_f\uparrow \rightarrow (U_Z-U_f)\downarrow \rightarrow U_B\downarrow \rightarrow U_o\downarrow$$

或

$$U_o\downarrow \rightarrow U_f\downarrow \rightarrow (U_Z-U_f)\uparrow \rightarrow U_B\uparrow \rightarrow U_o\uparrow$$

由此看出,串联稳压电路的稳压过程,实质上是通过电压负反馈使输出电压保持基本稳定的过程。

3. 输出电压的可调范围

理想运放条件下,当电位器R_P滑至最下端时,输出电压最大,为

$$U_{omax}=\frac{R_1+R_P+R_2}{R_2}\cdot U_Z \tag{10-19}$$

当电位器R_P滑至最上端时,输出电压最小,为

$$U_{omin}=\frac{R_1+R_P+R_2}{R_P+R_2}\cdot U_Z \tag{10-20}$$

4. 调整管的选择

在串联稳压电路中,调整管的安全工作是电路正常工作的保证。在选择调整管T时,主要考虑其极限参数:集电极最大允许电流I_{CM}、集电极-发射极反向击穿电压$U_{(BR)CEO}$和集电极最大允许耗散功率P_{CM},满足

$$\left.\begin{array}{l} I_{CM}>I_{Lmax} \\ U_{(BR)CEO}>U_{imax}-U_{omin} \\ P_{CM}>I_{Lmax}(U_{imax}-U_{omin}) \end{array}\right\} \tag{10-21}$$

在实际选用时,不但要考虑一定的余量,还应按手册上的规定采取散热措施。

10.3.3 三端集成稳压器

随着科技发展,稳压电路也制成了集成器件。集成稳压器因体积小、可靠性高、价格低廉等优点而得到广泛的应用。集成稳压器种类繁多,应用较为普遍的是三端式集成稳压器。

三端集成稳压器有三个引出端子,故称为三端集成稳压器。按其性能可分为三端固定式集成稳压器和三端可调式集成稳压器。前者的输出电压为固定值,不能调节;后者可通过外接电路对输出电压进行连续调整。

本节将介绍W7800(固定输出正压)、W7900(固定输出负压)、W317(可调输出正压)和W337(可调输出负压)系列的三端集成稳压器。

1. W7800、W7900系列三端固定式集成稳压器

(1) 三端固定式集成稳压器的外形、管脚意义和图形符号

W7800和W7900系列三端固定式集成稳压器有输入、输出和公共地端三个引出端子,

其外形、管脚意义和图形符号如图10－11所示。

注意： 三端集成稳压器的封装形式不同，外形可能会有所不同。对于不同型号或不同厂家的产品，三个管脚的排列和它们的功能可能并不相同，使用时一定要看说明书。

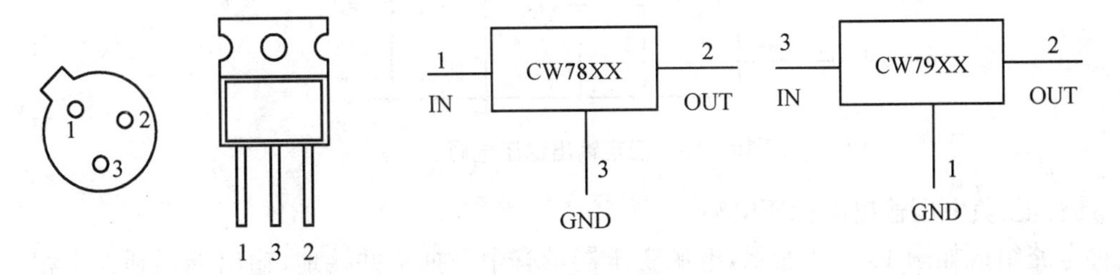

图10－11　三端固定式集成稳压器外形、管脚意义和图形符号

(2) W7800和W7900系列三端固定式集成稳压器的型号组成及其意义

W7800（正电压输出）和W7900（负电压输出）系列三端固定式集成稳压器的输出电压有±5 V、±6 V、±8 V、±9 V、±12 V、±15 V、±18 V、±24 V，最大输出电流有0.1 A、0.5 A、1 A、1.5 A等，它们的型号组成及其意义如图10－12所示。如表10－2所示为W7815稳压器的主要参数。

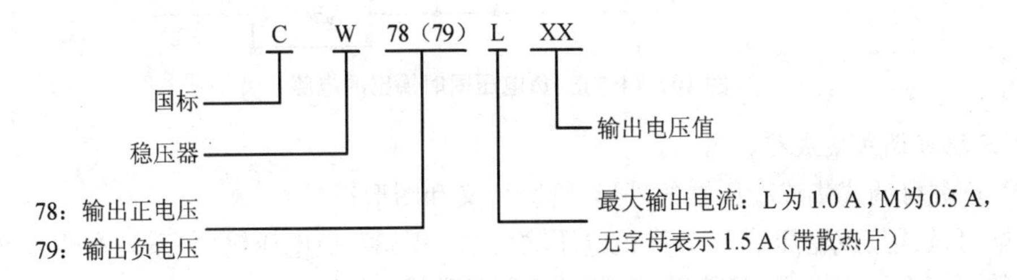

图10－12　W7800和W7900系列三端固定式集成稳压器的型号组成及其意义

表10－2　W7815稳压器的主要参数

输出电压	最大输入电压	最小输入输出压差	最大输出电流	输出电阻	电压变化率
15 V	35 V	2～3 V	2.2 A	0.03～0.15 Ω	0.1%～0.2%

注意： 无论是三端固定式还是三端可调式集成稳压器，为了保证调整管工作在放大区，要求输入端与输出端之间至少有2～3 V的压差。压差太小调整管进入饱和区，稳压器失去稳压作用；压差过大会增大稳压器自身消耗的功率，并使最大输出电流减小。在实际设计中两者应兼顾，即既保证在最大负载电流时调整管不进入饱和区，又不至于功耗偏大。

(3) 三端固定式集成稳压器的应用

① 固定输出稳压电源

此种电路组成如图10－13所示，三端稳压器的输入端接在整流滤波电路的后面，输出端直接接负载，公共端接地，即可输出稳定的直流电压。图中，C_1为滤波电容；C_2用于抵消输入端较长接线的电感效应，防止电路产生自激振荡，接线不长时也可不用；C_3用于改善负载的瞬态响应，消除高频噪声。C_2一般在0.1～1 μF之间，如0.33 μF；C_3可用1 μF。

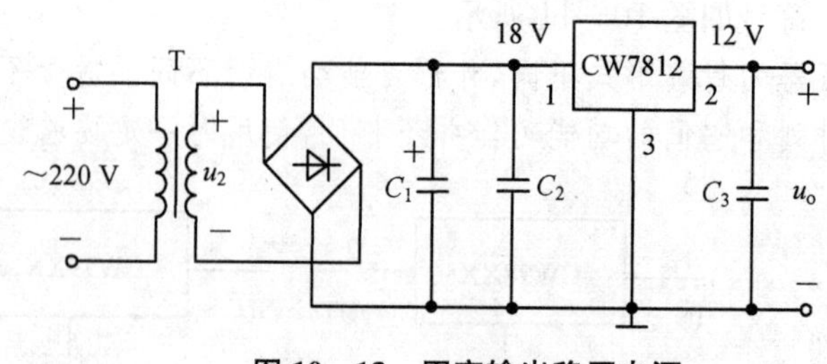

图 10-13 固定输出稳压电源

② 具有正、负电压输出的稳压电源

此种电路组成如图 10-14 所示,电源变压器带有中心抽头并接地,输出端得到大小相等、极性相反的电压。

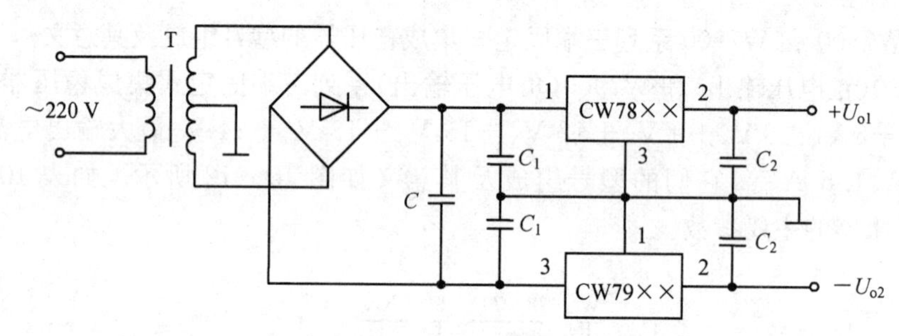

图 10-14 正、负电压同时输出的电路

2. 三端可调式集成稳压器

(1) 三端可调式集成稳压器的外形、管脚意义和图形符号

三端可调式集成稳压器 W317(正电压输出)和 W337(负电压输出)系列有输入、输出和电压调整端三个引出端子,其外形、管脚意义和图形符号如图 10-15 所示。

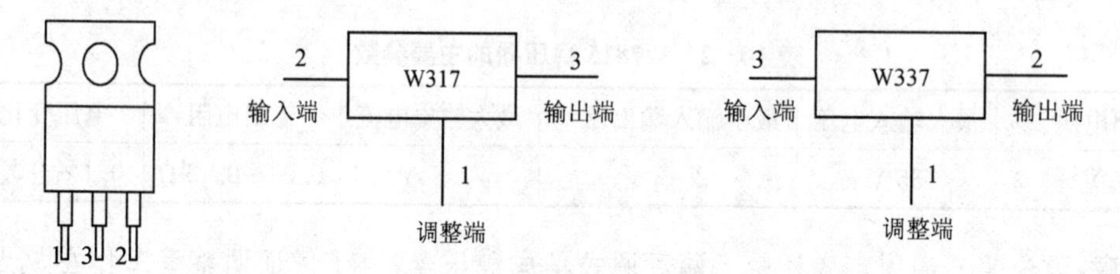

图 10-15 三端可调式集成稳压器外形、管脚意义和图形符号

(2) W317 和 W337 系列三端可调式集成稳压器的型号组成及其意义

W317 和 W337 系列三端可调式集成稳压器的型号组成及其意义如图 10-16 所示。

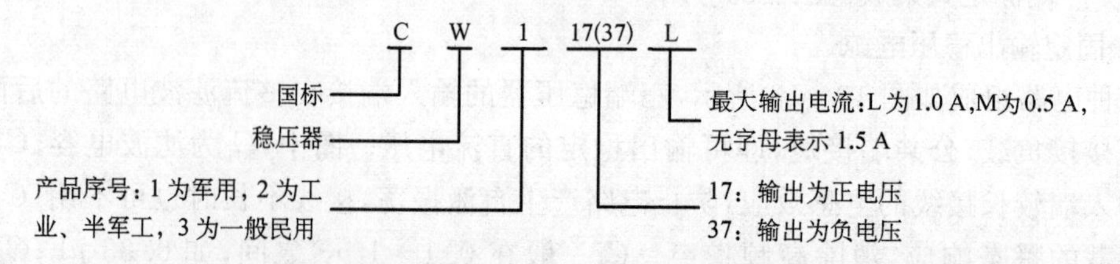

图 10-16 W317 和 W337 系列三端可调式集成稳压器的型号组成及其意义

(3) 三端可调式集成稳压器的应用

三端可调式集成稳压器的典型应用电路如图 10-17 所示。为了使电路正常工作,一般输入电流不小于 5 mA,输入电压范围在 2～40 V 之间,输出电压在 1.25～37 V 范围内可调,负载电流最大值为 1.5 A,由于调整端的输出电流非常小(50 μA)且恒定,故可将其忽略,得输出电压表达式为

$$U_o = \left(1+\frac{R_P}{R_1}\right)\times 1.25\ \text{V} \tag{10-22}$$

式中,1.25 V 为集成稳压器输出端与调整端之间的基准电压;R_1一般取值 120～240 Ω(此值保证稳压器在空载时也能正常工作);调节电阻 R_P可改变输出电压的大小。

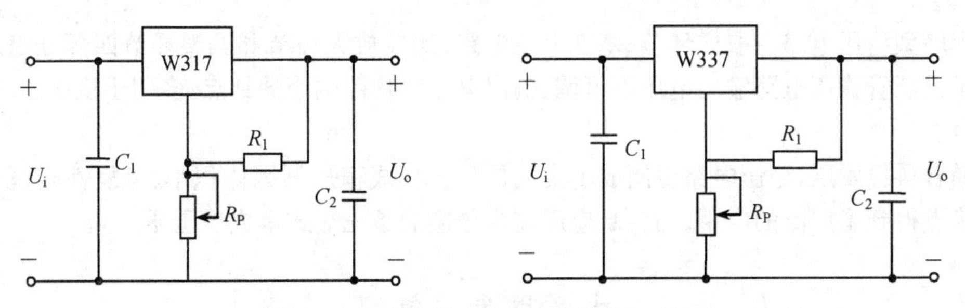

图 10-17 CW317 和 CW337 典型应用电路

本章小结

本章主要介绍小功率直流稳压电源的组成及各组成部分的工作原理。

1. *单相整流电路*

整流电路是利用半导体器件的单向导电性将交流电变为单方向脉动的直流电。小功率整流电路中最常用的是单相桥式整流电路。

单相半波整流电路和单相桥式整流电路的特性如表 10-3 所示。

表 10-3 单相半波、桥式整流电路特性

类型	整流电压平均值 U_o	整流电流平均值 I_o	二极管电流 I_D	二极管承受的最高反向电压 U_{DM}
单相半波整流电路	$0.45U_2$	$0.45\dfrac{U_2}{R_L}$	I_o	$\sqrt{2}U_2$
单相桥式整流电路	$0.9U_2$	$0.9\dfrac{U_2}{R_L}$	$\dfrac{1}{2}I_o$	$\sqrt{2}U_2$

上表中 U_2为变压器副边电压有效值。

2. *滤波电路*

在整流电路的输出侧接入由储能元件组成的滤波电路,可减小输出电压中的脉动成分,使输出的电压更加平滑。常用的滤波电路有电容滤波电路、电感滤波电路和复式滤波电路。

电容滤波电路由滤波电容 C 与负载 R_L并联而成,该种电路输出电压较高,但带负载能

力差，只适用于负载电流较小的场合；电感滤波电路由电感 L 和负载电阻 R_L 串联而成，该种滤波电路的输出电压低，但带负载能力强，适用于负载电流较大的场合；如果要得到更好的滤波效果，可将电感、电容、电阻按照一定的方式组成复式滤波电路。

3. 直流稳压电路

在整流、滤波电路的输出端接入稳压电路，可使输出电压在电网电压波动或负载变化时基本稳定在某一数值。常用的稳压电路有稳压管稳压电路和串联型稳压电路。

稳压管稳压电路是最简单的直流稳压电路，由稳压管和限流电阻组成，它利用稳压管的稳压特性配合限流电阻的调节、限流作用来实现稳压。该种稳压电路简单、经济，但稳压值不可调，稳压精度不高，只适用于输出电压不需要调节、负载电流小、稳压要求不高的场合。

串联型稳压电路由取样环节、基准电压电路、比较放大环节和调整环节四部分组成，它克服了稳压管稳压电路输出电压不可调、输出电流变化范围小的缺点，多用于稳压要求较高的场合。

随着科技发展，稳压电路也制成了集成器件。集成稳压器因体积小、可靠性高、价格低廉等优点得到了广泛的应用。其中，应用较为普遍的是三端式集成稳压器。

本章思考与练习

一、填空题

1. 小功率直流稳压电源一般由________、________、________和________电路组成。

2. 整流电路的作用是____________________________，常用的整流电路是________。

3. 常用的滤波电路有________、________、________。

4. 理想二极管在半波整流电路中，电阻负载时，承受的最大反向电压是________；理想二极管在单相桥式整流电路中，电阻负载时，承受的最大反向电压是________。

5. 单相桥式整流电路中，若输出平均电流为 I_o，则整流二极管的平均电流为________。

6. 最简单的直流稳压电路是________，它由________和________组成。

7. 串联稳压电路由________、________、________、________四部分组成。

8. 三端集成稳压器按其性能可分为________和________，前者的输出电压为固定值，不能调节；后者可通过外接电路对输出电压进行连续调整。

二、解答题

1. 某一整流电路如图 10－18 所示。

(1) 分别标出 u_{o1} 和 u_{o2} 对地的极性。

(2) u_{o1} 和 u_{o2} 分别是半波整流还是全波整流？

(3) 当 $U_{21} = U_{22} = 20\text{ V}$ 时，直流电压 U_{o1} 和 U_{o2} 各是多少？

(4) 当 $U_{21} = 18\text{ V}$、$U_{22} = 22\text{ V}$ 时，画出 u_{o1}、u_{o2} 的波形；直流电压 U_{o1} 和 U_{o2} 各是多少？

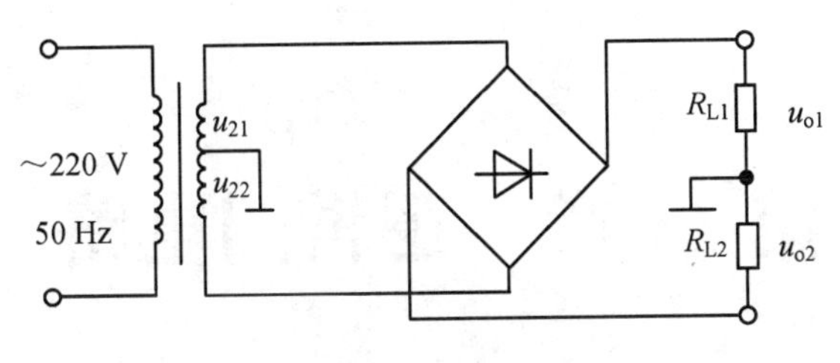

图 10-18　题 1 图

2. 已知负载电阻 $R_L = 80\ \Omega$，负载电压 $U_o = 110\ V$，现采用单相桥式整流电路，交流电源电压为 220 V。试计算变压器副边电压 U_2、负载电流 I_o、二极管电流 I_D 和二极管承受的最高反向电压 U_{DM}。

3. 在如图 10-19 所示的桥式整流电容滤波电路中，已知 $C = 1\,000\ \mu F$，$R_L = 40\ \Omega$。若用交流电压表测得变压器副边电压为 20 V，再用直流电压表测得 R_L 两端电压为下列几种情况，试分析哪些是合理的，哪些表明出了故障，并说明原因。

(1) $V_o = 9\ V$；(2) $V_o = 18\ V$；(3) $V_o = 28\ V$；(4) $V_o = 24\ V$。

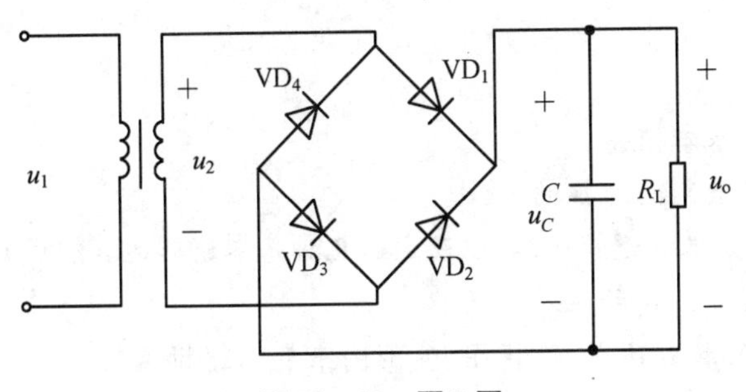

图 10-19　题 3 图

4. 电路如图 10-20 所示，已知稳压管的稳定电压为 6 V，最小稳定电流为 5 mA，最大耗散功率为 240 mW，输入电压为 20～24 V，$R_1 = 360\ \Omega$。试问：

(1) 为保证空载时稳压管能够安全工作，R_1 应选多大？

(2) 当 R_2 按上面原则选定后，负载电阻允许的变化范围是多少？

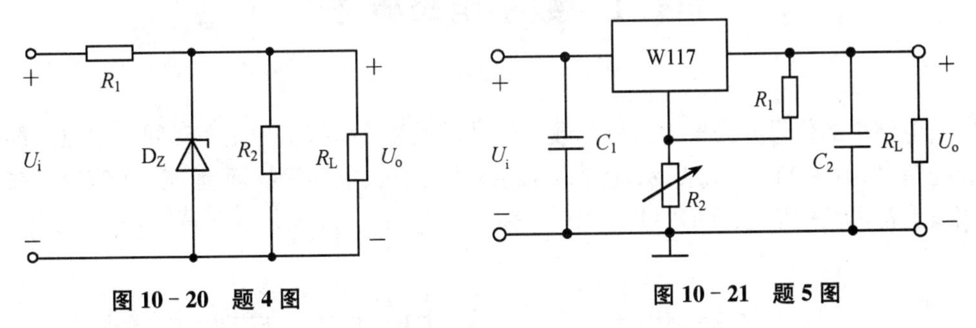

图 10-20　题 4 图　　图 10-21　题 5 图

5. 在图 10-21 所示的电路中，$R_1 = 240\ \Omega$，$R_2 = 3\ k\Omega$，W117 输入端和输出端电压允许范围为 $3 \sim 40\ V$，输出端和调整端之间的电压 $U_R = 1.25\ V$。试求：

(1) 输出电压的调节范围；

(2) 输入电压的允许范围。

第 11 章　逻辑门电路

【本章导读】

数字电路和模拟电路都是电子技术基础。前面几章学习的都是模拟电路，从本章开始将介绍数字电路的相关知识。

本章介绍分析数字电路逻辑功能的数学方法以及数字电路的基本逻辑单元门电路。首先介绍数字电路中的基本概念，然后介绍数字电路中常用的数制、数制之间的转换方法以及代码，接着介绍逻辑代数的基本概念、公式和定理，逻辑函数的代数化简法和卡诺图化简法，最后介绍基本门电路和 TTL 与非门电路的电路结构、工作原理、逻辑功能和外部特性等。

【本章学习目标】

◉ 熟悉数字电路中的基本概念
◉ 掌握常用的数制及数制间转换的方法
◉ 掌握与、或、非三种基本的逻辑运算，以及由这几种基本逻辑运算组成的常用复合逻辑运算
◉ 掌握逻辑代数的基本公式和基本定理
◉ 会用真值表、逻辑函数表达式、逻辑图、波形图来表示逻辑函数
◉ 会使用公式及卡诺图化简逻辑函数
◉ 理解基本门电路、TTL 与非门电路的工作原理，掌握这些门电路实现的逻辑功能

11.1　数字电路概述

电子电路中的信号分为模拟信号和数字信号两大类。模拟信号是在时间和幅值上都连续变化的信号，如图 11－1(a)所示，例如温度、压力、磁场、电场等物理量。数字信号是在时间和幅值上都离散的信号，如图 11－1(b)所示。

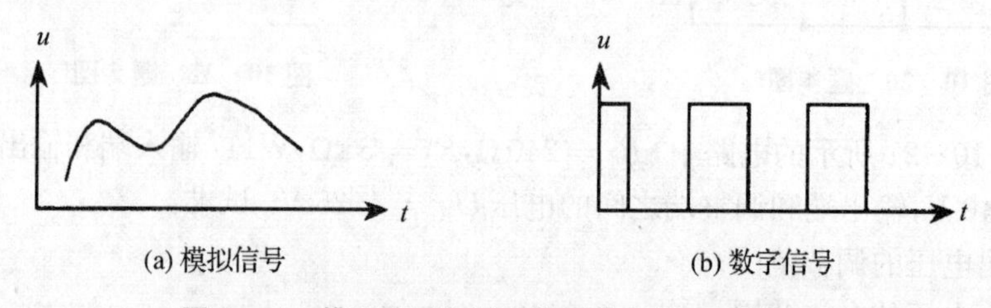

图 11－1　模拟信号和数字信号的电压-时间波形

处理模拟信号的电路称为模拟电路，模拟电路主要研究输入与输出信号之间的大小和相位关系。处理数字信号的电路称为数字电路，数字电路主要研究输入与输出信号之间的逻辑关系。

1. 数字电路的特点

(1) 结构简单，便于集成化、系列化地生产，成本低廉，使用方便。

(2) 抗干扰性强、可靠性高、精度高。

(3) 处理功能强，不仅能完成数值运算，还能进行逻辑判断和运算。

(4) 数字信号易于存储、加密、压缩、传输和再现，并且对组成数字电路的元器件的精度要求不高。

(5) 可编程数字系统，能容易地实现各种所需算法，灵活性大。

(6) 利用A/D、D/A(模/数、数/模)转换，可将模拟电路与数字电路紧密结合，使模拟信号的处理最终实现数字化。

由于数字电路具有上述一系列优点，数字电路与数字电子技术被广泛地应用于电视、雷达、通信、电子计算机、自动控制、航天等科学技术的各个领域，并且随着计算机科学技术的发展，用数字电路进行信号处理的优势也更加明显。

2. 数字电路的分类

根据逻辑功能的不同特点，数字电路可分为以下两大类。

(1) 组合逻辑电路

简称组合电路，它由最基本的逻辑门电路组合而成。任何时刻的输出状态仅取决于该电路当时输入各变量的状态组合，而与电路过去的输入、输出状态无关。该类电路没有记忆功能，加法器、译码器、数据选择器等都属于此类。

(2) 时序逻辑电路

简称时序电路，它是由最基本的逻辑门电路加上反馈逻辑回路(输出到输入)或器件组合而成。任何时刻的输出状态不仅取决于该电路当时的输入状态，还与电路前一时刻的输出状态有关，即它们具有记忆功能。触发器、锁存器、计数器、移位寄存器、存储器等都是典型的时序电路。

此外，按电路有无集成器件，可分为分立元件数字电路和集成数字电路；按集成电路的集成度，可分为小规模集成数字电路，中规模集成数字电路，大规模集成数字电路和超大规模集成数字电路；按构成电路的半导体器件，可分为双极型数字电路和单极型数字电路。

3. 数字电路中的两种逻辑体制

数字电路工作信号以二进制数字逻辑为基础，对高低电平有两种表示方式，即存在两种逻辑体制。如果用逻辑1表示高电平，用逻辑0表示低电平，则为正逻辑体制，简称正逻辑；如果用逻辑0表示高电平，用逻辑1表示低电平，则为负逻辑体制，简称负逻辑。在本书中如果未注明，则一律采用正逻辑。

11.2　数制与编码

各种数制与二进制间的转换以及各种编码与二进制数之间的关系，是数字电子技术中最为基础的内容。

11.2.1 数制

数制即计数进位制。在日常生活中,人们习惯用十进制数,而在数字电路和计算机中,多采用二进制和十六进制数。

1. 十进制

在十进制数中,每一位有 0～9 十个数码,所以计数的基数是 10。超过 9 的数必须用多位数表示,低位和相邻高位之间的进位关系是"逢十进一",故称为十进制。例如:

$$132.5 = 1\times10^2 + 3\times10^1 + 2\times10^0 + 5\times10^{-1}$$

任意一个十进制数 D 可展开为

$$(D)_{10} = \sum k_i \cdot 10^i \tag{11-1}$$

式中 k_i 是第 i 位的系数,其取值为 0～9 之间的正整数。若数的整数部分的位数是 n,小数部分的位数为 m,则 i 包含从 $n-1$ 到 0 的所有正整数和从 -1 到 $-m$ 的所有负整数。

以 N 取代式(11-1)中的 10,得按任意进制数展开的普遍形式为

$$(D)_N = \sum k_i N^i \tag{11-2}$$

式(11-2)中,N 称为计数的基数,k_i 是第 i 位的系数,N^i 称为第 i 位的权。

2. 二进制

二进制数中,每位仅有 0 和 1 两个可能的数码,所以计数的基数为 2,低位和相邻高位之间的进位关系是"逢二进一",故称为二进制。

任意一个二进制数 D,可按位展开表示为

$$(D)_2 = \sum k_i \cdot 2^i \tag{11-3}$$

由此计算出它所表示的十进制数的大小。例如:

$$\begin{aligned}(1101.01)_2 &= 1\times2^3 + 1\times2^2 + 0\times2^1 + 1\times2^0 + 0\times2^{-1} + 1\times2^{-2}\\ &= (13.25)_{10}\end{aligned}$$

上式中分别使用下脚注 2 和 10 表示括号里的数是二进制和十进制数。有时也用 B 和 D 分别来代替 2 和 10 这两个脚注。

3. 八进制

八进制数的每一位有 0～7 八个不同的数码,所以计数的基数为 8,低位和相邻高位之间的进位关系是"逢八进一",故称为八进制。

任意一个八进制数 D,可按位展开表示为

$$(D)_8 = \sum k_i 8^i \tag{11-4}$$

由此计算出它所表示的十进制数的大小。例如:

$$\begin{aligned}(17.5)_8 &= 1\times8^1 + 7\times8^0 + 5\times8^{-1}\\ &= (15.625)_{10}\end{aligned}$$

4. 十六进制

十六进制数的每一位有十六个不同的数码。分别用0～9、A(10)、B(11)、C(12)、D(13)、E(14)、F(15)表示。

任意一个十六进制数D,可按位展开表示为

$$(D)_{16} = \sum k_i \cdot 16^i \tag{11-5}$$

由此计算出它所表示的十进制数的大小。例如:

$$\begin{aligned}(2\text{A}.7\text{F})_{16} &= 2\times16^1+10\times16^0+7\times16^{-1}+15\times16^{-2}\\ &=(42.4960937)_{10}\end{aligned}$$

有时分别用O和H代替下脚注8和16表示八进制数和十六进制数。

11.2.2　数制转换

1. 二进制、八进制、十六进制转换为十进制

要将二进制、八进制、十六进制数转换为十进制数,分别按式(11-3)、(11-4)、(11-5)展开相加即可。例如:

$$(1001)_2 = 1\times2^3+0\times2^2+0\times2^1+1\times2^0 = (9)_{10}$$

$$(256)_8 = 2\times8^2+5\times8^1+6\times8^0 = (174)_{10}$$

$$(\text{F}3)_{16} = 15\times16^1+3\times16^0 = (243)_{10}$$

2. 十进制转换为二进制、八进制及十六进制

(1) 将十进制整数转换为二进制、八进制、十六进制数

将十进制整数转换为二进制、八进制、十六进制数的方法为"除基数取余",直到商为0。例如,将十进制数46转换为二进制数,其计算过程如下:

2 ⌊46	……	余0	b_0
2 ⌊23	……	余1	b_1
2 ⌊11	……	余1	b_2
2 ⌊5	……	余1	b_3
2 ⌊2	……	余0	b_4
2 ⌊1	……	余1	b_5
0			

读取顺序 ↑

则$(46)_{10} = (101110)_2$。

(2) 将十进制小数转换为二进制、八进制、十六进制数

将十进制小数转换为二进制、八进制、十六进制数的方法为"乘基数取整",直至小数部分为0或到规定的精度为止。例如,将十进制数0.562转换为二进制数,其计算过程如下:

		取整	
0.562×2=1.124	……	1	b_{-1}
0.124×2=0.248	……	0	b_{-2}
0.248×2=0.496	……	0	b_{-3}
0.496×2=0.992	……	0	b_{-4}
0.992×2=1.984	……	1	b_{-5}

读取顺序 ↓

由于最后的小数 0.984 大于 0.5，四舍五入，则 b_{-6} 取 1，所以

$$(0.562)_{10}=(0.100011)_2$$

当一个数既有整数部分，又有小数部分，则可用上述的“除基数取余”和“乘基数取整”方法分别对整数部分和小数部分进行转换，然后合并起来即可。例如：

$$(6.25)_{10}=(110+0.01)_2=(110.01)_2$$

【例 11-1】 将十进制数 282 转换为十六进制数。

解 将 282 除 16 取余，计算过程如下：

$$\begin{array}{r|l} 16 & 282 \quad \cdots\cdots \quad 余 10 \\ 16 & 17 \quad \cdots\cdots \quad 余 1 \\ 16 & 1 \quad \cdots\cdots \quad 余 1 \\ & 0 \end{array}$$

得 $(282)_{10}=(11\text{A})_{16}$。

3. *二进制与十六进制之间的相互转换*

由于十六进制数的基数为 16，而 $16=2^4$，因此，4 位二进制数就相当于 1 位十六进制数。所以，要将二进制数转换为十六进制数，只要从低位到高位将整数部分每 4 位二进制数分为一组，最后不满四位者在前面加 0，每组以等值的十六进制数代替；同时从高位到低位将小数部分每 4 位分为一组，最后不满 4 位者在后面加 0，每组以等值的十六进制数代替即可。

【例 11-2】 将二进制数 1101011011.11011 转换成十六进制数。

解 将二进制数每 4 位分组：0011　0101　1011.　1101　1000

对应的十六进制数：　3　　5　　B.　　D　　8

所以，$(1101011011.11011)_2=(35\text{B.D8})_{16}$。

要将十六进制数转换为二进制数，只要将每位十六进制数以等值的 4 位二进制数代替即可。

【例 11-3】 将十六进制数 6E.3A5 转换成二进制数。

解　　十六进制数：6　　E.　　3　　A　　5

对应 4 位一组的二进制数：0110　1110.　0011　1010　0101

所以，$(6\text{E.3A5})_{16}=(1101110.001110100101)_2$。

4. *二进制与八进制之间的相互转换*

二进制与八进制数之间的转换与二进制与十六进制数之间的转换相似，即将 3 位二进制数分为一组进行转换即可。

【例 11-4】 将二进制数 111010.01101 转换成八进制数。

解 将二进制数每 3 位分组：111　010.　011　010

对应的八进制数：　7　　2.　　3　　2

所以，$(111010.01101)_2=(72.32)_8$。

【例 11-5】 将八进制数 603.12 转换成二进制数。

解　　八进制数：6　0　3.　1　2

对应 4 位一组的二进制数：110 000 011. 001 010

所以，$(603.12)_8=(110000011.001010)_2$。

11.2.3　编码

用若干位二进制数按一定的组合方式组合起来以表示数和字符等信息，就是编码。编码方式有多种，下面介绍常用的几种编码。

1. BCD 码

用若干位二进制数码表示一位十进制数的编码方式称为二-十进制编码，简称 BCD 码(binary-coded-decimal)。

要用二进制代码来表示十进制数的 0～9 这十种状态，至少要用 4 位二进制代码，4 位二进制代码有 16 种组合，选取哪几种组合以及如何与 0～9 相对应有多种方案，这就形成了不同的 BCD 码。表 11-1 中列出了常见的几种 BCD 码。

表 11-1　几种常用的 BCD 码

十进制数	8421 码	2421 码	5421 码	余 3 码
0	0000	0000	0000	0011
1	0001	0001	0001	0100
2	0010	0010	0010	0101
3	0011	0011	0011	0110
4	0100	0100	0100	0111
5	0101	1011	1000	1000
6	0110	1100	1001	1001
7	0111	1101	1010	1010
8	1000	1110	1011	1011
9	1001	1111	1100	1100
位权	8 4 2 1 $b_3 b_2 b_1 b_0$	2 4 2 1 $b_3 b_2 b_1 b_0$	5 4 2 1 $b_3 b_2 b_1 b_0$	无权

注意：BCD 码用 4 位二进制码表示的只是十进制数的一位。如果要表示一个具有多位的十进制数，应先将其每一位用 BCD 码表示，然后组合起来。

(1) 8421 码、2421 码、5421 码

这几种编码属于恒权码，4 位二进制数的每一位都有固定的权值，各位权值之和就是它所表示的十进制数。例如，8421 码从高位到低位各位的权分别为 8、4、2、1，所以 8421 码 1001 表示的是十进制数 9。8421 码是最基本、最常见的一种 BCD 码。

(2) 余 3 码

余 3 码的编码方式与恒权码不同。把每个余 3 码看作一个 4 位二进制数，则它的数值要比它所代表的十进制数多 3，故称余 3 码。

2. 格雷码

格雷码又称循环码。表 11-2 所示为 4 位格雷码编码表，由表可见，格雷码每一位的状态都按一定的顺序循环。如果从 0000 开始，最右边一位的状态按 0110 顺序循环，右边第二位的状态按 00111100 顺序循环，右边第三位的状态按 0000111111110000 顺序循环变化，可

见每向右一位，循环状态中连续的0、1数目增加一倍。由于4位格雷码只有16位，所以最左边一位的状态只有半个循环，即0000000011111111。按照上述循环规则，可写出更多位数的格雷码。

表11-2　4位格雷码编码表

十进制数	格雷码	十进制数	格雷码	十进制数	格雷码	十进制数	格雷码
0	0000	4	0110	8	1100	12	1010
1	0001	5	0111	9	1101	13	1011
2	0011	6	0101	10	1111	14	1001
3	0010	7	0100	11	1110	15	1000

格雷码的特点是：相邻两个代码之间只有一位发生变化，其余各位均相同，而且首尾两个代码（如0与15）之间也只有一位不同，以中间为对称的两个代码（如0与15，1与14，7与8等）也只有一位不同。

11.3　逻辑代数及应用

逻辑代数又叫布尔代数，它是分析和设计数字电路的数学基础。

11.3.1　逻辑运算

逻辑代数的基本运算有与、或、非三种。为了便于理解它们的含义，下面以简单的指示灯控制电路为例分别进行讨论。

图11-2所示为指示灯的三个控制电路，以A、B表示开关的状态，并以1表示开关闭合，0表示开关断开；Y表示指示灯的状态，并以1表示灯亮，以0表示灯不亮。

1. 基本逻辑运算

(1) 与运算

由图11-2(a)可知，只有两开关同时闭合时，指示灯才会亮；只要有一个开关断开，灯就不亮。该例子表明，只有当决定一件事情的条件全部具备之后，这件事情才会发生。这种因果关系称为逻辑与，也称逻辑相乘。

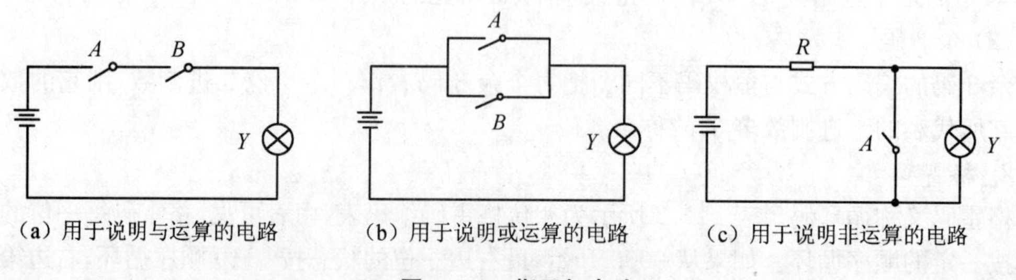

(a) 用于说明与运算的电路　(b) 用于说明或运算的电路　(c) 用于说明非运算的电路

图11-2　指示灯电路

在列表中用二值逻辑变量来表示上述逻辑关系，得表 11－3，称为真值表。

与运算的逻辑表达式为

$$Y=A\cdot B \tag{11-6}$$

式中，"·"表示逻辑与运算，也可以省略。在有些文献中，也采用"∧"、"∩"及"&"等符号来表示与运算。

与运算的运算规则：输入有 0，输出为 0；输入全 1，输出为 1。

(2) 或运算

由图 11－2(b)可知，只要开关有一个闭合或两个同时闭合，指示灯就会亮；只有当开关都断开时，灯才不亮。该例子表明，在决定一件事情的几个条件中，只要有一个或一个以上条件具备，这件事情就会发生。这种因果关系称为逻辑或，也称逻辑相加。逻辑或的真值表如表 11－4 所示。

或运算的逻辑表达式为

$$Y=A+B \tag{11-7}$$

式中，"＋"表示逻辑或运算。在有些文献中，也采用"∨"、"∪"等符号来表示。

或运算的运算规则：输入有 1，输出为 1；输入全 0，输出为 0。

(3) 非运算

由图 11－2(c)可知，当开关闭合时，指示灯不亮；当开关断开时，指示灯亮。该例子表明，条件具备时，事情不发生；条件不具备时，事情才发生。这种因果关系称为逻辑非，也称逻辑求反。逻辑非的真值表如表 11－5 所示。

表 11－3　逻辑与真值表

A	B	$Y(A\cdot B)$
0	0	0
0	1	0
1	0	0
1	1	1

表 11－4　逻辑或真值表

A	B	$Y(A+B)$
0	0	0
0	1	1
1	0	1
1	1	1

表 11－5　逻辑非真值表

A	$Y(\overline{A})$
0	1
1	0

非运算的逻辑表达式为

$$Y=\overline{A} \tag{11-8}$$

在有的文献中也用"A'"、"$\sim A$"表示 A 的非运算。

与、或、非逻辑运算还可以用图形符号表示，如图 11－3 所示。

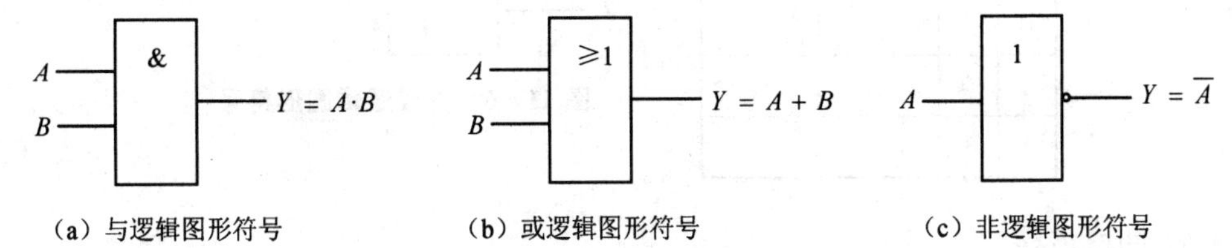

(a) 与逻辑图形符号　(b) 或逻辑图形符号　(c) 非逻辑图形符号

图 11－3　逻辑图形符号

2. 复合逻辑运算

实际的问题往往要比与、或、非运算复杂得多，不过任何复杂的逻辑运算都可以由这三种基本逻辑运算组合而成。在实际应用中，为了减少逻辑门的数目，使数字电路的设计更方便，还常常使用以下几种常用逻辑运算。

(1) 与非运算

与非是由与运算和非运算组合而成的，其真值表如表 11-6 所示，图 11-4 所示为其逻辑图形符号。

表 11-6 逻辑与非真值表

A	B	$Y(\overline{A \cdot B})$
0	0	1
0	1	1
1	0	1
1	1	0

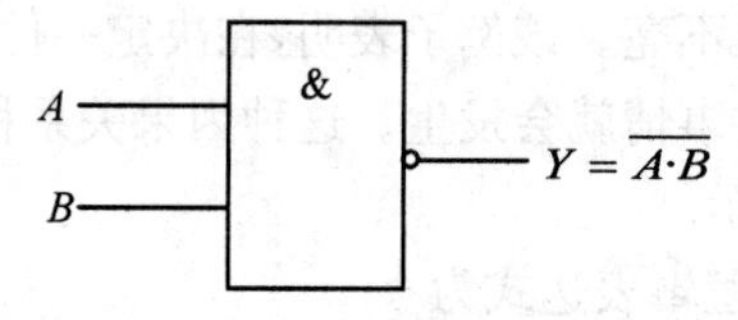

图 11-4 与非逻辑图形符号

(2) 或非运算

或非是由或运算和非运算组合而成的，其真值表如表 11-7 所示，图 11-5 所示为其逻辑图形符号。

表 11-7 逻辑或非真值表

A	B	$Y(\overline{A+B})$
0	0	1
0	1	0
1	0	0
1	1	0

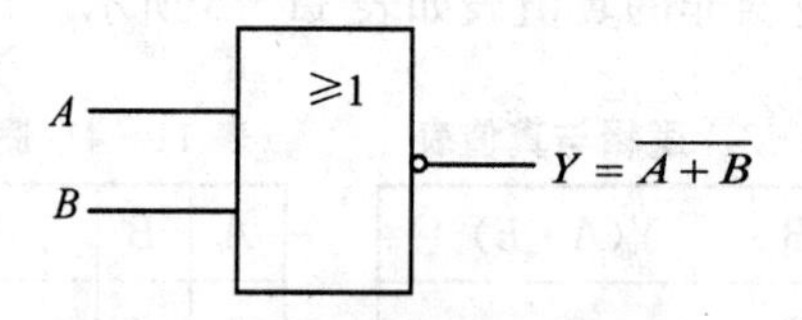

图 11-5 或非逻辑图形符号

(3) 异或运算

异或是这样一种逻辑关系：当两个变量取值相同时，逻辑函数值为 0；当两个变量取值不同时，逻辑函数值为 1。其真值表如表 11-8 所示，图 11-6 所示为其逻辑图形符号。

表 11-8 逻辑异或真值表

A	B	$Y(A \oplus B)$
0	0	0
0	1	1
1	0	1
1	1	0

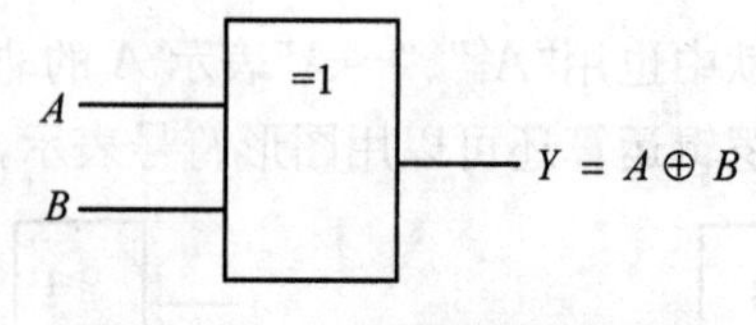

图 11-6 异或逻辑图形符号

(4) 同或运算

同或与异或相反，当两个变量取值相同时，逻辑函数值为 1；当两个变量取值不同时，逻辑函数值为 0。其真值表如表 11 - 9 所示，图 11 - 7 所示为其逻辑图形符号。

表 11 - 9　逻辑同或真值表

A	B	$Y(A\odot B)$
0	0	1
0	1	0
1	0	0
1	1	1

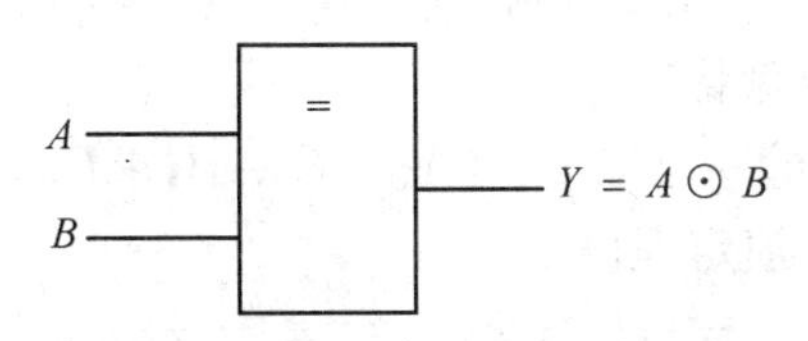

图 11 - 7　同或逻辑图形符号

11.3.2　逻辑代数的基本公式和基本定理

1. 逻辑代数的基本公式

表 11 - 10 给出了逻辑代数的常用公式。这些基本公式需要牢记，并能灵活运用，在后面的逻辑函数的化简中需要用到。

表 11 - 10　逻辑代数的基本公式

名　　称	公　　式
0 - 1 律	$A\cdot 1=A$　$A\cdot 0=0$　$A+1=1$　$A+0=A$　$\overline{1}=0$　$\overline{0}=1$
互补律	$A\overline{A}=0$　$A+\overline{A}=1$
重叠律	$AA=A$　$A+A=A$
交换律	$AB=BA$　$A+B=B+A$
结合律	$A(BC)=(AB)C$　$A+(B+C)=(A+B)+C$
分配律	$A(B+C)=AB+AC$　$A+BC=(A+B)(A+C)$
反演律(摩根定理)	$\overline{AB}=\overline{A}+\overline{B}$　$\overline{A+B}=\overline{A}\,\overline{B}$
还原律	$\overline{\overline{A}}=A$
由上述公式推导出的常用公式	$A+AB=A$　$A+\overline{A}B=A+B$　$AB+A\overline{B}=A$　$A(A+B)=A$ $A\overline{AB}=A\overline{B}$　$\overline{A}+\overline{AB}=\overline{A}$　$AB+\overline{A}C+BC=AB+\overline{A}C$ $AB+\overline{A}C+BCD=AB+\overline{A}C$　$(A+B)+(\overline{A}+C)+(B+C)=(A+B)+(\overline{A}+C)$

2. 逻辑代数的基本定理

(1) 代入定理

对于任意一个逻辑等式，以某个逻辑变量或逻辑函数同时取代等式两端的同一个逻辑变量后，等式依然成立。利用代入定理可以方便地扩展公式。例如，在反演律$\overline{AB}=\overline{A}+\overline{B}$中用 BC 取代等式中的 B，则新的等式仍成立，即得

$$\overline{ABC}=\overline{A}+\overline{BC}=\overline{A}+\overline{B}+\overline{C}$$

(2) 反演定理

对于任意一个逻辑函数 F，若将其中所有的“+”换成“·”，“·”换成“+”，0 换成 1，1

换成0，原变量换成反变量，反变量换成原变量，则得到的结果就是$\overline{F}$。利用反演定理可以方便地求得已知逻辑式的反逻辑式。

注意：使用反演定理时，仍需遵守“先括号，然后乘，最后加”的优先顺序，且不属于单个变量上的反号保持不变。

【例11-6】 已知$F=(A+BC)\overline{AB}$，求$\overline{F}$。

解 由反演定理得

$$\overline{F}=\overline{A}(\overline{B}+\overline{C})+\overline{\overline{A}+\overline{B}}=\overline{A}\,\overline{B}+\overline{A}\,\overline{C}+\overline{\overline{A}}\,\overline{\overline{B}}=\overline{A}\,\overline{B}+\overline{A}\,\overline{C}+AB$$

(3) 对偶定理

对于任意一个逻辑函数F，若将其中的“+”换成“·”，“·”换成“+”，0换成1，1换成0，所得的新逻辑函数就是F的对偶式，记作F'。如果两个逻辑函数的表达式相等，那么它们的对偶式也一定相等。

11.3.3 逻辑函数及其表示方法

1. 逻辑函数

以逻辑变量为输入，以运算结果为输出，表述输入与输出之间逻辑关系的函数称为逻辑函数，记作$Y=F(A,B,C,\cdots)$，其中$A,B,C,\cdots$为逻辑变量。

逻辑函数是数字电路的描述工具，前面讨论的与、或、非、与非、或非、异或等都是逻辑函数。逻辑函数与普通函数相比有以下两个特点：

(1) 逻辑函数和逻辑变量的取值只能有0、1两种状态，0和1并不表示数量的大小，而是两种对立的逻辑状态。

(2) 逻辑函数中逻辑变量之间的运算关系只能是与、或、非三种基本逻辑关系。

任何一个具体的因果关系都可以用一个逻辑函数来描述。例如，三人按“少数服从多数”的原则来表决一件事情，可以用一个逻辑函数来描述其中的因果关系。

将三人的意见分别设置为自变量A,B,C，并规定只能有同意和不同意两种情况，设同意为逻辑1，不同意为逻辑0。将表决结果设置为函数值Y，显然，表决结果只有事情通过和事情不通过两种情况，设事情通过为逻辑1，事情不通过为逻辑0。

根据表决原则，三人中只要两人以上同意这件事情，则事情通过，否则不通过。显然，表决结果Y是三人意见A,B,C的函数，即

$$Y=F(A,B,C,\cdots) \tag{11-9}$$

2. 逻辑函数的表示方法

常用的逻辑函数表示方法有真值表、逻辑函数表达式(简称逻辑式或函数式)、逻辑图、波形图、卡诺图等。下面先介绍前四种表示方法，卡诺图表示逻辑函数的方法将在11.3.4节中介绍。

(1) 真值表

真值表是将输入逻辑变量各种可能的取值找出来与相应的函数值排列在一起而组成的表格。为避免遗漏，变量的取值组合应按照二进制递增的次序排列。

仍以三人表决事件为例，根据少数服从多数的原则不难得出：当A、B、C中至少有两个为1时表决结果才为1，于是可列出这一事件的真值表，见表11-11。

表 11-11　三人表决事件的真值表

输　入			输　出
A	B	C	Y
0	0	0	0
0	0	1	0
0	1	0	0
0	1	1	1
1	0	0	0
1	0	1	1
1	1	0	1
1	1	1	1

(2) 逻辑函数表达式

将输入与输出之间的逻辑关系写成与、或、非这三种运算的组合式，即可得到所需的逻辑函数表达式。

在三人表决事件中，根据逻辑变量之间的关系以及与、或、非的逻辑定义可得如下逻辑函数式：

$$Y=\overline{A}BC+A\overline{B}C+AB\overline{C}+ABC$$

(3) 逻辑图

将逻辑函数式中各变量之间的与、或、非等逻辑关系用逻辑图形符号表示出来，就可以画出表示函数关系的逻辑图。如图 11-8 所示为逻辑函数式 $Y=AB+BC+AC$ 所对应的逻辑图。

(4) 波形图

将逻辑函数输入变量的每一种可能的取值与对应的输出值按时间顺序依次排列起来，即可得到表示该逻辑函数的波形图(也称为时序图)。在逻辑分析仪和一些计算机仿真工具中，经常以这种波形图的形式给出分析结果。此外，也可以通过实验观察这些波形图，以检验实际逻辑电路的功能是否正确。

图 11-9 所示为表 11-11 所示逻辑函数所对应的波形图。

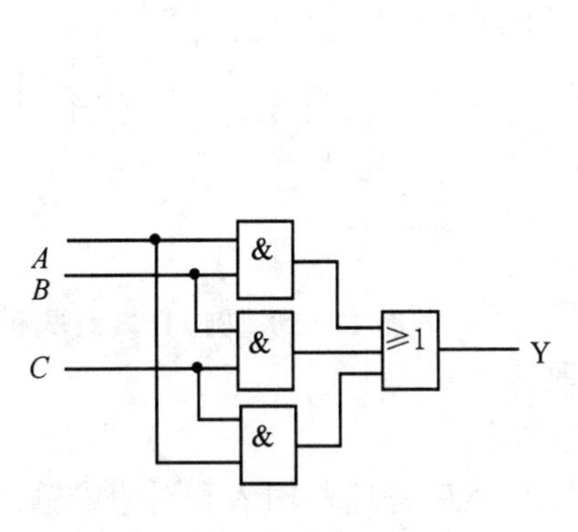

图 11-8　逻辑图

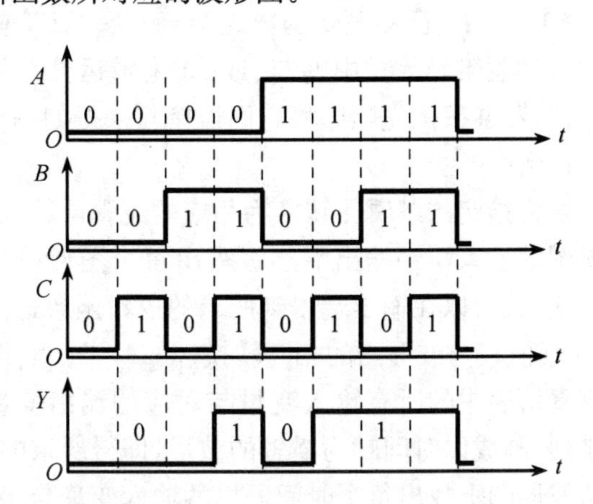

图 11-9　表 11-11 所示逻辑函数所对应的波形图

(5) 各种表示方法之间的相互转换

① 真值表与逻辑函数式的相互转换

由真值表转换为逻辑函数的方法为：首先在真值表中找出函数值为1的那些变量组合，每个组合对应一个乘积项，然后将组合中取值为1的变量写为原变量，取值为0的变量写为反变量，最后将这些乘积相加即可得逻辑函数式。

【例11-7】 由表11-12所示的真值表，写出函数Y的逻辑函数式。

表11-12 真值表

A	B	Y
0	0	0
0	1	1
1	0	1
1	1	1

解 在真值表中找出函数值为1的变量组合，并将这些组合写成相应的乘积项：

$$A=0, B=1 \text{ ------------------------ } Y=\overline{A}B$$
$$A=1, B=0 \text{ ------------------------ } Y=A\overline{B}$$
$$A=1, B=1 \text{ ------------------------ } Y=AB$$

将这些乘积项相加，即可得函数Y的逻辑函数式

$$Y=\overline{A}B+A\overline{B}+AB$$

反之，也可将表达式转换成真值表。其方法为：画出真值表的表格，将变量及变量的所有取值组合按照二进制递增的次序列入表格左边，然后将所有组合状态逐一代入逻辑函数式求出相应的函数值，填入表格右边对应的位置，即得真值表。

② 逻辑函数式与逻辑图的相互转换

要将给定的逻辑函数式转换为相应的逻辑图，只需用逻辑图形符号代替逻辑函数式中的逻辑运算符号，并按优先顺序将它们连接起来即可。

【例11-8】 已知逻辑函数式$Y=AB+\overline{A}\,\overline{B}$，画出其对应的逻辑图。

解 将逻辑函数式中的与、或、非逻辑运算符号用图形符号代替，并按优先顺序将它们连接起来得如图11-10所示的逻辑图。

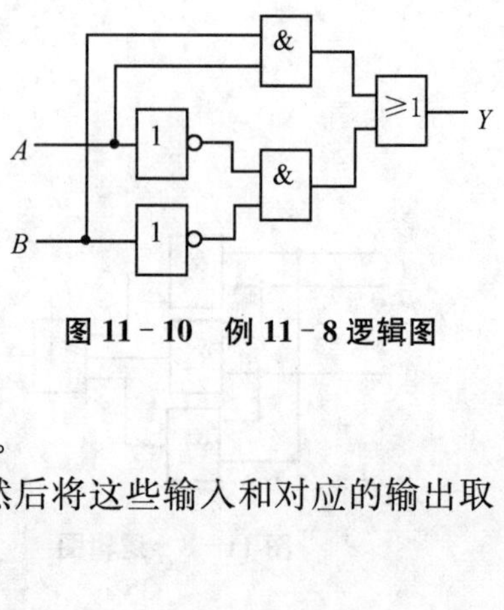

图11-10 例11-8逻辑图

若要将给定的逻辑图转换为相应的逻辑函数式，只需从逻辑图的输入端到输出端逐级写出每个图形符号的输出逻辑式，就可以在输出端得到所求的逻辑函数式了。

③ 真值表与波形图的相互转换

将真值表中的所有输入变量与对应的输出变量取值依次排列，画成以时间轴为横轴的波形，即得所求的波形图。

从波形图上找出每个时间段里的输入变量与函数值，然后将这些输入和对应的输出取值列表，即可得到相应的真值表。

11.3.4　逻辑函数的化简

同一逻辑函数式可以写成不同形式。为了使逻辑函数式表示的逻辑关系明显，同时也为了能用最少的电子元件实现这一逻辑函数，通常需要通过化简找出逻辑函数的最简形式。

逻辑函数式为最简形式的标准：函数式中相加的乘积项不能再减少，即函数式中的“+”号最少；乘积项中相乘的因子不能再减少，即乘积项中的“·”号最少。所以，化简逻辑函数式的目标就是要消去多余的乘积项和每个乘积项中多余的因子，以得到逻辑函数的最简形式。

下面我们介绍最常用的公式化简法和卡诺图化简法。

1. 公式化简法

公式化简法就是利用逻辑代数的基本公式和基本定理进行化简。公式化简法没有固定的步骤，常用的方法有以下几种。

(1) 并项法

运用公式 $A+\overline{A}=1$ 将两项合并为一项，消去一个变量。例如：

$$Y_1 = AB\overline{C}+ABC = AB(C+\overline{C}) = AB$$

$$Y_2 = A\overline{B}+ACD+\overline{A}\,\overline{B}+\overline{A}CD = A(\overline{B}+CD)+\overline{A}(\overline{B}+CD) = \overline{B}+CD$$

(2) 吸收法

运用公式 $A+AB=A$ 消去多余的项，其中，A、B 可以是任意一个复杂的逻辑式。例如：

$$Y_1 = A\overline{B}+A(C+DE)\overline{B} = A\overline{B}$$

$$Y_2 = AB+AB\overline{C}+ABD+AB(\overline{D}+E) = AB+AB(\overline{C}+D+\overline{D}+E) = AB$$

(3) 消去法

运用公式 $A+\overline{A}B=A+B$ 消去多余的因子。例如：

$$Y_1 = AB+\overline{A}C+\overline{B}C = AB+(\overline{A}+\overline{B})C = AB+\overline{AB}C = AB+C$$

$$Y_2 = \overline{A}+AB+\overline{B}E = \overline{A}+B+\overline{B}E = \overline{A}+B+E$$

(4) 配项法

运用公式 $A+\overline{A}=1$ 或 $A\overline{A}=0$ 增加必要的乘积项，再用以上方法化简。例如：

$$Y_1 = AB+\overline{A}C+BCD = AB+\overline{A}C+BCD(A+\overline{A}) = AB+\overline{A}C+ABCD+\overline{A}BCD = AB+\overline{A}C$$

$$\begin{aligned}Y_2 &= AB\overline{C}+\overline{ABC}\cdot\overline{AB} = AB\overline{C}+\overline{ABC}\cdot\overline{AB}+AB\cdot\overline{AB} = AB(\overline{C}+\overline{AB})+\overline{ABC}\cdot\overline{AB}\\ &= AB\cdot\overline{ABC}+\overline{ABC}\cdot\overline{AB} = \overline{ABC}\end{aligned}$$

【例 11-9】 使用公式法化简以下逻辑函数式

$$Y_1 = A\overline{B}+A\overline{C}+A\overline{D}+ABCD$$

$$Y_2 = AD+A\overline{D}+AB+\overline{A}C+BD+A\overline{B}EF+\overline{B}EF$$

解 $Y_1=A\overline{B}+A\overline{C}+A\overline{D}+ABCD=A(\overline{B}+\overline{C}+\overline{D})+ABCD=A\overline{BCD}+ABCD=A$

$$\begin{aligned}Y_2&=AD+A\overline{D}+AB+\overline{A}C+BD+A\overline{B}EF+\overline{B}EF\\&=A(D+\overline{D})+AB+\overline{A}C+BD+(A\overline{B}EF+\overline{B}EF)\\&=A+AB+\overline{A}C+BD+\overline{B}EF\\&=A+\overline{A}C+BD+\overline{B}EF\\&=A+C+BD+\overline{B}EF\end{aligned}$$

2. 卡诺图化简法

利用卡诺图化简逻辑函数的方法称为卡诺图化简法或图形化简法。它直观、简便，可以十分直观地判断化简结果是否最简，是一种应用广泛的化简方法。

利用卡诺图进行化简的步骤如下：

(1) 将逻辑函数化为最小项之和的形式；

(2) 在卡诺图上与这些最小项对应的位置上填入 1，在其余的位置上填入 0，得到表示该逻辑函数的卡诺图；

(3) 根据一定的规则合并最小项得到逻辑函数的最简式。

(1) 最小项

在含有 n 个变量的逻辑函数中，若 m 为包含 n 个因子的乘积项，且这 n 个变量均以原变量或反变量的形式在 m 中出现一次，则称 m 为该组变量的最小项。例如，A、B、C 这三个逻辑变量的最小项有$\overline{A}\,\overline{B}\,\overline{C}$、$\overline{A}\,\overline{B}C$、$\overline{A}B\overline{C}$、$\overline{A}BC$、$A\overline{B}\,\overline{C}$、$A\overline{B}C$、$AB\overline{C}$、$ABC$。$n$ 变量的最小项应有 2^n 个。

为了使用方便，往往对最小项进行编号，每个最小项对应的编号为 m_i。其中，i 的确定方法为：当变量的次序确定后，用 1 代替原变量，用 0 代替反变量得到每个最小项对应的二进制数，与该二进制数所对应的十进制数为 i。表 11－13 所示为 A、B、C 三变量最小项的编号表。

表 11－13　三变量最小项的编号表

最小项	变量取值			编　号
	A	B	C	
$\overline{A}\overline{B}\overline{C}$	0	0	0	m_0
$\overline{A}\overline{B}C$	0	0	1	m_1
$\overline{A}B\overline{C}$	0	1	0	m_2
$\overline{A}BC$	0	1	1	m_3
$A\overline{B}\overline{C}$	1	0	0	m_4
$A\overline{B}C$	1	0	1	m_5
$AB\overline{C}$	1	1	0	m_6
ABC	1	1	1	m_7

由表 11－13 可以看出，逻辑函数的最小项具有以下几个重要的性质：

① 对于任意一个最小项，只有一组变量取值使它的值为 1，而其余各种变量取值均使它的值为 0。

② 全体最小项的和为 1。

③ 任意两个最小项的乘积为 0。

在使用卡诺图化简逻辑函数之前，首先要将该逻辑函数化为最小项之和的标准形式。其方法为：首先将给定的逻辑函数转化为若干乘积项之和的形式，然后再利用基本公式 $A+\overline{A}=1$ 将每个乘积项中缺少的因子补全即可。

【例 11-10】 将逻辑函数式 $Y=\overline{A}\,\overline{B}\,\overline{C}\,D+\overline{A}B\overline{D}+ACD+A\overline{B}$ 化为最小项之和的形式。

解

$$
\begin{aligned}
Y &= \overline{A}\,\overline{B}\,\overline{C}\,D+\overline{A}B\overline{D}+ACD+A\overline{B} \\
&= \overline{A}\,\overline{B}\,\overline{C}D+\overline{A}B(C+\overline{C})\overline{D}+A(B+\overline{B})CD+A\overline{B}(C+\overline{C})(D+\overline{D}) \\
&= \overline{A}\,\overline{B}\,\overline{C}D+\overline{A}BC\overline{D}+\overline{A}B\overline{C}\,\overline{D}+ABCD+A\overline{B}CD+A\overline{B}C\overline{D}+A\overline{B}\,\overline{C}D+A\overline{B}\,\overline{C}\,\overline{D} \\
&= m_1+m_6+m_4+m_{15}+m_{11}+m_{10}+m_9+m_8 \\
&= \sum m(1,4,6,8,9,10,11,15)
\end{aligned}
$$

(2) 卡诺图

卡诺图就是将 n 变量的全部最小项各用一个小方块表示，并使具有逻辑相邻性的最小项在几何位置上也相邻排列起来所得到的图形。图 11-11 所示为 2 到 4 变量最小项的卡诺图。

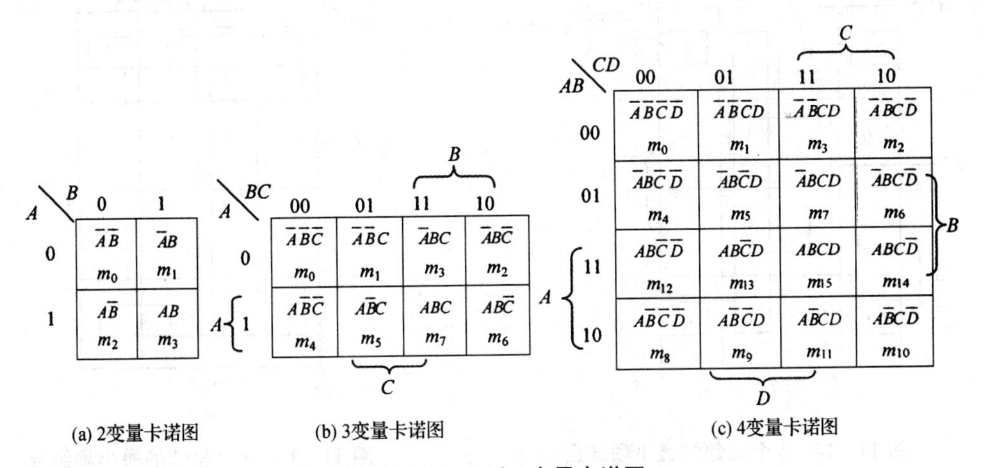

图 11-11　2 到 4 变量卡诺图

若要画出某一逻辑函数的卡诺图，只需将该逻辑函数式化为最小项之和的标准形式后，在卡诺图中这些最小项对应的位置上填入 1，在其余的位置上填入 0 即可。图 11-12 所示为例 11-10 中逻辑函数的卡诺图。

(3) 用卡诺图化简逻辑函数式

使用卡诺图化简逻辑函数所依据的原理：具有相邻性的最小项可以合并并消去不同的因子。

① 2 个相邻的最小项结合（用一个包围圈表示），可以消去 1 个取值不同的变量而合并为 1 项，如图 11-13 所示。

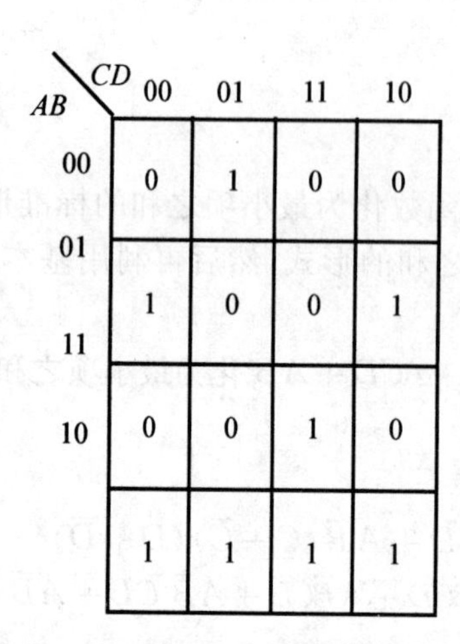

图 11-12 例 11-10 中函数式的卡诺图

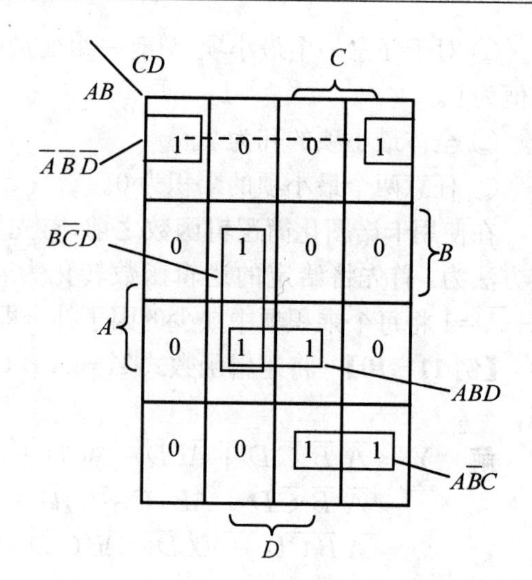

图 11-13 2 个相邻的最小项结合

② 4 个相邻的最小项结合(用一个包围圈表示),可以消去 2 个取值不同的变量而合并为 1 项,如图 11-14 所示。

③ 8 个相邻的最小项结合(用一个包围圈表示),可以消去 3 个取值不同的变量而合并为 1 项,如图 11-15 所示。

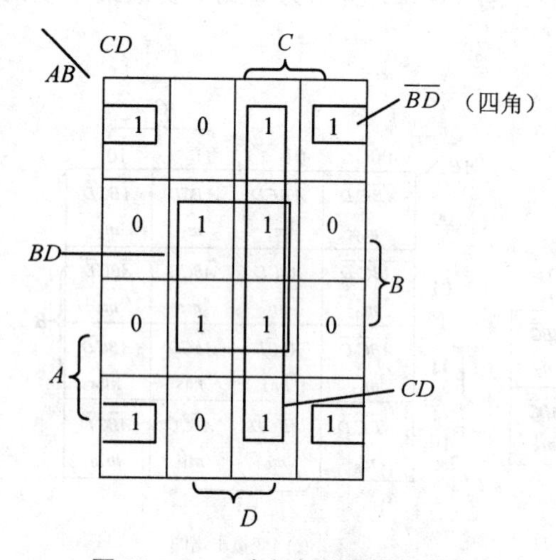

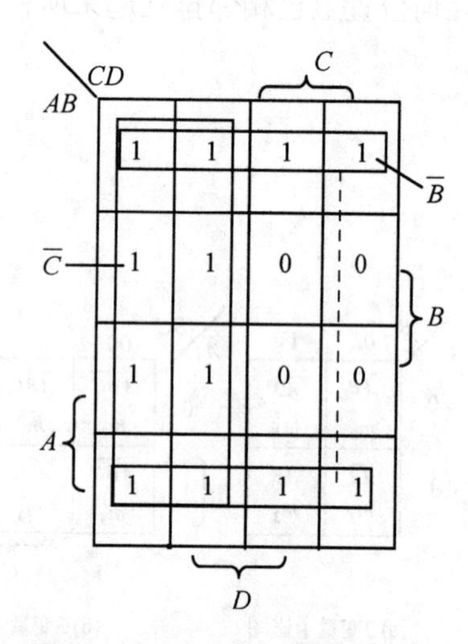

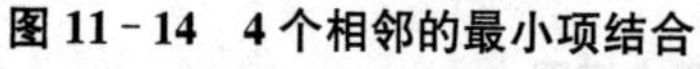

图 11-14 4 个相邻的最小项结合　　　图 11-15 8 个相邻的最小项结合

总之,2^n个相邻的最小项结合,可以消去 n 个取值不同的变量而合并为 1 项。

由此可见,用卡诺图化简逻辑函数,就是在卡诺图中找出相邻的最小项,即画圈,然后将圈中的最小项合并消去多余因子,从而得到逻辑函数的最简形式。

为了保证将逻辑函数化到最简,画圈时必须遵循以下原则:

① 圈要尽可能大,这样消去的变量就多。但每个圈内只能含有 2^n(n=0、1、2、3、…)个相邻项。要特别注意对边相邻性和四角相邻性。

② 圈的个数尽量少,这样化简后的逻辑函数的或项就少。

③ 卡诺图中所有取值为 1 的方格均要被圈过,即不能漏下取值为 1 的最小项。若某项不能与其他项合并,则该项单独画一个圈。

④ 取值为 1 的方格可以被重复圈在不同的包围圈中，但在新画的包围圈中至少要含有 1 个未被圈过的方格，否则该包围圈是多余的。

【例 11 - 11】 用卡诺图化简逻辑函数 $Y=\overline{A}\,\overline{D}+\overline{A}CD+AC+AB\overline{C}D$。

解 ① 首先将逻辑函数化为最小项之和的标准形式：

$$Y=\overline{A}(B+\overline{B})(C+\overline{C})\overline{D}+\overline{A}(B+\overline{B})CD+A(B+\overline{B})C(D+\overline{D})+AB\overline{C}D$$
$$=\sum m(0,2,3,4,6,7,10,11,13,14,15)$$

② 在卡诺图中函数最小项对应的位置上填入 1，其余位置上填入 0，从而得到该逻辑函数的卡诺图，并将相邻的最小项圈出，合并消去多余因子，如图 11 - 16 所示。

所以，得到逻辑函数 Y 的最简式为

$$Y=\overline{A}\,\overline{D}+ABD+C$$

(4) 卡诺图化简逻辑函数的另一种方法——圈 0 法

如果一个逻辑函数用卡诺图表示后，里面的 0 很少且相邻性很强，这时用圈 0 法更简便。但要注意，圈 0 合并相邻项后得逻辑函数的反函数，对反函数取非即可得原函数的最简式。

【例 11 - 12】 已知逻辑函数的卡诺图如图 11 - 17 所示，用“圈 0 法”写出其最简与或式。

解 用圈 0 法画包围圈如图 11 - 17 所示，得

$$\overline{Y}=B\overline{C}\,\overline{D}$$

对 $\overline{Y}$ 取非得

$$Y=\overline{B}+C+D$$

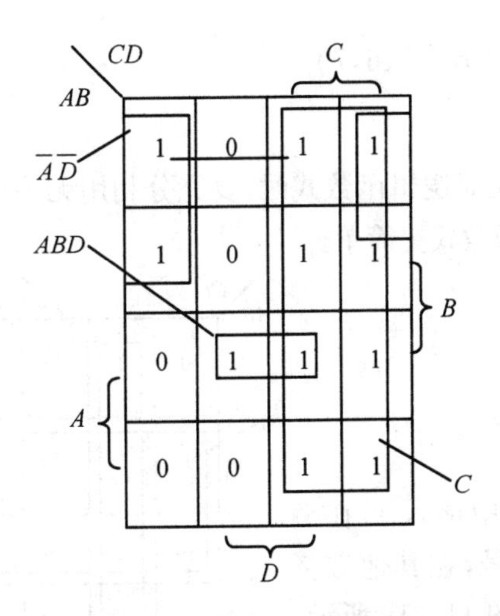

图 11 - 16　例 11 - 11 中函数式的卡诺图

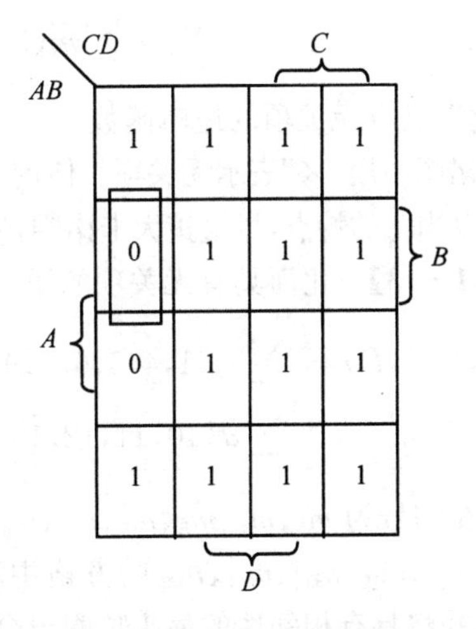

图 11 - 17　例 11 - 12 中函数式的卡诺图

(5) 具有无关项的逻辑函数的化简

① 无关项

在分析具体的逻辑函数时，经常会遇到这样的情况：输入变量的取值不是任意的，而是

具有一定的约束条件，即某些取值组合不会出现，或者在输入变量的某些取值下函数值是 1 或 0 皆可，并不影响电路的功能。我们将这样的取值组合所对应的最小项统称为无关项。

例如，在十字路口有红、绿、黄三色交通信号灯，规定红灯亮停，绿灯亮行，黄灯亮等一等，红灯、绿灯、黄灯、车分别用 A、B、C、Y 表示，且灯亮为 1，灯灭为 0，车行为 1，车停为 0。表示车行和车停状态的逻辑函数所对应的真值表如表 11－14 所示。

表 11－14 真值表

红灯 A	绿灯 B	黄灯 C	车 Y
0	0	0	× (m_0)
0	0	1	0 (m_1)
0	1	0	1 (m_2)
0	1	1	× (m_3)
1	0	0	0 (m_4)
1	0	1	× (m_5)
1	1	0	× (m_6)
1	1	1	× (m_7)

显而易见，$\overline{A}\,\overline{B}\,\overline{C}$、$\overline{A}BC$、$A\overline{B}C$、$AB\overline{C}$、$ABC$ 5 种取值在一个正常的交通灯系统中是不可能出现的，这些最小项即此逻辑函数的无关项。

用最小项之和的形式表示上述具有无关项的逻辑函数时，可以写成如下形式：

$$Y=\sum m()+\sum d() \tag{11-10}$$

例如，上述交通灯系统的逻辑函数式可写为

$$Y=\sum m(2)+\sum d(0,3,5,6,7)$$

② 化简具有无关项的逻辑函数

在卡诺图中用“×”表示无关项。使用卡诺图化简逻辑函数式时，要充分利用无关项可以当 0 也可以当 1 的特点，尽量扩大卡诺圈，使逻辑函数式更简单。

【例 11－13】 化简具有无关项的逻辑函数式

$$Y(A,B,C,D)=\sum m(1,4,5,6,7,9)+\sum d(10,11,12,13,14,15)$$

解 在编号为 m_1、m_4、m_5、m_6、m_7、m_9 的方格中填入 1，在编号为 m_{10}、m_{11}、m_{12}、m_{13}、m_{14}、m_{15} 的方格中填入×号，在其他方格中填入 0，并将具有相邻性的最小项圈出合并，如图 11－18 所示。所以

$$Y=B+\overline{C}D$$

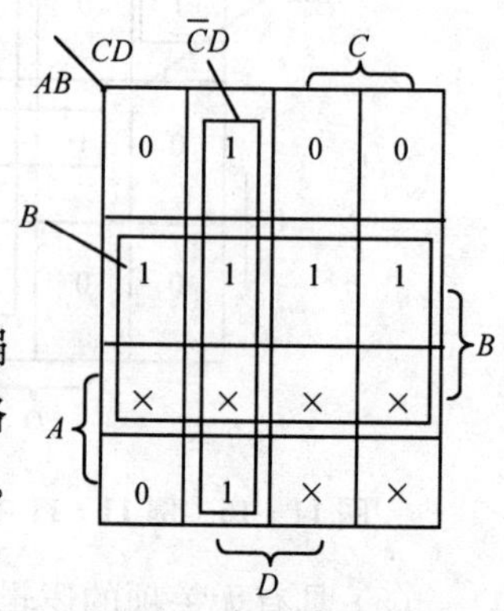

图 11－18 例 11－13 中函数式的卡诺图

卡诺图化简法的优点是简单、直观，有一定的化简步骤可循，

不易出错，且容易化到最简。但是在逻辑变量超过5个时，就失去了简单、直观的优点，其实用意义大打折扣。

11.4 逻辑门电路

门电路是数字电路的基本逻辑单元。如果把一个数字系统或数字电路比作建筑工程，那么门电路就相当于建筑工程所需的砖瓦和预制件，有了门电路即可按照要求来搭建具有特定功能的数字电路了。

本节将首先介绍与门、或门、非门这三个基本的逻辑门电路，然后在基本逻辑门电路的基础上以TTL与非门电路为例介绍集成门电路。

11.4.1 基本逻辑门电路

1. 与门电路

如图11-19所示为二输入端的二极管与门电路。图中A、B为输入变量，Y为输出变量。设$V_{CC}=5$ V，A、B输入端的高、低电平分别为3 V、0 V，二极管正向导通压降为0.7 V。

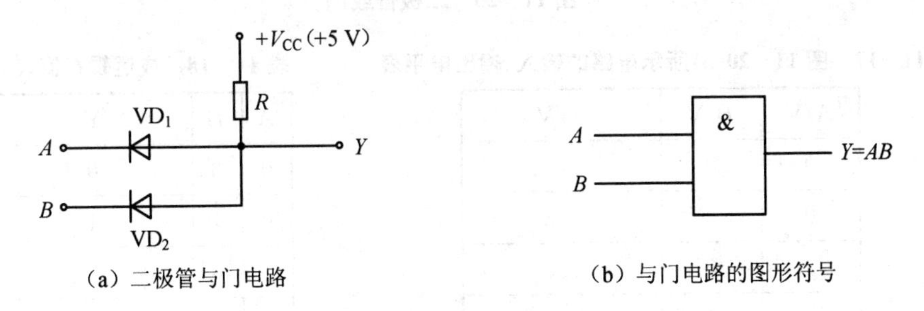

(a) 二极管与门电路　　(b) 与门电路的图形符号

图11-19 二极管与门

当$V_A=0$ V、$V_B=0$ V时，二极管VD_1、VD_2均导通，由于二极管正向导通时的钳位作用，$V_Y=0.7$ V；

当$V_A=0$ V、$V_B=3$ V时，二极管VD_1导通，由于二极管正向导通时的钳位作用，$V_Y=0.7$ V，此时二极管VD_2承受反向电压而截止；

当$V_A=3$ V、$V_B=0$ V时，二极管VD_2导通，由于二极管正向导通时的钳位作用，$V_Y=0.7$ V，此时二极管VD_1承受反向电压而截止；

当$V_A=3$ V、$V_B=3$ V时，二极管VD_1、VD_2均导通，$V_Y=3.7$ V。

将上述分析结果列表，得表11-15。若规定3 V以上为高电平，用逻辑1表示；0.7 V以下为低电平，用逻辑0表示，则由表11-15得表示上述电路逻辑关系的真值表，即表11-16。显然，上述电路实现的是与逻辑关系：

$$Y=AB$$

在电路中增加一个输入端和一个二极管，就可变成三输入端与门。按此办法可构成更多输入端的与门。

表 11-15 图 11-19(a)所示电路的输入、输出电平

A/V	B/V	Y/V
0	0	0.7
0	3	0.7
3	0	0.7
3	3	3.7

表 11-16 与逻辑真值表

A	B	Y
0	0	0
0	1	0
1	0	0
1	1	1

2. 或门电路

二极管或门电路如图 11-20(a)所示。其输入 A、B 和输出 Y 的电平关系及逻辑真值表分别见表 11-17、表 11-18。

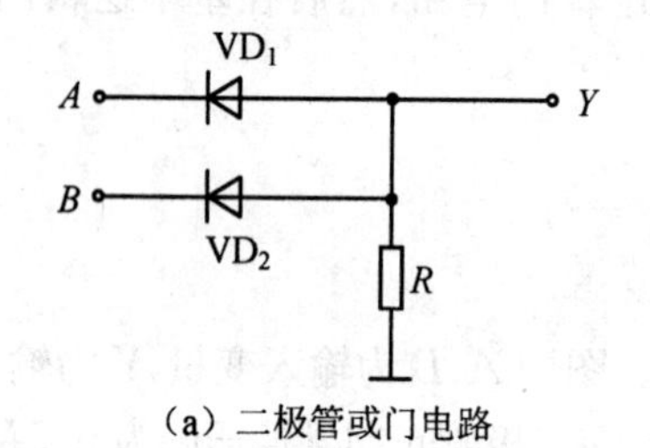

(a) 二极管或门电路

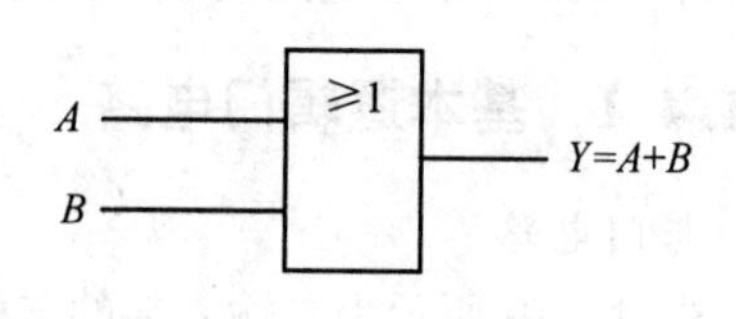

(b) 或门电路的图形符号

图 11-20 二极管或门

表 11-17 图 11-20(a)所示电路的输入、输出电平表

A/V	B/V	Y/V
0	0	0
0	3	2.3
3	0	2.3
3	3	2.3

表 11-18 或逻辑真值表

A	B	Y
0	0	0
0	1	1
1	0	1
1	1	1

由真值表得或门的逻辑函数式：

$$Y = A + B$$

同样，可用增加输入端和二极管的方法，构成更多输入端的或门。

3. 非门电路

如图 11-21(a)所示是由三极管构成的非门电路，非门又称反相器。

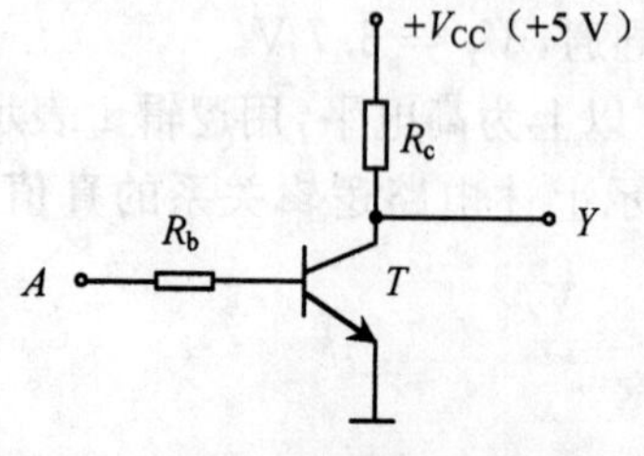

(a) 三极管非门电路

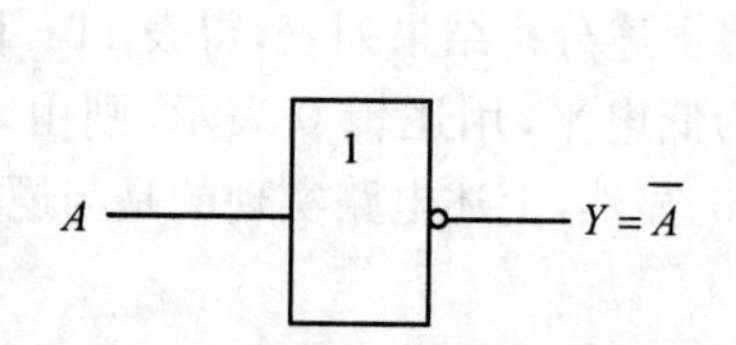

(b) 非门电路的图形符号

图 11-21 三极管非门

设 A 端输入的高、低电平分别为 5 V、0 V。

当 $V_A = 0$ V 时，三极管 T 的发射结电压小于开启电压，满足截止条件，此时三极管截止，所以 $V_Y \approx V_{CC} = 5$ V；

当 $V_A = 5$ V 时，三极管 T 的发射结正向偏置、导通，只要电路的参数设计合理，使其满足饱和条件 $I_B > I_{BS}$（临界饱和电流），则三极管工作在饱和状态，有 $V_Y \approx V_{CES} = 0.3$ V。

由上述分析得三极管非门电路输入、输出电平列表及相应的真值表分别如表 11－19 与表 11－20 所示。

表 11－19 图 11－21(a)所示电路的输入、输出电平

A/V	Y/V
0	5
5	0.3

表 11－20 非逻辑真值表

A	Y
0	1
1	0

由真值表得非门的逻辑函数式：

$$Y = \overline{A}$$

二极管门电路的优点是结构简单，缺点是存在电平漂移，而且带负载能力和抗干扰能力都比较差。三极管反相器的优点恰好是没有电平漂移，带负载能力和抗干扰能力也比较强。因此，常把它们连接在一起构成复合逻辑门电路。

11.4.2 TTL 与非门电路

上一小节中介绍了由分立元件构成的逻辑门电路。如果把这些电路中的所有元件，如二极管、三极管、电阻及导线等都制作在一片半导体芯片上，封装在一个管壳内，就是集成门电路。集成门电路与分立元件组成的电路相比，具有微型化和高可靠性等优点，因此得到了广泛的应用。本小节介绍典型的集成门电路——TTL 与非门电路。

1. 电路结构

如图 11－22(a)所示为某一 TTL 与非门集成电路的原理图。图中输入级 T_1 是一个多发射极二极管，它的等效电路如图 11－22(b)所示，它的作用与二极管与门的作用相似；中间级 T_2 的作用与非门电路相同；T_3、T_4、T_5 是输出级，它们的作用是提高输出负载能力和抗干扰能力。

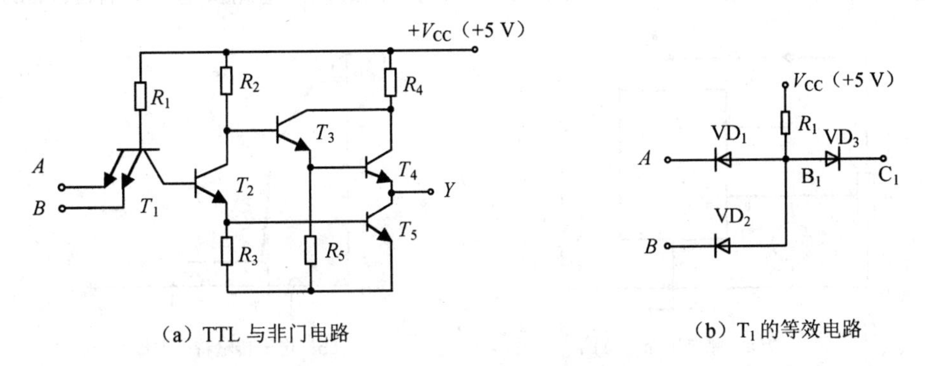

（a）TTL 与非门电路 （b）T_1 的等效电路

图 11－22 TTL 集成与非门电路图

如上述这种输入与输出的结构形式都采用晶体管的电路，被称为晶体管-晶体管逻辑电路(transistor-transistor logic)，简称 TTL 电路。

2. 工作原理

(1) 输入信号不全为 1 的情况

当输入端有一个或几个接低电平(+0.3 V)时，对应于输入端接低电平的发射结导通，T_1的基极电位等于输入低电平加上发射结正向电压，即$U_{B1}=0.3\,V+0.7\,V=1\,V$。而要使三极管$T_2$、$T_5$导通，必须使$U_{B1}=U_{BC1}+U_{BE2}+U_{BE5}=2.1\,V$，所以$T_2$、$T_5$截止。

由于T_2截止，其集电极电位接近于V_{CC}，于是电源V_{CC}经过电阻R_2向三极管T_3、T_4提供基极电流而使T_3、T_4导通，所以输出端的电位U_Y为

$$U_Y=V_{CC}-I_{B3}R_2-U_{BE3}-U_{BE4}=1\,V$$

因为I_{B3}很小，可以忽略不计，电源电压$V_{CC}=5\,V$，于是$U_Y\approx(5-0.7-0.7)\,V=3.6\,V$，即输出$Y$为高电平。

由于T_5截止，当接负载后，有电流由V_{CC}经R_4流向每个负载门，这种电流称为拉电流。

(2) 输入信号全为 1 的情况

当输入端全部接高电平(+3.6 V)时，T_1的所有发射结反向偏置，电源V_{CC}经过电阻R_1向T_2、T_5提供足够的基极电流而使T_2、T_5饱和导通，所以输出电位$U_Y=U_{CES5}=0.3\,V$，即输出Y为低电平。

此时，T_1的基极电位$U_{B1}=U_{BC1}+U_{BE2}+U_{BE5}=(0.7+0.7+0.7)\,V=2.1\,V$，$T_2$集电极电位$U_{C2}=U_{CES2}+U_{BE5}=0.3\,V+0.7\,V=1\,V$，此值大于$T_3$的发射结正向电压，所以$T_3$导通。由于$U_{B4}=U_{E3}=U_{C2}-U_{BE3}=1\,V-0.7\,V=0.3\,V$，所以$T_4$截止。由于$T_4$截止，当接负载后，$T_5$的集电极电流全部由外接负载门灌入，这种电流称为灌电流。

综上所述，图 11-22(a)所示电路的输入与输出之间的逻辑关系为与非逻辑关系，即当输入有 0 时，输出为 1；当输入全 1 时，输出为 0，即

$$Y=\overline{A\cdot B}$$

3. TTL 与非门的外特性及主要参数

(1) 电压传输特性

输出电压随输入电压变化的特性称为电压传输特性。描绘输出电压与输入电压关系的曲线称为电压传输特性曲线。图 11-23 所示为 TTL 与非门的测试电路及电压传输特性曲线。

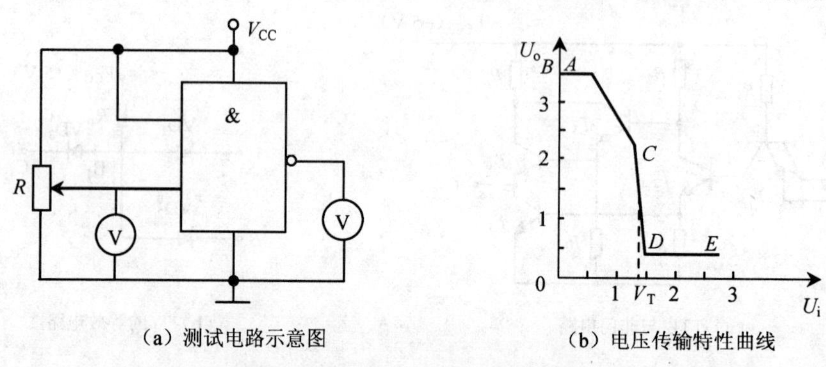

(a) 测试电路示意图　　(b) 电压传输特性曲线

图 11-23　TTL 与非门电压传输特性

传输特性曲线可分为以下四段：

① 在曲线的 AB 段，因为当输入电压 $U_i \leqslant 0.6\ \text{V}$ 时，T_1 工作在深度饱和状态，此时 $U_{CES1} < 0.1\ \text{V}$，$U_{B2} < 0.7\ \text{V}$，故 T_2、T_5 截止，而 T_3、T_4 导通，$U_o \approx 3.6\ \text{V}$ 为高电平。我们将这一段称为截止区。

② 在曲线的 BC 段，因为当输入电压 $0.6\ \text{V} < U_i < 1.3\ \text{V}$ 时，$0.7\ \text{V} < U_{B2} < 1.4\ \text{V}$，故 T_2 导通而 T_5 仍截止，T_3、T_4 处于射极输出状态。此时，T_2 工作在放大区，随 U_i 的增加，U_{B2} 增加，U_{C2} 下降，并通过 T_3、T_4 使 U_o 也下降。因为 U_o 基本上随 U_i 的增加而线性下降，故把这一段称为线性区。

③ 在曲线的 CD 段，当输入电压 $1.3\ \text{V} < U_i < 1.4\ \text{V}$ 时，T_5 开始导通，并随 U_i 的增加趋于饱和，T_4 截止，输出 U_o 急剧地下降为低电平。我们把 CD 段称为转折区或过渡区。

④ 在曲线 DE 段，T_2、T_5 饱和导通，T_3、T_4 截止，当 U_i 继续升高时，U_o 不再变化。我们把 DE 段称为饱和区。

(2) 主要参数

① 输出高电平 V_{OH} 和输出低电平 V_{OL}

V_{OH} 是指电压传输特性曲线截止区的输出电压。V_{OL} 是指饱和区的输出电压。一般 TTL 与非门要求 $V_{OH} \geqslant 2.4\ \text{V}$，$V_{OL} \leqslant 0.4\ \text{V}$。

② 阈值电压 V_T

也称为门槛电压。电压传输特性曲线转折区中点所对应的输入电压为 V_T。一般 TTL 与非门的 $V_T \approx 1.4\ \text{V}$。

③ 开门电平 V_{ON} 和关门电平 V_{OFF}

保证输出电平为额定低电平(0.3 V 左右)时，允许输入高电平的最小值，称为开门电平 V_{ON}。一般 $V_{ON} \leqslant 1.8\ \text{V}$。

保证输出高电平为额定高电平的 90%(2.7 V 左右)时，允许输入低电平的最大值，称为关门电平 V_{OFF}。一般 $V_{OFF} \geqslant 0.8\ \text{V}$。

④ 噪声容限 V_{NL}、V_{NH}

噪声容限也称抗干扰能力，它反映门电路在多大干扰电压下仍能正常工作。

低电平噪声容限是指在保证输出为高电平的前提下，允许叠加在输入低电平 V_{IL} 上的最大正向干扰。用 V_{NL} 表示：

$$V_{NL} = V_{OFF} - V_{IL}$$

高电平噪声容限是指在保证输出为低电平的前提下，允许叠加在输入高电平 V_{IH} 上的最大负向干扰。用 V_{NH} 表示：

$$V_{NH} = V_{IH} - V_{ON}$$

V_{NL}、V_{NH} 越大，抗干扰能力越强。

⑤ 扇出系数

扇出系数是以同一型号的与非门作为负载时，一个与非门能够驱动同类与非门的最大数目，通常 $N \geqslant 8$。

其余参数请读者查阅相关资料。

4. TTL集成门电路芯片介绍

国产的TTL产品主要有CT54/74、CT54H/74H、CT54S/74S、CT54LS/74LS等系列。其中54系列为军用，74系列为民用。它们和国际上SN54/74通用系列、SN54H/74H高速系列、SN54S/74S肖特基系列、SN54LS/74LS低功耗肖特基系列产品一一对应。还有一种CT54ALS/74ALS先进低功耗肖特基系列产品，它是目前最常用的CT54LS/74LS系列的后继产品，速度更快、功耗更低。

目前常用的集成电路多采用双列直插式封装，其引脚数有14、16、18、20等多种。其引脚排列编号的判断方法是将半圆形凹口朝左，字面向上，按逆时针方向从左下角开始顺序读出。以74LS00为例。74LS00是一种典型的TTL与非门器件，内部含有4个2输入端与非门，共有14个引脚，引脚排列图如图11-24所示。

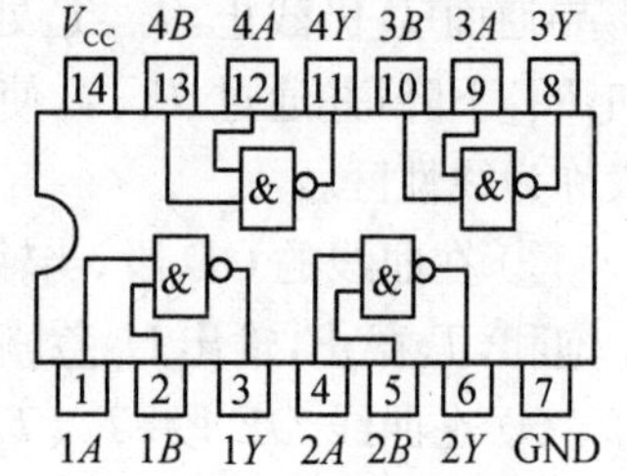

图11-24　74LS00引脚图

表11-21为CT74系列几种主要芯片的参数对比表。

表11-21　CT74系列几种主要芯片的参数对比表

系列名称	标准TTL	LSTTL	ASTTL	ALSTTL
	7400	74LS00	74AS00	74ALS00
工作电压/V	5	5	5	5
平均功耗(每门)/mW	10	2	8	1.2
平均传输延迟时间(每门)/ns	9	9.5	3	3.5
功耗-延迟积/mW-ns	90	19	24	4.2
最高工作频率/MHz	40	50	230	100
噪声容限/V	1	0.6	0.5	0.5

考核一个门电路的优劣应从以下几个方面进行优先考虑：工作速度、平均功耗和抗干扰能力等。通常用功耗-延迟积M对门电路进行综合评价，M值越小，其性能越好。

另外需要注意的是，若产品型号最后的数字代码相同，无论是哪一种系列的产品，它的逻辑功能都是一样的，而且外形尺寸、引脚排列都相同。

5. 使用TTL集成门电路应注意的问题

(1) 电路干扰

为了减少TTL电路的动态尖峰电流产生的干扰，应尽量缩短地线，并在电源输入端并入几十μF的低频滤波电容和0.01～0.1μF的高频滤波电容。

(2) 输入端

对TTL输入端外接电阻的阻值有特别要求，否则会影响电路的正常工作。

(3) 输出端

除三态门和OC门以外，其他TTL门电路的输出端不允许直接并联使用，也不允许直接与电源或地相连，否则将会使电路的逻辑混乱并损坏器件。

(4) 多余输入端的处理

门电路的多余输入端一般不允许悬空，以免悬空的输入端引入干扰，影响电路的可靠性。对于多余的输入端可做以下处理：

① 与其他输入端并联使用。这种方法增加了电路的可靠性,但会影响前级负载和输入电容,同时也要求前级门电路有较强的驱动能力。

② 根据门电路逻辑功能的要求,将多余输入端接高电平或低电平。要接高电平,只需将多余输入端通过电阻(100 Ω～10 kΩ)与电源电压 V_{CC} 相连;要接低电平,只需将多余输入端直接接地或通过小于 500 Ω 的电阻接地。这样不仅不会造成对前级门电路的负载能力的影响,还可以抑制来自电源的干扰。

(5) 其他应注意的问题

① 要在切断电路电源后拔、插或焊接集成芯片,否则容易引起芯片的损坏。

② 安装时要注意芯片引脚的排列顺序,不要从外引脚根部弯曲,以防折断。

③ 宜用 25 W 电烙铁焊接,且焊接时间应小于 3 s。焊后要用酒精将周围擦干净,以防焊剂腐蚀引线。

④ 集成块的供电电压最好稳定在+5 V,一般也应保证在 4.75～5.25 V 之间,电压过高易损坏芯片。

⑤ 输入电压应小于 7 V,否则输入级多发射极晶体管易发生击穿损坏。

⑥ 当输出为高电平时,输出端不允许碰地;当输出为低电平时,输出端绝对不允许碰 $+V_{CC}$,以免造成输出级三极管过热烧坏。

本章小结

1. 数制与代码

(1) 数制即计数进位制。在日常生活中,人们习惯用十进制数,有时也用十二进制、六十进制,而在数字电路和计算机中,多采用二进制和十六进制数。各种数制都有自己的特点,可以相互转换。

(2) 非十进制数转换为十进制数的方法:将非十进制数按权展开相加;十进制数转换为其他进制数的方法:对十进制数的整数部分采用“除基取余法”,对小数部分采用“乘基取整法”;将二进制数转换为八进制(或十六进制)的方法:三位(或四位)二进制数一组,然后将每组二进制数转换为八进制数(或十六进制数);将八进制数(或十六进制数)转换为二进制数的方法:将八进制数(或十六进制数)的每一位转换为相应的三位(或四位)二进制数。

(3) 用若干位二进制数按一定的组合方式组合起来以表示数和字符等信息,就是编码。常见的编码有 8421 码、2421 码、5421 码、余 3 码、格雷码等。

2. 逻辑代数及应用

(1) 与、或、非运算是基本的逻辑运算,其他任何复杂的逻辑运算都可由这三个基本逻辑运算组合而成。

(2) 逻辑函数是表述逻辑变量与逻辑值关系的函数,逻辑函数和逻辑变量的取值只能有 0、1 两种状态,逻辑函数中逻辑变量之间的运算关系只能是与、或、非三种基本逻辑关系。

(3) 常用的逻辑函数表示方法有真值表、逻辑函数表达式、逻辑图、波形图、卡诺图等。这几种表示方法可以相互转换。

(4) 为了使逻辑函数式表示的逻辑关系明显,同时也为了能用最少的电子元件实现这一逻辑函数,通常需要通过化简找出逻辑函数的最简形式。常用的化简方法有公式化简法和卡诺图化简法。使用公式法进行化简需要记住大量的公式,要有一定的技巧,对化简结果难以判断是否为最简;使用卡诺图进行化简,直观、简便、容易掌握,对化简结果易于判断是否为最简,但是当变量大于 5 时,该方法就失去简单、直观的优点。

(5) 使用卡诺图进行化简的依据是 2^n 个逻辑相邻项可以合并为一项,消去表现形式不同的逻辑变量。化简过程为:首先将逻辑函数化为最小项之和的形式,然后在卡诺图上与这些最小项对应的位置上填入 1,在其余的位置上填入 0,得到表示该逻辑函数的卡诺图,最后通过“圈 1”或“圈 0”方式圈出可合并的最小项,并将其合并得到逻辑函数的最简式。

3. 逻辑门电路

门电路是数字电路的基本逻辑单元,有了门电路即可按照要求来搭建具有特定功能的数字电路。最基本的门电路是由二极管组成的与门、或门和由三极管组成的非门电路,它们是集成逻辑门电路的基础。TTL 与非门电路是常用的集成门电路。对于逻辑门电路的学习,应着重掌握其逻辑功能、外部特性以及正确的使用方法,不必要深究其内部的原理。

本章思考与练习

一、填空题

1. 在时间上和数值上均连续变化的电信号称为________信号;在时间上和数值上离散的信号叫作________信号。

2. 在正逻辑的约定下,“1”表示________电平,“0”表示________电平。

3. 最基本的三种逻辑运算是________、________、________。功能为“有 1 出 1、全 0 出 0”的门电路称为________门;功能为“有 0 出 0、全 1 出 1”的电路称为________门。

4. 最简与或表达式是指在表达式中________最少,且________也最少。

5. 在化简的过程中,约束项可以根据需要看作________或________。

6. 常用的逻辑函数表示方法有________、________、________、________、________等。

7. 一个逻辑函数如果有 n 个变量,有________个最小项。

8. 在数字电路中,晶体三极管工作在________状态和________状态。

二、解答题

1. 进行数制转换。

(1) $(365)_{10}=(\qquad)_2=(\qquad)_8=(\qquad)_{16}$;

(2) $(11101.1)_2=(\qquad)_{10}=(\qquad)_8=(\qquad)_{16}$。

2. 化简下列逻辑函数。

(1) $Y=(A+\overline{B})C+\overline{A}B$; (2) $Y=A\overline{B}\,\overline{C}+A\overline{B}C+AB\overline{C}+ABC+\overline{AB}C+A\overline{C}$;

(3) $Y=\overline{A+\overline{BC}}+AB+B\overline{C}D$; (4) $Y=(A+B+C)(\overline{A}+B)(A+B+\overline{C})$。

3. 画出实现逻辑函数 $Y=AB+A\overline{B}C+\overline{A}C$ 的逻辑电路。

4. 试用卡诺图化简下列各式为最简与或式,并画出各逻辑电路图。

(1) $Y=A\overline{B}+A\overline{B}C$; (2) $Y=\overline{\overline{A}BC+\overline{B}C+AC}+ABC$。

第12章　组合逻辑电路

【本章导读】

根据逻辑功能的不同特点，可以将数字电路分为组合逻辑电路和时序逻辑电路两大类。若在数字电路中，任何时刻的输出状态仅取决于该电路当时输入各变量的状态组合，而与先前的输入状态无关，则该电路为组合逻辑电路，简称组合电路。本章将介绍组合逻辑电路特点，分析和设计组合逻辑电路的方法，以及编码器、译码器、加法器等常用的组合逻辑器件。

【本章学习目标】

◉ 掌握组合逻辑电路的基本概念
◉ 掌握组合逻辑电路的分析方法和设计方法
◉ 掌握编码器的结构和工作原理
◉ 掌握译码器的结构和工作原理
◉ 掌握加法器的结构和工作原理
◉ 掌握数据选择器的结构和工作原理
◉ 掌握数值比较器的结构和工作原理

12.1　组合逻辑电路的分析与设计

12.1.1　组合逻辑电路的分析方法

1. 组合逻辑电路的特点

组合逻辑电路是数字电路中最简单的一类逻辑电路。其特点是：任何时刻的输出只与该时刻的输入状态有关，而与先前的输入状态无关。也就是说，组合逻辑电路不具备记忆功能，结构上无反馈。

2. 组合逻辑电路的分析方法

所谓组合逻辑电路的分析，是对给定组合逻辑电路进行逻辑分析，求出其相应的输入、输出逻辑关系表达式，确定其逻辑功能。

通常采用的分析方法是从电路的输入到输出逐级写出逻辑函数式，最终得到表示输出与输入关系的逻辑函数式；然后使用公式化简法或卡诺图化简法将得到的函数式化简或变换，从而写出最简与或表达式。如要分析电路的逻辑功能，就要将函数式转换为真值表，再根据真值表分析电路的逻辑功能。下面结合例题进行具体分析。

【例 12-1】 分析如图 12-1 所示组合逻辑电路的逻辑功能。

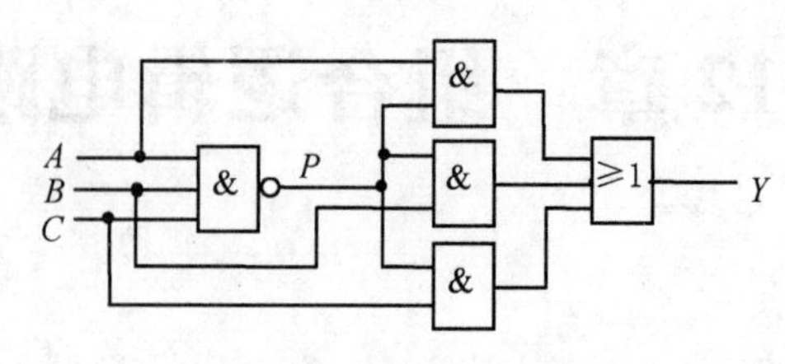

图 12-1 例 12-1 电路图

解 (1) 从输入到输出逐级写出逻辑函数式。设 P 为中间变量。

$$P=\overline{ABC}$$
$$Y=AP+BP+CP=A\overline{ABC}+B\overline{ABC}+C\overline{ABC}$$

(2) 化简与变换逻辑函数,写出最简与或表达式。

$$Y=\overline{ABC}(A+B+C)=\overline{ABC+\overline{A+B+C}}=\overline{ABC+\overline{A}\,\overline{B}\,\overline{C}}$$

(3) 由表达式列出真值表。经过化简与变换的表达式为两个最小项之和的非,所以很容易列出真值表,见表 12-1。

表 12-1 例 12-1 真值表

A	B	C	Y
0	0	0	0
0	0	1	1
0	1	0	1
0	1	1	1
1	0	0	1
1	0	1	1
1	1	0	1
1	1	1	0

(4) 分析逻辑功能

由真值表可知,当 A、B、C 三个变量不一致时,输出为 1,所以这个电路称为“不一致电路”。

对于多输入变量的组合逻辑电路,分析方法完全相同。

12.1.2 组合逻辑电路的设计方法

组合逻辑电路的设计是组合逻辑电路分析的逆过程,即已知逻辑功能要求,设计出具体的实现该功能的组合逻辑电路。其设计步骤如下:

(1) 分析逻辑问题,明确输入量与输出量;

(2) 根据逻辑要求列出相应的真值表;

(3) 根据真值表写出逻辑函数的最小项表达式;

(4) 化简逻辑函数,并根据可能提供的逻辑电路类型写出所需的表达式形式;

(5) 画出与表达式相应的逻辑图。

组合逻辑电路的设计一般应以电路简单、所用器件最少为目标，并尽量减少所用集成器件的种类。

【例 12-2】 设计一个三人表决电路，表决结果按“少数服从多数”的原则决定。

解 (1) 分析具体问题，确定输入量与输出量。设三人的意见分别为变量 A、B、C，表决结果为函数 Y，并设同意为逻辑 1，不同意为逻辑 0，事情通过为逻辑 1，没通过为逻辑 0。

(2) 根据逻辑要求列出真值表，如表 12-2 所示。

(3) 由真值表写出逻辑表达式：$Y=\overline{A}BC+A\overline{B}C+AB\overline{C}+ABC$。

(4) 化简逻辑函数。画该逻辑函数的卡诺图，并合并最小项，如图 12-2 所示，得最简与或表达式：$Y=AB+BC+AC$。

表 12-2　例 12-2 真值表

A	B	C	Y
0	0	0	0
0	0	1	0
0	1	0	0
0	1	1	1
1	0	0	0
1	0	1	1
1	1	0	1
1	1	1	1

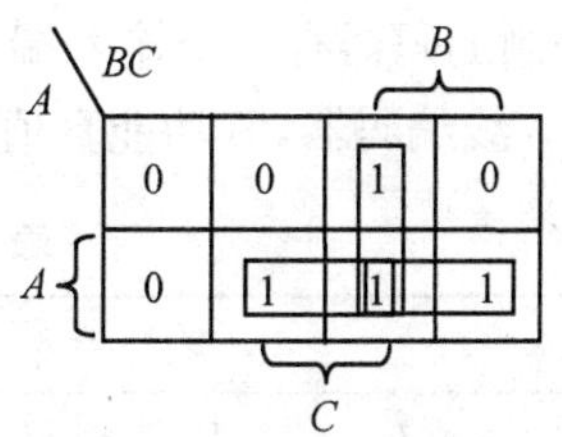

图 12-2　例 12-2 卡诺图

(5) 画出逻辑图，如图 12-3 所示。

如果要求用与非门实现该逻辑电路，就应将表达式转换成与非-与非表达式：

$$Y=AB+BC+AC=\overline{\overline{AB}\cdot\overline{BC}\cdot\overline{AC}}$$

其逻辑图如图 12-4 所示。

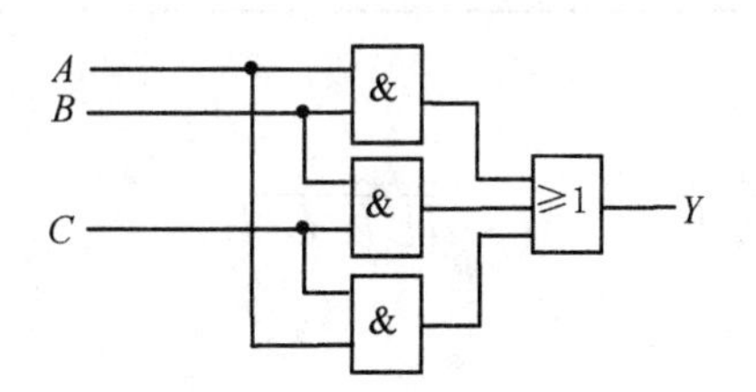

图 12-3　例 12-2 逻辑图

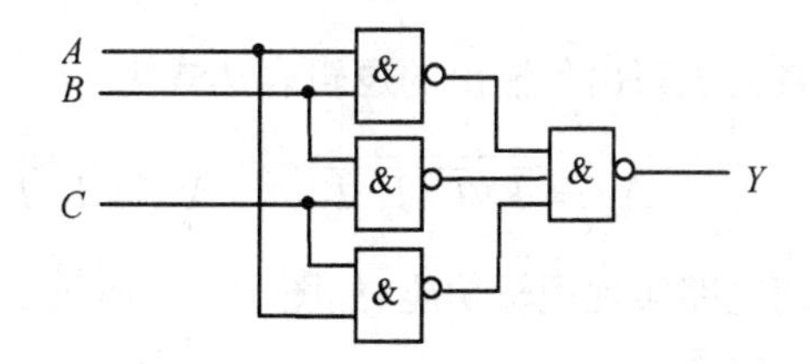

图 12-4　例 12-2 用与非门实现的逻辑图

12.2　常用组合逻辑器件

在实践中，一些组合逻辑电路经常大量地出现在各种数字系统中，如编码器、译码器、数码显示器、加法器、数据选择器、数值比较器等。为了使用方便，已将这些逻辑电路制成了标准化集成电路产品。下面将分别介绍这些常用器件的逻辑功能、符号、外引线排列、使用方法等。

12.2.1　编码器

编码就是将具有特定含义的信息(如数字、文字、符号等)用二进制代码来表示的过程。能实现编码功能的电路称为编码器，编码器的输入为被编信号，输出为二进制代码。

按编码方式不同，编码器可分为普通编码器和优先编码器；按编码形式，编码器可分为二进制编码器与BCD编码器；按输出位数，编码器可分为4线-2线编码器、8线-3线编码器与16线-4线编码器等。

1. 二进制编码器

将信号编为二进制代码的电路称为二进制编码电路。用n位二进制代码可对2^n个信号进行编码。

3位二进制编码器有8个输入端I_0、I_1、I_2、I_3、I_4、I_5、I_6、I_7，3个输出端A_2、A_1、A_0，所以常称为8线-3线编码器，其功能真值表见表12-3，输入为高电平有效。

表12-3　编码器真值表

输入								输出		
I_0	I_1	I_2	I_3	I_4	I_5	I_6	I_7	A_2	A_1	A_0
1	0	0	0	0	0	0	0	0	0	0
0	1	0	0	0	0	0	0	0	0	1
0	0	1	0	0	0	0	0	0	1	0
0	0	0	1	0	0	0	0	0	1	1
0	0	0	0	1	0	0	0	1	0	0
0	0	0	0	0	1	0	0	1	0	1
0	0	0	0	0	0	1	0	1	1	0
0	0	0	0	0	0	0	1	1	1	1

由真值表写出各输出的逻辑表达式为

$$A_2=\overline{\overline{I_4}\ \overline{I_5}\ \overline{I_6}\ \overline{I_7}}\qquad A_1=\overline{\overline{I_2}\ \overline{I_3}\ \overline{I_6}\ \overline{I_7}}\qquad A_0=\overline{\overline{I_1}\ \overline{I_3}\ \overline{I_5}\ \overline{I_7}}$$

用门电路实现逻辑功能，如图12-5所示。

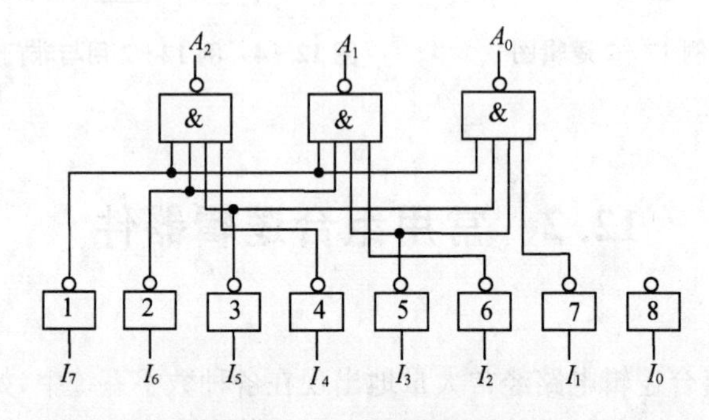

图12-5　3位二进制编码器

2. 优先编码器

前面所讲的编码器要正确实现编码需要条件，即 8 个输入中每次只允许 1 个为逻辑 1，其余为逻辑 0。若某次有 2 个以上的输入为逻辑 1，输出编码将出错。而优先编码器却不同，它给所有的输入信号规定了优先顺序，当多个输入信号同时出现时，只对其中优先级最高的一个进行编码。常用的优先编码器有 74LS148、74LS147 等。

74LS148 是一种常用的 8 线- 3 线优先编码器，其功能如表 12 - 4 所示，其中 $I_0 \sim I_7$ 为编码输入端，低电平有效。$A_0 \sim A_2$ 为编码输出端，也为低电平有效，即反码输出。其他功能端子的功能如下：

(1) *EI* 为使能输入端，低电平有效。

(2) 优先顺序为 $I_7 \rightarrow I_0$，即 I_7 的优先级最高。

(3) *GS* 为编码器的工作标志，低电平有效。

(4) *EO* 为使能输出端，高电平有效。

表 12 - 4　74LS148 优先编码器真值表

输　入									输　出				
EI	I_0	I_1	I_2	I_3	I_4	I_5	I_6	I_7	A_2	A_1	A_0	*GS*	*EO*
1	×	×	×	×	×	×	×	×	1	1	1	1	1
0	1	1	1	1	1	1	1	1	1	1	1	1	0
0	×	×	×	×	×	×	×	0	0	0	0	0	1
0	×	×	×	×	×	×	0	1	0	0	1	0	1
0	×	×	×	×	×	0	1	1	0	1	0	0	1
0	×	×	×	×	0	1	1	1	0	1	1	0	1
0	×	×	×	0	1	1	1	1	1	0	0	0	1
0	×	×	0	1	1	1	1	1	1	0	1	0	1
0	×	0	1	1	1	1	1	1	1	1	0	0	1
0	0	1	1	1	1	1	1	1	1	1	1	0	1

图 12 - 6 所示为 74LS148 的逻辑图。

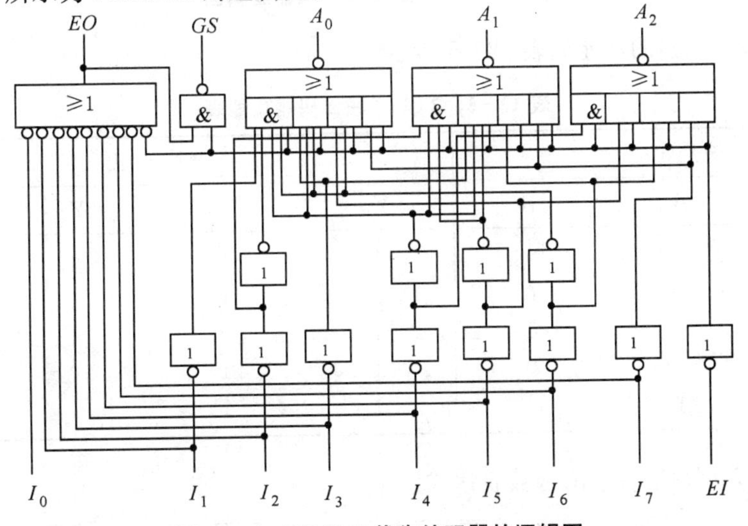

图 12 - 6　74LS148 优先编码器的逻辑图

12.2.2 译码器

在编码时,每一种使用的二进制代码状态,都被赋予特定的含意,即表示一个确定的信号或者对象。把二进制代码的特定含意“翻译”出来的过程叫作译码,而实现译码操作的电路称为译码器。或者说译码器可以将输入代码的状态翻译成相应的输出信号,以表示其原意。根据需要,输出信号可以是脉冲,也可以是高、低电平信号。

假设译码器有 n 个输入信号和 N 个输出信号,如果 $N=2^n$,就称为全译码器。常见的全译码器有2线-4线译码器、3线-8线译码器、4线-16线译码器等。如果 $N<2^n$,称为部分译码器,如二-十进制译码器(也称作4线-10线译码器)等。

1. 二进制译码器

把二进制代码的各种状态,按照其原意翻译成对应输出信号的电路,叫作二进制译码器。二进制译码器的逻辑特点是:若输入为 n 个,则输出信号为 2^n 个,对应每一个输入组合,只有1个输出为1,其余全为0。下面以2线-4线译码器和译码器芯片74LS138为例,说明二进制译码器的工作原理和电路结构。

(1) 2线-4线译码器

用门电路实现2线-4线译码器的逻辑电路如图12-7所示。

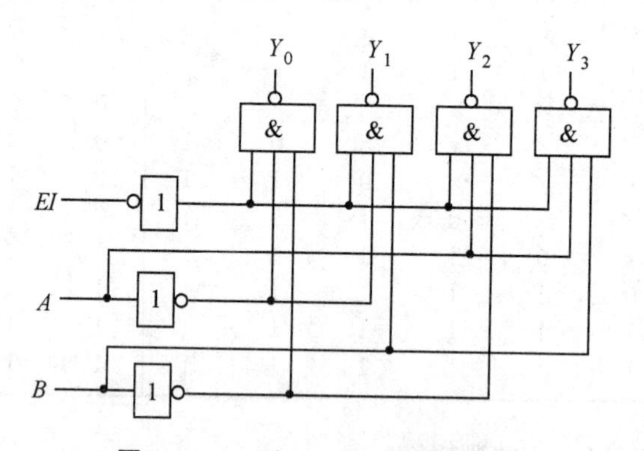

图12-7 2线-4线译码器逻辑图

2线-4线译码器的功能如表12-5所示。

表12-5 2线-4线译码器功能表

输入			输出			
EI	A	B	Y_0	Y_1	Y_2	Y_3
1	×	×	1	1	1	1
0	0	0	0	1	1	1
0	0	1	1	0	1	1
0	1	0	1	1	0	1
0	1	1	1	1	1	0

由表12-5可写出各输出函数表达式:

$$Y_0=\overline{\overline{EI}\,\overline{A}\,\overline{B}}\qquad Y_1=\overline{\overline{EI}\,\overline{A}B}\qquad Y_2=\overline{\overline{EI}A\,\overline{B}}\qquad Y_3=\overline{\overline{EI}AB}$$

(2) 译码器芯片 74LS138

74LS138 是一种典型的二进制译码器，其逻辑图和引脚图如图 12 - 8 所示。它有 3 个输入端 A_2、A_1、A_0，8 个输出端 $Y_0 \sim Y_7$，所以常称为 3 线- 8 线译码器，属于全译码器。输出为低电平有效，G_1、G_{2A} 和 G_{2B} 为使能输入端。

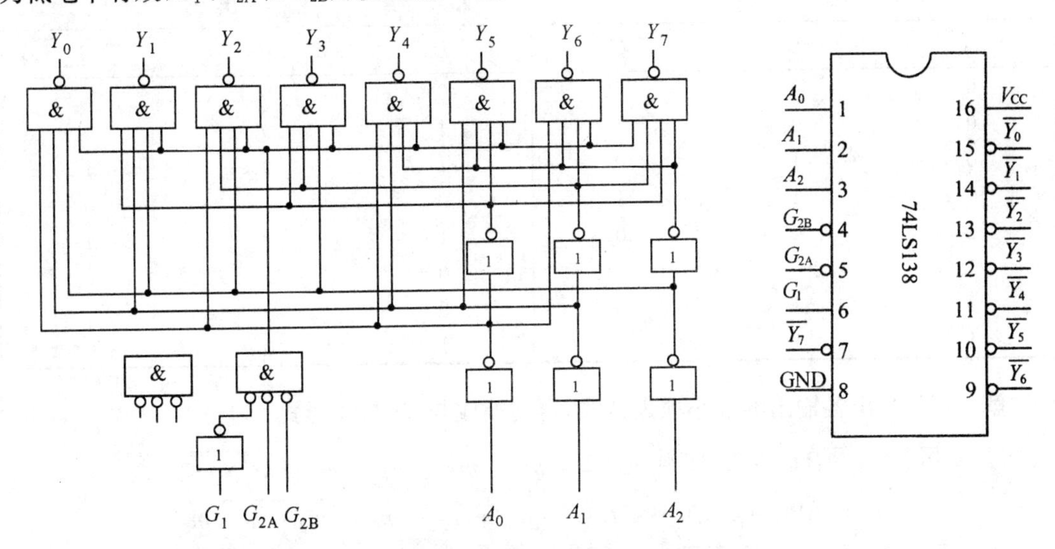

图 12 - 8　74LS138 集成译码器逻辑图和引脚图

由译码器的逻辑图可写出各输入端的逻辑表达式：

$$Y_0 = \overline{\overline{A_0}\,\overline{A_1}\,\overline{A_2}} \qquad Y_1 = \overline{A_0\,\overline{A_1}\,\overline{A_2}} \qquad Y_2 = \overline{\overline{A_0}A_1\overline{A_2}} \qquad Y_3 = \overline{A_0A_1\overline{A_2}}$$

$$Y_4 = \overline{\overline{A_0}\,\overline{A_1}A_2} \qquad Y_5 = \overline{A_0\overline{A_1}A_2} \qquad Y_6 = \overline{\overline{A_0}A_1A_2} \qquad Y_7 = \overline{A_0A_1A_2}$$

74LS138 译码器的真值表如表 12 - 6。

表 12 - 6　74LS138 译码器真值表

输　入						输　出							
G_1	G_{2A}	G_{2B}	A_2	A_1	A_0	Y_0	Y_1	Y_2	Y_3	Y_4	Y_5	Y_6	Y_7
×	1	×	×	×	×	1	1	1	1	1	1	1	1
×	×	1	×	×	×	1	1	1	1	1	1	1	1
0	×	×	×	×	×	1	1	1	1	1	1	1	1
1	0	0	0	0	0	0	1	1	1	1	1	1	1
1	0	0	0	0	1	1	0	1	1	1	1	1	1
1	0	0	0	1	0	1	1	0	1	1	1	1	1
1	0	0	0	1	1	1	1	1	0	1	1	1	1
1	0	0	1	0	0	1	1	1	1	0	1	1	1
1	0	0	1	0	1	1	1	1	1	1	0	1	1
1	0	0	1	1	0	1	1	1	1	1	1	0	1
1	0	0	1	1	1	1	1	1	1	1	1	1	0

由真值表可以看出，当三个控制端 $G_1 = 1$ 且 $G_{2A} = G_{2B} = 0$ 时，芯片才会译码，反码输出，相应输出端低电平有效。这三个控制端只要有一个无效，芯片禁止译码，输出全为 1。

【例 12-3】 某组合逻辑电路的真值表如表 12-7 所示，试用译码器和门电路设计该逻辑电路。

表 12-7 例 12-3 的真值表

输入			输出		
A	B	C	L	F	G
0	0	0	0	0	1
0	0	1	1	0	0
0	1	0	1	0	1
0	1	1	0	1	0
1	0	0	1	0	1
1	0	1	0	1	0
1	1	0	0	1	1
1	1	1	1	0	0

解 (1) 写出各输出的最小项表达式，再转换成与非-与非形式。

$$L=\overline{A}\,\overline{B}C+\overline{A}B\,\overline{C}+A\,\overline{B}\,\overline{C}+ABC=m_1+m_2+m_4+m_7=\overline{\overline{m_1}\cdot\overline{m_2}\cdot\overline{m_4}\cdot\overline{m_7}}$$

$$F=\overline{A}BC+A\,\overline{B}C+AB\,\overline{C}=m_3+m_5+m_6=\overline{\overline{m_3}\cdot\overline{m_5}\cdot\overline{m_6}}$$

$$G=\overline{A}\,\overline{B}\,\overline{C}+\overline{A}B\,\overline{C}+A\,\overline{B}\,\overline{C}+AB\,\overline{C}=m_0+m_2+m_4+m_6=\overline{\overline{m_0}\cdot\overline{m_2}\cdot\overline{m_4}\cdot\overline{m_6}}$$

(2) 选用 3 线-8 线译码器 74LS138。设 $A=A_2$、$B=A_1$、$C=A_0$。将 L、F、G 的逻辑表达式与 74LS138 的输出表达式相比较，得

$$L=\overline{\overline{Y_1}\cdot\overline{Y_2}\cdot\overline{Y_4}\cdot\overline{Y_7}}\qquad F=\overline{\overline{Y_3}\cdot\overline{Y_5}\cdot\overline{Y_6}}\qquad G=\overline{\overline{Y_0}\cdot\overline{Y_2}\cdot\overline{Y_4}\cdot\overline{Y_6}}$$

用一片 74LS138 加三个与非门就可实现该组合逻辑电路，逻辑图如图 12-9 所示。由此可见，用译码器实现多输出逻辑函数时，优点更明显。

由于译码器的每个输出端分别与一个最小项相对应，因此辅以适当的门电路，便可实现任何组合逻辑函数。

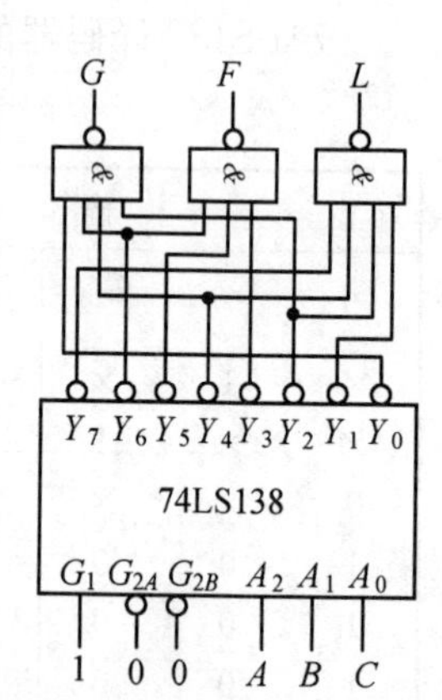

图 12-9
例 12-3 逻辑图

2. 显示译码器

在数字系统中，常常需要将数字、字母、符号等直观地显示出来，供人们读取或监视系统的工作情况。能够显示数字、字母或符号的器件称为数字显示器。

在数字电路中，数字量都是以一定的代码形式出现的，所以这些数字量要先经过译码，才能送到数字显示器去显示。这种能把数字量翻译成数字显示器所能识别的信号的译码器称为数字显示译码器。

常用的数字显示器有多种类型。按显示方式可分为字型重叠式、点阵式、分段式等；按发光物质可分为半导体显示器(又称发光二极管显示器，即 LED 显示器)、荧光显示器、液晶显示器、气体放电管显示器等。目前应用最广泛的是由发光二极管构成的七段数字显示器。

(1) LED 数码管

LED 数码管由发光二极管 LED(light emitting diode)分段组成,因其工作电压低、体积小、可靠性高、寿命长、响应快等优点而得到广泛使用。

七段数字显示器就是将七个发光二极管(加小数点为八个)按一定的方式排列起来,七段 a、b、c、d、e、f、g(以及小数点 DP)各对应一个发光二极管,利用不同发光段的组合,显示不同的阿拉伯数字。图 12 - 10(a)所示为 LED 数码管的外形和管脚图。

LED 数码管按内部连接方式可分为共阴极和共阳极两种类型,共阴极和共阳极两种类型的数码管的内部连接方式分别如图 12 - 10(b)、(c)所示。

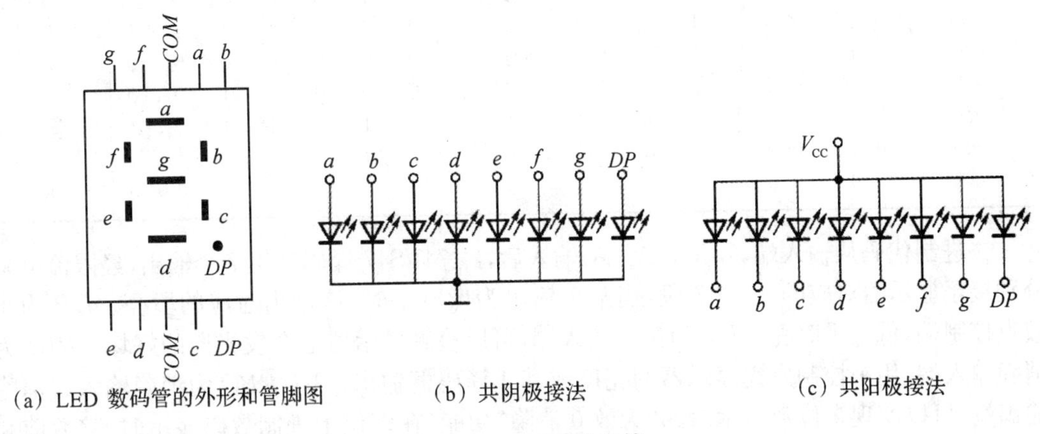

(a) LED 数码管的外形和管脚图　(b) 共阴极接法　(c) 共阳极接法

图 12 - 10　LED 数码管

(2) 七段显示译码器

七段显示译码器品种很多,功能各有差异,现以 74LS47 为例说明该类显示译码器的功能。

七段显示译码器 74LS47 是一种与共阳极数字显示器配合使用的集成译码器,它的功能是将输入的 4 位二进制代码转换成七段显示器的段码。

图 12 - 11 为其引脚图,表 12 - 8 为它的逻辑功能表。74LS47 的译码驱动电路如图 12 - 12所示。

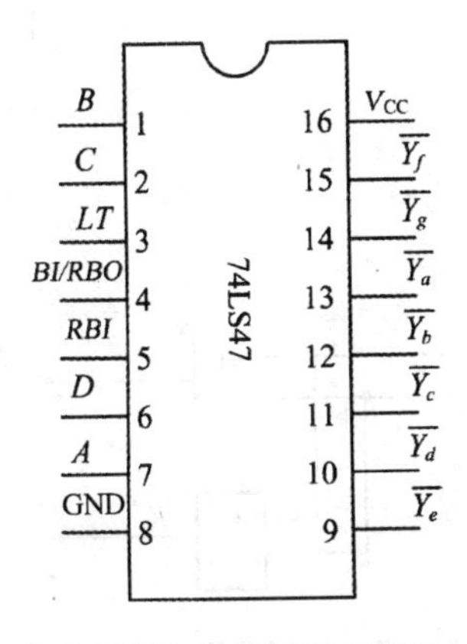

图 12 - 11　74LS47 引脚图

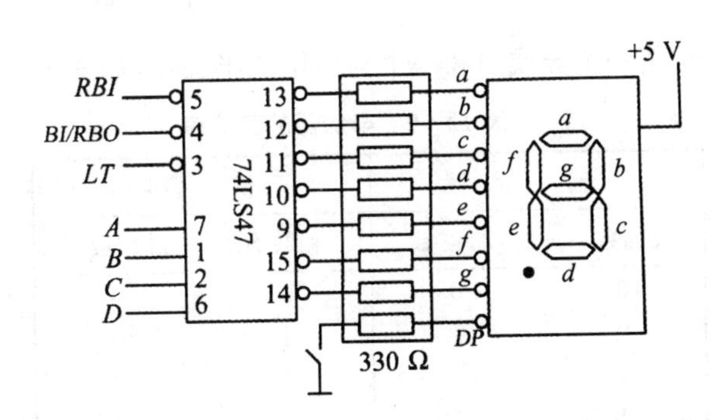

图 12 - 12　74LS47 译码驱动电路

表 12-8 七段显示译码器 74LS47 的逻辑功能表

功能和十进制数	输入						输入/输出	输出							显示字形
	LT	RBI	A_3	A_2	A_1	A_0	BI/RBO	a	b	c	d	e	f	g	
0	1	1	0	0	0	0	1	0	0	0	0	0	0	1	0
1	1	×	0	0	0	1	1	1	0	0	1	1	1	1	1
2	1	×	0	0	1	0	1	0	0	1	0	0	1	0	2
3	1	×	0	0	1	1	1	0	0	0	0	1	1	0	3
4	1	×	0	1	0	0	1	1	0	0	1	1	0	0	4
5	1	×	0	1	0	1	1	0	1	0	0	1	0	0	5
6	1	×	0	1	1	0	1	1	1	0	0	0	0	0	6
7	1	×	0	1	1	1	1	0	0	0	1	1	1	1	7
8	1	×	1	0	0	0	1	0	0	0	0	0	0	0	8
9	1	×	1	0	0	1	1	0	0	0	1	1	0	0	9
灭灯	×	×	×	×	×	×	0	1	1	1	1	1	1	1	全灭
灭 0	1	0	0	0	0	0	0	1	1	1	1	1	1	1	灭 0
试灯	0	×	×	×	×	×	1	0	0	0	0	0	0	0	8

二进制代码从输入端 A_0、A_1、A_2、A_3 输入后，经 74LS47 译码产生 7 个输出，经限流电阻分别接至显示器对应的 $a \sim g$ 7 段，当某个输出为低电平时，该输出对应的段亮。DP 为小数点控制端，低电平时亮。LT 为试灯输入端，可以检测显示器七个发光段的好坏。RBI 为消隐输入端，用来控制发光显示器的亮度或禁止译码器输出。BI/RBO 为消隐输入或消隐输出端，可以实现多位数显示时的“无效 0 消隐”功能（在多位十进制数码显示时，整数前和小数后的 0 是无意义的，称为“无效 0”），在试灯时 BI/RBO 应为高电平。

12.2.3 加法器

数字电子计算机最基本的任务之一就是进行算术运算，而在机器中四则运算——加、减、乘、除都是分解成加法运算实现的，因此加法器便成了计算机中最基本的运算单元。

1. 半加器

半加器的真值表如表 12-9 所示。表中的 A 和 B 分别表示被加数和加数输入，S 为和数输出，C 为向相邻高位的进位输出。由真值表可直接写出输出逻辑函数表达式：

$$S = \overline{A}B + A\overline{B} = A \oplus B \tag{12-1}$$

$$C = AB \tag{12-2}$$

可用一个异或门和一个与门组成半加器，如图 12-13 所示。

表 12-9 半加器的真值表

输入		输出	
被加数 A	加数 B	和数 S	进位数 C
0	0	0	0
0	1	1	0
1	0	1	0
1	1	0	1

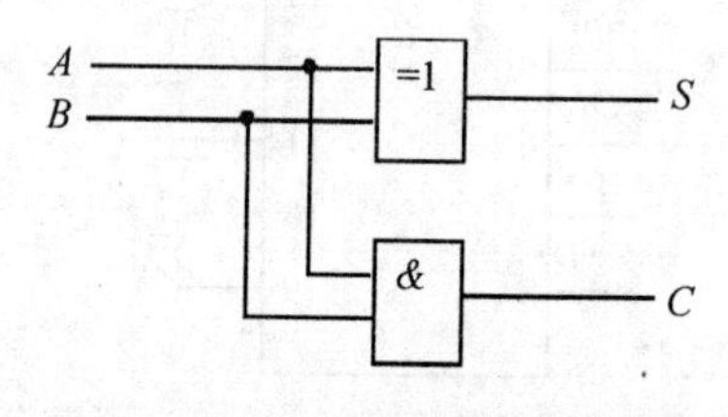

图 12-13 与非门组成的半加器

如果想用与非门组成半加器，则将上式用代数法变换成与非形式：

$$
\begin{aligned}
S &= \overline{A}B + A\overline{B} = \overline{A}B + A\overline{B} + A\overline{A} + B\overline{B} = A(\overline{A}+\overline{B}) + B(\overline{A}+\overline{B}) \\
&= A\overline{AB} + B\overline{AB} = \overline{\overline{A\overline{AB}}\ \overline{B\overline{AB}}}
\end{aligned}
$$

$$C = AB = \overline{\overline{AB}} \tag{12-3}$$

由此画出用与非门组成的半加器，如图 12－14 所示。图 12－15 所示为半加器的逻辑图形符号。

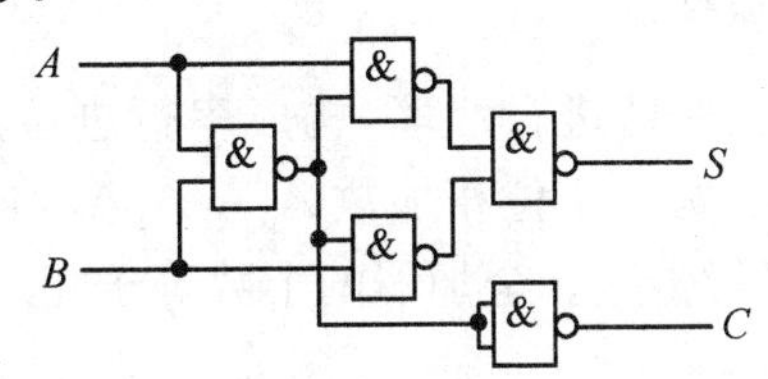

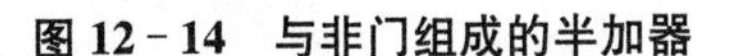
图 12－14　与非门组成的半加器

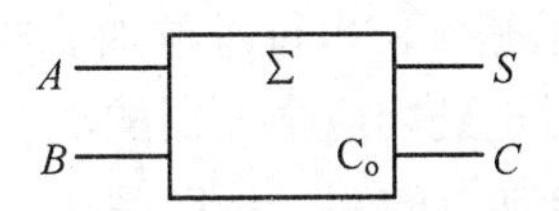

图 12－15　半加器的逻辑图形符号

2. 全加器

在多位数加法运算时，除最低位外，其他各位都需要考虑低位送来的进位。全加器就能实现这种功能。全加器的真值表如表 12－10 所示。表中的 A_i 和 B_i 分别表示被加数和加数输入，C_{i-1} 表示来自相邻低位的进位输入，S_i 为和输出，C_i 为向相邻高位的进位输出。

表 12－10　全加器的真值表

输　入			输　出	
A_i	B_i	C_{i-1}	S_i	C_i
0	0	0	0	0
0	0	1	1	0
0	1	0	1	0
0	1	1	0	1
1	0	0	1	0
1	0	1	0	1
1	1	0	0	1
1	1	1	1	1

由真值表可写出 S_i 和 C_i 的输出逻辑函数表达式，经代数法化简和转换得

$$
\begin{aligned}
S_i &= \overline{A_i}\,\overline{B_i}C_{i-1} + \overline{A_i}B_i\overline{C}_{i-1} + A_i\overline{B_i}\,\overline{C}_{i-1} + A_iB_iC_{i-1} \\
&= \overline{A_i \oplus B_i}C_{i-1} + A_i \oplus B_i\overline{C}_{i-1} \\
&= A_i \oplus B_i \oplus C_{i-1}
\end{aligned} \tag{12-4}
$$

$$
\begin{aligned}
C_i &= \overline{A_i}B_iC_{i-1} + A_i\overline{B_i}C_{i-1} + A_iB_i\overline{C}_{i-1} + A_iB_iC_{i-1} \\
&= A_iB_i + (A_i \oplus B_i)C_{i-1}
\end{aligned} \tag{12-5}
$$

由式(12－4)和式(12－5)画出全加器的逻辑图如图 12－16(a)所示。图 12－16(b)所示为全加器的逻辑图形符号。

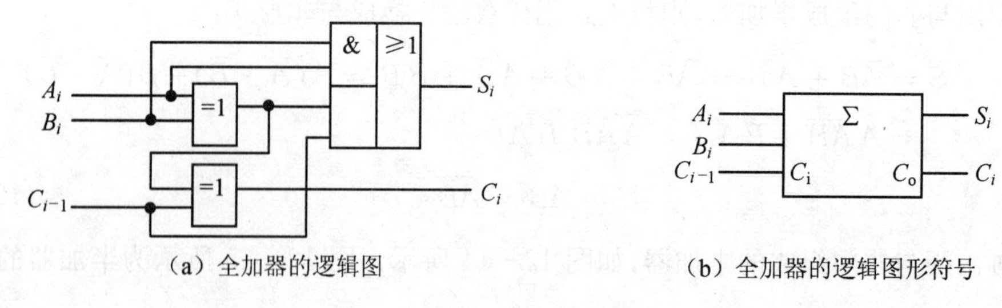

（a）全加器的逻辑图　　　　（b）全加器的逻辑图形符号

图 12-16　全加器

要进行多位数相加，最简单的方法是将多个全加器进行级联，构成串行进位加法器。图 12-17所示是 4 位串行进位加法器，从图中可见，两个 4 位相加数 $A_3A_2A_1A_0$ 和 $B_3B_2B_1B_0$ 的各位同时送到相应全加器的输入端，进位数串行传送。全加器的个数等于相加数的位数。最低位全加器的 C_{i-1} 端应接 0。

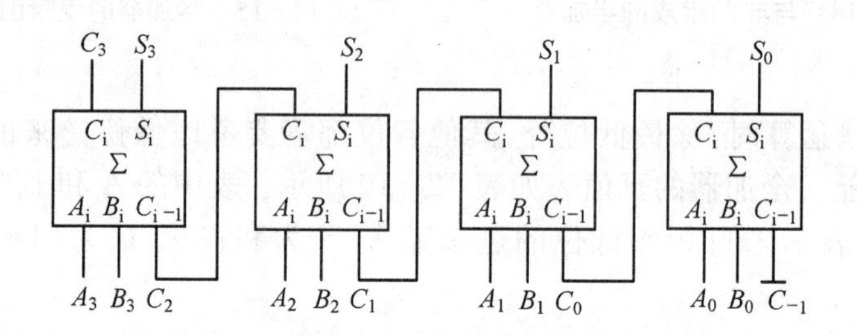

图 12-17　4 位串行进位加法器

串行进位加法器的电路比较简单，但是其速度较慢。为了提高速度，人们又设计了一种多位数快速进位（又称超前进位）加法器。所谓快速进位，是指加法运算过程中，各级进位信号同时送到各位全加器的进位输入端，现在的集成加法器大多采用这种方法。74LS283 就是一种典型的快速进位的集成加法器，其逻辑图如图 12-18 所示，引脚图如图 12-19 所示。

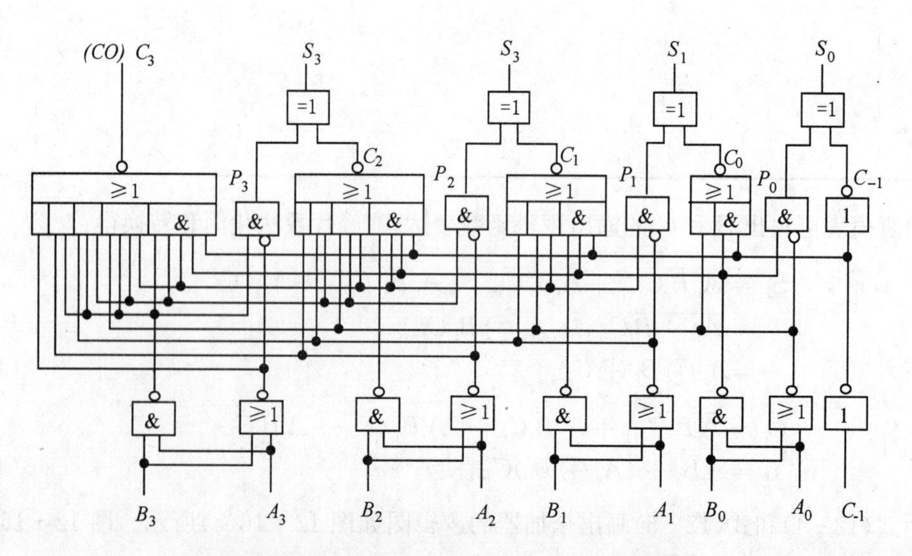

图 12-18　集成 4 位加法器 74LS283 逻辑图

12.2.4　数据选择器

数据选择器就是从多路输入数字信号中选出一个，将其送到输出端。其原理与图12－20所示的单刀多掷开关相似，通过开关切换，将输入信号中的一个传送到输出端。

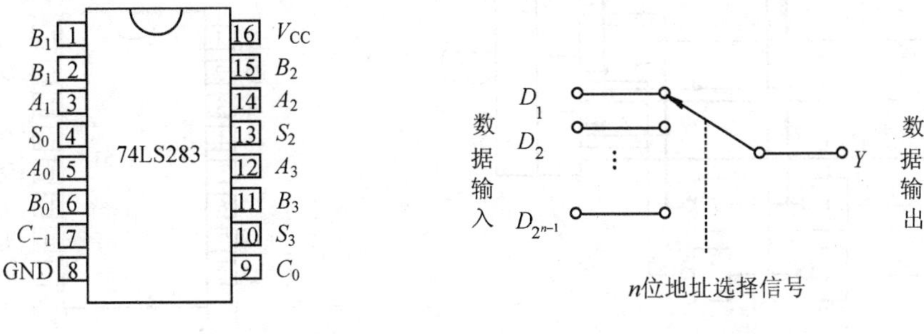

图12－19　74LS283引脚图　　　图12－20　单刀多掷开关

具有2^n个输入和1个输出的多路选择器，通常有n个选择控制端（也称控制字和地址）用来进行信号的选择，并将选择到的输入信号送到输出端。常用的数据选择器有4选1、8选1、16选1等多种类型。

1. 4选1数据选择器

图12－21所示为由与或门组成的4选1多路数据选择器，其功能如表12－11所示。

表12－11　4选1数据选择器功能表

输入							输出
G	A_1	A_0	D_3	D_2	D_1	D_0	Y
1	×	×	×	×	×	×	0
0	0	0	×	×	×	0	0 (D_0)
			×	×	×	1	1 (D_0)
	0	1	×	×	0	×	0 (D_1)
			×	×	1	×	1 (D_1)
	1	0	×	0	×	×	0 (D_2)
			×	1	×	×	1 (D_2)
	1	1	0	×	×	×	0 (D_3)
			1	×	×	×	1 (D_3)

根据功能表，可写出输出逻辑表达式为

$$Y=(\overline{A_1}\,\overline{A_0}D_0+\overline{A_1}A_0D_1+A_1\overline{A_0}D_2+A_1A_0D_3)\overline{G}$$

2. 8选1数据选择器

74LS151是一种典型集成8选1数据选择器，它有8个数据输入端$D_0\sim D_7$；3个地址输入端A_2、A_1、A_0；2个互补的输出端Y和$\overline{Y}$分别以原码和反码的形式输出；1个选通输入

端 G,G 仍为低电平有效。图 12－22 所示为 74LS151 的引脚图,其功能表如表 12－12 所示。

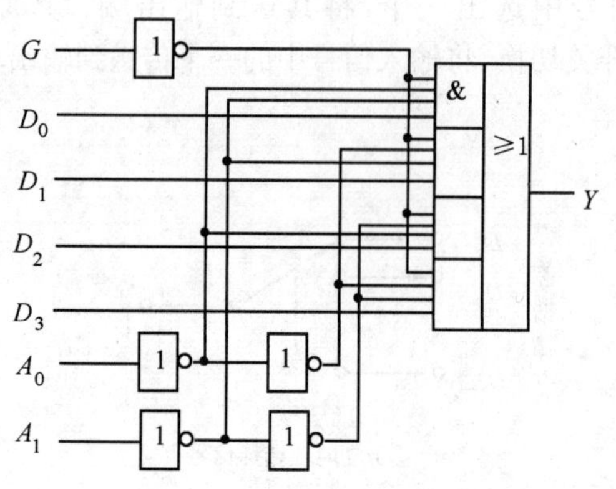

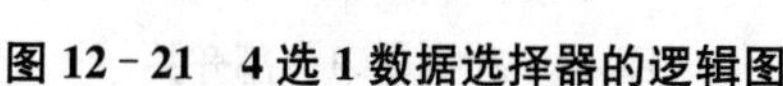
图 12－21　4 选 1 数据选择器的逻辑图

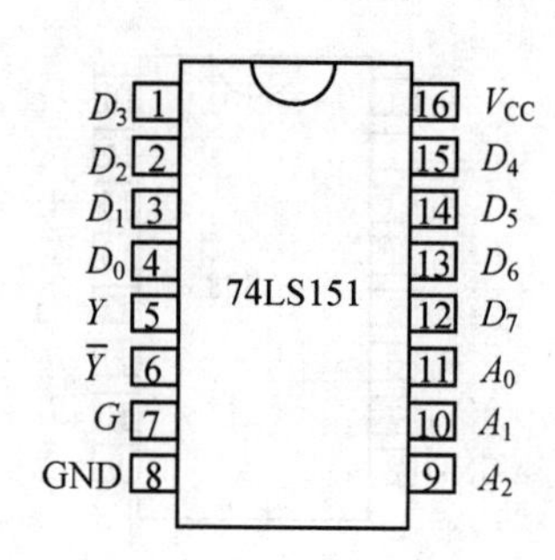

图 12－22　74LS151 引脚图

表 12－12　74LS151 功能表

输入												输出
G	A_2	A_1	A_0	D_7	D_6	D_5	D_4	D_3	D_2	D_1	D_0	Y
1	×	×	×	×	×	×	×	×	×	×	×	0
0	0	0	0	×	×	×	×	×	×	×	D_0	D_0
0	0	0	1	×	×	×	×	×	×	D_1	×	D_1
0	0	1	0	×	×	×	×	×	D_2	×	×	D_2
0	0	1	1	×	×	×	×	D_3	×	×	×	D_3
0	1	0	0	×	×	×	D_4	×	×	×	×	D_4
0	1	0	1	×	×	D_5	×	×	×	×	×	D_5
0	1	1	0	×	D_6	×	×	×	×	×	×	D_6
0	1	1	1	D_7	×	×	×	×	×	×	×	D_7

根据功能表,可写出输出逻辑表达式:

$$Y=\overline{G}(\overline{A_2}\,\overline{A_1}\,\overline{A_0}D_0+\overline{A_2}\,\overline{A_1}A_0D_1+\overline{A_2}A_1\,\overline{A_0}D_2+\overline{A_2}A_1\,A_0D_3+A_2\,\overline{A_1}\,\overline{A_0}D_4+A_2\,\overline{A_1}A_0D_5+A_2A_1\,\overline{A_0}D_6+A_2A_1A_0D_7)$$

当逻辑函数的变量个数和数据选择器的地址输入变量个数相同时,可直接用数据选择器来实现逻辑函数。

【例 12－4】 试用 8 选 1 数据选择器 74LS151 实现逻辑函数:

$$L=AB+BC+AC$$

解 (1) 作出逻辑函数 L 的真值表,如表 12－13 所示。

(2) 将输入变量接至数据选择器的地址输入端,即 $A=A_2$,$B=A_1$,$C=A_0$。输出变量接至数据选择器的输出端,即 $L=Y$。将真值表中 L 取值为 1 时所对应的数据输入端接 1,L 取值为 0 时所对应的数据输入端接 0,即 $D_3=D_5=D_6=D_7=1$,$D_0=D_1=D_2=D_4=0$。

(3) 画出连线图如图 12－23 所示。

表 12-13　例 12-4 真值表

输入			输出
A	B	C	L
0	0	0	0
0	0	1	0
0	1	0	0
0	1	1	1
1	0	0	0
1	0	1	1
1	1	0	1
1	1	1	1

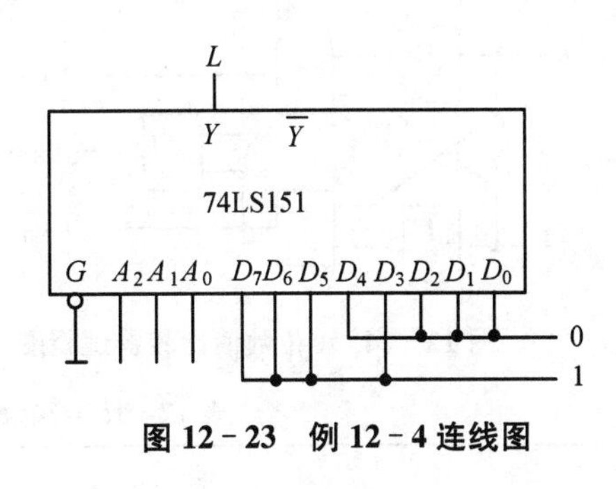

图 12-23　例 12-4 连线图

12.2.5　数值比较器

能够比较两组二进制数数据大小的数字电路称为数值比较器。

1. 1 位数值比较器

A、B 为输入变量，输出变量 $F_{A>B}$、$F_{A<B}$、$F_{A=B}$ 分别表示 $A>B$、$A<B$ 和 $A=B$ 三种比较结果。其真值表如表 12-14 所示。

表 12-14　1 位数值比较器的真值表

输入		输出		
A	B	$F_{A>B}$	$F_{A<B}$	$F_{A=B}$
0	0	0	0	1
0	1	0	1	0
1	0	1	0	0
1	1	0	0	1

由真值表可得出三个输出信号的逻辑函数表达式为

$$F_{A>B}=A\overline{B} \qquad F_{A<B}=\overline{A}B \qquad F_{A=B}=\overline{A}\,\overline{B}+AB=\overline{A\oplus B}$$

其逻辑图如图 12-24 所示。

2. 多位数值比较器

多位二进制数据比较，应先比较高位。高位大即大，高位小即小；若高位相等，再比较低位，依次类推。74LS85 为 4 位数值比较器，图 12-25 为其引脚图，表 12-15 为其真值表。

A、B 为数据输入端；$A<B$、$A>B$、$A=B$ 为三个级联输入端，表示更低位比较的结果输入端；$F_{A<B}$、$F_{A>B}$、$F_{A=B}$ 为三个级联输出端。

比较四位二进制数 $A(A_3A_2A_1A_0)$ 和 $B(B_3B_2B_1B_0)$ 的过程：从最高位开始进行比较，如果 $A_3>B_3$，则 A 一定大于 B；反之，若 $A_3<B_3$，则一定有 A 小于 B；若 $A_3=B_3$，则比较次高位 A_2 和 B_2。依此类推，直到比较到最低位。若各位均相等，则 $A=B$。

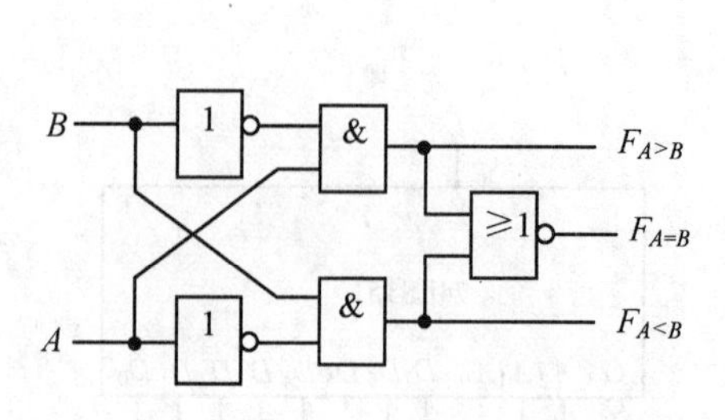

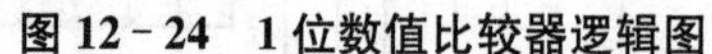
图 12-24 1位数值比较器逻辑图

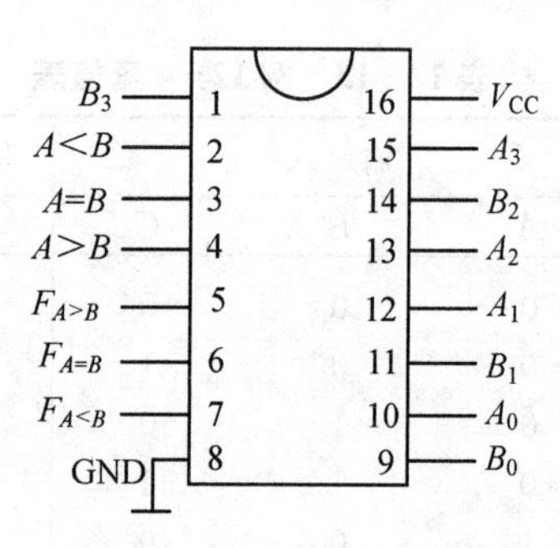

图 12-25 74LS85 引脚图

表 12-15 74LS85 多位数值比较器真值表

输入							输出		
A_3B_3	A_2B_2	A_1B_1	A_0B_0	$A>B$	$A<B$	$A=B$	$F_{A>B}$	$F_{A<B}$	$F_{A=B}$
$A_3>B_3$	×	×	×	×	×	×	1	0	0
$A_3<B_3$	×	×	×	×	×	×	0	1	0
$A_3=B_3$	$A_2>B_2$	×	×	×	×	×	1	0	0
$A_3=B_3$	$A_2<B_2$	×	×	×	×	×	0	1	0
$A_3=B_3$	$A_2=B_2$	$A_1>B_1$	×	×	×	×	1	0	0
$A_3=B_3$	$A_2=B_2$	$A_1<B_1$	×	×	×	×	0	1	0
$A_3=B_3$	$A_2=B_2$	$A_1=B_1$	$A_0>B_0$	×	×	×	1	0	0
$A_3=B_3$	$A_2=B_2$	$A_1=B_1$	$A_0<B_0$	×	×	×	0	1	0
$A_3=B_3$	$A_2=B_2$	$A_1=B_1$	$A_0=B_0$	1	0	0	1	0	0
$A_3=B_3$	$A_2=B_2$	$A_1=B_1$	$A_0=B_0$	0	1	0	0	1	0
$A_3=B_3$	$A_2=B_2$	$A_1=B_1$	$A_0=B_0$	0	0	1	0	0	1

74LS85 数字比较器的串级输入端 $A>B$、$A<B$、$A=B$ 是为了扩展比较器功能设置的。当不需要扩展比较位数时，$A>B$、$A<B$ 接低电平，$A=B$ 接高电平；需要扩展比较器的位数时，只要将低位的 $F_{A>B}$、$F_{A<B}$ 和 $F_{A=B}$ 分别接高位相应的串级输入端 $A>B$、$A<B$、$A=B$ 即可。

本章小结

1. 组合逻辑电路的分析与设计

(1) 组合逻辑电路的特点

任何时刻的输出只与该时刻的输入状态有关，而与先前的输入状态无关。也就是说，组合逻辑电路不具备记忆功能，结构上无反馈。

(2) 组合逻辑电路的分析方法

分析逻辑电路通常采用的分析方法：从电路的输入到输出逐级写出逻辑函数式，最终得到表示输出与输入关系的逻辑函数式；然后使用公式化简法或卡诺图化简法将得到的函数式化简或变换，从而写出最简与或表达式。如要分析电路的逻辑功能，就要将函数式转换为真值表，再根据真值表分析电路的逻辑功能。

(3) 组合逻辑电路的设计步骤

① 分析逻辑问题，明确输入量与输出量；

② 根据逻辑要求列出相应的真值表；

③ 根据真值表写出逻辑函数的最小项表达式；

④ 化简逻辑函数，并根据可能提供的逻辑电路类型写出所需的表达式形式；

⑤ 画出与表达式相应的逻辑图。

2. 常用组合逻辑器件

组合逻辑电路最常用的集成器件有：编码器、译码器、加法器、数据选择器和数值比较器等。在学习过程中，应熟练掌握它们的逻辑功能、外部引脚排列等，以便灵活地应用这些器件来设计组合逻辑电路。

本章思考与练习

一、填空题

1. 组合逻辑电路的特点是________________________。

2. 能实现两个一位二进制数相加但不考虑低位进位的逻辑电路称为________；能实现两个一位二进制数相加，也考虑到低位进位的逻辑电路称为________。

3. 能从多路输入数字信号中选出一个，并将它传输到公共输出端的逻辑电路称为________。

4. 具有 2^n个输入和1个输出的多路选择器，通常有________个控制端。

5. 四选一数据选择器的数据输出 Y 与数据输入 X_i 和地址码 A_i 之间的逻辑表达式为________。

6. LED显示数码管按内部LED的连接方式分为________、________两种类型。

7. 为了便于扩展，集成数值比较器一般设有________个扩展输入端。

二、解答题

1. 分析图12-26所示电路的逻辑功能，写出 Y_1、Y_2 的逻辑函数式，列出真值表，并指出电路完成什么逻辑功能。

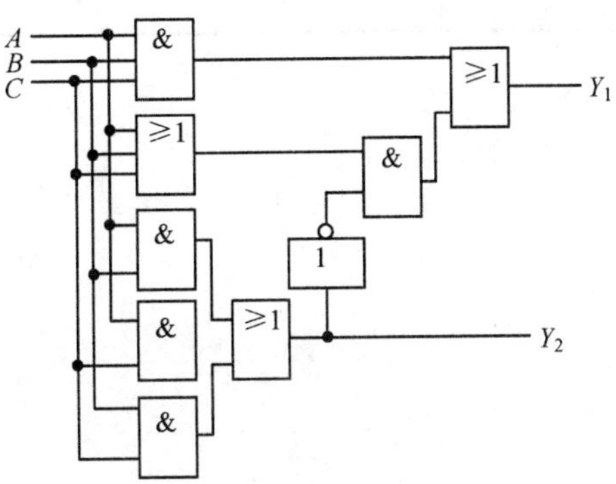

图12-26 题1逻辑图

2. 用与非门设计四变量的多数表决电路，当输入变量 A、B、C、D 有 3 个或 3 个以上为 1 时，输出为 1；当输入为其他状态时，输出为 0。

3. 设计一个代码转换电路，输入为 4 位二进制，输出为 4 位循环码。可以采用各种逻辑功能的门电路来实现。

4. 试用 4 选 1 数据选择器 74LS153 产生逻辑函数

$$Y = A\overline{BC} + \overline{AC} + BC$$

5. 试用 3－8 线译码器 74LS138 和门电路产生多输出逻辑函数的逻辑图，74LS138 逻辑图如图 12－27 所示，其功能表如表 12－16 所示。

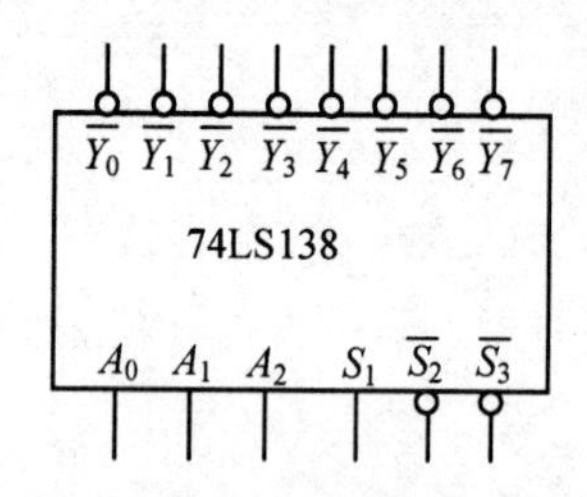

图 12－27 74LS138 逻辑图

$$\begin{cases} Y_1 = AC \\ Y_2 = \overline{A}\,\overline{B}C + A\overline{B}\,\overline{C} + BC \\ Y_3 = \overline{B}\,\overline{C} + AB\overline{C} \end{cases}$$

表 12－16 74LS138 真值表

输入					输出							
允许		选择										
S_1	$\overline{S_2}+\overline{S_3}$	A_2	A_1	A_0	$\overline{Y_0}$	$\overline{Y_1}$	$\overline{Y_2}$	$\overline{Y_3}$	$\overline{Y_4}$	$\overline{Y_5}$	$\overline{Y_6}$	$\overline{Y_7}$
×	1	×	×	×	1	1	1	1	1	1	1	1
0	×	×	×	×	1	1	1	1	1	1	1	1
1	0	0	0	0	0	1	1	1	1	1	1	1
1	0	0	0	1	1	0	1	1	1	1	1	1
1	0	0	1	0	1	1	0	1	1	1	1	1
1	0	0	1	1	1	1	1	0	1	1	1	1
1	0	1	0	0	1	1	1	1	0	1	1	1
1	0	1	0	1	1	1	1	1	1	0	1	1
1	0	1	1	0	1	1	1	1	1	1	0	1
1	0	1	1	1	1	1	1	1	1	1	1	0

第 13 章 触发器和时序逻辑电路

【本章导读】

在一个数字电路中，任何时刻的输出状态，不仅取决于该电路当时的输入状态，还与电路前一时刻的输出状态有关，这样的数字电路就称为时序逻辑电路。本章将首先介绍时序逻辑电路的基本单元电路——触发器的工作原理，然后介绍时序逻辑电路的分析和设计方法、常用的时序逻辑功能集成器件，最后简单介绍一下 555 定时器以及 D/A 和 A/D 转换器的相关知识。

【本章学习目标】

◉ 掌握 RS 触发器、JK 触发器、D 触发器和 T 触发器的逻辑功能

◉ 掌握时序逻辑电路的分析和设计方法

◉ 掌握寄存器、计数器这些常用时序逻辑功能器件的电路、工作原理和逻辑功能

13.1 触发器

在各种复杂的数字电路中，不但需要对二值信号进行算术运算和逻辑运算，还常需要将这些信号和运算结果保存起来。因此，需要使用具有记忆功能的基本逻辑单元。能够存储 1 位二值信号的基本单元电路统称为触发器。触发器按其逻辑功能可分为 RS 触发器、JK 触发器、D 触发器和 T 触发器。

13.1.1 RS 触发器

1. 由与非门组成的基本 RS 触发器

(1) 电路结构

由与非门组成的基本 RS 触发器如图 13-1 所示。它由两个与非门的输入、输出端交叉连接而成。其中，R、S 为输入端，Q、$\overline{Q}$ 为输出端，Q、$\overline{Q}$ 逻辑状态相反。一般规定触发器 Q 端的状态作为触发器的状态，触发器有两个稳定的状态，即当 $Q=1$、$\overline{Q}=0$ 时，称触发器处于 1 状态；当 $Q=0$、$\overline{Q}=1$ 时，称触发器处于 0 状态。R、S 平时接高电平，处于 1 状态；当加负脉冲后，由 1 状态变为 0 状态。

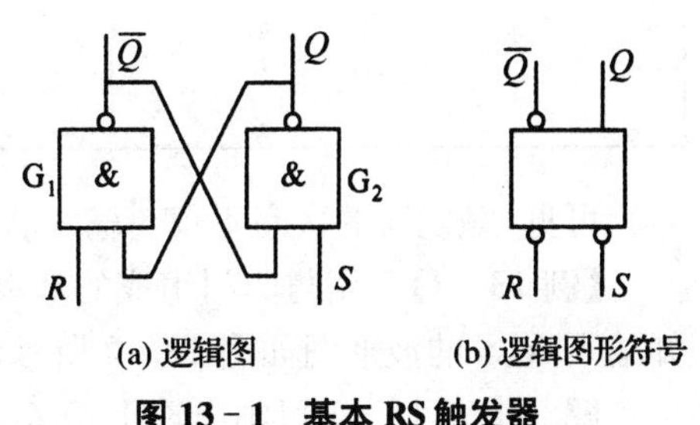

图 13-1 基本 RS 触发器

(2) 状态转换和逻辑功能分析

下面按与非逻辑关系分四种情况来分析基本 RS 触发器的状态转换和逻辑功能。设 Q^n 为触发器原来的状态(也称初态);Q^{n+1} 为加触发信号(正、负脉冲或时钟脉冲)后新的状态(也称为次态)。

① 当 $R=0$、$S=1$ 时

G_1 门的 R 端加负脉冲后,即 $R=0$,由与非逻辑关系"有 0 出 1"得 $\overline{Q}=1$;反馈到 G_2 门,由与非逻辑关系"全 1 出 0"得 $Q=0$;再反馈到 G_1 门,即使此时负脉冲消失,$R=1$,按"有 0 出 1",仍然 $\overline{Q}=1$。也就是说,此种情况下,无论触发器初态为 0 或为 1,经触发后它都会保持 0 状态。

② 当 $R=1$、$S=0$ 时

当 G_2 门 S 端加负脉冲后,即 $S=0$,由与非逻辑关系分析可知,此种情况下,无论触发器初态为 0 还是为 1,经触发后它都会保持 1 状态。

③ 当 $R=1$、$S=1$ 时

此时,R 端和 S 端均未加负脉冲,触发器保持初态不变。

④ 当 $R=0$、$S=0$ 时

当 R 端和 S 端同时加负脉冲时,G_1 门和 G_2 门的输出端都为 1,这就达不到 Q、$\overline{Q}$ 逻辑状态相反的要求。此后,如果负脉冲都去除,则次态会由于两个门延迟时间的不同、当时所受外界干扰不同等因素而无法判定,即出现不定状态。因此,这种情况在使用中应禁止出现。

表 13-1 为基本 RS 触发器的逻辑状态表,图 13-2 是波形图,两者可对照分析。

表 13-1 基本 RS 触发器的逻辑状态表

R	S	Q^n	Q^{n+1}	功能说明
0	0	0	×	不定状态,禁用
0	0	1	×	
0	1	0	0	置 0(复位)
0	1	1	0	
1	0	0	1	置 1(置位)
1	0	1	1	
1	1	0	0	保持原状态
1	1	1	1	

可见,触发器的次态不仅与输入状态有关,也与触发器的初态有关。

【例 13-1】 用与非门组成的基本 RS 触发器如图 13-1(a)所示,设初始状态为 0,已知输入 R、S 的波形图如图 13-2 所示,画出输出 Q、$\overline{Q}$ 的波形图。

解 由表 13-1 可画出输出 Q、$\overline{Q}$ 的波形如图 13-3 所示。

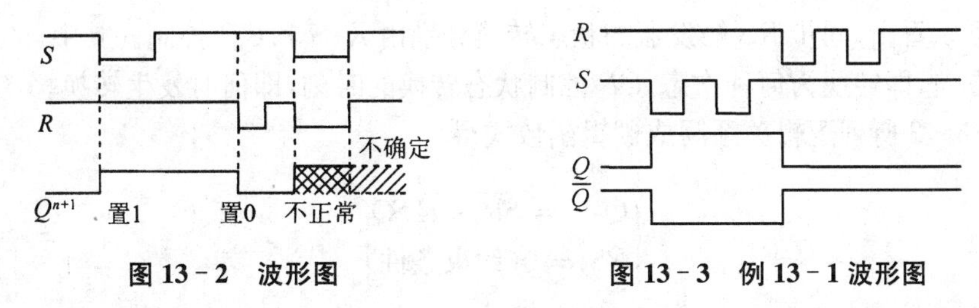

图 13-2　波形图　　　　图 13-3　例 13-1 波形图

2. 同步 RS 触发器

在实际应用中，触发器的工作状态不仅要由 R、S 端的信号来决定，而且还希望触发器按一定的节拍翻转。为此，给触发器加一个时钟控制端 CP，只有在 CP 端上出现时钟脉冲时，触发器的状态才能变化。由于时钟脉冲控制触发器状态的改变与时钟脉冲同步，所以称为同步触发器。

(1) 电路结构

同步 RS 触发器是在基本 RS 触发器基础上增加两个控制门 G_3、G_4，并加入时钟脉冲输入端 CP 构成，如图 13-4 所示。

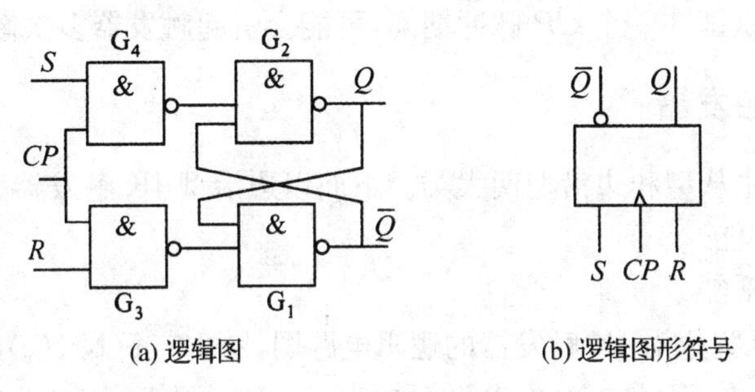

(a) 逻辑图　　(b) 逻辑图形符号

图 13-4　同步 RS 触发器

(2) 状态转换和逻辑功能分析

当 $CP=0$ 时，控制门 G_3、G_4 关闭，它们都输出 1。此时，不管 R 端和 S 端的信号如何变化，触发器的状态保持不变。

当 $CP=1$ 时，控制门 G_3、G_4 打开，R、S 端的输入信号可通过这两个门，使基本 RS 触发器的状态翻转，触发器输出状态由 R、S 端的输入信号决定。表 13-2 为 $CP=1$ 时根据逻辑图得出的同步 RS 触发器功能表。

表 13-2　同步 RS 触发器功能表

R	S	Q^n	Q^{n+1}	功能说明
0	0	0	0	保持原状态
0	0	1	1	
0	1	0	1	置 1
0	1	1	1	
1	0	0	0	置 0
1	0	1	0	
1	1	0	×	输出状态不稳定、禁用
1	1	1	×	

由此可以看出，同步 RS 触发器的状态转换分别由 R、S 和 CP 控制。其中，R、S 控制状态转换的方向，即转换为何种次态；CP 控制状态转换的时刻，即何时发生转换。

把表 13－2 所列逻辑关系写成逻辑函数式得

$$\begin{cases} Q^{n+1} = S\overline{R} + \overline{R}\,\overline{S}Q^n \\ RS = 0(\text{约束条件}) \end{cases}$$

利用约束条件将上式化简，于是得到特性方程：

$$\begin{cases} Q^{n+1} = S + \overline{R}Q^n \\ RS = 0(\text{约束条件}) \end{cases} \tag{13-1}$$

其中加入约束条件是因为 R 和 S 不能同时为 1，因为当 R 和 S 同时为 1 时，输出状态不确定。

同步 RS 触发器虽然有 CP 控制端，但它仍存在一个不定的工作状态，而且在同一个 CP 脉冲作用期间（即 $CP=1$ 期间），若输入端 R 和 S 状态发生变化，会引起输出状态也发生变化产生空翻现象（即在一个 CP 脉冲期间，可能会引起触发器多次翻转）。

13.1.2 JK 触发器

JK 触发器分为主从型和边沿型两大类。下面以边沿型 JK 触发器为例介绍 JK 触发器的工作原理和逻辑功能。

1. 电路结构与原理

图 13－5(a)所示为边沿 JK 触发器的逻辑电路图，图 13－5(b)、(c)所示为 JK 触发器的逻辑图形符号。其中在 CP 端有一个“o”符号，表示 CP 下降沿有效；无“o”符号，表示 CP 上升沿有效。图中$\overline{R}_d$、$\overline{S}_d$ 分别是置 0、置 1 端，用来设置触发器的初始状态；J、K 为信号输入端；CP 为时钟脉冲，高电平有效。JK 触发器的逻辑功能表如表 13－3 所示。

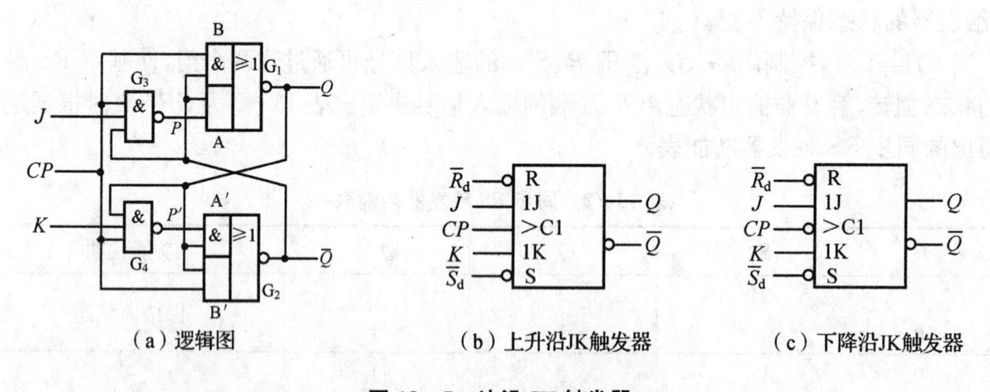

(a) 逻辑图　(b) 上升沿JK触发器　(c) 下降沿JK触发器

图 13－5 边沿 JK 触发器

2. 特征表和特性方程

触发器稳定状态下，J、K、Q^n、Q^{n+1} 之间的逻辑关系如表 13－4 所示。

表 13-3　逻辑功能表

J	K	Q^n	Q^{n+1}
0	0	0	0
0	0	1	1
0	1	0	0
0	1	1	0
1	0	0	1
1	0	1	1
1	1	0	1
1	1	1	0

表 13-4　特征表

J	K	Q^{n+1}
0	0	Q^n
0	1	0
1	0	1
1	1	$\overline{Q^n}$

由逻辑功能表可得特性方程：

$$Q^{n+1} = J\,\overline{Q^n} + \overline{K}Q^n \tag{13-2}$$

由上述可知，JK 触发器消除了 RS 触发器中出现的状态不定问题。JK 触发器有以下四个工作状态：当 $J = K = 0$ 时，为保持状态，即 $Q^{n+1} = Q^n$；当 $J = 0$、$K = 1$ 时，为置 0 状态；当 $J = 1$、$K = 0$ 时，为置 1 状态；当 $J = K = 1$ 时，翻转，即 $Q^{n+1} = \overline{Q^n}$。

若将 JK 触发器的 J、K 端相连并接高电平，则它的逻辑功能是：次态是初态的反，此时 JK 触发器被称为翻转触发器或 $\overline{\text{T}}$ 触发器。

13.1.3　D 触发器

可以将 JK 触发器转换为 D 触发器，图 13-6 所示为使用下降边沿 JK 触发器组成的 D 触发器的逻辑图和逻辑图形符号。

当 $D = 1$，即 $J = 1$、$K = 0$ 时，在 CP 的下降沿触发器翻转为（或保持）1 态；当 $D = 0$，即 $J = 0$、$K = 1$ 时，在 CP 的下降沿触发器翻转为（或保持）0 态。

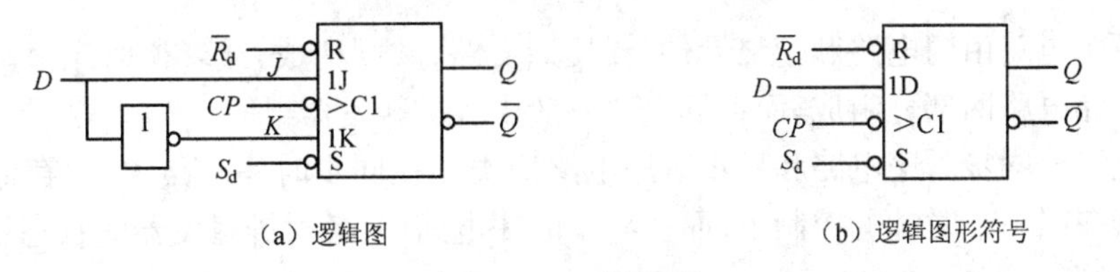

（a）逻辑图　（b）逻辑图形符号

图 13-6　D 触发器

由上述分析可知，在某个时钟脉冲到来之后，输出端 Q 的状态和脉冲到来之前 D 端的状态一致，所以 D 触发器的特性方程为

$$Q^{n+1} = D \tag{13-3}$$

D 触发器的逻辑功能表如表 13-5 所示。

表 13-5　D 触发器的逻辑状态表

D	Q^n	Q^{n+1}	功能
0	0	0	置 0
	1	0	
1	0	1	置 1
	1	1	

13.1.4 T触发器

在实际应用中，有时需要一种实现这样逻辑功能的触发器：当控制信号 $T=1$ 时，每来一个时钟信号它的状态就翻转一次；而当 $T=0$ 时，时钟信号到达后它的状态保持不变。实现这种逻辑功能的触发器称为T触发器。

T触发器通常由其他触发器转换而来，而无单独的产品。例如，将JK触发器的 J、K 两个输入端连在一起作为 T 端，就可以构成T触发器，它的逻辑图形符号如图13-7所示。表13-6为T触发器的特性表。

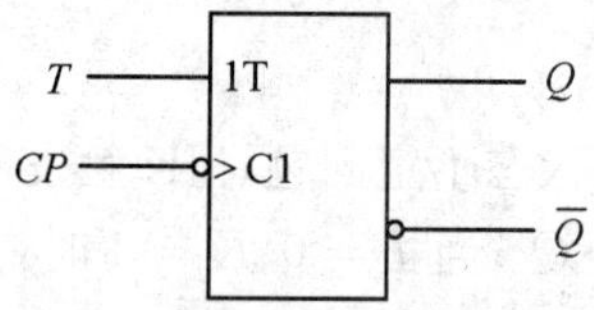

图13-7 T触发器逻辑图形符号

表13-6 T触发器的特性表

T	Q^n	Q^{n+1}
0	0	0
0	1	1
1	0	1
1	1	0

由特性表得T触发器的特性方程为

$$Q^{n+1}=T\overline{Q^n}+\overline{T}Q^n \quad (13-4)$$

13.2 时序逻辑电路的分析和设计

时序逻辑电路由门电路和记忆元件（或反馈支路）共同构成，或者说时序电路由组合数字电路和存储电路两部分组成，而存储电路一般由各类触发器组成。

时序电路分同步时序电路和异步时序电路两类。在同步时序电路中，起存储作用的各时钟触发器在同一个时钟的控制下；而在异步时序电路中，各时钟触发器的状态不是由同一个时钟源控制。

本节将主要介绍同步时序电路的分析和设计方法。

13.2.1 时序逻辑电路的分析方法

分析一个时序逻辑电路的目的是找出给定时序电路的逻辑功能，即找出电路的状态和输出状态在输入变量和时钟信号作用下的变化规律。

1. 分析同步时序电路的步骤

(1) 由给定的逻辑图写出每个触发器的驱动方程，即每个触发器输入信号的逻辑函数式。

(2) 将得到的驱动方程代入相应触发器的特性方程，得出每个触发器的状态方程，从而得到由这些状态方程组成的整个时序电路的状态方程组。

(3) 根据逻辑图写出电路的输出方程。

(4) 有时，有了电路的输出方程，还不能获得电路逻辑功能的完整印象，此时可用状态转换表、状态转换图和时序图等来描述时序电路状态转换全部过程，从而确定时序电路的逻辑功能。

【例 13-2】 试分析图 13-8 所示时序电路的逻辑功能，写出它的驱动方程、状态方程和输出方程。(FF_1、FF_2、FF_3三个触发器下降沿动作，输入端悬空时相当于接高电平)

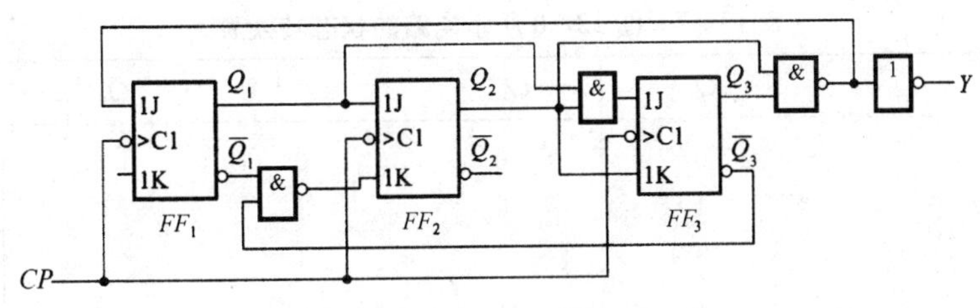

图 13-8　例 13-2 时序逻辑电路

解　(1) 由给定逻辑图写出电路的驱动方程为

$$\left.\begin{aligned} J_1 &= \overline{Q_2Q_3} \qquad K_1 = 1 \\ J_2 &= Q_1 \qquad K_2 = \overline{\overline{Q_1}\,\overline{Q_3}} \\ J_3 &= Q_1Q_2 \qquad K_3 = Q_2 \end{aligned}\right\} \tag{13-5}$$

(2) 将式(13-5)代入 JK 触发器的特性方程 $Q^{n+1} = J\overline{Q^n} + \overline{K}Q^n$ 中，得电路的状态方程为

$$\left.\begin{aligned} Q_1^{n+1} &= \overline{Q_2Q_3}\,\overline{Q_1} \\ Q_2^{n+1} &= Q_1\overline{Q_2} + \overline{Q_1}\,\overline{Q_3}Q_2 \\ Q_3^{n+1} &= Q_1Q_2\overline{Q_3} + \overline{Q_2}Q_3 \end{aligned}\right\} \tag{13-6}$$

(3) 根据逻辑图写出输出方程为

$$Y = Q_2Q_3 \tag{13-7}$$

2. 描述时序电路状态转换全部过程的方法

(1) 状态转换表

将任何一组输入变量及电路初态的取值代入状态方程和输出方程，即可得出电路的初态和次态下的输出值；以得到的次态作为新的初态，和这时的输入变量取值一起再代入状态方程和输出方程进行计算，又得到一组新的次态和输出值。如此继续下去，将所有的计算结果列成真值表的形式，即可得到状态转换表。

【例 13-3】 试列出图 13-8 所示电路的状态转换表。

解　由图 13-8 可见，该电路无输入逻辑变量(注意：不要把 CP 当作输入逻辑变量，因为它只是控制触发器状态转换的操作信号)，所以电路的次态和输出只取决于电路的初态。设电路的初态为 $Q_3Q_2Q_1=000$，代入式(13-6)、式(13-7)得

$$\begin{cases} Q_3^{n+1} = 0 \\ Q_2^{n+1} = 0 \\ Q_1^{n+1} = 1 \end{cases}$$

$$Y = 0$$

将 $Q_3Q_2Q_1=001$ 作为新的初态，重新代入式(13-6)和式(13-7)，又得到一组新的次态和输出值。如此继续下去可发现，当 $Q_3Q_2Q_1=110$ 时，次态 $Q_3^{n+1}Q_2^{n+1}Q_1^{n+1}=000$，返回了最初设定的初态。如果再继续计算下去，电路的状态和输出将按照前面的变化顺序反复循环，因此无需继续计算。由此，得表 13-7 所示的状态转换表。

表 13-7　图 13-8 所示电路的状态转换表

Q_3	Q_2	Q_1	Q_3^{n+1}	Q_2^{n+1}	Q_1^{n+1}	Y
0	0	0	0	0	1	0
0	0	1	0	1	0	0
0	1	0	0	1	1	0
0	1	1	1	0	0	0
1	0	0	1	0	1	0
1	0	1	1	1	0	0
1	1	0	0	0	0	1
1	1	1	0	0	0	1

最后还要检查一下得到的状态转换表是否包含了电路所有可能出现的状态，检查发现 $Q_3Q_2Q_1$ 的组合状态共有 8 种，而根据上述计算过程列出的状态转换表中缺少 $Q_3Q_2Q_1=111$ 这一状态，将此状态代入式(13-6)和式(13-7)得

$$\begin{cases} Q_3^{n+1}=0 \\ Q_2^{n+1}=0 \\ Q_1^{n+1}=0 \end{cases}$$

$$Y=1$$

将这一计算结果补充到表中后得完整的状态转换表。

有时也将电路的状态转换表列成表 13-8 的形式。这种状态转换表给出了在一系列时钟信号作用下电路状态转换的顺序，比较直观。

表 13-8　图 13-8 所示电路的状态转换表的另一种形式

CP 的顺序	Q_3	Q_2	Q_1	Y
0	0	0	0	0
1	0	0	1	0
2	0	1	0	0
3	0	1	1	0
4	1	0	0	0
5	1	0	1	0
6	1	1	0	1
7	0	0	0	0
1	1	1	1	1
2	0	0	0	0

从表 13-8 可以看出，经过 7 个时钟信号后，电路的状态循环变化一次，所以这个电路

具有对时钟信号计数的功能。同时，因为每经过7个时钟脉冲作用后，输出端输出1个脉冲（由0变1，再由1变0），所以这是一个七进制计数器，Y端的输出就是进位脉冲。

（2）状态转换图

为了更加形象、直观地显示出时序电路的逻辑功能，有时还进一步将状态转换表的内容表示成状态转换图的形式。

图13－9为图13－8所示电路的状态转换图。在状态转换图中，以圆圈表示电路的各个状态，以箭头表示状态转换的方向。同时，在箭头旁注明状态转换前的输入变量取值和输出值。通常将输入变量取值写在斜线以上（无输入变量时无需标注），输出值写在斜线以下。

（3）时序图

为了便于用实验观察的方法检查时序电路的逻辑功能，还可以将状态转换表的内容画成时间波形的形式。在输入信号和时钟脉冲序列作用下，电路状态、输出状态随时间变化的波形图称为时序图。

图13－10为图13－8所示电路的时序图。

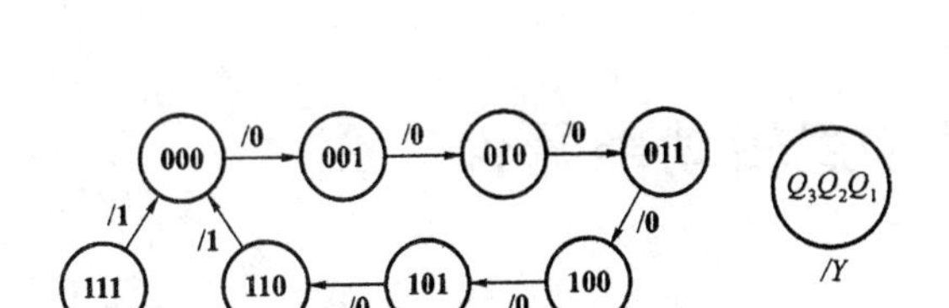

图13－9　图13－8所示电路的状态转换图

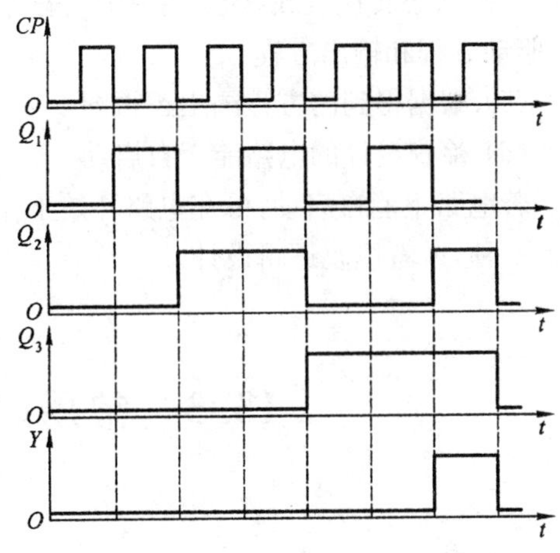

图13－10　图13－8所示电路的时序图

13.2.2　时序逻辑电路的设计方法

在设计时序电路时，要求设计者根据给出的具体逻辑问题，求得实现这一逻辑功能的逻辑电路。所得的设计结果应力求简单。

当选用小规模集成电路做设计时，电路最简的标准是所用触发器和门电路的数目最少，而且触发器和门电路的输入端数目也最少。而当使用中、大规模集成电路时，电路最简的标准则是使用的集成电路数目最少，种类最少，而且互相间的连线也最少。

设计同步时序逻辑电路的一般步骤如下：

（1）由具体逻辑问题得出电路的状态转换图或状态转换表，即将要实现的时序逻辑功能用状态转换表或状态转换图等表示为时序逻辑函数。具体包括以下几步：

① 分析具体逻辑问题，确定输入变量、输出变量和电路的状态数；

② 定义输入、输出逻辑状态以及每个状态的含义，并将电路状态按顺序编号；

③ 根据题意列出电路的状态转换表或状态转换图。

(2) 状态化简

若两个电路状态在相同的输入下有相同的输出,并且转换到同样一个次态去,则称这两个状态为等价状态。将电路的等价状态合并,可以求得最简的状态转换图,使设计出来的电路更简单。

(3) 状态分配(又称状态编码)

时序逻辑电路的不同状态是用触发器状态的不同组合来表示的。状态分配具体包括以下几步:

① 确定触发器的数目。n 个触发器有 2^n 种状态组合,因此,为了获得时序电路所需的 M 个状态,须取 $2^{n-1} < M \leqslant 2^n$。

② 给每个电路状态规定对应的触发器状态组合。

(4) 选定触发器的类型,并求出电路的状态方程、驱动方程和输出方程

设计具体的电路前需选定触发器的类型。选择触发器类型时应考虑到器件的供应情况,并应力求减少电路中使用的触发器种类。

根据状态转换表或状态转换图、分配的状态编码、触发器的类型可以写出电路的状态方程、驱动方程和输出方程。

(5) 根据得到的方程画出逻辑图

(6) 检查设计的电路能否自启动

若电路不能自启动,可在电路开始工作时通过预置数将电路的状态置成有效状态循环中的一种,或者修改逻辑设计。

13.3 常用时序逻辑功能器件

13.3.1 寄存器

寄存器是数字电路中的一个重要部件,用来暂时存放参与运算的数据和运算结果。寄存器由触发器组成,一个触发器能存放 1 位二进制数码,用 N 个触发器便可组成 N 位二进制寄存器。对于寄存器中的触发器,只要求它们具有置 1、置 0 的功能即可,因而无论是用电平触发的触发器,还是用脉冲触发或边沿触发的触发器,都可以组成寄存器。

寄存器分为数码寄存器和移位寄存器两类。

1. 数码寄存器

数码寄存器的主要功能是用来暂时存放数码。图 13-11 所示的 4 位寄存器由 4 个 D 触发器组成,$D_0 \sim D_3$ 为数据输入端,$Q_0 \sim Q_3$ 为数码输出端,寄存脉冲 CP 同时加在各个触发器的 CP 端。其功能如下:

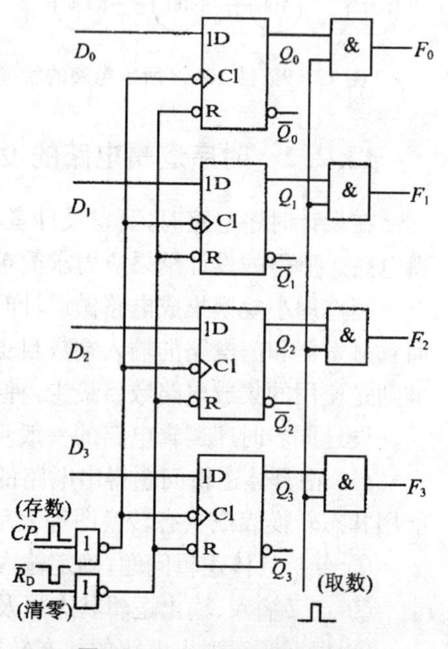

图 13-11 4 位数码寄存器

(1) 清 0

开始时，在$\overline{R_d}$端加负脉冲，使各触发器清零，即 $Q_0Q_1Q_2Q_3=0000$。清零后，$\overline{R_d}$接高电平，以允许数码的寄存。

(2) 并行数据输入

在$\overline{R_d}$接高电平的前提下，发出一个存数正脉冲 CP，将要存入的数据 $d_3d_2d_1d_0$ 依次加到数据输入端$D_3D_2D_1D_0$，在 CP 脉冲下降沿的作用下，数据被并行存入。

(3) 记忆保持

$\overline{R_d}$接高电平，CP 无下降沿，则各触发器保持原状态不变，寄存器处在记忆保存状态。

(4) 并行输出

当需要取出数据时，发出一个取数正脉冲，4 个与门被打开，原来存入的 4 个数码可同时并行取出。

2. 移位寄存器

移位寄存器除了存放数码外还具有移位的功能。所谓移位，就是寄存器里存储的代码能在移位脉冲的作用下向右或向左移一位。移位寄存器在计算机中应用广泛。

图 13 - 12 所示为由 4 个 D 触发器组成的单向左移位寄存器，由图可见，右边触发器的 Q 端依次接至左侧相邻触发器的 D 端。当待移位的数码从高位开始依次输入到 D_0端时，在移位脉冲 CP 的作用下，数码从 $FF_0\sim FF_3$依次向左移动。

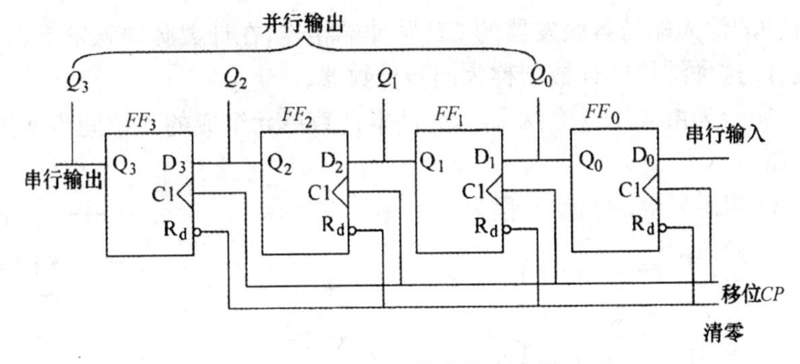

图 13 - 12　4 位左移寄存器

例如，要寄存数码 1011，设寄存的初始状态为 0000。

第一个待寄存的数码为 1，即 $D_0=1$，当第一个移位脉冲作用时，$Q_0=D_0=1$，寄存器状态为 0001。

第二个待存数码为 0，即 $D_0=0$，$D_1=Q_0=1$，当第二个移位脉冲作用时，$Q_1=D_1=1$，$Q_0=D_0=0$，寄存器状态为 0010。

同理，在第三个移位脉冲的作用下，寄存器的状态为 0101，经过 4 个移位脉冲的作用后，寄存器的状态就是 1011，待存数码 1011 便自右向左移入了寄存器。

右移寄存器的工作原理与左移寄存器类似，只是输入数码的顺序与上面的相反，即先输入低位，再逐一输入高位。

如果从 4 个触发器的 Q 端直接读取数码，叫并行输出。若只能从 Q_3端取数码，就必须再输入 4 个移位脉冲，所存的数码从 Q_3端按从高至低位逐位取出，我们称其为串行输出。

表 13 - 9 所示为左移寄存器的状态表。

表 13-9　移位寄存器的状态表

移位脉冲数	寄存器中的数码				移位过程
	Q_3	Q_2	Q_1	Q_0	
0	0	0	0	0	清零
1	0	0	0	1	左移一位
2	0	0	1	0	左移二位
3	0	1	0	1	左移三位
4	1	0	1	1	左移四位

13.3.2　计数器

计数器是一种累积输入脉冲个数的基本数字电路，它由具有记忆功能的触发器作为基本计数单元构成。计数器按照计数规律可分为加法计数器、减法计数器和可逆计数器；按照计数的进制可分为二进制计数器和十进制计数器等。本节将主要介绍二进制加法计数器和十进制加法计数器。

1. 二进制计数器

(1) 同步二进制计数器

将计数脉冲的输入端与各触发器的 CP 脉冲端相连，在计数脉冲触发下，所有能翻转的触发器同时动作，这种结构的计数器称为同步计数器。

图 13-13 所示为由 4 个 T 触发器作为基本计数单元组成的 4 位同步加法计数器。下面对其进行分析。

由图 13-13 得触发器的驱动方程为

$$\left.\begin{aligned} T_0 &= 1 \\ T_1 &= Q_0 \\ T_2 &= Q_0Q_1 \\ T_3 &= Q_0Q_1Q_2 \end{aligned}\right\} \qquad (13-8)$$

将式(13-8)代入 T 触发器的特性方程得电路的状态方程为

$$\left.\begin{aligned} Q_0^{n+1} &= \overline{Q_0} \\ Q_1^{n+1} &= Q_0\overline{Q_1} + \overline{Q_0}Q_1 \\ Q_2^{n+1} &= Q_0Q_1\overline{Q_2} + \overline{Q_0Q_1}Q_2 \\ Q_3^{n+1} &= Q_0Q_1Q_2\overline{Q_3} + \overline{Q_0Q_1Q_2}Q_3 \end{aligned}\right\} \qquad (13-9)$$

电路的输出方程为

$$C = Q_0Q_1Q_2Q_3 \qquad (13-10)$$

由式(13-8)和式(13-9)得电路的状态转换表，如表 13-10 所示。

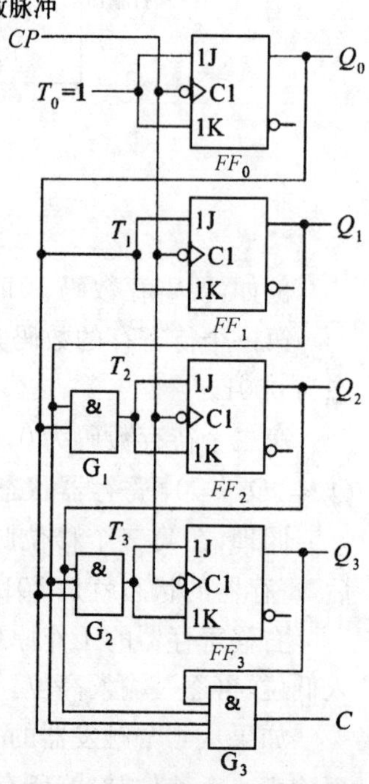

图 13-13　4 位同步二进制加法计数器电路

表 13－10　4 位同步二进制加法计数器的状态转换表

计数顺序	电路状态				等效十进制数	进位输出 C
	Q_3	Q_2	Q_1	Q_0		
0	0	0	0	0	0	0
1	0	0	0	1	1	0
2	0	0	1	0	2	0
3	0	0	1	1	3	0
4	0	1	0	0	4	0
5	0	1	0	1	5	0
6	0	1	1	0	6	0
7	0	1	1	1	7	0
8	1	0	0	0	8	0
9	1	0	0	1	9	0
10	1	0	1	0	10	0
11	1	0	1	1	11	0
12	1	1	0	0	12	0
13	1	1	0	1	13	0
14	1	1	1	0	14	0
15	1	1	1	1	15	1
16	0	0	0	0	0	0

由波形图可以看出，若计数脉冲的输入频率为 f_0，则 Q_0、Q_1、Q_2 和 Q_3 端输出脉冲的频率依次为 $\frac{1}{2}f_0$、$\frac{1}{4}f_0$、$\frac{1}{8}f_0$ 和 $\frac{1}{16}f_0$。针对计数器的这种功能，也将它称为分频器。此外，在上述电路中，每输入 16 个计数，脉冲计数器工作一个循环，并在输出端 C 产生一个进位输出信号，所以又将这个计数器称为十六进制计数器。

计数器中能计的最大数称为计数器的容量，n 位二进制计数器的容量等于 2^n-1。

图 13－14、图 13－15 分别为同步二进制加法计数器的状态转换图和波形图。

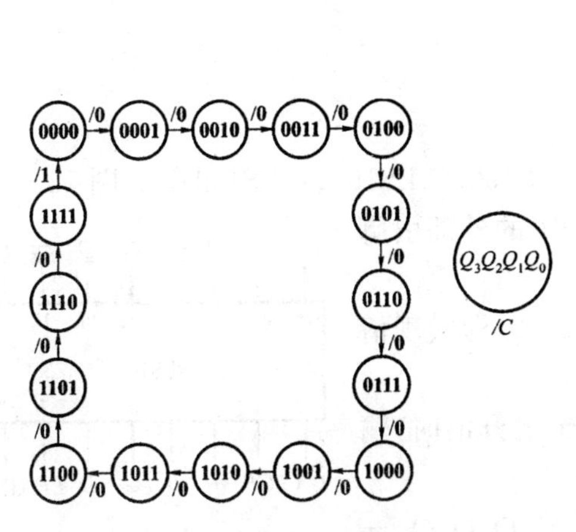

图 13－14　4 位同步二进制加法计数器状态转换图

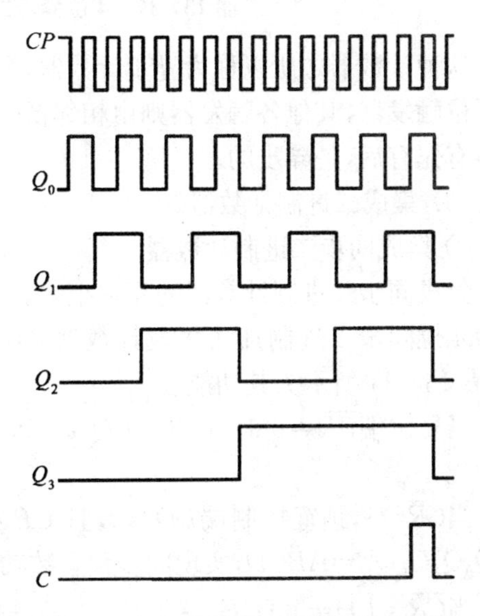

图 13－15　4 位同步二进制加法计数器波形图

(2) 异步二进制计数器

图 13-16 所示为 4 位异步二进制加法计数器的原理图。它由 4 个下降沿的 JK 触发器作为基本计数单元组成，每个触发器的 J、K 端悬空，相当于接高电平，各位触发器的清零端受清零信号的控制，每来一个 CP 脉冲在其下降沿触发器翻转一次，并且低位触发器的输出作高位触发器的 CP 脉冲。

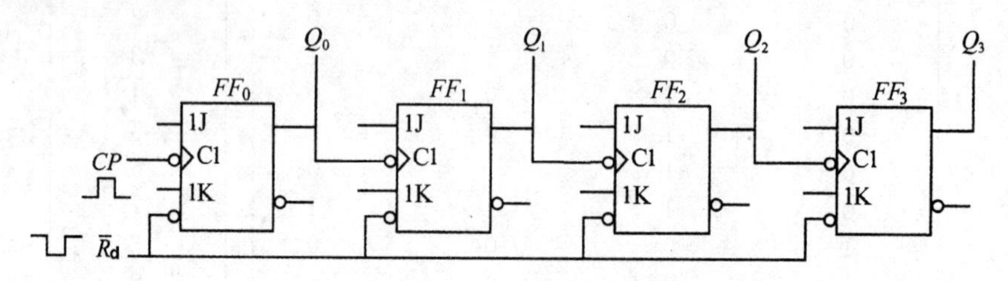

图 13-16　4 位异步二进制加法计数器电路

在计数脉冲输入前，在$\overline{R_d}$端加负脉冲使计数器清零，当第一个计数脉冲加到触发器 FF_0 的 CP 端，在该脉冲的下降沿 FF_0 翻转得到 Q_0 波形，而 Q_0 又作为触发器 FF_1 的 CP 脉冲，FF_1 在 Q_0 的下降沿到来时发生翻转，得到 Q_1 波形，依次类推，得到计数器的工作波形图，如图 13-17 所示。由波形图可知，每个触发器都是每输入两个脉冲输出一个脉冲，即逢二进一。

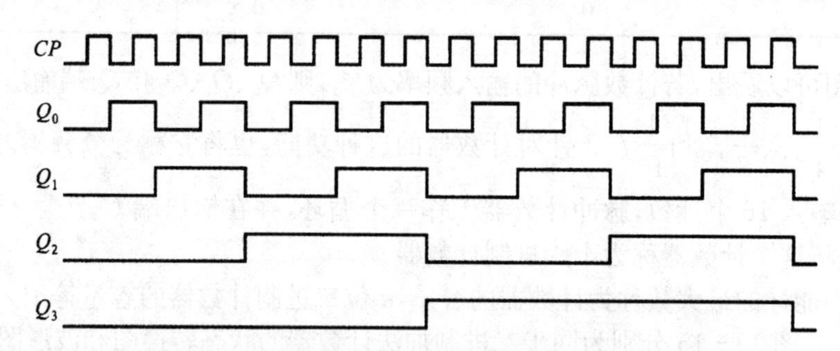

图 13-17　4 位异步二进制加法计数器工作波形图

这种计数器之所以称为异步计数器，是由于计数脉冲不是同时加到各触发器，而是加到最低位触发器，其他各触发器则由相邻低位触发器输出的进位脉冲来触发，因此它们状态的变换有先有后，是异步的。

(3) 集成二进制计数器

① 集成同步二进制计数器

集成同步二进制计数器的品种很多，如 74LS160、74LS161、74LS162 等。图 13-18 所示为 4 位同步二进制加法集成计数器 74LS161 的外部引脚图，表 13-11 所示为其功能表。

当复位端$\overline{CR}=0$ 时，输出 $Q_AQ_BQ_CQ_D=0000$，即实现清零功能。

当$\overline{CR}=1$，预置控制端$\overline{LD}=0$，且 CP 处于上升沿时，输出 $Q_AQ_BQ_CQ_D=ABCD$，实现同步预置数功能。

当$\overline{CR}=\overline{LD}=1$ 且 $EP\cdot ET=0$ 时，输出 $Q_AQ_BQ_CQ_D=$ 0000 保持不变。

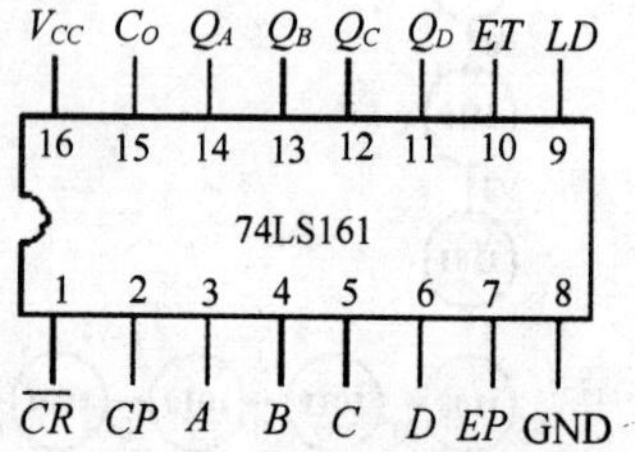

图 13-18　74LS161 的外部引脚图

当$\overline{CR}=\overline{LD}=EP=ET=1$，且 CP 处于上升沿时，计数器开始计数。

表 13-11 74LS161 功能表

输入									输出			
CP	$\overline{CR}$	$\overline{LD}$	EP	ET	A	B	C	D	Q_A	Q_B	Q_C	Q_D
×	L	×	×	×	×	×	×	×	L	L	L	L
脉冲上升沿	H	L	×	×	A	B	C	D	A	B	C	D
×	H	H	L	×	×	×	×	×	保持			
×	H	H	×	L	×	×	×	×	保持			
脉冲上升沿	H	H	H	H	×	×	×	×	计数			
脉冲上升沿	H	L	×	×	L	L	L	L	L	L	L	L

② 集成异步二进制计数器

74HC393 是典型的集成异步二进制计数器，其外部引脚图如图 13-19(a)所示。如图 13-19(b)所示为其逻辑电路图，它由 4 个 T 触发器作为 4 位计数单元组成，其中 FF_0 在 T 端信号上升沿有效，$FF_1 \sim FF_3$ 在 T 端信号下降沿有效，G_1 门是清零控制门，用正脉冲清零，G_2 门是脉冲控制门。

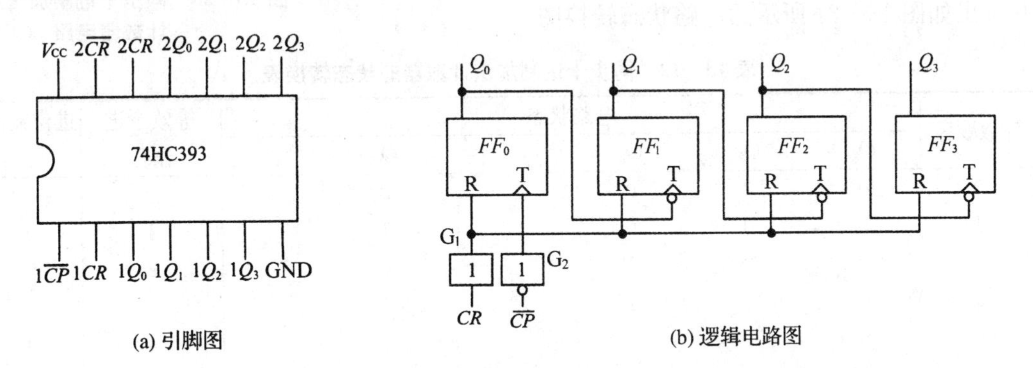

(a) 引脚图 (b) 逻辑电路图

图 13-19 集成异步二进制加法计数器 74HC393 的引脚图和逻辑电路图

当 $CR=1$ 时，$R=1$，此时 $Q_3Q_2Q_1Q_0=0000$，计数器清零；清零后，使 $CR=1$，则各触发器可进行计数。

其计数功能的实现过程：$\overline{CP}$端的计数脉冲经 G_2 门反相后，在上升沿(即$\overline{CP}$的下降沿)加给 FF_0 的 T 端，因此 FF_0 在$\overline{CP}$的每个下降沿翻转一次，得到 Q_0 状态。Q_0 又为 FF_1 的 T 端计数信号，FF_1 在每个 Q_0 的下降沿翻转一次，得到 Q_1 状态。依次类推，完成计数功能。

2. 十进制计数器

二进制计数器虽然简单，但读数不直观，所以在有些场合常采用十进制计数器，以便读取与显示十进制数据。

(1) 同步十进制加法计数器

图 13-20 所示为由 T 触发器组成的同步十进制加法计数器的电路图，它是在同步二进制加法计数器的基础上略加修改而成的。与同步二进制加法计数器比较，在第 10 个脉冲

到来时，电路的输出由 1001 恢复为 0000，而不是变为 1010。

由图 13－20 可写出电路的驱动方程为

$$\begin{cases} T_0 = 1 \\ T_1 = Q_0\overline{Q_3} \\ T_2 = Q_0Q_1 \\ T_3 = Q_0Q_1Q_2 + Q_0Q_3 \end{cases} \qquad (13-11)$$

将式(13－11)代入 T 触发器的特征方程得电路的状态方程：

$$\begin{cases} Q_0^{n+1} = \overline{Q_0} \\ Q_1^{n+1} = Q_0\overline{Q_3}\,\overline{Q_1} + \overline{Q_0\overline{Q_3}}Q_1 \\ Q_2^{n+1} = Q_0Q_1\overline{Q_2} + \overline{Q_0Q_1}Q_2 \\ Q_3^{n+1} = (Q_0Q_1Q_2 + Q_0Q_3)\overline{Q_3} + \overline{Q_0Q_1Q_2 + Q_0Q_3}Q_3 \end{cases} \qquad (13-12)$$

由式(13－12)得电路的状态转换表，如表 13－12 所示，并画出如图 13－21 所示的电路状态转换图。

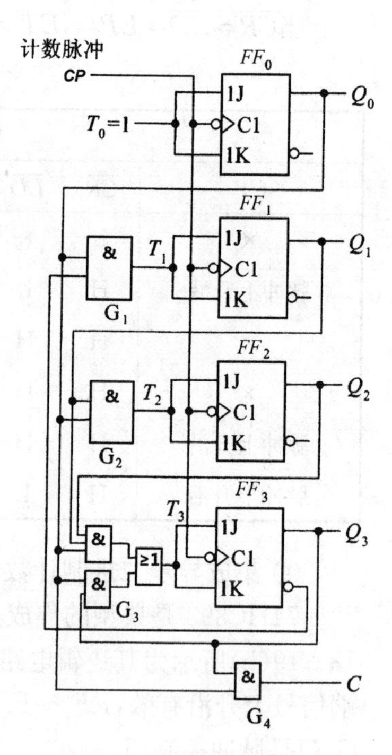

图 13－20　同步十进制加法计数器电路

表 13－12　同步十进制加法计数器的状态转换表

计数顺序	电路状态				等效十进制数	进位输出 C
	Q_3	Q_2	Q_1	Q_0		
0	0	0	0	0	0	0
1	0	0	0	1	1	0
2	0	0	1	0	2	0
3	0	0	1	1	3	0
4	0	1	0	0	4	0
5	0	1	0	1	5	0
6	0	1	1	0	6	0
7	0	1	1	1	7	0
8	1	0	0	0	8	0
9	1	0	0	1	9	1
10	0	0	0	0	0	0
0	1	0	1	0	10	0
1	1	0	1	1	11	1
2	0	1	1	0	6	0
0	1	1	0	0	12	0
1	1	1	0	1	13	1
2	0	1	0	0	4	0
0	1	1	1	0	14	0
1	1	1	1	1	15	1
2	0	0	1	0	2	0

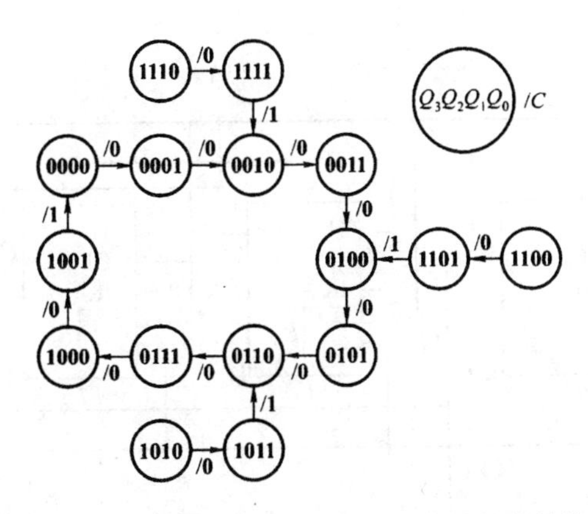

图 13－21　同步十进制加法计数器电路状态转换图

(2) 异步十进制加法计数器

在 4 位异步二进制加法计数器的基础上修改，使 4 位二进制计数器在计数过程中跳过从 1010 到 1111 这 6 个状态，可得到异步十进制加法计数器。

图 13－22 所示为异步十进制加法计数器的典型电路，J、K 端悬空相当于接高电平。

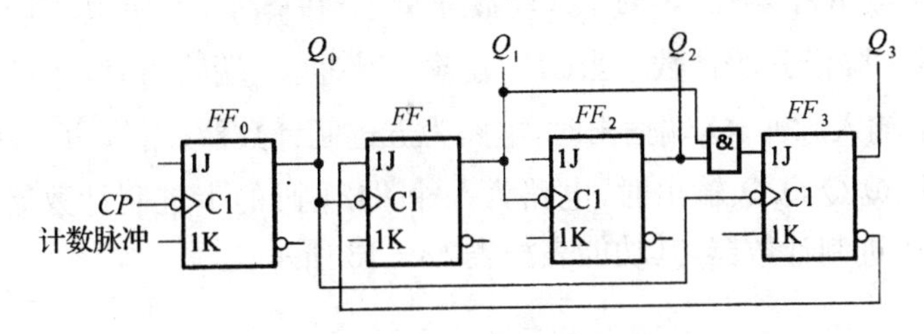

图 13－22　异步十进制加法计数器的典型电路

若计数器从 0000 开始计数，在输入第 8 个计数脉冲之前，FF_0、FF_1、FF_2 的 J 和 K 始终为 1，即电路工作在 T 触发器的 $T=1$ 状态，工作过程和异步二进制加法计数器相同。在此期间，虽然 Q_0 的输出脉冲送给了 FF_3，但每次 Q_0 的下降沿到达时，由于 $J_3=Q_1Q_2=0$，所以 FF_3 一直保持在 0 状态。

当第 8 个计数脉冲输入时，由于 $J_3=K_3=1$，所以 Q_0 的下降沿到达后，FF_3 由 0 变为 1，同时 J_1 也变为 0 状态。当第 9 个计数脉冲到达后，电路状态变为 1001。当第 10 个计数脉冲到达后，FF_0 翻转为 0，同时 Q_0 的下降沿使 FF_3 置 0，于是电路从 1001 返回到 0000，而跳过 1010～1111 这 6 个状态，成为十进制计数器。

图 13－23 所示为异步十进制加法计数器的工作波形图。

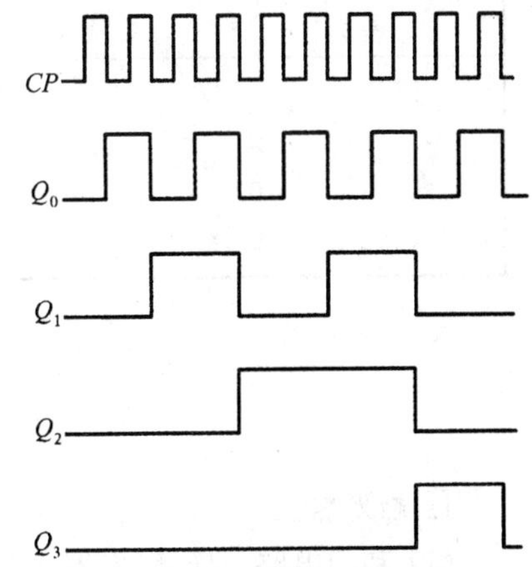

图 13－23　异步十进制加法计数器的工作波形图

(3) 集成十进制计数器

图 13－24 所示是异步十进制计数器 74LS290 的逻辑图，它是由 4 个下降沿 JK 触发器组成的 1 位十进制计数单元。

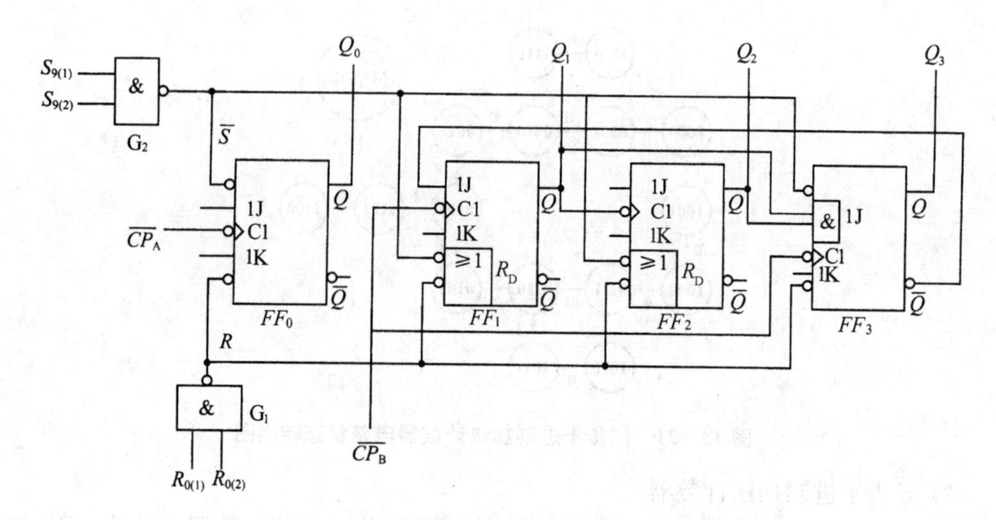

图 13-24　集成异步十进制加法计数器 74LS290 的逻辑图

$\overline{CP}_A$、$\overline{CP}_B$ 为计数输入端；$R_{0(1)}$、$R_{0(2)}$ 为置 0 输入端；$S_{9(1)}$、$S_{9(2)}$ 为置 9 控制端，高电平有效。当 $S_{9(1)}S_{9(2)}=0$、$R_{0(1)}=R_{0(2)}=1$ 时，计数器清零；在 $S_{9(1)}S_{9(2)}=0$、$R_{0(1)}=R_{0(2)}=0$ 同时满足时，在 CP 的下降沿开始计数。当$\overline{CP}_A$ 端输入脉冲、Q_0 端输出时，电路为 1 位二进制计数器；当从$\overline{CP}_B$ 端输入脉冲、Q_3 端输出时，电路为五进制计数器；当从$\overline{CP}_A$ 端输入脉冲，并将 Q_0 与$\overline{CP}_B$ 相连，从 $Q_0Q_1Q_2Q_3$ 输出时，电路为 1 个 8421 码的十进制计数器。所以 74LS290 也被称为二-五-十进制计数器，其功能表如表 13-13 所示。

表 13-13　74LS290 功能表

$R_{0(1)}$	$R_{0(2)}$	$S_{9(1)}$	$S_{9(2)}$	Q_3	Q_2	Q_1	Q_0
1	1	0	×	0	0	0	0
1	1	×	0	0	0	0	0
×	×	1	1	1	0	0	1
0	×	0	×	计数			
0	×	×	0				
×	0	0	×				
×	0	×	0				

本章小结

1. 触发器

(1) 和门电路一样，触发器也是构成各种复杂数字系统的一种基本逻辑单元。触发器逻辑功能的基本特点是可以保存一位二值信息。因此，又将触发器称为半导体存储单元或记忆单元。

(2) 从逻辑功能的角度可以将触发器分为 RS 触发器、JK 触发器、D 触发器、T 触发器等几种类型。这些逻辑功能可以用特性表、特性方程或状态转换图加以描述。

(3) 由于电路的结构形成不同,触发器的触发方式也不一样,有电平触发、脉冲触发和边沿触发之分。不同触发方式的触发器在状态的翻转过程中具有不同的动作特点。因此,在选择触发器电路时,不仅需要知道它的逻辑功能类型,还必须了解它的触发方式,才能作出正确的设计。我们介绍触发器内部电路结构的目的是帮助读者更好地理解和掌握每种触发方式的特点,这些触发器的内部电路不是本章的学习重点。

(4) 触发器的电路结构形式和逻辑功能之间不存在固定的对应关系。同一种逻辑功能的触发器可以用不同的电路结构实现;同一种电路结构的触发器可以实现不同的逻辑功能。不要将某一种电路结构形式同某一种逻辑功能类型等同起来。

(5) 触发器的电路结构和触发方式之间的关系是固定的。例如,只要是同步 RS 触发器,无论逻辑功能如何,就一定是电平触发方式。因此只要知道了触发器的电路结构类型,也就知道了它的触发方式。

2. 时序逻辑电路

时序逻辑电路与组合逻辑电路不同,在逻辑功能及其描述方法、电路结构、分析方法和设计方法上都有区别于组合逻辑电路的明显特点。

(1) 时序逻辑电路在逻辑功能上的特点:在时序逻辑电路中,任一时刻的输出信号不仅与当时的输入信号有关,而且还与电路原来的状态有关。因此,任何时刻时序电路的状态和输出均可以表示为输入变量和电路原来状态(即初态)的逻辑函数。

(2) 通常用于描述时序电路逻辑功能的方法有方程组(由状态方程、驱动方程和输出方程组成)、状态转换表、状态转换图、时序图等。它们各具特色,在不同的场合有不同的应用。

(3) 时序逻辑电路千变万化、种类繁多,本章介绍的寄存器、计数器仅是常见的时序电路。因此必须掌握时序电路的共同特点和一般的分析方法、设计方法,才能适应对各种时序电路进行分析或设计的需要。

本章思考与练习

一、填空题

1. 时序逻辑电路任何时刻的输出信号,与该时刻的__________有关,也与信号作用前__________有关。

2. 同步 RS 触发器的特性方程为______________;JK 触发器的特性方程为______________;T 触发器的特性方程为______________;D 触发器的特性方程为______________。

3. 寄存器分为_______寄存器和_______寄存器两类,_______寄存器具有存储数据和移位数据功能,若要组成 N 位二进制寄存器,需要_______个触发器。

4. 计数器中能计的最大数称为计数器的容量,n 位二进制计数器的容量为_______。

二、解答题

1. 画出图 13-25 所示由与非门组成的基本 RS 触发器输出端 Q、$\overline{Q}$ 端的电压波形，输入端 S、R 的电压波形如图中所示。

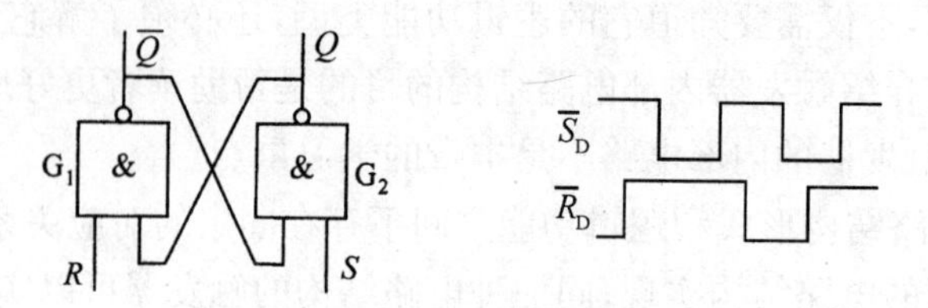

图 13-25 题 1 图

2. 在图 13-26 所示电路中，若 CP、S、R 端的电压波形如图中所示，试画出 Q、$\overline{Q}$ 端的电压波形。(假定触发器的初始状态 $Q=0$)

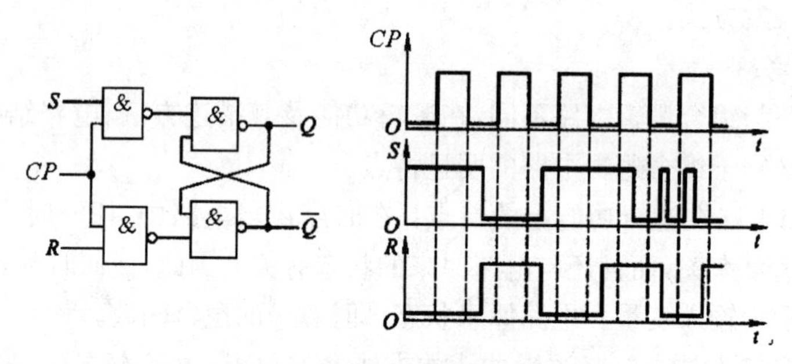

图 13-26 题 2 图

3. 试分析图 13-27 所示电路，并说明其逻辑功能。

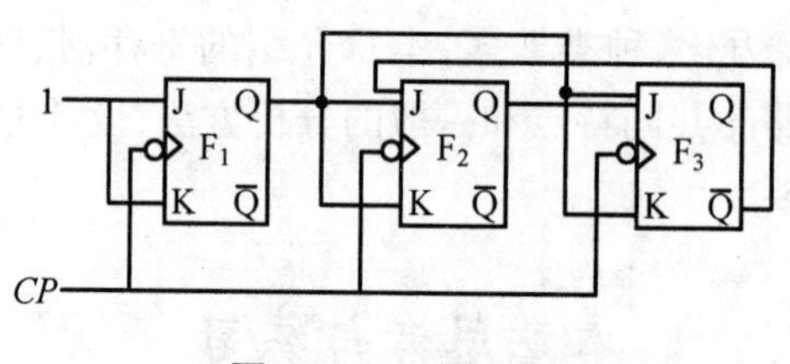

图 13-27 题 3 图

4. 试分析图 13-28 所示电路的逻辑功能，说明电路是几进制计数器，能否自启动，并画出电路的状态转换图。

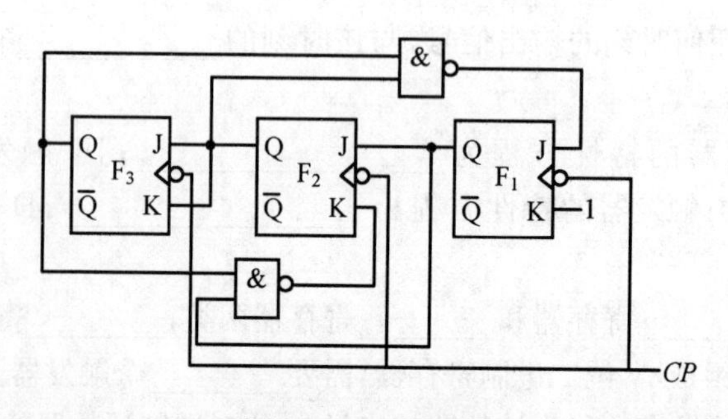

图 13-28 题 4 图

5. 分析图 13－29 所示时序电路的逻辑功能,写出电路的驱动方程、状态方程和输出方程,画出电路的状态转换图。(A 为输入逻辑变量)

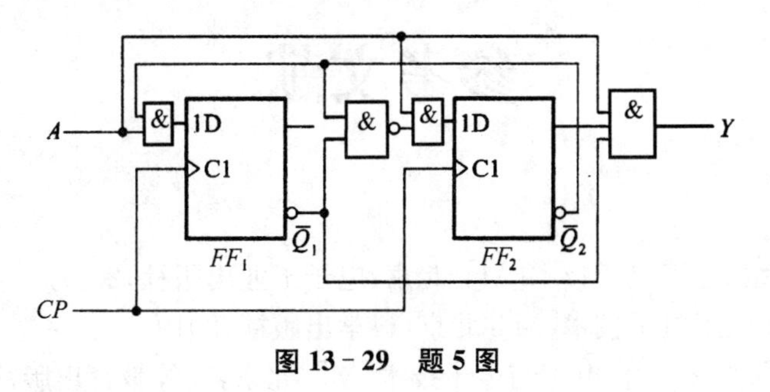

图 13－29　题 5 图

参考文献

[1] 徐淑华主编.电工电子技术[M].北京:电子工业出版社,2017.

[2] 史仪凯著.电工电子技术[M].北京:科学出版社,2019.

[3] (美)EarlD. Gates 著.电工与电子技术[M].北京:高等教育出版社,2004.

[4] 史仪凯著.电工电子技术[M].北京:科学出版社,2019.

[5] 秦曾煌主编.电工学[M].北京:高等教育出版社,2009.

[6] 韩敬东著.电工与电子技术[M].北京:机械工业出版社,2017.

[7] 田慕琴主编.电工电子技术[M].北京:电子工业出版社,2017.

[8] 陈新龙,胡国庆著.电工电子技术基础教程[M].北京:清华大学出版社,2013.

[9] 高菊玲,彭爱梅,闫润,王秋梅编.电工电子技术[M].北京:北京航空航天大学出版社,2013.

[10] 洪源著.电工电子技术[M].北京:电子工业出版社,2014.

[11] 刘文革主编.实用电工电子技术基础(第二版)[M].北京:中国铁道出版社.2016.

[12] 陈祖新编.电工电子应用技术[M].北京:电子工业出版社,2014.

[13] 曹金洪主编.新编电工实用手册[M].天津:天津科学技术出版社,2014.

[14] 徐献灵,李靖主编.数字电子技术项目教程[M].北京:电子工业出版社,2017.

[15] 欧阳锷著.电工电子技术技能与实践[M].北京:化学工业出版社,2020.

[16] 郭赟编.电子技术基础(第五版)[M].北京:中国劳动社会保障出版社,2014.